ATOMKRAFT

Der Bau ortsfester und beweglicher Atomantriebe
und seine technischen und wirtschaftlichen Probleme

Eine kritische Einführung für Ingenieure,
Volkswirte und Politiker

Von

Dr.-Ing. Dr.-Ing. E. h. Friedrich Münzinger

Berlin

Dritte umgearbeitete stark erweiterte Auflage

Mit 260 Abbildungen und 83 Tabellen

Springer-Verlag
Berlin / Göttingen / Heidelberg
1960

ISBN-13: 978-3-642-85690-7   e-ISBN-13: 978-3-642-85689-1
DOI: 10.1007/978-3-642-85689-1

Vorwort zur dritten Auflage

In den drei seit Erscheinen der zweiten Auflage verflossenen Jahren wurde in der industriellen Ausnutzung der Kernenergie Bedeutendes geleistet: die wissenschaftlichen Grundlagen wurden vertieft und erweitert, Reaktoren und Spaltstoffpatronen wurden wesentlich verbessert, und in Großbritannien, Amerika und Rußland kamen mehrere große Atomkraftwerke mit verschiedenen Reaktorsystemen in Betrieb oder stehen dicht vor ihrer Vollendung. Technisch betrachtet, bietet also der Bau ortsfester Reaktoren ein recht befriedigendes Bild. Wesentlich anders sieht das finanzielle Ergebnis aus, denn den gewaltigen Kosten der Speziallaboratorien und -fabriken steht kein entsprechender Umsatz oder gar Gewinn gegenüber. Es ist daher nicht verwunderlich, daß Skepsis an Stelle des jahrelangen Überoptimismus getreten ist. In der jüngsten Vergangenheit haben nun die erstaunlichen Leistungen einiger Atom-Unterseeboote und der Stapellauf bzw. die Jungfernfahrt der Überwasser-Atomschiffe „Savannah" (US) bzw. „Lenin" (UdSSR) wieder eine hoffnungsvollere Einstellung Platz greifen lassen, weil vom Bau von Schiffsreaktoren wertvolle Impulse für den Bau ortsfester Reaktoren und eine Belebung des gesamten Reaktorgeschäftes erwartet werden.

Die Kenntnis dieser Vorgänge ist für Deutschland von großer Bedeutung, weil wir im Begriff stehen, eine eigene Reaktorindustrie aufzubauen und dabei jeden Schritt, den wir machen, sorgfältig überlegen müssen, wenn wir mit den beschränkten uns zur Verfügung stehenden Mitteln in angemessener Zeit Erfolg haben wollen.

Die vorliegende dritte Auflage meines Buches will hierzu ihren Teil beitragen, indem sie die wichtigsten Zusammenhänge und die daraus sich ergebenden Folgerungen aufzeigt. Sie stellt manches des leichteren Verständnisses wegen stark vereinfacht dar. Weil sie möglichst aktuell sein und zu vielen strittigen Fragen kritisch Stellung nehmen will, darf man von ihr nicht die hohe Akribie eines wissenschaftlichen Lehrbuches erwarten.

Drei Erkenntnisse scheinen mir wichtig zu sein. Die erste ist, daß man die wissenschaftlichen, die technischen und die geschäftlich-finanziellen Zusammenhänge gleich sorgsam beachten muß, wenn man zu einer zutreffenden Beurteilung der Aussichten der Atomkraft und zu Dauererfolgen gelangen will. Die zweite geht dahin, daß man am sichersten zu brauchbaren Reaktorkonstruktionen kommt, wenn man sich bei der Erstausführung eines neuartigen Systems bewußt mit einem Teilerfolg begnügt und weitere Verbesserungen an einem zweiten oder dritten Prototyp ausprobiert. Die dritte lautet, daß man mit Rücksicht auf die aus dem gewohnten Rahmen völlig herausfallenden Preise vieler Reaktorbau- und Betriebsstoffe schon Studenten nachdrücklich auf die Kostenfrage hinweisen sollte, damit sie frühzeitig lernen, ihre Zeit nicht an technisch vielleicht interessante, aber praktisch wertlose, weil zu teure Konstruktionen zu verschwenden.

Die unablässig strömende Flut neuer, sich häufig widersprechender und oft schwer kontrollierbarer Nachrichten machten das Schreiben zu einer sehr mühseligen Arbeit. Da der Wert vieler Angaben in der Fachliteratur von dem Datum abhängt, von dem sie stammen, wurde es bei allen wichtigeren Abbildungen und Angaben angegeben.

Gegenüber der zweiten Auflage wurden folgende Änderungen vorgenommen: Kapitel A II „Atomphysikalische Grundlagen" wurde so stark und derart erweitert, daß es für Ingenieure, die keine Spezialfragen zu bearbeiten haben, ausreicht, aber auch von Nichtingenieuren verstanden werden kann.

Dasselbe gilt für Kapitel A II e „Kernverschmelzung" und B I c 10 „Zukunftsträume", die zeigen sollen, wie weit noch der Weg bis zum Realisieren der Energiegewinnung durch Kernfusion ist.

In Kapitel B I „Der Bau von Reaktoren" wurden weitere Reaktorsysteme beschrieben, damit der Leser einen Begriff von der Unzahl der vorgeschlagenen Varianten bekommt. Viel Geld und Arbeit wurden dadurch verschwendet, daß man sich mit viel zu vielen „Systemen" abgab und Wirkungsgrade in wenigen Jahren zu erreichen versuchte, zu deren Realisierung man bei thermischen Kraftwerken über ein halbes Säkulum gebraucht hat.

Die wirtschaftlich-finanziellen Ausführungen in Kapitel C „Wirtschaftlicher Teil" wurden stark erweitert. Neu hinzugekommen sind die Kapitel C III „Die Atomwirtschaft" und Kapitel E über Atomantriebe für Schiffe, Flugzeuge und andere ortsbewegliche Maschinen.

Um Nichtingenieuren das Studium zu erleichtern, ist durch einen senkrechten Strich am linken bzw. rechten Seitenrand angegeben, welche Stellen für sie hauptsächlich in Betracht kommen.

Vor allem folgenden amerikanischen und englischen Quellen verdanke ich viele wertvolle Informationen: Journal of the Brit. Nuclear Energy Conference, Engineering (Engng.), The Engineer (Engr.), Nucleonics, Nuclear Engineering (Nucl. Engng.), Mechanical Engineer (Mech. Engr.), Power, General Electric Review, Electrical World usw. Russische Veröffentlichungen lagen mir leider nur in zuweilen etwas mangelhaften Übersetzungen vor.

Etwaige Druckfehler oder kleine Unstimmigkeiten bitte ich mit dem Zeitdruck, unter dem das Buch entstand und damit zu entschuldigen, daß ich beim Sammeln und Koordinieren der vielen hundert Originalauszüge völlig auf meine eigene Arbeitskraft angewiesen war und mein Sehvermögen infolge meiner fünfundsiebzig Jahre sehr nachgelassen hat.

Herrn Ingenieur JÜRGEN DITTMER bin ich für seine fleißige Unterstützung beim Korrekturlesen, dem Springer-Verlag für die sorgfältige Ausstattung des Buches zu lebhaftem Dank verpflichtet.

Berlin-Dahlem, Frischlingsteig 1

Im Oktober 1959 **Friedrich Münzinger**

Inhaltsverzeichnis

A. Theoretischer Teil

B. Technischer Teil

1. Vorbemerkung, S. 97.
2. Gasgekühlte heterogene Reaktoren, S. 97. — α) UGLBr-Versuchsreaktor Windscale, S. 98. — β) UGLBr-Reaktor Calder Hall, S. 99. — γ) UGL-Reaktoren des Brookh. Nat. Lab., S. 110.
3. Wassergekühlte heterogene Siedewasserreaktoren, S. 115. — α) 15 MW-UaHW-Versuchsreaktor (Argonne Nat. Lab.), S. 117. — β) 100 MW-U/UaHW-Reaktor (Amer. M. a. F. At. Corp.), S. 118. — γ) 250 MW-UaHW-Reaktor (Argonne Nat. Lab.), S. 121. — δ) Zweidruck-Naturumlauf-Siedewasserreaktoren, S. 123. — ε) UaHH-Naturumlauf-Siedewasserreaktor im Kraftwerk Dresden, S. 125. — ζ) UaHWP-Entspannungsreaktor (flash type reactor), S. 127.
4. Heterogene Preßwasserreaktoren, S. 127. — α) Allgemeines, S. 127. — β) 230 MW-U/UaHWPBr-Preßwasserreaktor in Shippingport und englischer 500 MW-UaHPW-Reaktor, S. 129. — γ) 500 MW-UaHWPBr-Reaktor für die Consolidated Edison Co., New York, S. 132. — δ) Russischer 30 MW-UaGWPBr-Preßwasserreaktor, S. 134. — ε) Russischer 420 MW-Preßwasserreaktor, S. 136. — ζ) 1000 MW-UDWBr-Reaktor (Argonne Nat. Lab.), S. 136.
5. Homogene Zwangumlauf-Reaktoren, S. 139. — α) Allgemeines, S. 139. — β) Homogener 440 MW-UaDWPBr-Reaktor (Oak Ridge Nat. Lab.), S. 141.
6. Mit organischen Stoffen gekühlte Reaktoren, S. 142.
7. Metallgekühlte Reaktoren, S. 144. — α) Allgemeines, S. 144. — β) Heterogener 250 MW-Brutreaktor, S. 146. — γ) Heterogener 60 MW-UaSMBr-Reaktor in Dounreay, England, S. 147. — δ) Heterogener 300 MW-UaSMBr-Reaktor der Detroit Edison Co., S. 150. — ε) Homogener 550 MW-UaGMBr-Reaktor (Brookh. Nat. Lab.), S. 151.
8. Reaktoren mit fließbarem Spaltstoff, S. 154. — α) Zwei holländische Reaktoren, S. 154.
9. Reaktoren für hohe Dampfüberhitzung, S. 155. — α) Amerikanischer Armour-Reaktor (ADFR), S. 155. — β) Entwurf eines 10 MW-Hochtemperatur-Versuchsreaktors in Harwell, S. 156. — γ) Wassergekühlte graphitmoderierte Reaktoren mit Überhitzung, S. 158. — δ) Wassergekühlter und -moderierter Reaktor mit Überhitzung, S. 159. — ε) 50 MW-Schulten-Reaktor, S. 160.
10. Zukunftsträume, S. 162. — α) Allgemeines, S. 162. — β) Magnetische Flaschen, S. 164. — Zetareaktor, S. 166. — γ) Wirtschaftliche Aussichten von Verschmelzungsreaktoren, S. 167.

C. Wirtschaftlicher Teil

Zusammenstellung
der benutzten Symbole und Kennzeichen

a   Ablenkungsstrecke von Elektronen

A   Massenzahl

A_A Atom- bzw. Isotopengewicht

ADFR   Armour Dust Fuel Reactor

AEA   Atomic Energy Authority (Englische Atombehörde)

AEC   American Energy Commission (Amerikanische Atombehörde)

AERE   Atomic Energy Research Establishment (Atomforschungsinstitut in Harwell, England)

AICE   American Institute of Chemical Engineers

AK-Turb.   Geschlossene Gasturbinen, Bauart Ackeret-Keller

ASME   American Society of Mechanical Engineers

b   Beschleunigung eines Elektrons in einem elektrischen Feld

BAEA   British Atomic Energy Authority

BWR   Siedewasserreaktor, boiling water reactor

$\mathfrak{B}$ spezifische Wärmebelastung in kcal/m²h

c   Lichtgeschwindigkeit in cm/s

c   spezifische Wärme in kcal/kg°C

c_p spezifische Wärme von Gasen bei konstantem Druck in kcal/kg°C

C   Brutfaktor

C   Zahl der zum Spalten von 238 U verfügbaren Neutronen

C_{max} erreichbarer Maximalwert des Brutfaktors

C_o 0,712% Gehalt an 235 U eines Spaltstoffes (Natururan)

CCBWR   closed cycle boiling water reactor

CERN   Europäisches Kernforschungszentrum

CHR   Reaktor vom Calder Hall-Typ

d   Durchmesser von Rohren

D   schwerer Wasserstoff $_1^2$H (Deuterium)

DAK   Deutsche Atomkommission

DCBR   dual cycle boiling reactor (Entspannungsreaktor, Zweikreis-Siedewasserreaktor)

DM   Deutsche Mark (4,2 DM = 1,0 Dollar)

Dpf   Deutscher Pfennig = 1/100 DM

dwt   englische Vermessungs-Einheit

$_1^0$e   Symbol für Positronen

$_{-1}^{\;0}$e   Symbol für β-Teilchen

$_{-1}^{\;0}$e   Symbol für Elektronen

eV   Elektronenvolt

E_a Aktivierungsenergie eines Kernes

E   Elastizitätsmodul

E   Energie eines Körpers

EBR-II-R   experimental breeder reactor in Argonne

$\mathfrak{E}$ elektrische Feldstärke eines Kondensators

EBWR   experimental boiling water reactor

EFFBR   Enrico Fermi fast breeder reactor

EHP   benötigte Leistung der Schiffsschraube in HP eines nackten Schiffskörpers (ohne Anbauten bei windstillem Wetter)

Engng   Engineering (Englische Zeitschrift)

Engr   Engineer (Englische Zeitschrift)

Euratom   Europäische Atomgemeinschaft

f   Verhältnis zwischen der Zahl der thermisch gewordenen Neutronen, die von Uranium absorbiert wurden, zu der Zahl der im Uranium und im Moderator absorbierten Neutronen

F Berührungsheizfläche in m^2

FBR schneller Reaktor

FTR flash type reactor

g Erdbeschleunigung in m/s^2

^1_1H Symbol von Protonen

^4_2He Symbol von α-Teilchen

HRE — 2 homogeneous reactor — 2 (homogener Versuchsreaktor 2)

^4_2He Symbol von Heliumkernen

$\mathfrak{H}$ magnetische Feldstärke

IAEO International Atomic Energy Organisation (Internationale Atomenergieagentur in Wien)

JCAE Joint Committee Atomic Energy (atomare Angelegenheiten bearbeitende Kommission des amerik. Repräsentantenhauses)

k Wärmedurchgangszahl in $kcal/m^2h°C$

k Multiplikationsfaktor (von Neutronen)

k Boltzmann'sche Konstante $= 1,3803 \cdot 10^{-16}$ erg/°C

k_{eff} tatsächlicher Multiplikationsfaktor

k_{eff}^{-1} Überschußreaktivität

keV Kilo-Elektronenvolt $= 1000 eV$

K_m in elektrischem Feld auf Elektronen ausgeübte Kraft

k_{sp} Kosten der Spaltstoffüllung eines Reaktors je kW elektr. Leistung

L_{ocm^3} Wärmeleistung von 1 cm^3 aktivem Volumen des Reaktorkerns in Watt

L_{oWatt} Wärmeleistung eines ganzen Reaktors mit dem aktiven Volumen V_0 des Reaktorkerns in cm^3

LD50 lethal dose $=$ den Tod eines Menschen herbeiführende Strahlungsdose $= 450$ r

$\mathfrak{L}_f$ durch Leckagen nicht verlorengehender Anteil schneller Neutronen

$\mathfrak{L}_s$ durch Leckagen nicht verlorengehender Anteil langsamer Neutronen

L Loschmidt'sche Konstante $= 6,0235 \cdot 10^{23}$ Moleküle/Mol

L thermische Diffusionslänge in cm

l Strecke

m Masse eines Körpers in g

m_e Masse eines Elektrons

m.p.d. maximum permissible dose $=$ höchstzuläss. wöchentl. Strahlungsdose $= 0,3$ r/Woche

$\triangle M$ Massenverlust, Massendefekt (Bindungsenergie)

ME Masseneinheiten

MeV Megaelektronenvolt (10^6 eV)

MWd/t MW-Tag/t $=$ rd. $2 \cdot 10^7$ kcal

mill $1/1000; 0,001$ Dollar $= 0,42$ Dpf

Mio Millionen

^1_0n Symbol für Neutronen

n mittlere Dichte der stoßenden Neutronen in einem Reaktor je cm^3

n Dichten der bei Kernverschmelzungen kollidierenden Gase

N Zahl der Atome in 1 cm^3

N Zahl der Plutoniumkerne

N_u Nusselt-Zahl $= \dfrac{\alpha \cdot d}{\lambda} \cdot$

OCBR one cycle boiling reactor (Eindruck-Siedewasserreaktor)

OEEC European Nuclear Energy Commission (Europäischer Wirtschaftsrat)

OMRC organic moderated and cvoled reactor

p Symbol für Protonen

p Zahl der während der Moderierung von 238 U nicht absorbierten schnellen Neutronen

p mittlere Dichte eines Dampf-Flüssigkeitsgemisches in kg/l

p_f Dichte von dampffreiem Wasser in kg/l

P auf 1 l Wasserinhalt eines Reaktorkernes erzielbare Wärmeleistung in MW/lit

$P \ldots$ Vortrag-Nummer d. Weltkraftkonferenz in Wien 1955

p Zeichen für Protonen

Pr Prandlt-Zahl $= \dfrac{c \cdot g \cdot \eta}{\lambda_{sek}}$

PWR Preßwasserreaktor

Q Wärmemenge in $kcal/m^3h$

r Halbmesser eines Zylinders

r Zahl der sekundlichen Kernverschmelzungsreaktionen

r   1 Röntgen = Strahlungsdose, die in 1 g Luft eine Energie von 83 erg freigibt

r_0 Halbmesser bzw. Dicke des Spaltstoffes

rep   roentgen experimental physical

R   Reynolds-Zahl $= \dfrac{w \cdot d \cdot \gamma}{g \cdot \eta}$

RBE   relative biological effect

RWE   Rheinisch-Westfälische Elektrizitätswerk A. G.

s bzw. sek   Sekunden

SGR   sodium-graphite-reactor

SKE   Steinkohleneinheit = 7000 kcal/kg

SHP   Leistung der Schiffsmaschine in HP

t   Temperatur in C°

t   Zeit in s

T   Halbwertzeit

T   Temperatur in °C/abs

T   überschwerer Wasserstoff $^3_1$H (Tritium)

U   Natururan; Spaltstoff

UKAEA   United Kingdom Atomic Energy Authority (englische Atombehörde)

UN, UNO   United Nations Organisation

v   Geschwindigkeit

v_p wahrscheinliche Geschwindigkeit stoßender Neutronen in einem Reaktor

v_0 mittlere Geschwindigkeit thermischer stoßender Neutronen in einem Reaktor

V   Volumen eines Reaktorkerns

V_M Volumen des Moderators in einem Reaktor

V_U Volumen des Urans in einem Reaktor

w   Strömungsgeschwindigkeit in m/s

X   Umwandlungsgrenze des fruchtbaren Materials

x   Abbrandzeit eines Spaltstoffes in h

y   U 235-Gehalt eines Spaltstoffes in %

Z   Ordnungszahl eines Elementes im periodischen Systems = Kernladungszahl eines Atoms

Z.VDI   Zeitschrift d. Vereins Deutscher Ingenieure

α Temperaturkoeffizient

a Wärmeübergangszahl in kcal/m²h°C

α_s Absorptionsquerschnitt

γ spezifisches Gewicht in kg/m³

δ Dicke eines Stoffes in m

ε schneller Spaltungsfaktor

η durchschnittliche Zahl der Neutronen, die auf 1 von einem Spaltstoff absorbiertes Neutron frei werden

η Zähigkeit eines Stoffes in kgs/m²

η thermische Wirkungsgrade von Kraftmaschinen oder Kreisprozessen in %

λ Wärmeleitzahl in kcal/mh°C

σ Wirkungsquerschnitt in barn

σ_a Absorptions-Wirkungsquerschnitt in barn

σ_f Spaltungs-Wirkungsquerschnitt in barn

σ_s Streuungs-Wirkungsquerschnitt in barn

$\Sigma = N \cdot \sigma$ makroskopischer Wirkungsquerschnitt in cm⁻¹

Σ_a makroskopischer Wirkungsquerschnitt für Absorption in cm⁻¹

Σ_M makroskopischer Absorptionsquerschnitt eines Bremsstoffes in cm⁻¹

Σ_U makroskopischer Absorptionsquerschnitt von Uran in cm⁻¹

Φ Neutronenfluß, Neutronendichte in n/cm²sek

A. Theoretischer Teil

I. Einleitung

a) Neuere physikalische Erkenntnisse

Die Atomphysik ist eine Errungenschaft und ein echtes Kind unseres turbulenten Jahrhunderts. Nachdem erst vor ein paar Jahrzehnten der wissenschaftlich einwandfreie Beweis dafür erbracht worden war, daß die Atome tatsächlich existierende physikalische Gebilde sind, wissen wir heute, daß sie durch physikalische Mittel sich noch weiter teilen lassen, wobei Bruchstücke entstehen, die völlig andere Eigenschaften haben als die Atome, von denen sie stammen. Durch diese überraschende Erkenntnis, durch die PLANCKsche *Quantentheorie* und die EINSTEINsche Theorie der Äquivalenz von Energie und Masse hat sich das physikalische Weltbild nicht weniger grundlegend geändert als die Zahl der Hilfsmittel, über die die Technik verfügt, die Zahl der der Menschheit erschlossenen segensreichen Möglichkeiten nicht weniger als die Zahl der sie bedrohenden tödlichen Gefahren. Während die Physiker noch in der Jugendzeit des Verfassers fest davon überzeugt waren, daß man alle Naturvorgänge mechanisch-anschaulich verstehen könne, daß die Atome die kleinsten nicht mehr weiter teilbaren Bausteine der Materie seien und alle Stoffe aus Elementen bestehen, die sich weder auf einfachere Form zurückführen noch ineinander verwandeln lassen, muß auf Grund des heutigen Erkenntnisstandes bei vielen atomaren Vorgängen auf Anschaulichkeit verzichtet werden. Man nahm daher für ihre Erklärung zu *Modellen* oder *Vorstellungsbildern* Zuflucht, die sich als sehr fruchtbar erwiesen haben, obgleich sie eben lediglich Bilder sind, die sich mit fortschreitender Erkenntnis ändern können und von Zeit zu Zeit auf Grund der weiteren inzwischen erzielten wissenschaftlichen Fortschritte mit der Wirklichkeit besser übereinstimmenden Bildern werden Platz machen müssen. In der Atomphysik wird schließlich mit Geschwindigkeiten, Massen, Begriffen und hohen positiven und negativen Zehnerpotenzen gearbeitet, die vielen Ingenieuren ungeläufig sind. Auch dieserhalb ist ihnen die Atomphysik ein etwas rätselhaftes Gebiet, zumal auch manche wissenschaftlich hochwertigen Lehrbücher über diesen Gegenstand in einer wenig anschaulichen Sprache geschrieben sind. Deshalb wird im folgenden in möglichst leichtverständlicher Weise über atomphysikalische Dinge das mitgeteilt, was zum Verständnis dieses Buches unbedingt nötig ist. Dabei werden über wichtige Werte zuweilen selbst dann zahlenmäßige Angaben gemacht, wenn dies zur Zeit nur der Größenordnung nach möglich ist, weil der an das Anschauliche gewöhnte Ingenieur mit diesen Werten mehr anfangen kann, als wenn er von ihrer absoluten Größe überhaupt nichts wüßte. Der Leser darf sich aber nicht zu dem Trugschluß verleiten lassen, mit Hilfe dieser wenigen Unterlagen sei er imstande, Kernreaktoren zu berechnen. Dazu ist ein sehr viel Zeit und Hingabe verlangendes Studium umfangreicher Spezialwerke nötig, die weit über das in diesem Buch Gebrachte hinausgehen.

b) Winke für den Gebrauch des Buches

Seit dem Schreiben der II. Auflage sind einige einschlägige Lehrbücher erschienen, die das bringen, was Ingenieure, die Reaktoren bauen sollen, zu ihrem Berechnen und zum gründlichen Verständnis der in ihnen sich abspielenden Vorgänge brauchen.

Um das Studium dieses Buches zu erleichtern, wurden die benutzten Buchstaben und Symbole und ihre Bedeutung in einer alphabetisch geordneten Liste zusammengestellt. Dasselbe geschah mit gewissen physikalischen Definitionen und Zahlenwerten. Schließlich wurden für in der angelsächsischen Literatur öfters vorkommende Fachausdrücke und Abkürzungen die entsprechenden deutschen Worte bzw. Erläuterungen und zahlreiche Umrechnungswerte aus dem englischen ins deutsche (metrische) und vom physikalischen ins technische Maßsystem gegeben.

c) Die Nutzbarmachung der Kernenergie — eine neue Welt

Wer sich mit der Nutzbarmachung der Kernenergie befassen will, muß sich darüber klar sein, daß er in wissenschaftlicher und technischer Beziehung in eine ganz neue Welt eintritt, die mit anderen als den ihm geläufigen Vorstellungen, Größenordnungen, Rechnungsmethoden, Baustoffen, Untersuchungs- und Fabrikationsverfahren, Entwicklungskosten und -zeiten arbeitet. Aber nach wie vor gilt das alte Gesetz, daß eine Maschine nicht nur „laufen können" und betriebssicher, sondern auch konkurrenzfähig sein muß, weil sie sonst keine Käufer findet. Dieser Hinweis ist wichtig, weil im Reaktorbau mit seinen zahllosen Ausführungsmöglichkeiten und noch vielen ungeklärten Punkten manche Wissenschaftler aus Freude am reinen Forschen und manche Ingenieure aus Freude am reinen Konstruieren der Versuchung unterliegen, sich in uferlose Projekte zu verlieren statt alles daran zu setzen, um eine marktfähige Lösung in angemessener Zeit herauszubringen. Aus den folgenden Ausführungen wird der Leser ersehen, welche außerordentlichen

Leistungen in der friedlichen Ausnutzung der Kernenergie in den letzten 15 Jahren vollbracht worden sind. Trotzdem befindet sich der Reaktorbau erst etwa da, wo der Dampfkraftmaschinenbau sich zwischen dem Tod von JAMES WATT (1819) und demjenigen von G. H. CORLISS (1888) befunden hat, wenn man die vielen noch ungeklärten Fragen eskomptiert.

Der Bau von Reaktoren verlangt die Herstellung und Verarbeitung gewisser chemisch sehr reiner Materialien, von denen früher nur wenige Gramm in wissenschaftlichen Laboratorien gebraucht wurden, in Mengen von vielen kg oder gar t. Viele dieser Stoffe sind sehr giftig oder haben sonstige ungewöhnliche Eigenschaften, die wir zur Zeit nur teilweise kennen. Vor allem ihr Verhalten unter der Einwirkung gewisser Strahlungen ist noch nicht genügend geklärt. Dies gilt auch für die Spaltstoffe Uran und Plutonium selber und deren beim Spalten entstehende hochradioaktive Spaltprodukte. Dem Segen, der die friedliche Ausnutzung der Kernenergie für die Menschen sein könnte, steht schließlich der Fluch gegenüber, den ihr Mißbrauch, die Atombombe, über die Welt bringen kann, und kein Ingenieur sollte an diesem Weltproblem Nr. 1 teilnahmslos vorübergehen.

II. Atomphysikalische Grundlagen

a) Aufbau der Atome

Die Atomphysik lehrt, daß Protonen, Neutronen und Elektronen und einige andere Partikelchen (Teilchen), Abb. 1, die kleinsten Elementarbestandteile, Atome somit zusammengesetzte Gebilde sind. Den Kern der Atome bilden die elektrisch ungeladenen *Neutronen* n (146 beim Uranatom 238 U) und die positiv geladenen *Protonen* p (92 bei 238 U), die Summe der Protonen und Neutronen je Kern nennt man die *Massenzahl*, Abb. 1. Ein Atomkern ist von der aus mehreren Schalen von verschiedenem Durchmesser gebildeten Atomhülle umgeben, die aus negativ geladenen *Elektronen* besteht. Die Zahl der Elektronen ist bei elektrisch neutra-

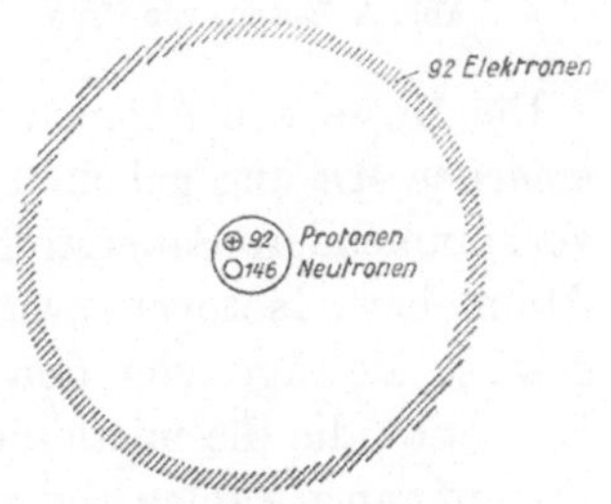

Abb. 1. Vorstellungsbild des Uranisotops 238 U

len Atomen ebenso groß wie die Zahl der Protonen (92 bei 238 U). Die Zahl der Protonen, die sogenannte *Kernladungszahl*, ist mit der *Ordnungszahl* des betreffenden Elementes im periodischen System identisch (92 bei 238 U) und bestimmt die chemischen Eigenschaften eines Stoffes eindeutig.

Tabelle 1. Zusammenhang zwischen der Zahl der Neutronen n, der Protonen p und der Elektronen e mit der Massenzahl A und der Ordnungszahl N bzw. Kernladungszahl Z eines elektrisch neutralen Atoms (am Beispiel des Uranisotops $^{238}_{92}U$ gezeigt)

Massenzahl	A (238)	
Kernladungszahl Z	(92) = Ordnungszahl N im periodischen System	
Zahl der Kernteilchen	$p + n = A$	(238)
Zahl der Protonen	$p = Z$	(92)
Zahl der Neutronen	$n = A - Z$	(146)
Zahl der Elektronen	$e = p$	(92)

Elemente sind aus Atomen gleicher Kernladungszahl bestehende Stoffe. Gewisse Elemente sind eine Mischung chemisch gleichartiger, aber physikalisch verschiedener Stoffe, die man *Isotope* nennt. Sämtliche Isotope eines Elementes haben dieselbe Ordnungszahl, aber verschiedene Massenzahlen. *Atomarten werden also durch ihre Massenzahl und ihre Ordnungszahl (Kernladung) bestimmt.* Beispielsweise enthält natürliches Uran rd. 99,280% des Isotops 238 U; rd. 0,714% des durch langsame und schnelle Neutronen spaltbaren Isotops 235 U und rd. 0,006% des Isotops 234 U, Abb. 2. Wasserstoff kommt in der Form des leichten Isotops 1 H, des schweren Isotops 2 H (D) und des überschweren Isotops 3 H (T) vor, denen „leichtes Wasser" H_2O, das sehr teure und seltene „schwere Wasser" D_2O und das noch weit seltenere „überschwere Wasser" entsprechen. Das Element Krypton (Kr) hat z. B. 6 Isotope, Tab. 2, andere Elemente teils mehr, teils weniger.

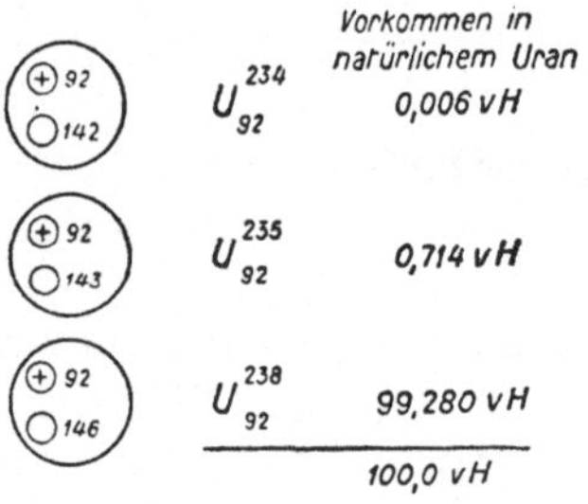

Abb. 2. Isotope von Uran

Die Masse von Atomen wird in der Atomphysik meistens in *Masseneinheiten* ME angegeben. 1 ME ist $^1/_{16}$ der Atommasse des am häufigsten vorkommenden Sauerstoff-Isotops 16 O, auf das die physikalischen Atom- bzw. Isotopengewichte bezogen sind. Sie unterscheiden sich um gewisse Beträge von den bekannten chemischen Atomgewichten der Elemente, die die mittleren Atomgewichte ihrer Isotopengemische sind. Die auf ganze Zahlen abgerundeten physikalischen Atom- bzw. Isotopengewichte ergeben die *Massenzahl*, die man oben an das Elementsymbol anschreibt, z. B. ^{16}O, ^{14}N usw., häufig aber auch hinter oder auf gleicher Höhe vor das Symbol des Elementes setzt, 16 O, 14 N. Alle bisher bekannten Isotope sind aus hier nicht näher zu erörternden Gründen nach FINKELNBURG bis auf weniger als 1% ganze Zahlen.

Die Durchmesser der Atome liegen zwischen $1 \cdot 10^{-8}$ und $5 \cdot 10^{-8}$ cm. Die Durchmesser ihrer Kerne sind rd. 10000 mal kleiner, Abb. 3. Der

Tabelle 2. Atomphysikalische Werte einiger Elemente

Ordnungs-zahl = (Kern-ladungs-zahl)	Element	Massen-zahl	Neu-tronen-zahl	Neu-tronen / Protonen	Relative Häufig-keit	Isotopen: gewicht[1] bezogen auf 16 O = 16,000	Chem. Atom-gewicht (Jahrgang 1952)
Z		A	$A - Z$	$\dfrac{A - Z}{Z}$	%	A_A	
0	n	1	1	—	—	1,00898	—
1	H	1	0	—	99,986	1,00814	} 1,00080
1	D	2	1	1,0	0,014	2,01474	
2	He	3	1	0,5	10^{-4}	3,01698	} 4,003
		4	2	1,0	100	4,00387	
3	Li	6	3	1,0	7,30	6,01702	} 6,940
		7	4	1,33	92,70	7,01822	
8	O	16	8	1,0	99,76	16,0000	16,00000
36	Kr	78	42	1,17	0,35	77,945	
		80	44	1,22	2,01	79,926	
		82	46	1,28	11,52	81,9384	
		83	47	1,31	11,52	82,927	} 83,80
		84	48	1,33	57,13	83,9385	
		86	50	1,39	17,47	85,9366	
90	Th	232	142	1,58	100	232,1093	232,12
92	U II	234	142	1,54	0,0052	234,1130	} 238,07
	(Ac U)	235	143	1,55	0,720	235,12517	
	U I	238	146	1,59	99,274	238,13232	
93	Np	237	144	1,55		instabil	
94	Pu	239	145	1,54		instabil	

[1] Die Massenzahlen der Isotopengewichte geben gleichzeitig die Atommassen in ME an.

Größe nach verhält sich ein Atomkern zum ganzen Atom etwa wie ein Stecknadelkopf zu einem mittelgroßen Haus. Der weitaus größte Teil der Masse eines Atomes ist in seinem Kern konzentriert. Könnte man die nötige Zahl von Kernen eines Elementes mit der Massenzahl 200 zu einem homogenen Körper zusammenpacken, so würde 1 cm³

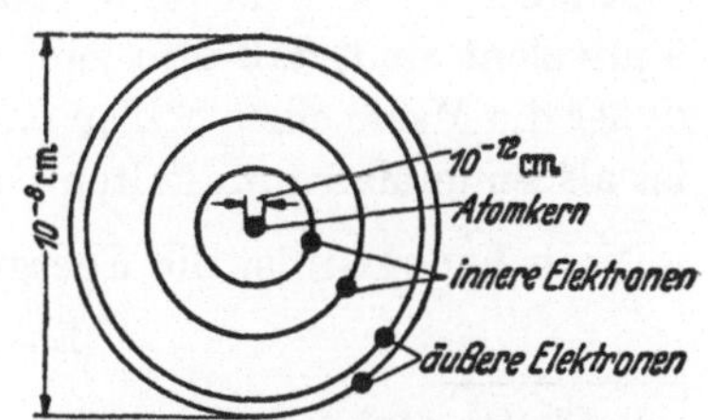

Abb. 3. Schematische Darstellung eines Atoms. Nach F. SEITZ

rd. 150 Millionen t (Tonnen) wiegen. *Entgegen der landläufigen Ansicht sind also auch die schwersten Stoffe sehr duftige Gebilde*, was zu wissen für das Verständnis der folgenden Ausführungen wichtig ist.

1 Mol sämtlicher Stoffe enthält stets die gleiche Anzahl von Atomen bzw. Molekülen, und zwar L = $6{,}0235 \cdot 10^{23}$ Mol⁻¹ (LOSCHMIDT'sche

Zahl). Sind A_A das Atomgewicht und M_A die Masse eines Atomes, so ist

$$M_A = \frac{A_A}{L} = \frac{A_A}{6{,}0235 \cdot 10^{23}} \text{ g} \tag{2}$$

Die absolute Masse des Wasserstoffatoms M_H ist also

$$M_H = \frac{1{,}00814}{6{,}0235 \cdot 10^{23}} = 1{,}6732 \cdot 10^{-24} \text{ g} \tag{3}$$

Man kennzeichnet Elemente bzw. Isotope, indem man ihrem Symbol die Massenzahl und die Ordnungszahl beifügt, und zwar letztere unterhalb der ersteren, wie es die mittlere Kolonne von Abb. 2 zeigt. Im Gegensatz zu Abb. 2 werden in diesem Buche die beiden Kernwerte dem Symbol meistens vorangesetzt. Die drei Isotope des Urans werden also folgendermaßen gekennzeichnet $^{234}_{92}$ U, $^{235}_{92}$ U und $^{238}_{92}$ U. Eine sehr wichtige Rolle in der Atomphysik spielen *Neutronen* n und *Elektronen* e. Da Neutronen keine Ladung, aber eine Masse besitzen, haben sie das Symbol $^1_0$ n, die eine negative Ladung tragenden Elektronen mit sehr kleiner Masse das Symbol $_{-1}^0$ e. In vorliegendem Buch werden entgegen einem vielfach üblichen Brauch Uranium und anderes spaltbares Material *Spaltstoff* und nicht Brennstoff (fuel) genannt, weil die Wärmeentwicklung in Reaktoren nicht wie in Feuerungen durch Verbrennung erfolgt und im Geschäftsleben leicht Irrtümer unterlaufen könnten, wenn man nicht beide Begriffe scharf auseinanderhält. Die bei der Kernspaltung entstehenden Stoffe werden mit *Spaltprodukte*, einzelne mit Aluminium, Zirkonium oder anderem Material gasdicht ummantelte metallische Spaltstoffstücke mit *Patronen* oder „*Elementen*" bezeichnet.

b) Äquivalenz von Masse und Energie

EINSTEIN stellte im Jahre 1905 die Theorie auf, daß Masse und Energie äquivalent sind, daß also jede Energie eine gewisse Masse hat und daß daher die Masse eines heißen oder eines sich bewegenden Körpers größer ist als seine Masse im kalten oder im ruhenden Zustand.

Nach EINSTEIN ist die Energie eines Körpers

$$E = m \cdot c^2 \text{ erg}^{1)},^{2)} \tag{4}$$

---

[1] Gl. (4) darf natürlich nicht mit der Gleichung $A = \frac{1}{2} m \cdot v^2$ verwechselt werden, die die zum Beschleunigen einer Masse m aus der Ruhe auf die Geschwindigkeit v erforderlichen Arbeit angibt.

[2] Der japanische Wissenschaftler HEDEKI YUKAWA hat auf der Genfer Atomkonferenz (1958) darauf hingewiesen, daß gewisse Vorgänge in den allerkleinsten Elementarteilchen mit den Theorien von EINSTEIN und PLANCK (z. B. maximal mögliche Geschwindigkeit $\leqq$ Lichtgeschwindigkeit) nicht mehr erklärt werden können. Aus dieser die Fachleute nicht überraschenden Tatsache darf man aber nicht, wie es vereinzelt geschehen ist, folgern, die Grundgedanken von EINSTEIN und PLANCK träfen nicht mehr zu.

Hierin bedeutet

$$m = \text{Masse eines Körpers in g}$$
$$c = \text{Lichtgeschwindigkeit in cm/sek}$$
$$= 3 \cdot 10^{10} \text{ cm sek}^{-1}$$

Die einer Masse von 1 g äquivalente Energie beträgt daher

$$E_{1g} = 9 \cdot 10^{20} \text{ erg} = 2,5 \cdot 10^{7} \text{ kWh} = 2,15 \cdot 10^{10} \text{ kcal} \tag{5}$$

Diese ungeheure Energie ließe sich frei machen, wenn man eine Masse völlig in Energie umwandeln könnte, was aber daran scheitert, daß sie in den allermeisten Körpern außerordentlich fest gebunden ist. Wie wir noch sehen werden, besteht die Möglichkeit, bei gewissen Elementen $^1/_{1000}$ bis $^2/_{1000}$ ihrer Masse auf verhältnismäßig einfache Weise in Energie zu verwandeln. Durch die Zerstrahlung von *Positronen* und Elektronen, also von winzig kleinen Massen, ist es im Laboratorium sogar geglückt, die ganze Masse zweier Elementarteilchen in Strahlungsenergie umzusetzen und dadurch einen Beweis für die Richtigkeit der EINSTEINschen Theorie zu liefern.

Die Wärmetönung der Verbrennung von H_2 zu H_2O (flüssig) beträgt nach HÜTTE 28. Aufl. 68500 cal. mol^{-1}. Somit lautet die Verbrennungsgleichung für 1 Grammol H_2:

$$2{,}016 \text{ g } H_2 + 16{,}0 \text{ g } O_2 = 18{,}016 \text{ g } H_2O + 68500 \text{ cal.}$$

Je Mol gebildetes Wasser ($\sim$ 18 g) entstehen also 68500 cal Wärme.

Nach der Umrechnungstabelle (siehe Anhang) ist

$$1 \text{ cal} = 4{,}1855 \cdot 10^{7} \text{ erg} = 1{,}1626 \cdot 10^{-6} \text{ kWh.}$$

Damit ergibt sich je 18 g gebildetes H_2O eine Energie von $68500 \cdot 4{,}1855 \cdot 10^{7}$
$$= 2{,}867 \cdot 10^{12} \text{ erg}$$

bzw. $68500 \cdot 1{,}1626 \cdot 10^{-6}$ kWh . . . . $= 0{,}0796$ kWh

Nach der EINSTEINschen Gleichung $E = m \cdot c^2$ (erg) beträgt die der bei der Verbrennung freigesetzten Energie von $E = 2{,}867 \cdot 10^{12}$ erg äquivalente Massenabnahme

$$\triangle m = \frac{E}{c^2} = \frac{2{,}867 \cdot 10^{12}}{9 \cdot 10^{20}} \cong 3{,}19 \cdot 10^{-9} \text{ g / 18g } H_2O \quad (c = 3 \cdot 10^{10} \text{ cm/sek} = \text{Vakuum-}$$
$$\text{lichtgeschwindigkeit)}$$

Bezogen auf 1 g entstandenes Wasser ist der Massenverlust

$$\triangle M = \frac{3{,}19}{18} \cdot 10^{-9} \text{ g} \cong 1{,}77 \cdot 10^{-10} \text{ g / 1 g } H_2O$$

Beim Erhitzen von Graphit auf rd. 4000° C beträgt $\Delta M = 7 \cdot 10^{-11}$ g. Man nimmt von der bei chemischen Prozessen auftretenden Änderung der Masse bei Rechnungen usw. keine Notiz, weil die Genauigkeit selbst unserer empfindlichsten Meßinstrumente zum Nachweis von ΔM bei weitem nicht ausreichen würde.

Die Verbrennung von Kohlenstoff (C) zu Kohlensäure (CO_2) erfolgt nach der Formel

$$C + 2\,O \rightarrow CO_2 \tag{6}$$

d. h. 12 g C + 32 g O ergeben 44 g CO_2

So wie bei chemischen Vorgängen die Summe der miteinander in Reaktion tretenden Zahlen der Moleküle bzw. Gewichte so groß sein muß wie die Summe der Moleküle bzw. die Gewichte ihrer Verbindung, so müssen bei Kernvorgängen die Summen der Massenzahlen und der Ordnungszahlen der Ausgangsstoffe mit denen der gebildeten Stoffe übereinstimmen. Wird z. B. ein Kern des schweren C-Isotops $^{13}_{6}$C mit 1 Proton (Wasserstoffkern) bombardiert, so bildet sich ein $^{13}_{7}$N-Kern und 1 Neutron $^{1}_{0}$n gemäß der Formel

$$^{13}_{6}C + ^{1}_{1}H \longrightarrow \, ^{13}_{7}N + ^{1}_{0}n \tag{7}$$

Es ist also

$$13 + 1 = 13 + 1 \text{ Massenzahlen}$$
$$6 + 1 = 7 + 0 \text{ Ordnungszahlen}$$

Gl. (7) bedeutet, daß das Element C unter Freiwerden von 1 Neutron in das Element N verwandelt wurde, was durch die Änderung der Ordnungszahl zum Ausdruck kommt. Wie bei chemischen Vorgängen gibt es auch bei Kernreaktionen *exotherme* und *endotherme Reaktionen*, je nachdem, ob Energie freigegeben oder aufgenommen wird.

Gl. (7) kann man nach dem Vorausgegangenen auch in der Form schreiben: $^{13}_{6}$C (p, n) $^{13}_{7}$N, indem man das als Geschoß (Stoßteilchen) dienende Proton p und das bei der Reaktion ausgestrahlte Neutron n in einer zwischen dem Ausgangs- und dem Endprodukt stehenden Klammer zusammenfaßt. Andere Geschosse und andere ausgestrahlte Teilchen oder Energien werden gekennzeichnet durch (n, p); (n, α); (d, p) usw. Eine (n, γ)-Reaktion nennt man aus hier nicht näher zu erörternden Gründen eine *Resonanz-Reaktion*. Die erste durch RUTHERFORD im Jahre 1919 geglückte Kernumwandlung

$$^{14}_{7}N + ^{4}_{2}He = \, ^{17}_{8}O + ^{1}_{1}H$$

wird vereinfacht geschrieben

$$\begin{array}{c} \text{Heliumkern} \\ \text{tritt ein} \\ \downarrow \\ ^{14}_{7}N\ (\alpha,\ \ p)\ ^{17}_{8}O \\ \downarrow \\ \text{Proton} \\ \text{tritt aus} \end{array}$$

Es beträgt die Masse eines

$$\begin{aligned} \text{Protons}\quad & A_p = 1{,}00759 \text{ ME} \\ \text{Neutrons}\quad & A_n = 1{,}00898 \text{ ME,} \\ \text{Elektrons}\quad & = 5{,}487 \cdot 10^{-4} \text{ ME (abgerundet } 0{,}00055 \text{ ME).} \end{aligned}$$

Die Masse von Elektronen ist also gegenüber der Masse von Protonen oder Neutronen außerordentlich klein und wird deshalb in vielen Fällen gleich Null gesetzt. Neutronen können spontan in Protonen und Elektronen zerfallen gemäß der Gleichung

$$n \longrightarrow p + {}_{-1}^{0}e + 0{,}76 \, \text{MeV} \tag{8}$$

Wären die bei der Bildung eines Atomkernes zwischen Neutronen und Protonen auftretenden Kräfte sehr klein, d. h. etwa derart, daß die mit ihrer Vereinigung verbundenen Energien mit den bei chemischen Reaktionen auftretenden verglichen werden könnten, so würde die Masse eines Kernes mit Z Protonen und A-Z Neutronen gleich der Summe aus der Masse der Protonen plus der Masse der Neutronen sein, d. h. es würde gelten

$$M(Z, A-Z) = Z \cdot A_p + (A-Z) \cdot A_n \; \text{ME} \tag{9a}$$

Es hat sich aber im Gegensatz zu den bei chemischen Prozessen gleichbleibenden Massen gezeigt, daß die Masse von Atomkernen, die mit Ausnahme der schweren Kerne sehr stabile Gebilde sind, stets kleiner ist als die Summe der Massen ihrer Bestandteile. Bei ihrer Bildung tritt also ein Massenverlust ein, den man *Massendefekt* ΔM nennt. Die Masse des Kernes M_K, in dem Protonen und Neutronen vereinigt sind, beträgt daher

$$M_K = Z \cdot A_p + (A-Z) \cdot A_n - \triangle M \; \text{ME} \tag{9}$$

Der Massendefekt rührt davon her, daß die freien, noch weit voneinander entfernten Bausteine eines Kernes infolge der zwischen ihnen wirkenden Kräfte gegeneinander eine verhältnismäßig große potentielle Energie haben. Diese Kräfte halten die Bausteine im Kern zusammen. In gebundenem Zustand ist ihre gegenseitige potentielle Energie weit kleiner, sie haben also durch ihre Bindung im Kern an potentieller Energie verloren. Diesen *Bindungsenergie* genannten Betrag müßte man aufbringen, wenn man die Bausteine entgegen den sie bindenden Kräften wieder voneinander lösen wollte, wobei ein Zuwachs an Masse einträte. Nach dem Gesetz von der Äquivalenz von Masse und Energie gemäß Gl. (4) ist der Massendefekt ΔM das Massenäquivalent der Bindungsenergie.

Diese Zusammenhänge werden durch folgende Formeln wiedergegeben:

Die Masse des Elektrons (${}_{-1}^{0}e$) beträgt

$$A_{el} = 0{,}00055 \; \text{ME} \tag{10}$$

Die Masse M_K eines Kernes mit Z Protonen ist daher

$$M_K = A_A - 0{,}00055 \cdot Z \; \text{ME} \tag{11}$$

wenn A_A das Atomgewicht des ganzen Atoms ist.

Der Massendefekt ΔM eines Kernes beträgt

$$\Delta M = Z \cdot A_p + (A-Z) \cdot A_n - M_K \quad \text{ME} \tag{12}$$

$$= Z \cdot 1{,}00759 + (A-Z) \cdot 1{,}00898 - (A_A - 0{,}00055 \cdot Z) \quad \text{ME} \tag{13)[1]}$$

Der Massendefekt eines He-Kernes (α-Teilchen) wird mit dem in Tab. 2 für A_A angegebenen Wert gefunden zu

$$\triangle M_{{}^4_2\text{He}} = 2 \cdot 1{,}00759 + 2 \cdot 1{,}00898 - (4{,}00387 - 2 \cdot 0{,}00055)$$
$$= 0{,}03037 = \text{rd. } 0{,}03 \text{ ME} \tag{14}$$

Auf diese Weise wurde Abb. 4 errechnet, die die in ME angegebenen Massendefekte in Abhängigkeit von der Massenzahl A zeigt.

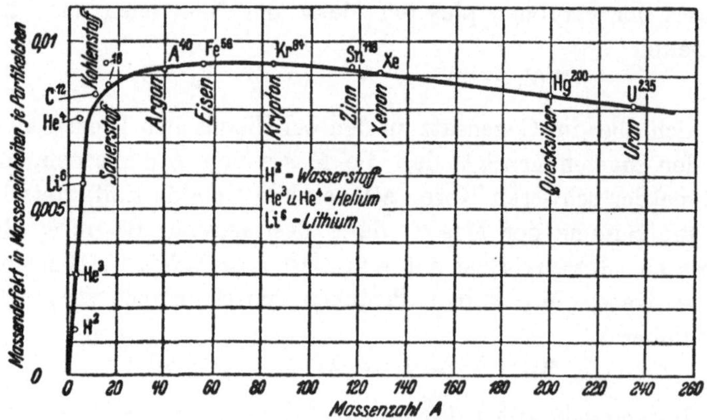

Abb. 4. In Masseneinheiten ausgedrückter Massendefekt in Abhängigkeit von der Massenzahl A der Elemente

Bei atomaren Vorgängen hat es sich als zweckmäßig erwiesen, als Energieeinheit 1 *Elektronenvolt* (eV) zu wählen. 1 eV ist diejenige Energie, die ein Elektron oder ein anderes 1 Elementarladung e tragendes Teilchen beim Durchlaufen einer Spannung von 1 Volt (V) erlangt. Da e $=$ $1{,}602 \cdot 10^{-19}$ C (Coulomb) ist, so ist 1 eV $= 1{,}602 \cdot 10^{-19}$ C $\cdot$ V $= 1{,}602 \cdot 10^{-12}$ erg. 1 Million eV hat das Symbol MeV und es ist

$$1 \text{ ME} \triangleq 931 \text{ MeV} \triangleq 0{,}00149 \text{ erg} \tag{15}$$

d. h. einem Massendefekt ΔM von $^1/_{1000}$ ME entspricht eine Bindungsenergie von rd. 1 MeV. Abb. 5 gibt einen bildmäßigen Vergleich der Energieeinheiten in der Mechanik (mkg) und in der Kernphysik (eV).

Außer bei den leichtesten Elementen beträgt die Bindungsenergie eines Teilchens bei allen bekannten Atomkernen 7,5 bis 8,5, im Mittel

---

[1]) Bei Massenberechnungen muß man entweder mit den Massen der nackten Kerne, d. h. ohne Elektronen oder auch bei den Stoßteilchen (Geschossen) mit den in Tab. 2 angegebenen Atommassen rechnen, wobei sich auf beiden Seiten der Gleichung dieselbe Anzahl von Elektronen ergibt.

8 MeV. Nach Abb. 4 ist der Massendefekt und damit die Bindungsenergie der Kerne zwischen den Massenzahlen 50 und 100 am größten, d. h. die in diesem Bereich liegenden Elemente sind besonders stabil, dann fällt die Bindungsenergie allmählich ab. Bei den stabilsten Kernen ist

$$Z = \frac{A}{2}, \text{ wie z. B. bei } {}^{4}_{2}\text{He}, {}^{12}_{6}\text{C}, {}^{16}_{8}\text{O}$$

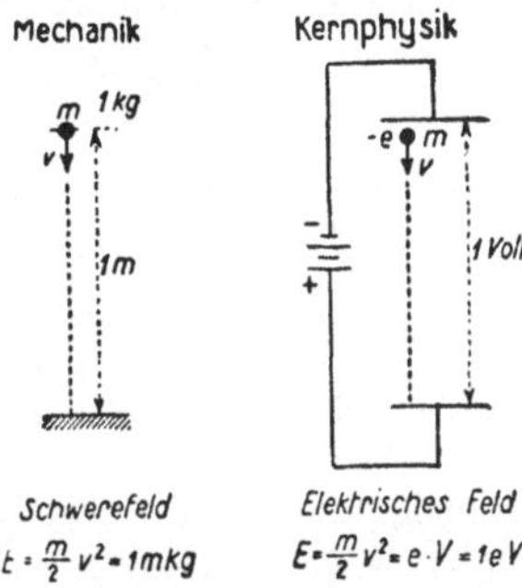

Abb. 5. Energieeinheiten in der Mechanik und in der Kernphysik

usw. Wenn bei Kernreaktionen die Summe der Massen auf der linken Seite der Reaktionsgleichung (Ausgangskern und Stoßteilchen) größer ist als auf der rechten (Endkern und ausgeschleuderte Teilchen), so verläuft die Reaktion *exotherm* und der Massendefekt ΔM erscheint nach der Umwandlung als die Summe der kinetischen Energien des produktes und der ausgestoßenen Teilchen. Im umgekehrten *endothermen* Fall muß das anregende Stoßteilchen mindestens eine ΔM entsprechende kinetische Energie haben, damit die Reaktion erfolgen kann.

c) Kernspaltung

Bei Atomkernen mit kleiner Massenzahl A beträgt mit Ausnahme von ${}^{3}_{2}$He das Verhältnis

$$\frac{\text{Neutronen}}{\text{Protonen}} = \frac{A - Z}{Z} \text{ rd. 1.}$$ Es steigt mit zunehmender Massenzahl an und erreicht seinen Höchstwert von rd. 1,59 bei A = 238, Tab. 2. Je größer die Anzahl der (positiv geladenen) Protonen in einem Kern ist, um so weniger vermögen die Kernkräfte der gegenseitigen Abstoßung der Protonen das Gleichgewicht zu halten; oberhalb von A = 200 fangen daher die Kerne an, unstabil zu werden. Radium (${}^{226}_{88}$Ra) ist ein solches unstabiles Element, das spontan, d. h. ohne äußeren Anlaß, nach der Gleichung

$$ {}^{226}_{88}\text{Ra} \rightarrow {}^{222}_{86}\text{Ra Em} + {}^{4}_{2}\text{He} \tag{16}$$

unter Aussendung einer äußerst intensiven Strahlung und eines Heliumkernes in die Radium-Emanation ${}^{222}_{86}$Ra Em übergeht. Fast alle Elemente mit radioaktiven Eigenschaften haben Ordnungszahlen zwischen 81 und 92.

Die drei wichtigsten beim radioaktiven Zerfall entstehenden Strahlungen sind α-Teilchen, β-Teilchen und γ-Strahlen. α-Teilchen sind Heliumkerne (${}^{4}_{2}$He), β-Teilchen sind Elektronen (${}^{0}_{-1}$e) und γ-Strahlen sind elektromagnetische Strahlungen. In Luft können α-Teilchen je 2 MeV

Energie nur eine Entfernung von 1 cm, γ-Strahlen aber weit dickere Materialschichten als α-Strahlen und als β-Teilchen durchdringen. Von einer einheitlichen radioaktiven Substanz verwandelt sich in gleichen Zeiten stets der gleiche Bruchteil der jeweils noch vorhandenen Atome in das Folgeprodukt. *Halbwertzeit* T nennt man die Zeit, innerhalb der die Hälfte der anfänglichen Menge zerfällt. Sie liegt bei natürlich radioaktiven Kernen zwischen winzigen Bruchteilen einer Sekunde und vielen Millionen Jahren; bei Radium beträgt sie 1590 Jahre, bei Uran rd. $4,5 \cdot 10^9$ Jahre, bei Thorium C' aber nur etwa 10^{-9} sek.

Je länger die Halbwertzeit ist, um so stabiler ist ein Element oder Isotop. Beispielsweise haben nach Tab. 13 233 U, 235 U und 239 Pu eine lange Halbwertzeit und sind daher verhältnismäßig stabil, während 239 U und 233 Th, die, wie wir noch sehen werden, durch Bestrahlung aus 238 U oder 232 Th gewonnen werden können, nur eine nach Minuten zählende Halbwertzeit haben und starke β-Strahler sind.

Radioaktive Atomkerne zerfallen spontan, d. h. ohne äußere Einwirkung. Künstliche Umwandlungen von Atomkernen können durch Beschießung mit Elementarteilchen herbeigeführt werden. Die Kerne einiger schwerer Elemente lassen sich durch Beschuß mit Neutronen spalten, die sich hierzu besonders gut eignen, weil sie keine elektrische Ladung besitzen und daher sehr nahe an die Kerne herankommen, ohne von deren positiver Ladung abgestoßen zu werden.

Man unterscheidet zwischen *schnellen*, *mittelschnellen* (intermediate) und *langsamen* oder *thermischen* Neutronen, deren Energie mehr als 1000 eV (1 KeV), zwischen 1 und 1000 eV und weniger als 0,1 eV beträgt. Thermische Neutronen haben sich für viele Fälle als besonders geeignet erwiesen. Durch thermische Neutronen spaltbare Kerne können auch durch schnelle Neutronen gespalten werden. *Durch thermische Neutronen lassen sich nur die Kerne von 235 U, 233 U und 239 Pu spalten.*

Mit Teilchen von einer Energie, wie sie heute in *Cyclotronen* und ähnlichen *Teilchenbeschleunigern* erzielt werden kann, lassen sich fast alle schweren Kerne spalten, z. B. 73 Tantal mit α-Teilchen von 400 MeV.

Tabelle 3. Primäre und sekundäre Spaltstoffe

Primäre (natürliche) Spaltstoffe:	spaltbar durch:
Uran, natürlich (0,72% Gehalt an 235 U)..............	thermische und
Uran, angereichert (1,0÷90% Gehalt an 235 U).......	durch schnelle
Uran, keramisch UO_2 oder als Salz (UO_2SO_4)	Neutronen
Uranisotop 238 U, umwandelbar in Pu durch	schnelle
Thorium 232 Th, umwandelbar in 233 U durch	Neutronen
Sekundäre (künstliche) Spaltstoffe:	spaltbar durch:
233 U, entstanden aus natürlichem Thorium 232 Th ...	thermische und
239 Pu, entstanden aus natürlichem Isotop 238 U	schnelle Neutronen

Das Auftreffen von Neutronen oder anderen Partikelchen auf Atomkerne vollzieht sich nach den Gesetzen des mechanischen Stoßes und hat recht verschiedene Ergebnisse, je nachdem, ob die Neutronen auf die Kerne zentral oder schräg aufprallen. Im letzteren Falle werden sie ähnlich wie beim Zusammentreffen von Billardkugeln schräg abgelenkt und fliegen dann unverändert weiter. Bei den relativ seltenen zentralen Zusammenstößen haben beide Teile Gelegenheit, eine *Kernzertrümmerung* (Kernspaltung) zustande zu bringen, wobei einige Neutronen entstehen und eine Energie von etwa 200 MeV frei wird. *Das Uranisotop $^{235}_{92}U$ ist das einzige in der Natur vorkommende spaltbare Material.* Die Spaltung kann nach Tab. 3 durch thermische und durch schnelle Neutronen erfolgen. Seine Kerne lassen sich durch Beschießen mit Neutronen in zwei Teile von etwa gleichgroßer Masse spalten, wobei im Mittel 2,5 schnelle Neutronen mit einer Geschwindigkeit von etwa 100000 km/sek frei werden. Die beiden Bruchstücke fliegen mit einer ungeheuren Geschwindigkeit auseinander und machen dadurch eine Energiemenge frei, die diejenige von radioaktiven Vorgängen um etwa das 30fache, die bei chemischen Prozessen frei werdende Energie um das Millionenfache übertrifft. Seine physikalische Ursache hat dieses verschiedene Verhalten darin, daß bei chemischen Prozessen nur die vom Atomkern am weitesten entfernten Elektronen in Mitleidenschaft gezogen werden, die Kerne selber aber nicht. Man kann sich die Spaltung eines Kernes etwa so wie in Abb. 6 vorstellen, d. h. der Kern schnürt sich zunächst ähnlich wie ein Wassertropfen zusammen und zerfällt dann in zwei Teile. *Die Spaltung von Atomkernen ist also ein Vorgang, bei dem unvorstellbar kleine Massen mit unvorstellbar großen Geschwindigkeiten unter hochradioaktiven Erscheinungen miteinander in Reaktion treten.*

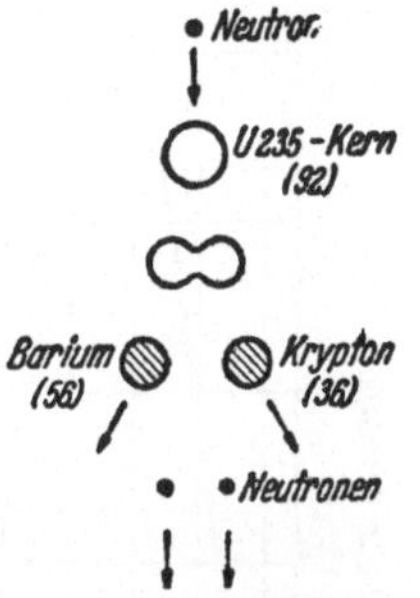

Neutron

U235-Kern (92)

Barium (56) Krypton (36)

Neutronen

Abb. 6. Vorstellungsbild für das Spalten eines Atomkernes

Ein anschauliches, wenn auch heute etwas überholtes Bild vom Vorgang bei der Spaltung von 235 U gibt Abb. 7. Es bedeutet, daß bei Auftreffen von langsamen Neutronen n das Isotop 235 U unter vorübergehender Bildung des Zwischenkernes 236 U in zwei leichtere Kerne Sr* und Xe* zerfällt und zwei bis drei neue Neutronen entsendet. Auf 1 kg 235 U entstehen dabei 0,999 kg Spaltprodukte, 0,001 kg Materie verschwindet und rd. 20000000000 kcal werden frei.

$$235\,U + n \longrightarrow 236\,U \longrightarrow \underset{\text{Spaltprodukte}}{\underline{Sr^* + Xe^* + (2\div3)\,n}} + \triangle m$$

$$1{,}000 \text{ kg} \qquad\qquad 0{,}999 \text{ kg} \qquad 0{,}001 \text{ kg}$$

$$2{,}0 \cdot 10^{10} \text{ kcal}$$

Langsame Neutronen spalten 235 U-Kerne auf mehr als 40 verschiedene Arten, wobei über 80 verschiedene Spaltprodukte entstehen können. Gemäß Abb. 8

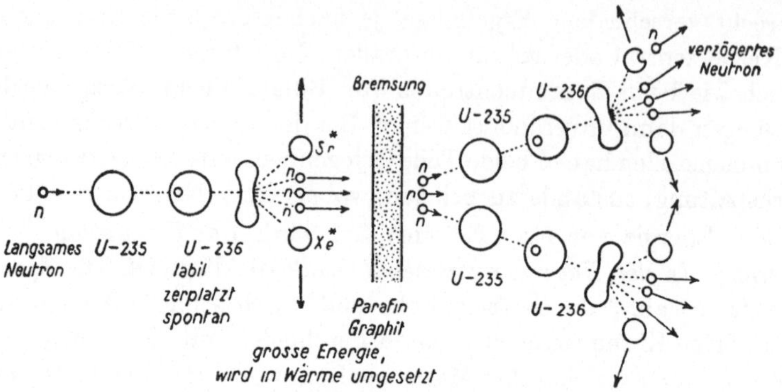

Abb. 7. Vorgang beim Spalten von 235 U. Nach Dubs

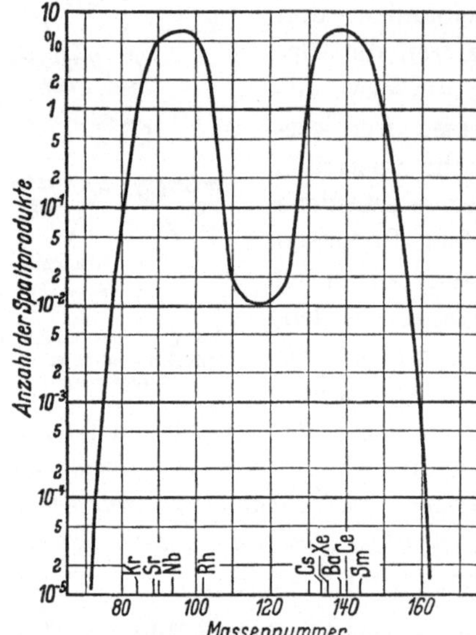

Abb. 8. Prozentualer Anteil d. Spaltprodukte von 235 U (233 U u. 239 Pu verlaufen ähnlich) bei Beschießen mit langsamen Neutronen. Nach Coryell u. Sugarman. An der Ordinate ist "Anzahl" durch "Anteil" zu ersetzen.

liegt der Spaltungsbereich bei Elementen mit Massenzahlen zwischen 72 und 160. Die wahrscheinlichste Art der Spaltung, welche rd. 6,4% der Gesamtzahl der Spaltungen beträgt, gibt Produkte mit den Massenzahlen 95 und 139. Ähnlich verhalten sich 233 U und 239 Pu.

Da während der Spaltungen Elektronen aus den Atomen ausgeschleudert werden, sind die Spaltungstrümmer elektrisch hoch geladen. Sie haben in Luft eine Reichweite von 1,9 ÷ 2,5 cm, in Aluminium von nur $1,4 \cdot 10^{-3}$ cm. Ihre in verschiedenen Stoffen verschiedene Reichweite ist für den Entwurf von Reaktoren wichtig, weil ihr Entweichen in das die Spaltstoffelemente umgebende Medium, z. B. als Kühlmittel oder Moderator dienendes Wasser, verhindert werden muß. Die meisten Spaltprodukte senden β-Teilchen und γ-Strahlen aus und können dadurch den menschlichen Körper schwer schädigen.

Den Mechanismus der Spaltung von 235 U gibt folgende allgemeine Gleichung wieder

$$^{235}_{92}\text{U} + ^{1}_{0}\text{n} = ^{A_1}_{Z_1}\text{F}_1 + ^{A_2}_{Z_2}\text{F}_2 + 2 \text{ (bis 3) } ^{1}_{0}\text{n} \tag{17}$$

A_1 und A_2 sind die Massenzahlen, Z_1 und Z_2 die Ordnungszahlen der entstandenen Teilkerne F_1 und F_2. Die meist instabilen Teilkerne gehen dann auf dem Wege des radioaktiven Zerfalls in stabile Kerne über. Die bei der Spaltung frei werdende Energie kann angenähert aus der Differenz der Bindungsenergien der Anfangs- und

Endprodukte der Spaltung und auf andere Weise berechnet werden. Hierbei ergeben sich übereinstimmend Werte, die bei rd. 200 MeV liegen.

Sind z. B. $^{84}_{36}$ Kr und $^{137}_{56}$ Ba stabile Endprodukte einer 235 U-Spaltung, bei deren Bildung u. a. 3 α-Teilchen emittiert wurden, so ergibt sich die aus 1 gespaltenem 235 U-Kern freigesetzte Energie aus folgender Bilanz:

Bindungsenergie der Endprodukte:

$$^{84}_{36} \text{Kr} = 84 \cdot 8{,}80 = 738 \text{ MeV}$$
$$^{137}_{56} \text{Ba} = 137 \cdot 8{,}43 = 1153 \text{ MeV}$$

3 α-Teilchen
($^{4}_{2}$ He-Kerne) $\qquad = 3 \cdot 4 \cdot 6{,}96 = \underline{\;\;83 \text{ MeV}}$

$\qquad\qquad$ Summe $\qquad = 1974 \text{ MeV}$

Bindungsenergie des Ausgangsproduktes:
$$^{235}_{92} \text{U} = 235 \cdot 7{,}54 = \underline{1772 \text{ MeV}}$$

Freiwerdende Energie beim

Spalten eines $^{235}_{92}$ U-Kernes $\qquad\qquad = 202 \text{ MeV}$

Von W. Finkelnburg stammt folgende Bilanz für 1 gespaltenen 235 U-Kern

als kinetische Energie der Bruchstücke	162 MeV
als kinetische Energie der freien Neutronen	6 MeV
in Form von γ-Strahlung	6 MeV
in Form von α- und β-Strahlung der Spaltprodukte	21 MeV
Summe	195 MeV

Von diesen 195 MeV werden aber nur 174 MeV unmittelbar bei der Spaltung, die restlichen 21 MeV erst mit einer Verzögerung von etwa 10 Sekunden frei, was für die Regelung der Leistung von Reaktoren von großer Bedeutung ist. Eine dritte wieder etwas andere Aufteilung gibt R. L. Murray.

	MeV je Teilchen (im Mittel)	MeV insgesamt
Schnelle Neutronen (im Mittel 2,5 je Spaltung)	2	5
α-Strahlen	2	10
β-Teilchen	—	18
schwere Bruchstücke	83	166
Summe		199

Heute wird fast allgemein mit einer aus 1 gespaltenem 235 U-Kern frei werdenden Energie von 200 MeV $= 4{,}778 \cdot 10^{-9}$ kcal gerechnet. Beim Spalten aller Atomkerne von 1 g bzw. 1 kg 235 U wird also eine Wärmemenge von $\frac{1}{235} \cdot 6{,}0235 \cdot 10^{23} \cdot 200 \cdot 4{,}450 \cdot 10^{-20} = $ rd. $2{,}3 \cdot 10^{4}$ kWh/g bzw. rd. $2 \cdot 10^{10}$ kcal/kg $=$ rd. 10^{3} MWd/kg frei.

Bei 233 U und bei 239 Pu ergeben sich entsprechend ihren etwas anderen Massenzahlen etwas andere Beträge, doch rechnet man für alle 3 Stoffe mit einer Wärmemenge von $2{,}3 \cdot 10^{4}$ kWh/g bzw. rd. $2 \cdot 10^{10}$ kcal/kg. Nach Murray kann das Verhältnis $\dfrac{Z^2}{A} > 45$ (Z = Ordnungszahl, A = Massenzahl, Tab. 2) als bestimmend für die Stabilität eines Kernes und damit für die Energie, die man zu seiner Spaltung benötigt, angesehen werden. Danach sollten sich Kerne, bei denen $\dfrac{Z^2}{A} > 45$ ist, spontan spalten. Nun ist bei 235 U der Wert $\dfrac{Z^2}{A} = \dfrac{92^2}{235} = 36$, so daß eine gewisse Aktivierungsenergie E_a hinzugefügt werden muß, um eine Spaltung herbeizuführen. Sie beträgt

bei	235 U	238 U	239 Pu
E_a in MeV	6,8	7,1	5,1

Es zeigt sich nun, daß E_a, z. B. 6,8 MeV bei Spaltung von 235 U mittels thermischer Neutronen (die doch praktisch keine nennenswerte kinetische Energie be-

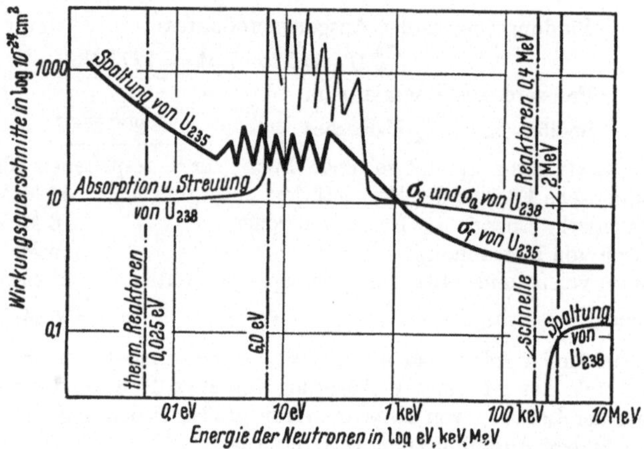

Abb. 9. Vereinfachte logarithmische Darstellung d. Absorptions- u. Spaltungsquerschnittes von 235 U u. 238 U bei Neutronen verschied. Energie. Nach Engng. v. 17. V. 1957.

sitzen), durch den Massendefekt der mit der Aufnahme des auftreffenden Neutrons in den Kern verbunden ist, gedeckt wird. Dagegen reicht bei 238 U dieser Massendefekt nicht aus, um die bei ihnen erforderliche Aktivierungsenergie von 7,1 MeV aufzubringen. Deshalb ist 238 U nur mit schnellen Neutronen infolge ihrer großen kinetischen Energie spaltbar, siehe auch S. 29 und 44. Abb. 9 zeigt die bei Beschießung von 235 U und von 238 U mit Neutronen der verschiedensten Energie sich abspielenden Vorgänge, wobei der logarithmische Maßstab der Abbildung zu beachten ist. 235 U wird von Neutronen mit der in thermischen Reaktoren üblichen mittleren Energie von 0,025 eV sehr stark gespalten, bei höheren Energien nimmt die Spaltung schnell ab. Die Umwandlung von 238 U in 239 Pu ist bei Neutronen von 6,6 eV bis 190 eV am stärksten; eine Spaltung von 238 U erfolgt nur bei sehr schnellen Neutronen und in ganz bescheidenem Maße.

d) Kernumwandlung

Von der Kernspaltung ist zu unterscheiden die *Kernumwandlung*, die, wie in Abschn. II gezeigt wird, für den Bau von Atomkraftwerken von größter Bedeutung ist. Sie erfolgt u. a., wenn ein Kern Neutronen abgibt oder aufnimmt. Dann ändert sich seine Massenzahl und damit seine isotope Zusammensetzung, nicht aber seine Ladung und damit die chemische Natur des Elementes. Nimmt dagegen der Kern geladene Teilchen auf oder gibt er sie ab, so entsteht ein neues Element, das eine andere Ordnungszahl hat, als das ursprüngliche Element. Beide Umwandlungen lassen sich an fast allen Elementen durchführen und gehen ohne großen Energiebedarf vor sich. Eine solche Kernumwandlung wurde schon in Gl. (7) angegeben. Weitere Kernumwandlungen treten z. B. ein, wenn man $^{31}_{15}$ P mit γ-Strahlen beschießt, es entsteht dann $^{30}_{15}$ P unter Ausschleuderung eines Neutrons (n), oder wenn man das Isotop $^{9}_{4}$ Be mit Neutronen beschießt, wobei 2 Neutronen ausgeschleudert werden. Man kann nach S. 8 diese Vorgänge durch die Gleichungen darstellen $^{31}_{15}$ P $(\gamma,\, \text{n})\ ^{30}_{15}$ P und $^{9}_{4}$ Be $(\text{n},\, 2\text{n})\ ^{8}_{4}$ Be. Das im ersteren Fall auftretende γ-Quant hat keine Ladung und im Vergleich zu den anderen Reaktionspartnern nur eine sehr kleine Masse, trägt also zu der Bilanz der Massen- und Ordnungszahlen nichts bei, Tab. 4. Tab. 5 stellt

Tabelle 4. Eigenschaften einiger bei Kernumwandlungen mitwirkender Teilchen
(Nach SHOUPP u. ODISHAW 1948)

	Protonen	Neutronen	α-teilchen	Deuteronen	β-teilchen	γ-strahlen
Symbol........	$^{1}_{1}$ H	$^{1}_{0}$ n	$^{4}_{2}$ He	$^{2}_{1}$ H	$^{0}_{-1}$ e	
Ladung, elektrostatische Einheiten.....	$+\,4{,}8\cdot10^{-10}$	0	$+\,9{,}6\cdot10^{-10}$	$+\,4{,}8\cdot10^{-10}$	$-\,4{,}8\cdot10^{-10}$	0
Massenwert $\left(^{16}_{8}\text{O} = 16\right)$..	1,00759	1,00894	4,00280	2,01416	0,00055	0
Massenenergie in MeV	938	939	3720	1876	0,511	0

mehrere Kernvorgänge dar, bei denen Neutronen, α-Strahlen, Deuteronen, γ-Strahlen und Protonen auf die Kerne einwirken und zur Bildung neuer Elemente oder nur zum Entstehen anderer Isotope desselben Elementes führen. Einige von ihnen haben nur wissenschaftliche Bedeutung. In den letzten 30 Jahren wurde eine sehr große Zahl der verschiedenartigsten Kernreaktionen festgestellt, die, wie wir noch sehen werden, es ermöglichten, den Kernaufbau und die Kernkräfte zu untersuchen.

Eine wichtige Rolle beim Bau von industriellen Reaktoren spielt die Kernumwandlung des Uranisotops 238 U in 239 Pu.

Wegen einiger Eigenschaften der für Kernreaktionen verwendeten Geschosse (Teilchen) siehe Tab. 4.

Tabelle 5. *Schema einiger Kernumwandlungen*

Beschießung	Umwandlung von
a) $\frac{1}{0}n \to \frac{16}{8}O \to \frac{17}{8}O \Big\langle \begin{array}{l} \frac{13}{6}C \\[4pt] \frac{4}{2}He \end{array}$ Neutron α-Teilchen	Sauerstoff in Kohlenstoff
b) $\frac{1}{0}n \to \frac{107}{47}Ag \to \frac{108}{47}Ag \Big\langle \begin{array}{l} \frac{0}{-1}e \;\; \text{Elektron.} \\[4pt] \frac{108}{48}Cd \end{array}$ Neutron gewöhnl. radio- Silber aktiv. Silber	Gewöhnl. Silber über radioaktives Silber in Cadmium (Resonanz—Reaktion)
c) $\frac{4}{2}H \to \frac{10}{5}B \Big\langle \begin{array}{l} \frac{1}{0}n \;\; \text{Neutron} \\[4pt] \frac{13}{7}N \end{array}$ α-Teilchen Bor	Bor in Stickstoff
d) $\frac{2}{1}H \to \frac{107}{47}Ag \Big\langle \begin{array}{l} \frac{1}{1}H \;\; \text{Proton} \\[4pt] \frac{108}{47}Ag \end{array}$ Deuteron gew. Silber radioaktiv. Silber	Gewöhnl. Silber in radioaktives Silber
e) $\frac{4}{2}He \to \frac{14}{7}N \Big\langle \begin{array}{l} \frac{1}{1}H \;\; \text{Proton} \\[4pt] \frac{17}{8}O \end{array}$ α-Teilchen Stickstoff Sauerstoff	Stickstoff in Sauerstoff
f) $\frac{4}{2}He \to \frac{27}{13}Al \Big\langle \begin{array}{l} \frac{1}{0}n \;\; \text{Neutron} \\[4pt] \frac{30}{15}P \end{array}$ α-Teilchen Aluminium Phosphor	Aluminium in Phosphor
g) γ-Strahl $\to \frac{2}{1}H \Big\langle \begin{array}{l} \frac{1}{1}H \;\; \text{Proton} \\[4pt] \frac{1}{0}n \;\; \text{Neutron} \end{array}$ Deuteron	Deuteron in Proton und Neutron

c) Kernverschmelzung

Einige leichte Elemente haben viel stabilere Kerne als ihre Nachbarn. Das trifft z. B. für Helium ($\frac{4}{2}He$) zu, dessen Kern aus 2 Protonen und 2 Neutronen besteht. Die Summe der Massenwerte seiner Bausteine ist

$2 \cdot (1,00759 + 1,00898) = 4,03314$ ME, der Massenwert des $^4_2$ He-Kernes $= 4,00277$ ME, somit der Massendefekt $\varDelta M = 0,03037$ ME oder $0,03$ ME $=$ rd. 28 MeV. Je Kernbaustein gehen also rd. 7 MeV oder $\frac{0,03}{4,003} \cdot 100\% =$ rd. $0,75\%$ Masse verloren.

Da die Bindungsenergie von $^4_2$ He-Kernen erheblich oberhalb der Kurve in Abb. 4 liegt, muß sich durch Zusammenschmelzen sehr leichter Kerne zu $^4_2$ He-Kernen ein hoher Energiebetrag freimachen lassen, wie folgende (p, α)-Reaktion des mit Protonen ($^1_1$ H) beschossenen $^7_3$ Li-Kernes zeigt, wobei 2 energiereiche α-Teilchen ($^4_2$ He) entstehen:

$$^7_3 \text{Li} + {}^1_1 \text{H} \rightarrow 2 \cdot {}^4_2 \text{He} + \triangle \text{M} \quad \text{ME} \tag{18}$$

$$7,01822 + 1,00814 \rightarrow 2 \cdot 4,00387 + 0,01862 \quad \text{ME} \tag{19)[1]}$$

Dem Massendefekt von 0,01862 ME entspricht eine Energie von 17,34 MeV, die als kinetische Energie der beiden α-Teilchen bzw. als Wärmetönung der exothermen Reaktion auftritt. Zum Einschießen des Protons in den Li-Kern muß eine kinetische Energie von 0,4 MeV aufgewendet werden, die zum Überwinden der elektrostatischen Abstoßung des (elektrisch geladenen) Protons durch den Li-Kern erforderlich ist, womit sich die 17,34 MeV auf rd. 17,7 MeV der beiden α-Teilchen ($^4_2$ He) erhöhen. Im Gegensatz zur Spaltung von $^{235}_{92}$ U-Kernen gehen also rd. $^2/_{1000}$ der eingesetzten Masse verloren und es werden je eingesetztes Kernteilchen $\frac{17,7}{8} = 2,21$ MeV frei, das ist rd. 2,5 mal mehr Energie als bei der Kernspaltung von Uran.

Nach H. HURWITZ enthält 1 l gewöhnliches Wasser genügend schweres Wasser [2]), um damit eine Energie zu erzeugen, die 350 l Benzin entspricht. In den letzten Jahren arbeiteten vor allem die US, Rußland und Großbritannien intensiv an der Verschmelzung der (sehr leichten) Kerne von schwerem Wasserstoff (Deuterium, $^2_1$ H, D) und von überschwerem Wasserstoff (Tritium, $^3_1$ H, T). Ihre technische Lösung würde große Vorteile bieten, weil

schwerer Wasserstoff (D) im Wasser in unbegrenzten Mengen zur Verfügung steht (10000 Teile natürlicher Wasserstoff enthalten rd. 3 Teile D),

die bei der Verschmelzung entstehende Radioaktivität wesentlich kleiner sein soll als bei der Kernspaltung, da keine Spaltstoffe von langer Lebensdauer auftreten,

---

[1]) In Gl. 19 sind die Atommassen einschließlich Elektronen eingesetzt.

[2]) Die Farbwerke Höchst AG stellen schweres Wasser her, indem sie in einer großtechnischen Anlage schweren Wasserstoff durch Destillation bei $-252°$ C vom leichten Wasserstoff trennen und ihn mit Sauerstoff zu schwerem Wasser verbrennen.

sich wahrscheinlich keine giftigen Spaltprodukte bilden, deren Abfuhr und Lagerung schwierig und teuer ist, S. 179 bis 181,
ein Teil der entstehenden Wärme sich direkt in nutzbaren elektr. Strom verwandeln läßt.

Übrigens beschäftigten sich angelsächsische Physiker mit der Kernverschmelzung (fusion) sehr leichter Atome, die die kleinsten elektrischen Ladungen und daher die geringste elektrische Abstoßung haben, schon etwa zehn Jahre, bevor HAHN und STRASSMANN die Kernspaltung (fission) glückte. Sie setzten aber ihre Arbeiten nicht fort, weil man die Erzeugung und Beherrschung der erforderlichen Temperaturen von vielen Millionen °C für unmöglich hielt. Die thermonukleare, auf der Kernverschmelzung beruhende Wasserstoffbombe gab diesen Bemühungen neuen Auftrieb. Wie noch gezeigt wird, sind die zu überwindenden technischen Schwierigkeiten außerordentlich groß und die atomphysikalischen Zusammenhänge erst teilweise geklärt. Trotzdem könnte man auf Grund mancher Verlautbarungen zu der irrigen Ansicht kommen, als ob der Bau von Leistungs-Verschmelzungsreaktoren in wenigen Jahren möglich sei, weil auch hier manche Verfasser verkennen, wie dornenvoll, lang und kostspielig der Weg vom wissenschaftlichen Experiment bis zur technischen Lösung ist.

Bei gewöhnlichen Temperaturen, d. h. bei niedrigen Energien der Kerne, erfolgt eine nennenswerte Reaktion zwischen den aufeinanderprallenden Kernen nicht, weil sie positiv geladen, ihre elektrischen Abstoßungskräfte daher zu stark sind. Den Kernen muß deshalb durch extrem hohes Erhitzen eine so große kinetische Energie erteilt werden, daß sie diese Kräfte zu überwinden vermögen. Je höher die Temperatur getrieben wird, um so größer sind die Chancen, daß Kernverschmelzungen erfolgen.

Hierfür kommen die in Tab. 7 angegebenen Reaktionen in Betracht, wobei zu beachten ist, daß Tritium ($_1^3$H) sich in der Natur nicht findet. Bei den beiden ersten Reaktionen werden $_1^3$H und $_2^3$He gewonnen und durch Absorption der bei Prozeß 2) bis 4) entstandenen Neutronen in Lithium könnte man weiteres $_1^3$H erbrüten, S. 168. Schwerer Wasserstoff verschmilzt leichter als gewöhnlicher Wasserstoff ($_1^1$H), weil seine Kerne 2 Neutronen haben, seine Masse bei derselben elektrischen Ladung (Abstoßungskraft) also doppelt so groß ist. Sie haben daher beim Aufeinanderprallen eine doppelt so große Wucht. Die reagierenden Gase müssen aber sehr rein sein. Tab. 7 zeigt, daß bei Prozeß 1) und 2), bei denen die Wahrscheinlichkeit einer Reaktion etwa gleich groß ist, auf 1 g eingesetztes D etwa ebensoviel kWh erzeugt werden können wie bei der Spaltung von 1 g 235 U, falls der Wirkungsgrad der Umsetzung der Wärme in Strom in beiden Fällen annähernd gleich groß ist.

Durch die hohen Temperaturen werden die Gase ionisiert und nehmen dadurch Eigenschaften an, die sie im thermodynamischen Gleichgewicht nicht haben:

ihre elektrische Leitfähigkeit nimmt mit der 1,5ten Potenz ihrer absoluten Temperatur T zu und ist daher bei niedrigem T verhältnismäßig klein, bei thermonuklearen Temperaturen aber bis 100 mal größer als bei Kupfer von Raumtemperatur;

ihre Wärmestrahlung ist infolge der sogenannten Bremsstrahlung nicht proportional T^4, sondern $T^{0,5}$;

die elektrischen Abstoßungskräfte ihrer Atome werden kleiner;

die bei Kollisionen sonst auftretenden, die Partikelchen verlangsamenden Verluste fallen weg;

das Gas wird diamagnetisch, bewegt sich also im elektrischen Feld in Richtung auf eine Feldverdünnung.

Man nennt ein solches Gas *Plasma*. Schickt man durch Plasma einen sehr starken Strom J, so werden seine einzelnen Fäden infolge der in ihnen erzeugten magnetischen Felder auf einen kleinen Querschnitt zusammengepreßt, Abb. 161, S. 166. Diese *pinch effect* oder *Schnür-Effekt* genannte Erscheinung beruht auf demselben Vorgang wie die gegenseitige Anziehungskraft paralleler von gleichgerichteten elektrischen Strömen durchflossener einander benachbarter fester Leiter.

Die von der Rohrwandung weg gerichtete, dem Produkt aus dem Strom J und einem magnetischen, das Plasma umgebenden Feld $\mathfrak{H}$ proportionale Kraft muß gleich dem Druckabfallgradienten zwischen Plasma und Rohrwand sein. In der Rohrmitte fließt dann ein sehr heißer. hoch komprimierter Gasstrom, während sich in der Nähe der Rohrwandungen sehr nieder gespannte Gase von mäßiger Temperatur befinden. Die Kompressionswärme trägt zum Erhitzen des Gases bei. Die vorteilhafteste Konfiguration von J und $\mathfrak{H}$ ergibt sich nach A. A. WARE, wenn man durch das Plasma einen Strom in der Größenordnung von 10^5 bis 10^6 Amp. sendet. Da die vom Plasma an die Wandung des Reaktionsgefäßes (Rohr) ausgestrahlte Wärmemenge mit seiner Temperatur nur langsam, die durch Verschmelzung entwickelte Wärme aber sehr schnell zunimmt, sind Temperaturen von mehr als 50 Millionen °C nötig, wenn die vom Reaktor erzeugte Energie die in ihn hineingesteckte Energie nennenswert übersteigen, d. h. wenn er eine wirtschaftlich lohnende Nutzleistung hergeben soll.

Die Zahl r der sekundlichen Verschmelzungsreaktionen je Volumeneinheit ist nach A. A. WARE

$$r = n_1 \cdot n_2 \cdot (\sigma \cdot v) \tag{19a}$$

Hierin bedeuten n_1 und n_2 = Anzahl der Kerne der kollidierenden Gase je cm³,

$\qquad v$ = Relativgeschwindigkeit zweier kollidierender Partikelchen,

$\qquad \sigma$ = Wirkungsquerschnitt.

r ist also proportional dem Produkt $n_1 \cdot n_2$

Tabelle 6. Zahl r der Reaktionen je sek und cm³ und elektrische Leistung L in kW/lit bei der Kernverschmelzung von Deuterium D ($_1^2H$) und Tritium T ($_1^3H$) in Abhängigkeit von der absoluten Temperatur in °K und der Zahl der D-Atome und der T-Atome je cm³

Nach W. B. Thompson (A. A. Ware), Engng 15. XI. 1957

Zahl der D- und der T-Atome je 1 cm³		Temperatur in °K				
		10^5	10^6	10^7	10^8	10^9
10^{14}	r	$1{,}2 \cdot 10^{-22}$	$5 \cdot 10^{-2}$	$9{,}3 \cdot 10^7$	$8{,}5 \cdot 10^{11}$	$2{,}6 \cdot 10^{12}$
	L	$3{,}4 \cdot 10^{-34}$	$1{,}4 \cdot 10^{-13}$	$2{,}6 \cdot 10^{-4}$	$2{,}4$	$7{,}3$
10^{16}	r	$1{,}2 \cdot 10^{-18}$	$5 \cdot 10^2$	$9{,}3 \cdot 10^{11}$	$8{,}5 \cdot 10^{15}$	$2{,}6 \cdot 10^{16}$
	L	$3{,}4 \cdot 10^{-30}$	$1{,}4 \cdot 10^{-9}$	$2{,}6$	$2{,}4 \cdot 10^4$	$7{,}3 \cdot 10^4$
10^{18}	r	$1{,}2 \cdot 10^{-14}$	$5 \cdot 10^6$	$9{,}3 \cdot 10^{15}$	$8{,}5 \cdot 10^{19}$	$2{,}6 \cdot 10^{20}$
	L	$3{,}4 \cdot 10^{-26}$	$1{,}4 \cdot 10^{-5}$	$2{,}6 \cdot 10^4$	$2{,}4 \cdot 10^8$	$7{,}3 \cdot 10^8$

Tabelle 7. Reaktionsverlauf bei der Kernverschmelzung von Deuterium und von Tritium und bei der Kernspaltung von ^{235}U. Nach Engng 15. XI. 1957

Nr.	Reaktionsverlauf	Reagierende Masse	Frei gesetzte Wärme	
	Kernverschmelzung	gramm	MeV/gramm	kWh/gramm
1	$_1^2H + _1^2H \rightarrow _1^1H + _1^3H + \ 4\,MeV$	$6{,}68 \cdot 10^{-24}$	$5{,}98 \cdot 10^{23}$	$26{,}6 \ \cdot 10^3$
2	$_1^2H + _1^2H \rightarrow _0^1n + _2^3He + \ 3{,}25\,MeV$	$6{,}68 \cdot 10^{-24}$	$4{,}87 \cdot 10^{23}$	$21{,}30 \cdot 10^3$
3	$_1^2H + _1^3H \rightarrow _0^1n + _2^4He + 17{,}6\,MeV$	$8{,}34 \cdot 10^{-24}$	$21{,}1 \ \cdot 10^{23}$	$93{,}8 \ \cdot 10^3$
4	$_1^3H + _1^3H \rightarrow 2 \cdot _0^1n + _2^4He + 11{,}3\,MeV$	$10{,}0 \ \cdot 10^{-24}$	$11{,}3 \ \cdot 10^{23}$	$50{,}3 \ \cdot 10^3$
5	$_2^3He + _1^2H \rightarrow _1^1H + _2^4He + 18{,}3\,MeV$	$8{,}34 \cdot 10^{-24}$	$21{,}9 \ \cdot 10^{23}$	$97{,}5 \ \cdot 10^3$
	Kernspaltung			
6	$_1^1n + 235U \rightarrow$ Spaltprodukte $+ 2 \div 3\,n + 200\,MeV$	$390 \ \cdot 10^{-24}$	$5{,}12 \cdot 10^{23}$	$22{,}8 \ \cdot 10^3$

Tab. 6 zeigt, wie außerordentlich schnell die Zahl der Reaktionen (Energieausbeute) in einem bestimmten Volumen mit der Gastemperatur zunimmt. Nach A. A. Ware muß ein Gas zum Erzeugen nutzbarer Arbeit eine Temperatur in der Größenordnung von 10^7 bis 10^8 °K und eine Dichte von etwa 10^{16} n/cm³ haben ($2 \cdot 10^{18}$ n/cm³ entspricht bei Raumtemperatur etwa $^1/_{10}$ at Druck). Bei größeren Dichten würde im Reaktionsgefäß ein unzulässig hoher Druck entstehen. Die stark umrandeten Felder in Tab. 6 geben den Größenordnungsbereich der voraussichtlich in Betracht kommenden Werte an. Die technische Durchführung der Kernverschmelzung wird auf S. 162 beschrieben.

f) Kettenreaktionen

Die nach Abb. 6 und 7 beim Spalten von $^{235}_{92}$ U-Kernen emittierten Neutronen lösen in geeignet gebauten Reaktoren weitere Spaltungen aus und führen dadurch die für das kontinuierliche Arbeiten von Reaktoren unerläßlichen *Kettenreaktionen* herbei. Damit sie dies tun können, müssen die ausgelösten Neutronen Gelegenheit haben, auf andere spaltbare Kerne zu treffen. Nimmt man einmal an, daß je Spaltung 2 Neutronen frei werden, dann könnte jedes von ihnen 1 weiteren Kern spalten, wobei insgesamt 4 Neutronen freiwerden. Die von der ersten Kernspaltung ausgehende Zahl der Kernspaltungen würde also in der Reihenfolge 2, 4, 8, 16, 32 ... anwachsen und in kürzester Frist eine ungeheure Energie entbinden bzw. infolge der gewaltigen Wärmeentwicklung zur schnellen Zerstörung des Reaktors führen, Abb. 10. Um dies zu verhindern, ordnet man in Reaktoren Regulierstangen aus Bor, Cadmium oder anderen geeigneten Stoffen an, die Neutronen außerordentlich begierig absorbieren, Tab. 8, wodurch man den Reaktor auf konstante Leistung einstellen kann, indem man das Entstehen von Neutronen und ihre Absorption miteinander in Übereinstimmung bringt, Abb. 11 u. 12. Außerdem sind einige weitere Maßnahmen nötig, auf die zurückgekommen wird.

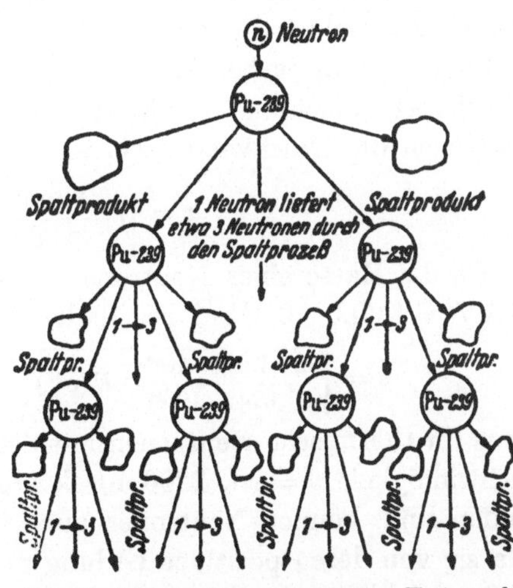

Abb. 10. Schema einer ungesteuerten Kettenreaktion. Nach O. HAHN

Es gibt *heterogene* und *homogene* Reaktoren. Bei ersteren ist der in zahlreiche Stücke (Elemente) unterteilte Spaltstoff nach einem bestimmtem geometrischen Muster innerhalb des Moderators angeord-

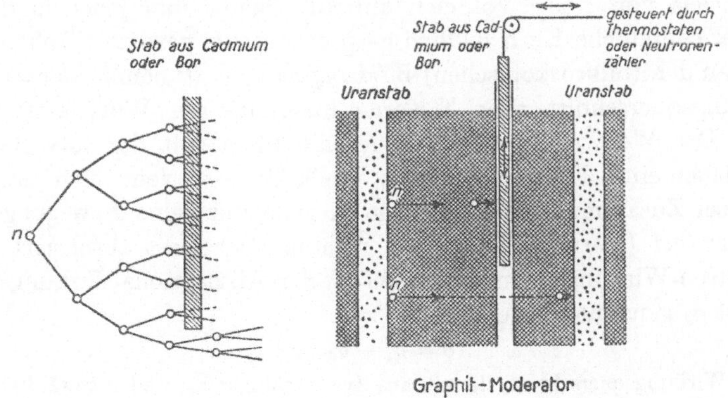

Abb. 11 u. 12. Steuerung des Neutronenstromes. Nach DUBS

net; bei homogenen Reaktoren sind Spaltstoff und Moderator innig miteinander vermischt oder ineinander gelöst, je nachdem, ob es sich um feste oder flüssige Stoffe handelt oder ob der Spaltstoff (z. B. als Uranylsulfat) im Moderator (z. B. leichtes oder schweres Wasser) löslich ist oder nicht.

g) Verhalten und Bedeutung von Neutronen

1. Wirkungsquerschnitte von Kernen. Wie bereits erwähnt wurde, unterscheidet man zwischen schnellen und langsamen Neutronen, deren mittlere Geschwindigkeit, wie folgende Rechnung zeigt, in Stoffen wie schwerem Wasser bei Raumtemperatur etwa $v = 2200$ m/sek beträgt. Nach der Gleichung für die kinetische Energie einer bewegten Masse läßt sich die Geschwindigkeit von Neutronen ermitteln zu:

$$v = \sqrt{\frac{2\,E\,(\text{erg})}{m\,(\text{g})}} \qquad \text{cm/sek} \qquad (20)$$

Da die Masse eines Neutrons $1{,}6747 \cdot 10^{24}$ g beträgt und 1 eV $= 1{,}602 \cdot 10^{-12}$ erg ist, findet man:

$$v = \sqrt{\frac{2 \cdot 1{,}602 \cdot 10^{-12}}{1{,}6747 \cdot 10^{-24}} \cdot E\,(\text{eV})} = 1{,}381 \cdot 10^6 \sqrt{E\,(\text{eV})} \text{ cm/sek,} \qquad (21)$$

was für thermische Neutronen mit der Energie E $= 0{,}025$ (eV) eine Geschwindigkeit $v =$ rd. 2200 m/sek ergibt. Weil sie elektrisch nicht geladen sind, können Neutronen auch in schwere Atomkerne eindringen, da sie von deren positiver Ladung nicht abgestoßen werden. Schon im Interesse kleiner Baukosten kommt es darauf an, Reaktoren so zu bauen, daß ein tunlichst hoher Prozentsatz der bei der Kernspaltung emittierten Neutronen weitere Kernspaltungen bzw. bei Brutreaktoren Kernumwandlungen herbeiführen kann und nicht durch Absorption oder Lekkagen verloren geht.

Wenn ein einzelnes Neutron senkrecht auf die Oberfläche eines Materialwürfels von 1 cm³ Volumen auftrifft, bietet ihm jeder in diesem Würfel befindliche Kern bildlich gesprochen eine gewisse Fläche σ dar, die man den (mikroskopischen) *Wirkungsquerschnitt* nennt. Der gesamte Wirkungsquerschnitt aller N Kerne innerhalb des Würfels ist dann $N \cdot \sigma$. Der Wert σ stimmt u. a. deshalb nicht mit der tatsächlichen Oberfläche eines Kernes überein, weil ein Teil der Neutronen „streut“, d. h. bei Zusammenstößen mit den Kernen nur seine Bewegungsrichtung ändert (scattered neutrons), während der Rest absorbiert wird. Der Streu-Wirkungsquerschnitt soll σ_s, der Absorptions-Wirkungsquerschnitt σ_a genannt werden. Es ist

$$\sigma = \sigma_s + \sigma_a \text{ cm}^2 \qquad (22)$$

Der Wirkungsquerschnitt, der ein aus Zweckmäßigkeitsgründen gewählter, aber kein geometrischer Begriff ist, stellt gewissermaßen ein Maß für die Wahrscheinlichkeit des Eintretens einer der drei Wirkungen (Streuung, Absorption, Kernspaltung) dar. Wenn man sagt, der Wirkungsquerschnitt eines 235 U-Kernes betrage $650 \cdot 10^{-24}$ cm², so besagt dies, daß ein 235 U-Kern bei der Absorption langsamer Neutronen sich so verhält, als ob er diese Fläche hätte, während sie bei einem Kerndurchmesser von rd. 10^{-12} cm in Wirklichkeit nur rd. $3 \cdot 10^{-24}$ cm² beträgt.

Tab. 8 gibt die experimentell bestimmten Wirkungsquerschnitte einiger Elemente an. σ_f ist der Spaltungs-Wirkungsquerschnitt für die verschiedenen Isotope von Uran und für Plutonium 239 Pu. Als Einheit der Wirkungsquerschnitte wurde 1 *barn* $= 10^{-24}$ cm² gewählt. Im

Tabelle 8. Mikroskopische Wirkungsquerschnitte thermischer Neutronen in barn $(10^{-24}$ cm²$)$ *und Schmelzpunkte für verschiedene Elemente*

Vorgang		Streuung σ_s	Absorption σ_a	Spaltung σ_f	Schmelzpunkt °C
Al	Aluminium		0,215	—	660
B	Bor	4	750	—	2000+2300
Be	Beryllium	7	0,009	—	1315
Bi	Wismuth...........	9,0	0,032	—	271
Cd	Cadmium	7	2400	—	321
Cr	Chrom		2,90	—	1800
H	Wasserstoff	38	0,33	—	
K	Kalium		1,97	—	
Mg	Magnesium		0,059	—	650
Na	Natrium		0,49	—	
Ni	Nickel		4,5	—	1455
Fe	Eisen	11	2,43	—	1500
239 Pu	Plutonium	...	1025	664	
Uran, natürliches...........		8,2	7,42	3,92	1133
235 U	Uranisotop	8,2	650	549	
238 U	Uranisotop	8,2	2,80	0	
Zr	Zirkonium		0,18	—	1845
H₂O	leichtes Wasser		0,66	—	
D₂O	schweres Wasser ...		0,0011	—	
C	Kohlenstoff	4,8	0,0045	—	
O	Sauerstoff	4,2	$< 0,2 \cdot 10^{-3}$	—	
135 Xe	Xenon	4,3	$3,5 \cdot 10^6$	—	

Gegensatz zu σ_s hängt σ_a bei thermischen Neutronen stark von der Art eines Elementes und der Geschwindigkeit (Energie) der Neutronen ab. Die Wirkungsquerschnitte einschließlich derjenigen für Spaltung sind bei schnellen Neutronen beträchtlich kleiner als bei langsamen.

Tab. 8 zeigt, daß thermische Neutronen von Bor stark, noch stärker von Cadmium, am stärksten von Xenon absorbiert werden, bei 235 U und 239 Pu in annähernd demselben Maße zu Kernspaltungen führen, während 238 U-Kerne sie nur schwach absorbieren, ohne daß es zu einer Spaltung kommt. Die Absorptionsfähigkeit von H, Be, Bi, C und D₂O ist dagegen sehr klein.

Wenn durch einen quadratischen Kanal von 1 cm² Querschnitt Neutronen mit v cm/sek Geschwindigkeit parallel zu seiner Achse strömen

Tab. 9 enthält zur schnelleren Orientierung einige im folgenden häufig vorkommende Werte.

Tabelle 9. Zusammenstellung häufig vorkommender Werte

Pos.		
1	1 ME (Masseneinheit)	MeV 931
2	1 MeV	kcal $3{,}827 \cdot 10^{-17}$
3	1 MW-Tag (MWd)	kcal rd. $2{,}1 \cdot 10^7$ $(2{,}06 \cdot 10^7)$
4a	Energie schneller Neutronen	MeV $0{,}1 \div 10$
4b	Energie thermischer Neutronen (Mittelwert bei 25° C)	eV 0,025
5	Mittlere Geschwindigkeit thermischer Neutronen bei 25° C	m/s 2200
6	Anzahl der Atome bzw. Moleküle in 1 Mol sämtlicher Stoffe (LOSCHMIDTsche Zahl)	Mol^{-1} $6{,}0235 \cdot 10^{23}$
7	235 U-Gehalt von Natururan	% 0,714
8a	Beim vollständigen Spalten von 1 kg 233 U, 235 U oder 239 Pu freiwerdende Energie (Wärme)	kWh/kg rd. $2{,}3 \cdot 10^7$
8b	Dasselbe in	MWd/kg rd. 10^3
8c	Dasselbe in	kcal/kg rd. $2{,}0 \cdot 10^{10}$
8d	Dasselbe bei 1 kg Natururan	kcal/kg rd. $1{,}43 \cdot 10^8$
9	10% burnup von 1 t 235 U	MWd/t rd. 100 000
10	Dasselbe bei 1 t Natururan	MWd/t rd. 7000
11a	Äquivalentes Steinkohlengewicht ($\mathfrak{H}u$ = 6700 kcal/kg) von 1 kg vollständig gespaltenem 233 U, 235 U oder 239 Pu	kg 3 000 000
11b	Dasselbe bei 1 kg vollständig gespaltenem Natururan	kg 21 400
12	Natururankosten (170 DM/kg) für das Erzeugen von 1 kWh elektr. Strom bei 25/35% therm. Wirkungsgrad und 10/20% Ausbrand	Pf/kWh $4{,}1 \div 1{,}5$
13	Kohlenkosten ($\mathfrak{H}u$ = 6700 kcal/kg) für das Erzeugen von 1 kWh Strom in modernen therm. Kraftwerken (η = 40% bei 100 u. 50 DM/t)	Pf/kWh 3,2/1,6
14	Wärmeäquivalent von Steinkohle	MWd/t $0{,}25 \div 0{,}30$

und jedes cm³ Kanalvolumen n Neutronen enthält, passieren sekundlich n·v Neutronen 1 cm² Kanalquerschnitt. Diese Menge heißt *Neutronenfluß* oder *Neutronendichte* Φ. Obgleich die Neutronen in Wirklichkeit nicht alle dieselbe Bewegungsrichtung haben, hat sich der Begriff Φ als zweckmäßig erwiesen, zumal die Zahl der durch die Neutronen ausgelösten Reaktionen von ihrer Zahl aber nicht von der Richtung abhängt, in der sie auf die Kerne aufprallen. Der Neutronenfluß ist also

$$\Phi \left(\frac{\text{Neutronenzahl}}{\text{cm}^2\text{sek}} \right) = n \left(\frac{\text{Neutronenzahl}}{\text{cm}^3} \right) \cdot v \left(\frac{\text{cm}}{\text{sek}} \right) \tag{23}$$

Bei einer Neutronendichte von z.B. 10^{12} cm^{-2}sek^{-1} und v = 2200 m sek^{-1} Geschwindigkeit würden auf 1 cm³ entfallen

$$n = \frac{\Phi}{v} = \frac{10^{12} \text{ cm}^{-2}\text{sek}^{-1}}{2{,}2 \cdot 10^5 \text{ cm sek}^{-1}} = 4{,}5 \cdot 10^6 \text{ cm}^{-3} \tag{24}$$

was nach MURRAY einem sehr hohen Vakuum entspricht, da bei einem Gas von 0° C Temperatur und atmosphärischem Druck in 1 cm³ Volumen sich $2{,}7 \cdot 10^{19}$ Moleküle, d. h. eine sehr viel größere Zahl, befinden.

Das Produkt $N \cdot \sigma$ wird *makroskopischer* Wirkungsquerschnitt genannt und mit Σ bezeichnet. Dabei bedeutet N die Zahl der Atome in 1 cm³ des betreffenden Stoffes. Die Berechnung des Wirkungsquerschnittes Σ_a für Absorption wird im folgenden bei einer thermischen Energie von 0,04 eV für Bor gezeigt. Seine Dichte beträgt 2,5 g/cm³, sein Molekulargewicht 10,82. Die Zahl von Bor-Kernen je cm³ beträgt [s. Gl. (2)].

$$N = \frac{2{,}5 \cdot 6{,}0235 \cdot 10^{23}}{10{,}82} = 0{,}139 \cdot 10^{24}\ \text{cm}^{-3}\ \text{und} \tag{25}$$

$$\Sigma_a = N \cdot \sigma_a = (0{,}139 \cdot 10^{24}\ \text{cm}^{-3}) \cdot (750 \cdot 10^{-24}\ \text{cm}^2) = 104\ \text{cm}^{-1}$$

Σ ist eine zum Berechnen von Reaktoren unentbehrliche Größe, mit deren Hilfe man z. B. feststellen kann, nach welcher mittleren Entfernung L von ihrem Ursprung thermische Neutronen absorbiert werden. L heißt die „*thermische Diffusionslänge*".

Tabelle 10. Thermische Diffusionslänge L. (Nach MURRAY)

Substanz	H_2O	D_2O	C	Be
L (cm)	2,88	171	50	24

Die Zahl der langsamen Neutronen, die nicht durch Leckagen verloren gehen, Abb. 13, wird um so größer, je kleiner die Oberfläche eines Reaktors im Verhältnis zu seinem Volumen und je kleiner die thermische Diffusionslänge ist. Ein kugelförmiger Reaktor wird also am kleinsten und ein H_2O-moderierter Reaktor viel kleiner als ein D_2O-moderierter. Abb. 14 zeigt den ungefähren Anteil von Neutronen einer bestimmten Energie an den bei der Kernspaltung insgesamt entstandenen schnellen Neutronen (*Neutronenspektrum*). Der Mittelwert der Kurve entspricht einer Energie von 2 MeV, mit dem im allgemeinen gerechnet wird, doch treten weit schnellere Neutronen auf, zu deren Bremsung auf thermische Geschwindigkeit entsprechend mehr Kollisionen im Moderator nötig sind, Abb. 15, und die zu besonderen Schutzmaßregeln des in der Nähe von Reaktoren befindlichen Personals gegen ins Freie entweichende Strahlungen zwingen.

Nach Abb. 13 vermehrt sich die Zahl der Neutronen mit einer Energie von $1 \div 2 \cdot 10^6$ eV beim Spalten des nur bei mehr als 10^6 eV spaltbaren 238 U-Isotops etwas. Durch die sogenannte Resonanzabsorption wandeln Neutronen von $6{,}6 \div 190$ eV Energie 238 U in das spaltbare Plutoniumisotop 239 Pu um und im Moderator auf rd. 0,025 eV abgebremste thermische Neutronen spalten schließlich den im Natururan mengenmäßig kleinen Anteil des 235 U-Isotops. Wie hoch die verschiedenen Beträge sind, hängt vom Neutronenspektrum ab, Abb. 14, die im allgemeinen als repräsentativ angesehen werden kann.

2. Langsame und schnelle Neutronen. Man kann die Bewegung von Neutronen in Materie mit der Bewegung der Moleküle in einem Gas vergleichen. In gleicher Weise wie sich für die Gasmoleküle nach der kinetischen Gastheorie eine wahrscheinlichste Geschwindigkeit angeben läßt, kann man eine solche auch den Neutronen, die sich durch ein nicht (bzw. schwach) absorbierendes Medium bewegen, zuschreiben. Sie ist die Geschwindigkeit, die der größte Teil der Neutronen besitzt, während, wie soeben erwähnt wurde, gleichzeitig nach einem bestimmten Verteilungsgesetz auch Neutronen mit höheren und niedrigeren Geschwindigkeiten vorkommen. Die kinetische Energie der Neutronen mit der wahrscheinlichsten Geschwindigkeit v_p (cm/sek) läßt sich durch die absolute Temperatur (°K) ausdrücken:

$$m \frac{v_p^2}{2} = k \cdot T \quad \text{erg} \tag{26}$$

wobei m (g) die Masse eines Neutrons und $k = 1{,}3803 \cdot 10^{-16}$ (erg/°K) die BOLTZMANNsche Konstante ist, die angibt, um wieviel die Energie eines Teilchens (z. B. eines Moleküls in einem Gase) bei einer Steigerung der Temperatur um 1° C zunimmt. Man nennt Neutronen dann „thermisch", wenn ihre kinetische Energie nach Gl. 26 gleich der Energie $k \cdot T$ ihrer Umgebung ist. Bei einer Temperatur von 25° C (298° K) haben demnach die thermischen Neutronen eine Geschwindig-

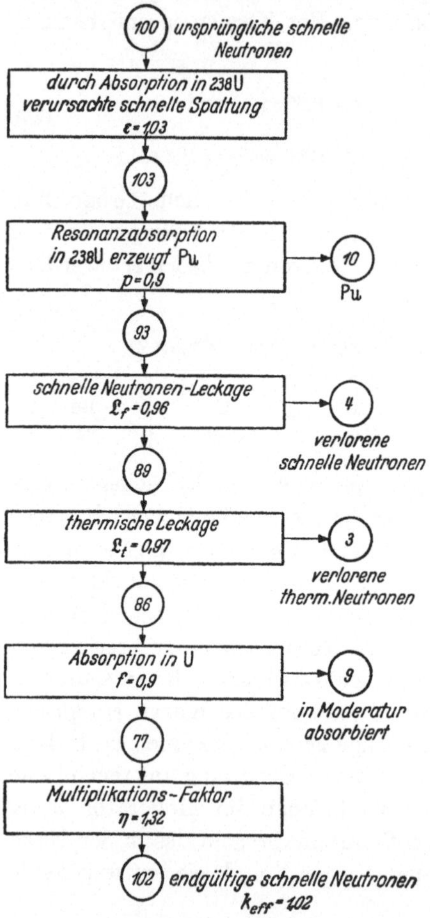

Abb. 13. Weg von 100 ursprünglichen zu 102 endgültigen schnellen Neutronen bei Natururan als Spaltstoff. Nach R. L. MURRAY

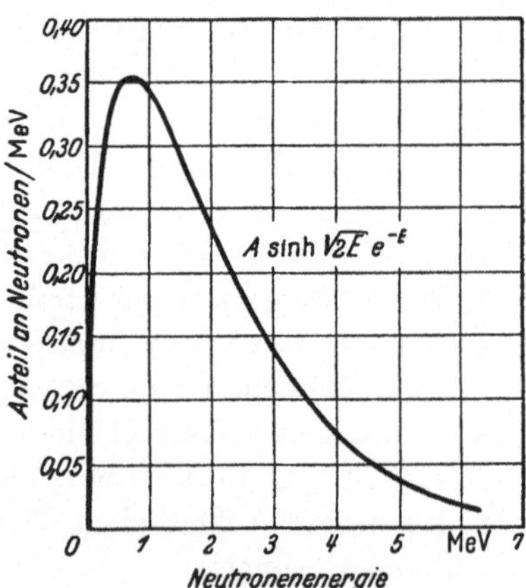

Abb. 14. Verteilung der Neutronen-Spaltungsenergie. (Neutronenspektrum)

keit $v_p = 2200$ m/sek entsprechend einer mittleren Energie von 0,025 eV. Die mittlere Energie thermischer Neutronen nimmt also mit der zunehmenden Erwärmung eines Reaktors zu.

Selbst Neutronen von niederster Geschwindigkeit können infolge der bei ihrer Absorption frei werdenden Bindungsenergie Spaltungen bewirken.

Da sie längere Zeit in der Nähe der Kerne verweilen, als es schnelle Neutronen tun würden, haben sie bessere Aussicht, zu Kernreaktionen zu führen. Da nach Tab. 8 bei 235 U und 239 Pu der Absorptions- und Spaltungs-Wirkungsquerschnitt thermischer Neutronen sehr hoch ist, sind letztere für den Bau von mit natürlichem Uran arbeitenden Reaktoren von größter Bedeutung. Schnelle Neutronen bestimmter Energien werden nach Abb. 13 vom Uranisotop 238 U absorbiert, aus dem nach Abb. 2 rd. 99% des natürlichen Urans bestehen (*Resonanzabsorption*).

Sie lassen sich in langsame verwandeln, indem man sie durch leichtes oder schweres Wasser, Beryllium oder Kohlenstoff, d. h. durch Stoffe von kleiner Masse diffundieren läßt, deren Absorptionsvermögen tunlichst gering ist, Tab. 8, damit sie durch fortwährende

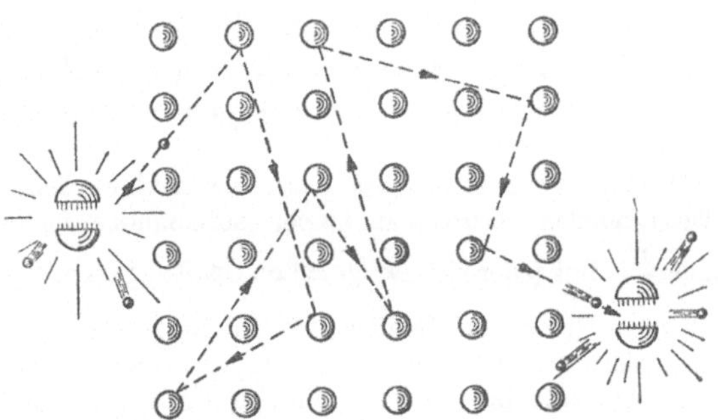

Abb. 15. Abbremsung schneller in langsame (thermische) Neutronen in einem Moderator

Stöße zwar verlangsamt, Abb. 15, nicht aber absorbiert werden. Da diese Bremsstoffe aber immerhin ein gewisses Absorptionsvermögen haben, muß ihr Gewicht dem Gewicht des Spaltstoffes sorgfältig angepaßt werden, um die Kettenreaktionen nicht zu gefährden. Aus demselben Grunde dürfen Uran und Graphit keine Verunreinigungen enthalten, da sie Neutronen absorbieren würden. Schnelle Neutronen werden von den meisten Baustoffen viel weniger verschluckt als langsame, weshalb man bei solchen Reaktoren, in denen zur Spaltung nur schnelle Neutronen benutzt werden, in der Wahl der Baustoffe und Kühlmittel freiere Hand hat. Ein Reaktor würde wegen der zu hohen Absorption des 238 U nicht funktionieren, wenn natürliches Uran mit dem Bremsstoff gleichmäßig vermischt wäre (homogener Reaktor).

Im *Moderator*, der bei Reaktoren für industrielle Zwecke aus Graphit, H_2O oder D_2O besteht und den Spaltstoff umgibt, geben die schnellen Neutronen ihre überschüssige Energie den Stoßgesetzen entsprechend an die Kerne des Bremsstoffes um so schneller ab, je weniger sich das Massengewicht der Kerne von dem der Neutronen unterscheidet. Nach FINKELNBURG sind zum Abbremsen von 1 MeV-Neutronen in leichtem Wasser 18, in schwerem Wasser 25, in Beryllium 90 und in Kohlenstoff (Graphit) 114 Stöße nötig. Bei H_2O genügt daher zum Abbremsen eine wesentlich kleinere Schichtstärke als bei Graphit. Ein bestimmter Körper hat eine um so stärkere Bremswirkung (Moderierung), je dichter er ist.

Heißeres Wasser bzw. dampfhaltiges Wasser moderiert daher weniger als dampffreies oder weniger heißes Wasser. Infolge des großen Energie- bzw. Geschwindigkeitsbereiches schneller Neutronen, Abb. 14, wird sich unter den abgebremsten, thermischen Neutronen meist eine gewisse Anzahl befinden, deren Geschwindigkeit erheblich höher als 2200 m/sek liegt.

3. Der Multiplikationsfaktor k_{eff}. Es wird nun in vereinfachter Weise gezeigt, wieviel neue schnelle Spaltneutronen n aus n_0 schnellen Neutronen einer voraufgehenden „Neutronengeneration" in einem Reaktor entstehen, wenn die durch spaltungslose Absorptionen, Leckagen usw. hervorgerufenen Neutronenverluste berücksichtigt werden.

Der Multiplikationsfaktor k kann definiert werden als das Verhältnis der Zahlen der schnellen Neutronen zweier aufeinander folgenden „Generationen", d. h. $k = \dfrac{n}{n_0}$. Bei jeder sich ereignenden Spaltung eines 235 U-Kernes werden im Mittel 2,5 neue Neutronen (Spaltneutronen) freigesetzt. Da aber nicht jedes vom 235 U absorbierte Neutron eine Spaltung verursacht, sondern rd. 16% aller Einfänge spaltungslos bleiben und zur Bildung des Isotops 236 U führen, werden im Durchschnitt pro 1 absorbiertes Neutron nur 2,1 Spaltneutronen frei. In einem unendlich großen mit reinem 235 U beschickten Reaktor, bei dem also keine Neutronen nach außen entweichen könnten und nur Absorptionen im 235 U stattfänden, würde demnach der Multiplikationsfaktor, der zur Kennzeichnung k_∞ genannt wird, den Wert 2,1 haben; enthielte der Reaktor nur wenige, z.B. in einem sehr großen Graphitblock verteilte Gramm Uranium, so wäre k_∞ fast Null. Diesen beiden Grenzfällen entsprechend könnte also bei Uran der Multiplikationsfaktor k_∞ zwischen 0 und 2,1 liegen.

Der Multiplikationsfaktor K_∞ für einen thermischen Reaktor unendlich großer Ausdehnung wird durch die sogenannte „*Vierfaktorenformel*" dargestellt:

$$k_\infty = \varepsilon \cdot p \cdot f \cdot \eta \tag{27}$$

Der „schnelle Spaltungsfaktor" ε gibt an, wie viele Neutronen verfügbar sind, wenn man die durch schnelle Neutronen herbeigeführten Spaltungen berücksichtigt. Für einen mit Natururan betriebenen Reaktor ist $\varepsilon \sim 1{,}03$; bei einem mit angereichertem Uran betriebenen homogenen Reaktor kann man setzen $\varepsilon \sim 1{,}0$.

p gibt die Zahl der schnellen Neutronen an (bezogen auf 1 ankommendes Neutron), die während des Bremsvorganges von 238 U nicht absorbiert werden. Bei einem heterogenen mit Natururan arbeitenden Reaktor ist p = 0,85 bis 0,95. Ist der Spaltstoff reines 235 U, so wird wegen des Fehlens von 238 U der Faktor p = 1,0.

f ist das Verhältnis zwischen der Zahl der thermisch gewordenen Neutronen, die vom Uran absorbiert werden, zu der Zahl der im Uran und im Moderator absorbierten Neutronen.

Sind Σ_U bzw. Σ_M die makroskopischen Absorptionsquerschnitte von Uran bzw. Bremsstoff, so ist bei homogenen Reaktoren, bei denen also Spalt- und Bremsstoff gleichmäßig miteinander vermischt sind

$$f = \frac{\Sigma_U}{\Sigma_U + \Sigma_M} \tag{28}$$

Bei heterogenen Reaktoren, bei denen Uranstäbe im Bremsstoff eingebettet sind, muß man beim Ermitteln von f berücksichtigen, daß beide Stoffe ein verschiedenes Volumen V_U und V_M einnehmen und daß der Neutronenfluß $\Phi = nv$ in dem die Neutronen stärker absorbierenden Uran ($\Sigma_U = 0{,}351$) kleiner ist als in dem schwächer absorbierenden Graphit ($\Sigma_M = 3{,}72 \cdot 10^{-4}$).

Dadurch ändert sich Gl. (28) in

$$f = \frac{V_U \cdot \Sigma_U \cdot \Phi_U}{V_U \cdot \Sigma_U \cdot \Phi_U + V_M \cdot \Sigma_M \cdot \Phi_M} \tag{29}$$

$$= \frac{1}{1 + \dfrac{V_M \cdot \Sigma_M \cdot \Phi_M}{V_U \cdot \Sigma_U \cdot \Phi_U}} \tag{30}$$

R. L. MURRAY nimmt bei der Berechnung eines graphitmoderierten Reaktors, der aus zahlreichen parallelen Uranstäben vom Halbmesser r_0 besteht, die in eine Graphitschicht vom Halbmesser r_1 eingebettet sind, einen verhältnismäßigen Neutronenfluß gemäß Abb. 16, d. h. ein Verhältnis $\dfrac{\Phi\,M}{\Phi\,U}$ von ungefähr 2 a. n. Mit einem Verhältnis $\dfrac{V_M}{V_U}$ von rd. 50 ergibt sich dann für diesen Reaktor f = rd. 0,9. Diese Ausführungen sollen aber nur das Wesen des Rechnungsganges und die Größenordnung von f zeigen, da die genaue Ermittlung von f bei heterogenen Reaktoren sehr umständlich ist.

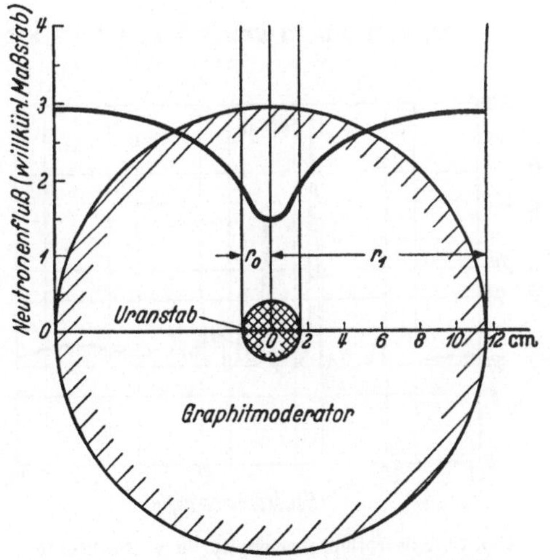

Der Faktor η ist die durchschnittliche Zahl der Neutronen, die auf 1 vom Uran absorbiertes Neutron frei werden. Da aber nicht jede Absorption von Neutronen durch 235 U eine Spaltung hervorruft, ist η kleiner als 2,5, und zwar muß man, um die Zahl der je Absorption in reinem 235 U frei werdenden Neutronen zu erhalten, gemäß Tab. 8 den Wert 2,5 mit $\dfrac{\sigma_F}{\sigma_A} = \dfrac{549}{650} = 0{,}845$ multiplizieren und kommt dann auf $\eta = 2{,}1$; bei natürlichem oder bei nur wenig angereichertem Uran, in dem noch der spaltungslose Einfang durch 238 U wirksam wird, kann η bis auf 1,32 sinken. Tab. 11 gibt für langsame und schnelle Neutronen aus dem Jahre 1955

Abb. 16. Angenommene Neutronenfluß-Verteilung bei einer Stange aus natürlichem Uran (Radius r_0), die von einem Graphitmoderator (Radius r_1) umgeben ist. Nach R. L. MURRAY

stammende η-Werte an. Mit ihnen kommt man bei mit Natururan betriebenen heterogenen Reaktoren auf

$$k_\infty = 1{,}03 \cdot 0{,}9 \cdot 0{,}9 \cdot 1{,}32 = 1{,}10$$

Bei Reaktoren endlicher Größe gehen ein Prozentsatz $1 - \mathfrak{L}_f$ schnelle und ein Prozentsatz $1 - \mathfrak{L}_t$ langsame Neutronen durch Leckagen verloren, die zu 4 und 3% veranschlagt werden mögen. Damit kommt man zu einem *tatsächlichen Multiplikationsfaktor*

$$k_{eff} = 1{,}10 \cdot 0{,}96 \cdot 0{,}97 = 1{,}02$$

Tabelle 11. *Multiplikationsfaktor η bei thermischen und bei schnellen Neutronen.*
Nach W. H. ZINN (8/P/814)[1], J. A. LANE (8/P/476)[1] u. S. GLASSTONE

Neutronenart	thermische (w = 2200 m/sek)	schnelle
Natururan	1,3	$< 1{,}00$
235 U	2,08	2,23
233 U	2,31	$> 2{,}00$
239 Pu	2,03 (1,95)	2,70
239 Pu — 238 U	$< 1{,}84$	

[1] Nummer des betreffenden Berichtes von der Genfer Atomkonferenz 1955.

Abb. 13 zeigt schematisch den Verlauf eines Spaltungszyklus.

Ist $k_{eff} = \dfrac{n}{n_o} > 1{,}0$, so spricht man von einem *überkritischen, ist* $\dfrac{n}{n_o} = 1{,}0$, von einem *kritischen*, ist es kleiner als 1,0, von einem *unterkritischen* Reaktor, der nicht arbeitsfähig wäre. Abb. 17 zeigt in logarithmischem Maßstab den Verlauf des Absorptionsquerschnittes σ_a in Abhängigkeit von der Neutronenenergie. Sein Mittelwert von 12 barn wird erstmals bei 6,75 eV Energie um fast das 400fache überschritten; das Gebiet hoher Neutronenenergien hat mehrere ähnliche Spitzen. Diese *Resonanzabsorption* genannte Erscheinung kann

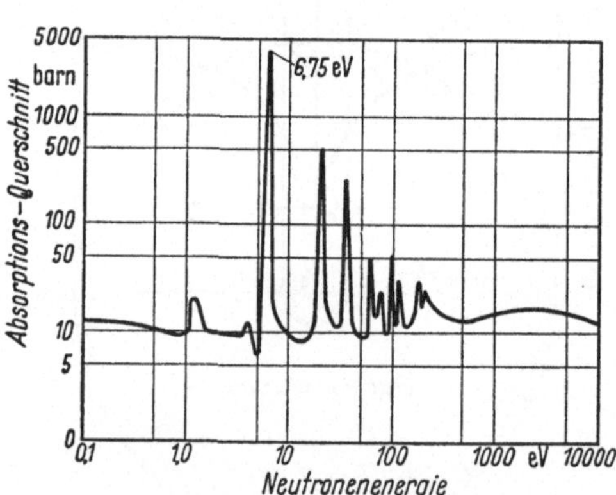

Abb. 17. Absorptionsquerschnitt σ_a v. Natururan (Resonanzabsorptionen). Nach S. GLASSTONE.

den Wert f in Abb. 13 beträchtlich beeinflussen.

Solange der Spaltstoff und der Moderator eines Reaktors dieselbe Temperatur haben, ist auch ihr Neutronenspektrum dasselbe. Wird, wie es vor allem während des Anfahrens eines Reaktors aus dem kalten Zustand vorkommt, der Spaltstoff erheblich heißer als der Moderator, so rückt für ihn (Gl. 26) die Kurve in Abb. 14 mehr nach rechts als für den Moderator, d. h. der prozentuale Anteil der Neutronen hoher Energie wird im Spaltstoff mehr vergrößert als im Moderator. Der Wert $\dfrac{V_M \cdot \Sigma_M \cdot \Phi_M}{V_U \cdot \Sigma_U \cdot \Phi_U}$ im Nenner von Gl. 30 kann sich dadurch je nach Belastung und Konstruktion eines Reaktors u. U. so ändern, daß der Reaktor nicht mehr kritisch wird.

Schnelle Reaktoren werden schon wegen des wegfallenden Moderators kleiner als thermische, doch braucht man für ihren Betrieb mit 235 U oder 239 Pu hochangereichertes Uran, weil nach Tab. 11 der Wert η bei Natururan und schnellen Neutronen weniger als 1,0 beträgt. Nach S. GLASSTONE muß der Größenordnung nach der kritische Durchm. des kugelförmigen Kernes eines nackten mit 235 U oder 239 Pu beschickten schnellen Reaktors mindestens 150 mm sein gegenüber 7000 mm bei thermischen mit Natururan und Graphitmoderierung arbeitenden Reaktoren, bzw. 300 mm bei H_2O-moderierten mit hochangereichertem Spaltstoff beschickten Reaktoren. Beim einen Extrem kommt man also mit einer Kugel von der Größe eines Fußballs und wenigen kg spaltbarem Material aus, beim anderen Extrem braucht man viele t Natururan und einen fast 50 mal größeren Durchm. des Reaktorkernes, um die kritische Größe zu erreichen.

Nur mit 239 Pu beschickte thermische Reaktoren eignen sich im Gegensatz zu schnellen Reaktoren als Brutreaktoren nicht, da nach Tab. 11 η nur knapp 2,0 beträgt. Dagegen besteht nach S. GLASSTONE gute Aussicht, daß bei 233 U als Spaltstoff und 232 Th als fruchtbarem Material mit thermischen oder mit schnellen Neutronen arbeitende Brutreaktoren gebaut werden können.

Abb. 18 zeigt p und f für einen heterogenen mit Natururan betriebenen Reaktor. Seine Uranfüllung besteht aus zylindrischen Stangen vom Radius r_0, die sie umhüllende Graphitschicht hat den Radius r_1. Man sieht, daß selbst bei dünnen Uranstäben die Größen p und f Werte um 0,9 und die Größe k_{eff} Werte zwischen 1,0 und 1,1 erreichen können. Um ein hohes k_{eff} zu erhalten, muß man daher zwischen p und f einen vorteilhaften Kompromiß treffen. Mit zunehmender Temperatur des Reaktorkernes ändert sich der Multiplikationsfaktor etwas, weil die Größen p, f, $\mathfrak{L}_f$ und $\mathfrak{L}_t$ temperaturabhängig sind.

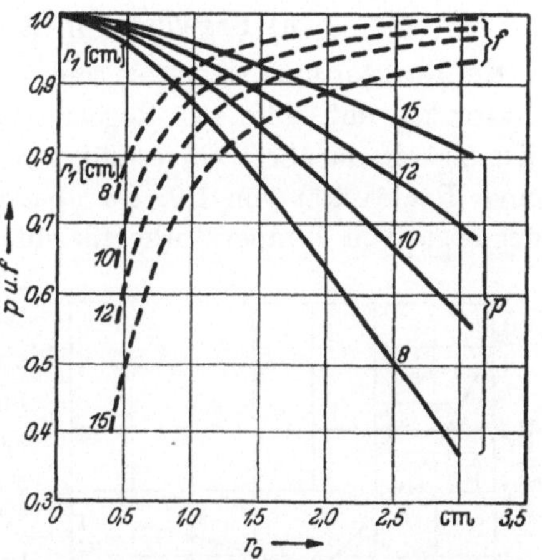

Abb. 18. Abhängigkeit von p u. f vom Halbmesser r_0 der Uranstangen und vom Halbmesser r_1 der sie umgebenden Graphitschicht bei einem heterogenen mit natürlichem Uran betriebenen Reaktor. Nach R. L. MURRAY

Wenn in einem arbeitenden Reaktor die Temperatur steigt, dehnen sich Spaltstoff und Moderator aus, d. h. ihre Dichte nimmt ab. Weil hierdurch die Entfernung der Atomkerne voneinander zunimmt, können sich mehr Neutronen der Bremsung und dem Herbeiführen einer Spaltung entziehen. Ein gewisser Einfluß tritt durch die Vergrößerung des Gesamtvolumens von Spaltstoff und Moderator ein, die bewirkt, daß die Leckverluste kleiner werden. Außerdem ändert sich die mittlere Energie der thermischen Neutronen und damit die von dieser abhängigen mikroskopischen Wirkungsquerschnitte.

Wenn k_{eff} mit steigender Temperatur abnimmt, spricht man von einem *negativen Temperaturkoeffizienten*. Man kann die Temperaturabhängigkeit von k_{eff} durch die Formel $k_{eff} = 1 + a \cdot \Delta T$ beschreiben. ΔT bedeutet den Temperaturanstieg, während $a = \dfrac{dk_{keff}}{dT}$ der Temperaturkoeffizient ist, der aus Gründen der Betriebssicherheit eines Reaktors negativ sein soll. Der Fall, daß k_{eff} mit steigender Temperatur zunimmt, muß vermieden werden, da sonst der Reaktor durchgehen könnte. Bei den einzelnen Reaktorsystemen ist der Einfluß der Temperatur auf den Multiplikationsfaktor unterschiedlich. Nach S. GLASSTONE beträgt z. B. der Temperaturkoeffizient für einen Reaktor vom Swimming-Pool-Typ etwa $-1{,}4 \cdot 10^{-4}$ pro °C, für einen homogenen Siedewasserreaktor etwa $-3 \cdot 10^{-4}$ pro °C.

Bei Natururan muß man den Spaltstoff in viele Stäbe, Kügelchen, Rohre oder Platten unterteilen und sie vom Moderator trennen (heterogene Reaktoren), weil sonst die schnellen Neutronen zuviel Gelegenheit zum Kollidieren mit 238 U hätten und von diesem zu stark absorbiert werden würden. Durch das Trennen der Uranstücke vom Moderator wird aber der größte Teil der schnellen Neutronen auf thermische, zum Spalten von 235 U geeignete Geschwindigkeiten abgebremst, bevor er wieder auf den Spaltstoff auftrifft. Abgebremste, thermische Neutronen haben eine ähnliche Geschwindigkeits(Energie)-verteilung wie in Abb. 14.

h) Regelung von Reaktoren (Teil I)[1]

Ein Reaktor muß so gebaut sein, daß der tatsächliche Multiplikationsfaktor k_{eff} mit Hilfe der Regelstangen auf den Betrag 1,0 (oder eine Kleinigkeit darüber) eingestellt werden kann. Man spricht dann von einer Reaktivität von 1,0. Da aber während des Betriebes k_{eff} infolge der negativen Temperaturkoeffizienten von Graphit und Uran und der „Vergiftung" durch das entwickelte Xenon abnimmt, muß der Reaktor eine gewisse Überschußreaktivität haben, die diese Einflüsse kompensiert, denn auch unter den ungünstigsten Verhältnissen muß man einen Wert von $k_{eff} - 1 \geqq 0$ einstellen können. Abb. 19 zeigt, wie die Reaktivität eines graphit-moderierten Reaktors verliefe, wenn sie ursprünglich 4,3% betragen würde und man das erschöpfte Uran nach einem Jahr durch frisches ersetzen müßte. Nunmehr sollen die Vorgänge besprochen werden, die sich in einem Reaktor bei einer plötzlichen Änderung des Multiplikationsfaktors k abspielen.

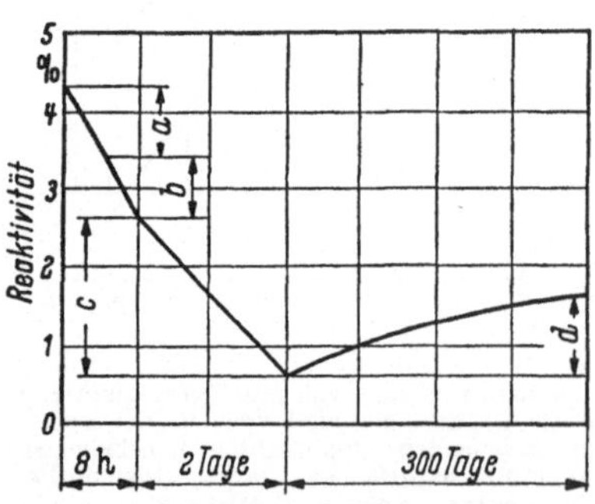

Abb. 19. Verlauf der Reaktivität eines mit Natururan arbeitenden graphitmoderierten Reaktors während eines einjährigen Zyklus zwischen Laden u. Entladen der Spaltstofffüllung. Nach GHALIB u. BOWEN. Journ. Brit. Nucl. Energy Conf. v. IV. 1957.

Abnahme der Reaktivität durch: *a* Graphit Temperaturkoeffizient, *b* Uranium - Graphit-Temperaturkoeffizient, *c* Xenon - Vergiftung; Zunahme der Reaktivität durch: *d* Plutonium-Bildung.

[1] Teil II siehe S. 171.

Solange $k_{eff} = 1{,}0$, also die *Überschußreaktivität* $k_{eff} - 1 = 0$ ist, bleibt
die Neutronendichte bzw. der Neutronenfluß und damit auch die Wärmeleistung konstant. Wird k_{eff} nun plötzlich, z. B. durch Herausziehen der
Bremsstäbe, etwas über den Wert 1,0 hinaus vergrößert, so setzt eine
fortlaufende Neutronenvermehrung, d. h. eine Steigerung des Neutronenflusses Φ ein, die so lange anhält wie
der Zustand $k_{eff} > 1{,}0$, d. h. eine Überschußreaktivität $k_{eff} - 1 > 0$ aufrechterhalten wird. Wenn durch Zurückschieben der Bremsstäbe in den Reaktor
die Überschußreaktivität nach einer gewissen Zeit wieder auf Null gebracht
wird, hört die Neutronenvermehrung
auf und der Reaktor arbeitet mit dem
erreichten höheren Neutronenfluß Φ_1
weiter, Abb. 20. Der zeitliche Verlauf
der Neutronenflußsteigerung von 1 nach
2, der für die Regelung des Reaktors

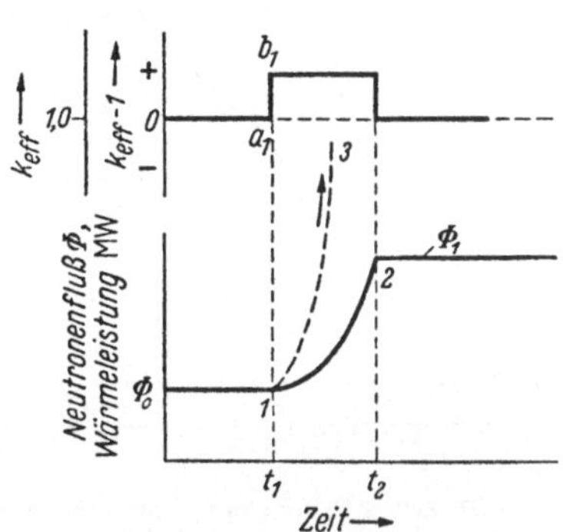

Abb. 20. Zeitverhalten eines graphitmoderierten (thermischen) Reaktors.

von großer Bedeutung ist, hängt davon ab, wie groß die plötzliche
Reaktivitätsänderung, d. h. der Schritt von a_1 nach b_1 ist.

Grundsätzlich folgt die Neutronenvermehrung einer Exponentialfunktion, d. h.
die Neutronendichte nimmt außerordentlich rasch zu. Ist n_0 die Zahl der thermischen Neutronen im Zeitpunkt 0 Sekunden, so würde nach R. L. MURRAY bei einer
Überschußreaktivität (entsprechend b_1) von beispielsweise $k_{eff} - 1 = 0{,}01$ die
Neutronenzahl n nach t Sekunden folgende Größen erreicht haben:

$$t = \frac{1}{100} \text{ sek} \qquad\qquad n = 1{,}65\, n_0$$

$$t = \frac{1}{10} \text{ sek} \qquad\qquad n = 148\, n_0$$

$$t = \frac{1}{1} \text{ sek} \qquad\qquad n = 5 \cdot 10^{21}\, n_0$$

Die Reaktorleistung stiege also nach Kurve 1—3 in Abb. 20 ungeheuer stark und
schnell an und der Reaktor könnte in Bruchteilen einer Sekunde zerstört werden.

Die sogenannten „*verzögerten*" (*delayed*) Neutronen beeinflussen jedoch
das Zeitverhalten eines Reaktors entscheidend, so daß das obige Beispiel nur für den Fall hoher Überschußreaktivität (größer als etwa
0,0075) gültig ist.

Von den pro Kernspaltung im Mittel entstehenden 2,5 Spaltneutronen werden
nämlich nur etwa 99% sofort im Augenblick der Spaltung freigesetzt („*prompte*"
Neutronen), während die restlichen (0,775% bei 235 U) von den Trümmern des
gespaltenen Kernes mit gewissen Verzögerungen emittiert werden. Die Emission
der verzögerten Neutronen erfolgt ähnlich wie bei radioaktiven Zerfallsprozessen,
wobei Halbwertzeiten zwischen 0,05 bis 55,6 Sekunden auftreten. Solange die Kettenreaktion zu ihrer Aufrechterhaltung von den verzögerten Neutronen Gebrauch

machen muß, verlangsamen diese den Ablauf der Neutronenvermehrung stark. Es läßt sich zeigen, daß für Überschußreaktivitäten $k_{eff} - 1 < 0{,}0075$ das Zeitverhalten des Reaktors durch die verzögerten Neutronen bestimmt wird und die Neutronenzunahme viel langsamer erfolgt, als es nach dem Exponentialgesetz zu erwarten wäre.

Wird aber $k_{eff} - 1 \geqq 0{,}00755$, so tritt die zuerst beschriebene rapide Steigerung des Neutronenflusses auf, weil jetzt die prompten Neutronen allein das zeitliche Verhalten des Reaktors bestimmen. Dieser Zustand des Reaktors, der als „prompt-kritisch" bezeichnet wird, muß, da er das Durchgehen des Reaktors begünstigt, vermieden werden.

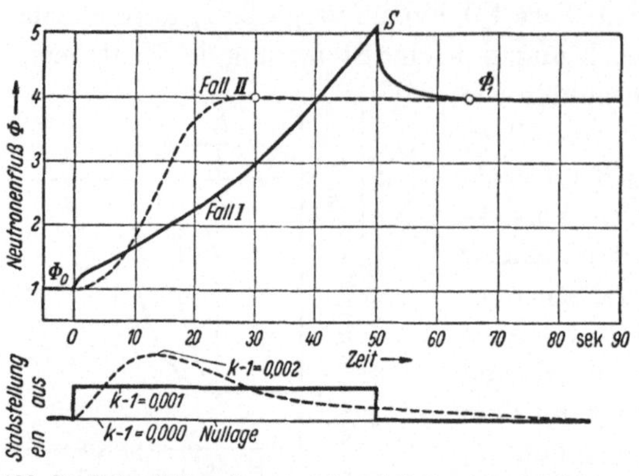

Abb. 21. Zeitverhalten eines graphitmoderierten mit natürlichem Uran arbeitenden Reaktors bei Verstärken seines Neutronenflusses Φ von $\Phi_0 = 1$ auf $\Phi_1 = 4$. Nach J. DEVER.

Im folgenden wird die Überschußreaktivität mit $k - 1$ und nicht mehr mit $k_{eff} - 1$ bezeichnet. Abb. 21 zeigt das Verhalten eines graphitmoderierten mit Natururan arbeitenden Reaktors, wenn sein verhältnismäßiger Neutronenfluß $\Phi_0 = 1$ durch Verstellen der Regulierstangen auf $\Phi_1 = 4$ erhöht wird. In Fall I (voll ausgezogene Kurven) geschieht dies, indem man die Stangen um einen einer Überschußreaktivität $k - 1 = 0{,}001$ entsprechenden Betrag sehr schnell aus ihrer $k - 1 = 0$ entsprechenden „Nullage" herauszieht und nach 50 Sekunden ebenso schnell wieder in sie zurückführt. Dann wird nach Passieren einer beträchtlichen Spitze S die gewünschte neue Gleichgewichtslage Φ_1 nach beispielsweise 65 Sekunden erreicht. Man kann aber ohne diese Spitze (gestrichelte Kurven) in beispielsweise nur 30 Sekunden auf $\Phi = 4$ kommen, wenn man die Regulierstangen stetig bis zu einem etwa $k - 1 = 0{,}002$ entsprechenden Höchstwert verstellt und sie allmählich wieder in die „Nullage" bringt, wobei aus Gründen, auf die hier nicht eingegangen werden kann, bei einem Reaktor der betrachteten Bauart das Nachregulieren nach Erreichen von $\Phi = 4$ ziemlich lange dauern kann. Immer aber müssen nach Erreichen des gewünschten Neutronenflusses die Regulierstangen in ihre $k - 1 = 0$ entsprechende „Nullage" zurückgeschoben werden, die mit zunehmender Erwärmung des Reaktors bei manchen Reaktorsystemen etwas in die Höhe rückt. Schiebt man die Regulierstangen tiefer als auf die „Nullage" ein, so kommt der Reaktor zum Stillstand.

i) Leistung von Reaktoren

Da die Spaltung eines 235 U-Kernes 200 MeV liefert und 1 MeV $=$ $1{,}6 \cdot 10^{-13}$ Watt-sek ist (Umrechnungstabelle im Anhang), müssen $\dfrac{1}{200} \cdot \dfrac{10^{13}}{1{,}6} =$ rd. $3 \cdot 10^{10}$ Kerne pro Sekunde gespalten werden, um eine Leistung von 1 Watt zu erzielen. Die Wärmeleistung von 1 cm³ aktivem, d. h. nur aus Spalt- und Bremsstoff bestehendem Volumen des Kernes eines Reaktors beträgt daher

$$L_{0_{\mathrm{cm}^3}} = \frac{\text{Spaltungen je cm}^3/\text{sek}}{\text{für 1 Watt Leistung erforderliche Spaltungen je sek}} \ \text{Watt/cm}^3 \qquad (31)$$

oder für einen ganzen Reaktor mit dem aktiven Volumen V_0

$$L_{0_{\mathrm{Watt}}} = \frac{n_0 \cdot v_0 \cdot N \cdot \sigma \cdot V_0}{3 \cdot 10^{10}} \ \text{Watt} \qquad (32)$$

Hierin bedeuten

V_0 = aktives Volumen des Kernes[1] (core) eines Reaktors in cm³,
N = Zahl der spaltbaren Kerne in 1 cm³ aktivem Volumen,
σ = Spaltungsquerschnitt,
   = rd. $550 \cdot 10^{-24}$ cm² für thermische Neutronen, Tab. 8,
n_0 = mittlere Dichte der stoßenden Neutronen je cm³,
v_0 = mittlere Geschwindigkeit der stoßenden Neutronen
   = rd. $2{,}2 \cdot 10^5$ cm/sek bei thermischen Neutronen.

Das tatsächlich erforderliche Volumen V des Kernes ist je nach der Bauart eines Reaktors etwa 1,05- bis 1,30 mal größer als das aktive, weil zu letzterem noch der Raumbedarf für die Kühlkanäle, die Regulier- und Sicherheitsstäbe, die Unterstützungskonstruktion und sonst noch erforderlichen Dinge hinzukommen. Bei gasgekühlten, mit Graphit moderierten und Natururan betriebenen Reaktoren muß man daher V bis zu 1,3 mal, bei mit Wasser moderierten und gekühlten und mit hoch angereichertem 235 U betriebenen Reaktoren bis zu 1,05 mal größer machen als V_0, um das für einen Reaktor ohne Panzerung insgesamt benötigte Volumen zu bekommen. Der Neutronenfluß $n \cdot v$ cm^{-2}sek^{-1} in industriellen Reaktoren hängt stark davon ab, ob sie mit schnellen oder langsamen Neutronen arbeiten; ob sie homogen oder heterogen sind; ob sie durch Gase von niederem oder von hohem Druck, durch Wasser oder durch flüssiges Metall gekühlt werden; welche Geschwindigkeit das Kühlmittel hat; wie hoch seine Austrittstemperatur ist und welche Höchsttemperatur des Spaltstoffes zulässig ist u. a. m. Je höher der Neutronenfluß ist, desto höher ist die auf das Volumen des Reaktorkernes bezogene spezifische Wärmeleistung. Wegen des teuren Spaltstoffes muß man versuchen, eine bestimmte Leistung mit einer tunlichst kleinen Spaltstoffüllung zu erreichen. Eine bestimmte Wärmeleistung kann mit mehr, aber thermisch schwächer belastetem oder mit weniger,

---

[1] Dieser Begriff hat mit Atomkernen natürlich nichts zu tun.

aber thermisch höher belastetem Spaltstoff erreicht werden. Da zwischen dem Gewicht des Bremsstoffes und demjenigen des Spaltstoffes und der Anordnung beider Stoffe zueinander gewisse atomphysikalisch bedingte Verhältnisse bzw. Entfernungen eingehalten werden müssen, probiert man jeweils durch sehr umständliche Rechnungen, welche Werte am besten zueinander passen.

Bei 13 verschiedenen Reaktoren, deren Wärmeleistung zwischen 10 kW und 1000 MW liegt, von denen aber die meisten Laboratoriumsreaktoren von 100 bis 200 kW Leistung sind, beträgt der Neutronenfluß 10^{12} bis $6{,}5 \cdot 10^{14}$ n/cm²/sek.

Bei dem im Sept. 1957 fertiggestellten 175 MW-Material-Untersuchungsreaktor (ETR) in Idaho (USA), der 60 Millionen DM kostete, kann ein Neutronenfluß zwischen $4 \cdot 10^{14}$ und $1{,}5 \cdot 10^{15}$ n/sek cm² erzielt werden. So hohe Flüsse, die nur mit hoch angereichertem Spaltstoff erreichbar sind, greifen viele Baustoffe stark an und die Abfuhr der bei ihnen entwickelten Wärme kann erhebliche Schwierigkeiten verursachen.

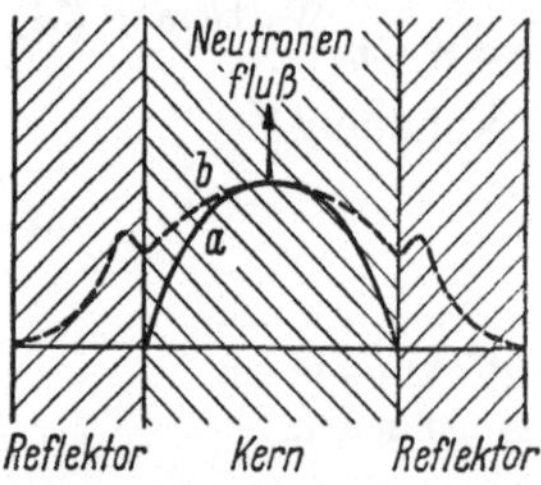

Abb. 22. Thermischer Neutronenfluß Φ bei Reaktor ohne und mit Reflektor, falls Φ in beiden Fällen in der Reaktormittelachse gleich groß ist. Nach S. GLASSTONE. *a* ohne Reflektor, *b* mit Reflektor.

Wie schon die vorausgehenden Ausführungen zeigten, ist der Neutronenfluß und damit die entbundene Wärmemenge weder im Moderator noch im Spaltstoff noch über dem Querschnitt eines Reaktors gemessen gleich groß.

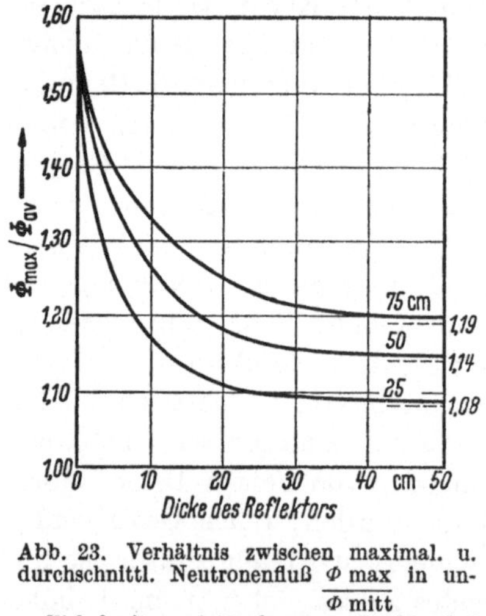

Durch Umhüllen des Reaktorkernes mit einem je nach der Reaktorbauart aus Graphit, Beryllium, Berylliumoxyd oder schwerem Wasser bestehenden Reflektor, Abb. 22, der die Neutronen zurück in den Kern zerstreut, kann man bei thermischen Neutronen den Neutronen-Leckageverlust $(\mathfrak{L}_f)$ und $(\mathfrak{L}_t)$ in Abb. 13 beträchtlich verkleinern und im Verein mit anderen Maßnahmen, die erst später besprochen werden, den Neutronenfluß im Kern vergleichmäßigen und dadurch die spezifische Wärmeleistung je m³ Kernvolumen erhöhen. Abb. 23 zeigt das Verhältnis maximaler Neutronenfluß : durchschnittlicher Neutronenfluß $= \Phi_{max}/\Phi_{mitt}$ für drei unendlich groß gedachte 250, 500 und 750 mm starke Spaltstoffplatten bei einer Stärke des Reflektors bis zu 500 mm, wenn Reflektor und Moderator aus Beryllium bestehen.

Abb. 23. Verhältnis zwischen maximal. u. durchschnittl. Neutronenfluß $\dfrac{\Phi\ \text{max}}{\Phi\ \text{mitt}}$ in unendlich breitem plattenförmigem Reaktor bei verschied. Dicke d. Reflektors u. 25, 50 u. 75 cm Dicke des Reaktorkernes, falls Moderator u. Reflektor aus Beryllium bestehen. Nach S. GLASSTONE.

Nach W. H. ZINN erreichen thermische Reaktoren Wärmeleistungen von 20 bis 70 kW/Liter, bei mit flüssigen Metallen gekühlten schnellen Reaktoren hofft man auf viel höhere Werte kommen zu können.

k) Aufbau von Reaktoren

Nunmehr wird der grundsätzliche Aufbau ortsfester Reaktoren zum Erzeugen von Kraft und Wärme in großen Anlagen beschrieben. Wie noch gezeigt wird, kann der Spaltstoff als Metall, Legierung, Oxyd, Karbid, Keramik, in geschmolzenem Metall oder in Wasser gelöst oder als Salzschmelze, also in sehr vielfältiger Form benutzt werden. Als Spaltstoffe kommen in Betracht: Natururan; mit 235 U angereichertes Uran; reines 235 U; künstlich erzeugtes Plutonium 239 Pu und das gleichfalls künstlich erzeugte spaltbare Uranisotop 233 U, s. S. 12. Die meisten bisher gebauten Reaktoren sind thermische Reaktoren, weil sie am erprobtesten sind und mit Natururan betrieben werden können. In ihnen werden die bei der Spaltung von Uran frei werdenden schnellen Neutronen in einem häufig aus Graphit bestehenden Moderator auf thermische Geschwindigkeit verlangsamt (v $\sim$ 2200 m/sek) und spalten dann 235 U-Kerne ausgezeichnet.

Damit der Neutronenverlust durch Leckage klein wird, umgibt man den Reaktorkern mit einem Reflektor, der streuende Neutronen in das Innere des Kernes zurückwirft. Die entwickelte Wärme wird mit einem geeigneten Kühlmittel abgeführt; mittels Bor-, Hafnium- oder Cadmiumstäben, Abb. 11, werden überschüssige Neutronen aufgefangen, bzw. wird die gewünschte Wärmeleistung eingeregelt oder der Reaktor stillgelegt. Kern samt Reflektor werden von einem Stahlpanzer (thermischer Panzer) und einem ihn umhüllenden Betonpanzer (biologischer Panzer) umgeben, damit tunlichst wenig Strahlung (α-Teilchen; β-Teilchen; γ-Strahlen, Neutronen usw.) ins Freie gelangen kann. Der

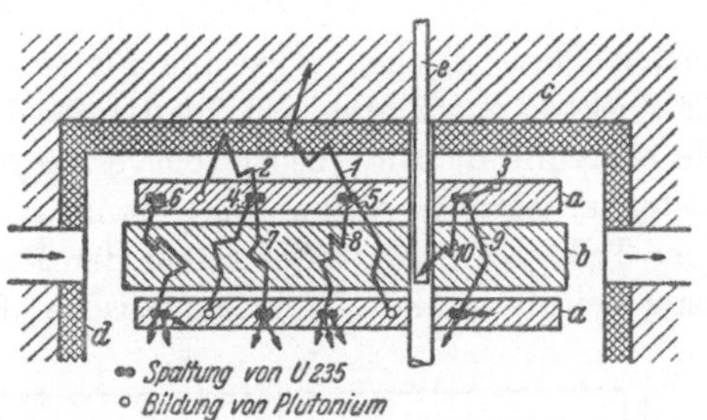

Abb. 24. Schematischer Schnitt durch einen graphitmoderierten Reaktor. *a* Uran. *b* Graphitmoderator, *c* biologischer Panzer, *d* Beryllium-Reflektor, *e* Cadmium-Regulierstab

mit langsamen Neutronen arbeitende, mit Natururan beschickte, in Abb. 24 skizzenhaft dargestellte Reaktor hat also folgende Bestandteile:

den Spaltstoff a,
den Graphitmoderator b,
die im Moderator untergebrachten Kühlkanäle, durch die Gase, Wasser, hoch siedende Flüssigkeiten oder flüssige Metalle (Natrium, ein Gemisch von Natrium und Kalium oder Wismut) fließen,
den Reflektor d,
den auf ihn folgenden Stahl- und Betonpanzer c und
die Regulierstäbe e.

Abb. 25 zeigt den Verlauf des Neutronenflusses Φ zwischen einem einzigen zentral angeordneten Regulierstab und den Außenflächen eines Reaktorkernes, wenn der Stab völlig in ihn hineingeschoben und wenn er ganz aus ihm herausgezogen ist. Sind mehrere solcher Stäbe vorhanden, so sollten sie tunlichst symmetrisch über den Querschnitt des Kernes verteilt werden. Ihre Wirkung ist dann bei großen Reaktoren nur wenig kleiner als es die Summe der Wirkungen der einzelnen Stäbe wäre, und der Neutronenfluß, die Wärmeentbindung und die Temperaturverteilung über den ganzen Kernquerschnitt werden am gleichmäßigsten und die im Reaktor auftretenden Wärmespannungen am kleinsten. Schließlich sind Vorrichtungen nötig, damit verbrauchter Spaltstoff von Zeit zu Zeit regeneriert bzw. durch frischen ersetzt werden kann. Soweit der Spaltstoff in metallischer Form benutzt wird, besteht er entweder aus zahlreichen Stücken, Stäben oder Rohren von häufig zylindrischer Gestalt mit glatten oder kanellierten Mantelflächen oder aus Platten oder wabenartigen Gebilden.

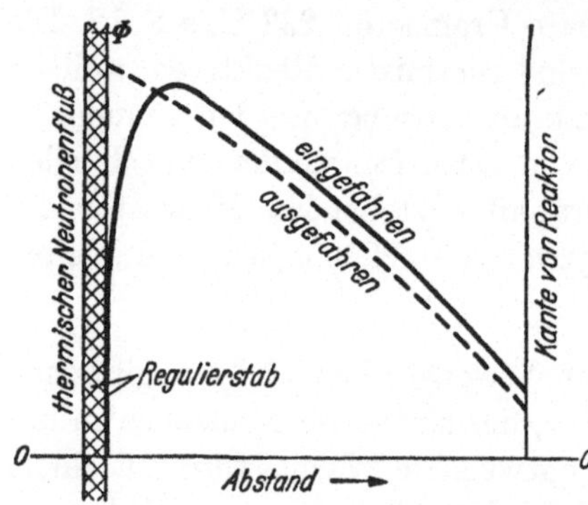

Abb. 25. Verteilung des Neutronenflusses in einem Reaktorkern bei eingefahrener und nichteingefahrener Regulierstange. Nach R. STEPHENSON

Er steckt in gasdichten, am Spaltstoff sehr dicht anliegenden Hülsen aus Metallen mit kleinem Absorptionsvermögen (Beryllium, Zirkonium, nichtrostender Stahl o. Aluminium), damit gewisse Spaltprodukte vor allem aber Teile des Spaltstoffes selber den Reaktor und das mit ihm verbundene Leitungs- und Wärmeaustauscher-System nicht „vergiften" und

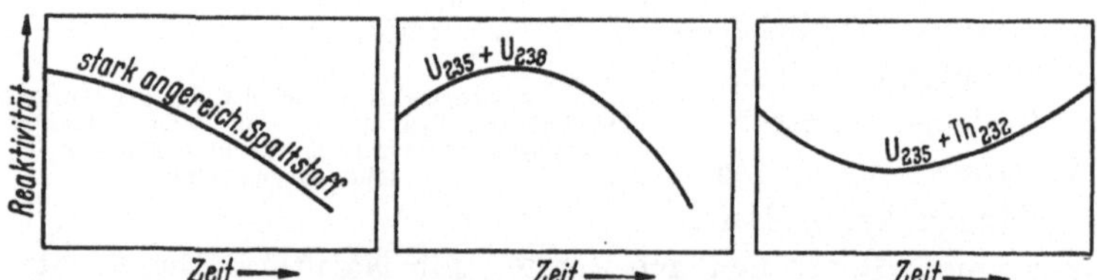

Abb. 26. Verlauf d. Reaktivität in Abhängigkeit von der Zeit bei verschied. Spaltstoffen. Nach Nucleonics, V. 1958.

keine chemischen Reaktionen mit dem Spaltstoff eintreten können. Von den Spaltprodukten absorbiert besonders 135 Xe Neutronen außerordentlich stark, Tab. 8. Der Vergiftungsfaktor W gibt das Verhältnis zwischen der Zahl der von Xenon absorbierten Neutronen zu der Zahl der vom Spaltstoff absorbierten an. W nimmt bis zu einem Höchstwert von 5% bei sehr hohem Neutronenfluß zu. Ein Wert W von 5%

würde die Reaktivität eines Reaktors um 3 bis 5% verringern. Auch deshalb muß er eine gewisse Überschußreaktivität haben, um diese Einbuße ausgleichen zu können, Abb. 19.

Nach Abb. 26 hängt der zeitliche Verlauf der Reaktivität auch von der Art des Spaltstoffes ab.

Wird eine gewisse Anreicherung mit radioaktiven Spaltprodukten überschritten, so müssen sie aus dem „erschöpften" (depleted) Spaltstoff entfernt werden, weil sie seine physikalischen und metallurgischen Eigenschaften und bei festen Spaltstoffen sogar ihre Gestalt unzulässig verändern können. Diese Regenerierung erfordert sehr teure Anlagen.

Da man bei schnellen Reaktoren den Moderator spart, dessen Volumen ein Vielfaches des Spaltstoffvolumens betragen kann, werden sie erheblich kompendiöser als langsame, können aber, damit sie kritisch werden (schnelle Neutronen haben kleineres σ als langsame und dürfen nicht wesentlich abgebremst werden, nur mit angereichertem Uran oder mit 239 Pu betrieben werden.

Ein bestimmtes Volumen enthält bei angereichertem Uran (Ua) mehr spaltbares 235 U als bei Natururan. Die Chance, daß es zu Kernspaltungen kommt, ist daher bei angereichertem Uran größer. Infolgedessen wird bei Ua ein Reaktor schon bei einem kleineren Volumen kritisch; ohne Anreicherung würde ein H_2O-moderierter Reaktor wegen des großen Absorptionsquerschnittes σ_a von leichtem Wasser, Tab. 8, überhaupt nicht kritisch werden. Ferner läßt sich mit demselben Reaktorvolumen mit angereichertem Uran eine höhere Leistung als mit Natururan erzielen. Auf diese verwickelten Zusammenhänge wird später noch näher eingegangen.

Schließlich arbeitet man an Reaktoren, die Neutronen mittlerer Geschwindigkeit (intermediate reactors) verwenden, über die aber noch nicht viel bekanntgeworden ist. Die Atombombe, bei der sich die Kettenreaktionen in winzigen Bruchteilen einer Sekunde abspielen, ist eine Art nicht regulierbarer schneller Reaktor.

l) Brutreaktoren (Konverter)

Bereits auf S. 18 wurde ausgeführt, daß sich manche Elemente durch „Beschießen" mit gewissen Teilchen in andere Elemente verwandeln lassen, was für den Bau von Atomkraftwerken von größter Bedeutung ist, weil man dadurch in sogenannten *Brutreaktoren* u. U. mehr künstlichen Spaltstoff gewinnen kann, als Spaltstoff zum Erzeugen von Wärme verbraucht wurde. Dieser Umstand ist natürlich keineswegs ein Perpetuum mobile. Nach Tab. 12 kann man *künstlichen* Spaltstoff nur mit Hilfe von *bereits vorhandenem* Spaltstoff erzeugen.

Es kommen folgende zwei Umwandlungen in Betracht:

die Umwandlung des in der Natur vorkommenden nicht spaltbaren Thorium 232 Th in das spaltbare Uranisotop 233 U und

die Umwandlung des in der Natur vorkommenden nicht spaltbaren Uranisotops 238 U in das in der Natur nicht vorkommende spaltbare Plutonium 239 Pu.

Der erste Prozeß vollzieht sich durch die Absorption von Neutronen unter Emission von γ- und β-Strahlen folgendermaßen:

$$^{232}_{90}\text{Th} + ^{1}_{0}\text{n} \longrightarrow ^{233}_{90}\text{Th} + \gamma \tag{33}$$

$$^{233}_{90}\text{Th} \xrightarrow{\;23,5\ \text{min}\;} ^{233}_{91}\text{Pa} + ^{0}_{-1}\text{e} \tag{34}$$

$$^{233}_{91}\text{Pa} \xrightarrow{\;27,4\ \text{Tage}\;} ^{233}_{92}\text{U} + ^{0}_{-1}\text{e} \tag{35}$$

Das neue Element $^{233}_{92}$U entsteht über die Zwischenstufen $^{233}_{90}$Th und Protactinium $^{233}_{91}$Pa, hat eine Halbwertzeit von $1{,}62 \cdot 10^5$ Jahren, ist spaltbar und besitzt ähnliche Eigenschaften wie das Isotop $^{235}_{92}$U. Die Plutonium-Erzeugung geben Gl. (36) bis (38) wieder.

$$^{238}_{92}\text{U} + ^{1}_{0}\text{n} \longrightarrow ^{239}_{92}\text{U} + \gamma \tag{36}$$

$$^{239}_{92}\text{U} \xrightarrow{\;23,5\ \text{min}\;} ^{239}_{93}\text{Np} + ^{0}_{-1}\text{e} \tag{37}$$

$$^{239}_{93}\text{Np} \xrightarrow{\;3,3\ \text{Tage}\;} ^{239}_{94}\text{Pu} + ^{0}_{-1}\text{e} \tag{38}$$

Bei der Kernumwandlung von 238 U in Plutonium entsteht ein mengenmäßig geringer Anteil des nicht spaltbaren Plutonium-Isotops 242 Pu, das als Reaktorgift wirkt und daher von Zeit zu Zeit entfernt werden muß.

Plutonium ist nicht nur ein hochradioaktiver, sondern ein selbst in Mengen von wenigen Milligramm äußerst giftiger Stoff, der mit großer Vorsicht behandelt werden muß.

Tab. 12 zeigt, daß auch die neu gewonnenen Endprodukte ebenso wie das im natürlichen Uran enthaltene 235 U zum Erzeugen von künstlichem spaltbarem Stoff benutzt werden können.

Tabelle 12. *Für Brutreaktoren in Betracht kommende Umwandlungsprozesse*
Nach R. L. MURRAY

Auslösender Spaltstoff	235 U	235 U	239 Pu	239 Pu	233 U	233 U
Absorbierender Stoff (fertile matter)	238 U	232 Th	238 U	232 Th	238 U	232 Th
Spaltbares Endprodukt	239 Pu	233 U	239 Pu	233 U	239 Pu	233 U

Abb. 27 stellt schematisch die Umwandlung von $^{238}_{92}$U in Plutonium $^{239}_{94}$Pu unter gleichzeitigem Entbinden von Wärme in Brutreaktoren (breeder-reactor) dar. Könnte man den ganzen 238 U-Gehalt von natürlichem Uran in Plutonium verwandeln, so ließe sich die Spaltstoffbasis fast auf das 140fache ausdehnen.

Unter der (willkürlichen) Annahme, daß es ratsam ist, höchstens 50% des maximal möglichen Plutoniumgewichtes zu erzeugen und dann die erschöpften Uranstücke durch frische zu ersetzen, ergibt sich nach MURRAY etwa die in Abb. 28

dargestellte auf 1 Gramm Natururan bezogene Umwandlungsbilanz: 0,0028 g der ursprünglichen 0,0071 g 235 U werden verbraucht, das „erschöpfte" Uranstück enthält also nur noch 0,0043 g 235 U. 84,5% der 0,0028 g, d. h. 0,0024 g verwandeln

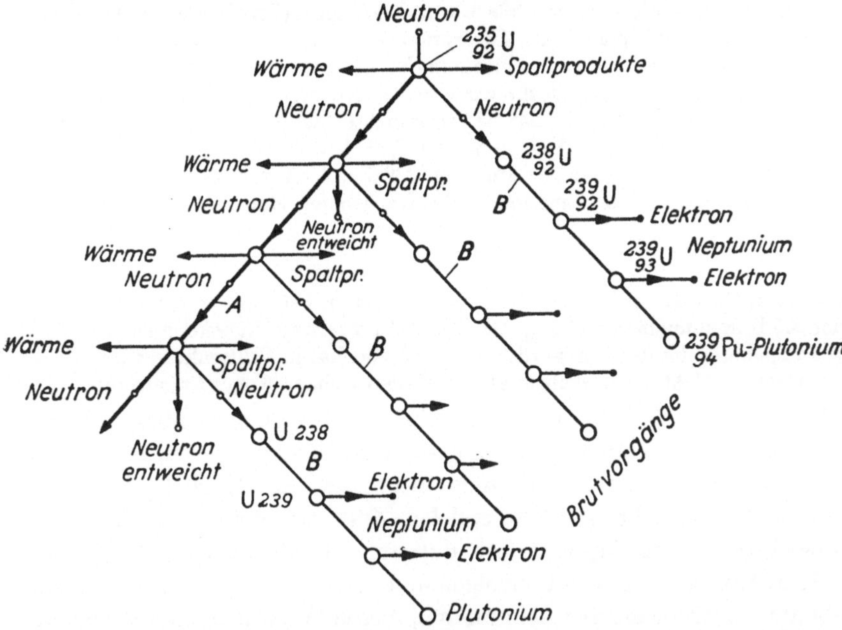

Abb. 27. Schema der Vorgänge bei Spaltung von $^{235}_{92}$ U in einem Brutreaktor. Nach Sir Chr. Hinton

sich unter entsprechender Wärmeentwicklung in Spaltprodukte, 15,5% oder 0,0004 g in das Isotop 236 U und 0,0028 g in 239 Pu. Der ursprüngliche Gehalt an 238 U von 0,9929 g ist aber nur auf 0,9901 g, also nur um rd. 0,3% zurückgegangen.

Die Rechnung zeigt, daß nur ein verhältnismäßig kleiner Teil des 238 U in Plutonium verwandelbar ist. Nach Murray würde bei einem Neutronenfluß von 10^{13} n/cm²sek die Verringerung des 235 U-Gehaltes von 0,0071 g auf 0,0050 g rd. 600 Tage dauern.

Die Umformung von fruchtbarem in spaltbares Material erfolgt nicht momentan, vielmehr bleiben die Zwischenprodukte u. U. erhebliche Zeit im Reaktor, während welcher sie Neutronen absorbieren und dadurch nichtspaltbare Produkte erzeugen können. Nach Tab. 13 können hierbei vor allem 233 Th durch seinen großen Wirkungsquerschnitt für Absorption und 233 Pa durch seine lange Halbwertzeit die Brutausbeute beeinträchtigen.

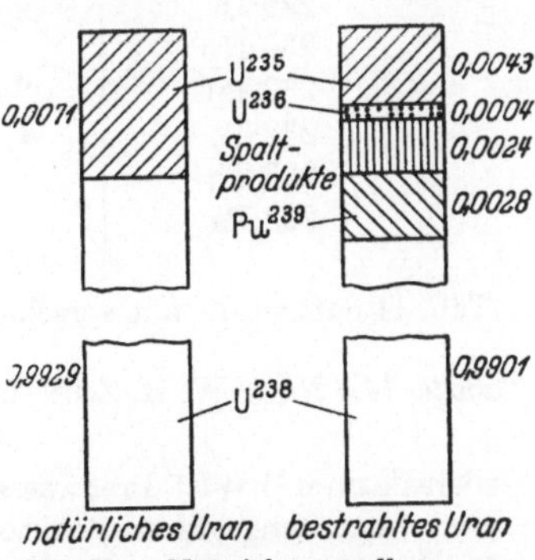

Abb. 28. Materialumwandlung von 1 Gramm natürlichem Uran, falls 50% des maximal möglichen Gewichtes an Plutonium bei der Spaltung erzeugt werden. Nach R. L. Murray

Auf 1 durch Kernspaltung verbrauchtes Neutron entstehen η neue Neutronen. Von ihnen stehen

$$C = \eta - 1 - \mathfrak{L} \qquad (38\,a)$$

Neutronen zum Umformen von 238 U zur Verfügung (Brutfaktor), wobei $\mathfrak{L}$ der durch Leckage und parasitäre Absorption entstehende Neutronenverlust ist, Abb. 13. Werden im Reaktor N Plutonium-Kerne verbraucht, so werden $N \cdot C$ 239 Pu-Kerne aus 238 U erzeugt, die ihrerseits weitere NC^2 erzeugen. Das durch Spaltung erzeugte und das hierbei an 238 U verbrauchte Material nehmen also gemäß der Reihe $NC + NC^2 + NC^3 + \dots$ zu. Ist $C = 1$, d. h. der Umwandlungsfaktor 100% oder mehr, so wächst der Anfall an 239 Pu. Ist C kleiner als 1, so ist nach S. GLASSTONE die Umwandlungsgrenze des fruchtbaren Materials

$$X = \frac{NC}{1-C} \qquad (38\,b)$$

Wäre z. B. $C = 0,9$ (90%), so wäre $X = 9 \cdot N$, d. h. bei Einsatz von 1 kg 239 Pu oder 235 U könnten maximal 9 kg 238 U in 239 Pu verwandelt werden und der Vorrat an Spaltstoff im Reaktor würde allmählich abnehmen. Brutreaktoren (breeders) mit einem Brutfaktor von weniger als 1,0 werden vielfach *Konverter* genannt.

Die hohen nach Tab. 11 mit schnellen Neutronen erreichbaren Werte von η ermunterten zur Entwicklung schneller Brutreaktoren. Plutonium gibt nach W. H. ZINN mindestens theoretisch die Möglichkeit, Brutfaktoren C von mehr als 1,0 zu erzielen. ZINN stellte an einem schnellen Versuchsreaktor in Argonne fest, daß auf 1 Spaltung von 235 U etwa 0,174 Spaltungen von 238 U erfolgen und daß es mit einem entsprechend gebauten Reaktor möglich sein müsste, diesen Wert noch zu übertreffen.

Tabelle 13. Kennwerte einiger für Brutzwecke wichtiger Atomkerne
Nach R. STEPHENSON

Kern	Halbwertzeit	Absorptions-querschnitt cm^2
233 U	$1,6 \cdot 10^5$ Jahre	
238 U	$4,5 \cdot 10^9$ Jahre	$2,8 \cdot 10^{-24}$
239 U	23,5 min	$22 \cdot 10^{-24}$
239 Np	2,3 Tage	—
239 Pu	$2,41 \cdot 10^4$ Jahre	$1025 \cdot 10^{-24}$
232 Th	$1,39 \cdot 10^{10}$ Jahre	$7,0 \cdot 10^{-24}$
233 Th	23,5 min	$1400 \cdot 10^{-24}$
233 Pa	27,4 Tage	$37 \cdot 10^{-24}$

Tab. 14 enthält die mit verschiedenen Reaktoren erzielbaren Höchstwerte von C.

Tabelle 14. Nach W. H. ZINN und J. A. LANE (8/P/476) erreichbare Höchstwerte des Brutfaktors C

Siedereaktoren (BWR), Preßwasserreaktoren (PWR) und graphitmoderierte, natriumgekühlte Reaktoren (SGR) . . . . $C_{max} = 1,0$

Homogene, D_2O-moderierte Reaktoren (TBR, 233 U im Reaktorkern, ThO_2 in den den Kern umgebenden Blanketts . . . . $C_{max} = 1,2$

Schnelle Reaktoren (FBR) . . . . $C_{max} = 1,6$

Bei schnellen Neutronen sind aber nach S. 24 alle Wirkungsquerschnitte erheblich kleiner als bei langsamen. Da die Wärmeleistung eines Reaktors nach Gl. (32) vom Produkt aus dem Neutronenfluß und dem Spaltungswirkungsquerschnitt abhängt, muß daher bei schnellen Brutreaktoren zum Erreichen hoher spezifischer Wärmeleistungen der Neutronenfluß sehr groß sein. Unter den in Tab. 12 aufgeführten Möglichkeiten des Erbrütens von künstlichem Spaltstoff verdient diejenige den Vorzug, bei der am meisten künstlicher Spaltstoff gewonnen wird, wobei letzterer natürlich alles in allem billiger sein sollte als der ursprüngliche Spaltstoff. Auch könnten Brutreaktoren die Umwandlung eines zwar ursprünglich spaltbaren Isotops, das aber, wie z. B. bei erschöpftem Uranium, nicht mehr weiter gespalten werden kann, in einen spaltbaren Stoff gestatten. Nach H. H. GOTT kann ein einen hohen Brutgewinn abwerfender schneller Reaktor, dessen spezifische Wärmeleistung indes nur klein ist, einem anderen Reaktor wirtschaftlich unterlegen sein, der eine hohe Wärmeleistung und eine hohe Ausnutzung des Spaltstoffes auf Kosten der Neutronenbilanz erreicht.

In allen mit Natururan betriebenen Reaktoren entsteht infolge Umwandlung seines Gehaltes an 238 U Plutonium. Gleichgewicht zwischen Natururan und Plutonium tritt nach Erreichen von 0,4 % Pu-Gehalt in der Weise ein, daß für das über 0,4 % hinaus entstehende Pu derselbe Betrag von bereits vorhan-

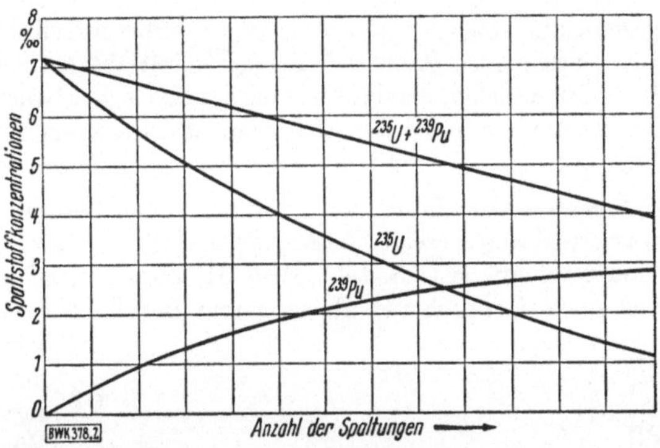

Abb. 29. Verlauf d. Spaltstoffkonzentration bei Beschießen von Natururan mit therm. Neutronen. Nach BRÜCHNER u. KORNBICHLER. (Aus BWK 1959, Nr. 2.)

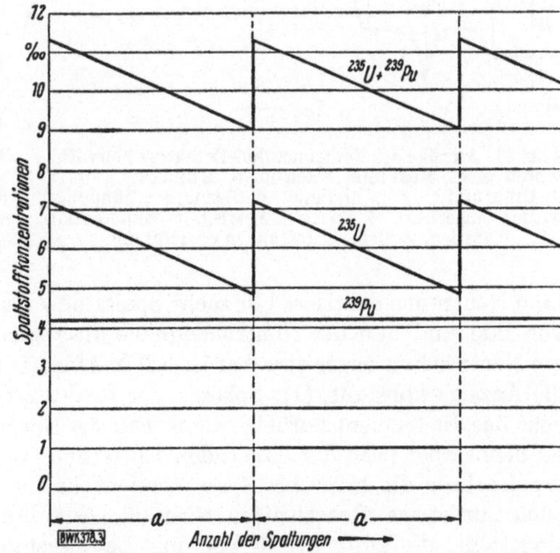

Abb. 30. Verlauf d. Konzentration von 235 U u. 239 Pu in therm. Pu-Speicherreaktor. a Bestrahlungsperiode. Nach BRÜCHNER u. KORNBICHLER. (Aus BWK 1957, Nr. 2.)

denem Pu gespalten und in Wärmeenergie verwandelt wird, Abb. 29.

In allen mit Natururan betriebenen thermischen Reaktoren entstehen auf eine von ihnen erzeugte Wärmemenge von 1000 MWd ($2,1 \cdot 10^{10}$ kcal) etwa 0,75 kg Pu mit einem Wärmeäquivalent von rd. $1,5 \cdot 10^{10}$ kcal, auf 1 kg Natururan mit einem Wärmeäquivalent von $1,43 \cdot 10^8$ kcal somit rd. 6% seines Gewichtes. BRÜCHNER und KORNBICHLER haben im Jahre 1957 vorgeschlagen, Natururan mit rd. 0,4% Pu anzureichern. Dann bleibt nach Abb. 30 die Pu-Füllung konstant, während der Vorrat an 235 U allmählich von 0,71% auf beispielsweise 0,49% des eingesetzten Gewichtes an Natururan abnimmt, *Pu-Speicherreaktor*.

m) Anfahren von Reaktoren

Die gefährlichste Prozedur an manchen Reaktoren ist ihr erstmaliges Hochfahren aus kaltem Zustand bzw. ihr Wiederanfahren nach Einbringen einer frischen Spaltstofffüllung. Es verlangt große Umsicht, damit der Reaktor nicht durch Ungeschicklichkeit oder weil seine Überschußreaktivität unbemerkt zu groß geworden ist, „durchgeht". Hauptaufgabe der Inbetriebsetzung ist, eine Überschußreaktivität k — 1 zu erzielen, die die Automatik noch sicher beherrschen bzw. vernichten kann. Ferner muß während des Einstellens des Reaktors von Hand die Automatik in der Lage sein, ihn sofort still zu setzen, wenn er außer Kontrolle zu geraten droht.

Das erste Hochfahren wird nun am Beispiel eines homogenen thermischen Siedewasserreaktors gezeigt, dessen Spaltstoff aus angereichertem 235 U und dessen Moderator aus H_2O besteht, Abb. 31. Zuerst bringt man in den Reaktorkern eine aus einem Gemisch von Radium und Beryllium oder von Radium und Polonium bestehende Neutronenquelle derart ein, daß die von ihr ausgesandten Neutronen auf ihrem Wege zu einem außerhalb des Reaktors befindlichen, zweckmäßig kalibrierten Neutronenzähler durch den Moderator gehen müssen. (In England wurde im Jahre 1957 eine aus einem Antimonstab bestehende Neutronenquelle entwickelt. Der Stab ist von Beryllium umgeben und in einem Rohr aus nichtrostendem Stahl untergebracht. Das Antimon wird in einem arbeitenden Reaktor aktiviert und sendet dann γ-Strahlen aus, die bewirken, daß das Beryllium Neutronen emittiert.) Je mehr Spaltstoff man zuführt, um so mehr wächst der von ihm und von der Neutronenquelle ausgesandte Neutronenfluß, dessen Größe am Neutronenanzeiger ablesbar ist, (2) in Abb. 31. Nach jeder Materialzufuhr bleibt die Anzeige konstant, (1). Solange der Reaktor noch nicht kritisch geworden ist, geht das Instrument zurück, wenn man die Neutronenquelle schnell entfernt, (3). Es bleibt aber nach der dauernden Entfernung der Neutronenquelle stehen, wenn der Reaktor die kritische Masse erreicht hat und steigt sehr schnell, wenn sie auch nur etwas überschritten wird (6). Auf diesen Punkt wird die Vorrichtung eingestellt, die automatisch Bor- und Cadiumstangen (*scramrods*) in den Reaktor fallen läßt und ihn momentan abstellt, (7). Das Wiederanfahren eines in Betrieb gewesenen Reaktors ist weit weniger gefährlich. Mit Regulierstangen (*shimrods*) wird die

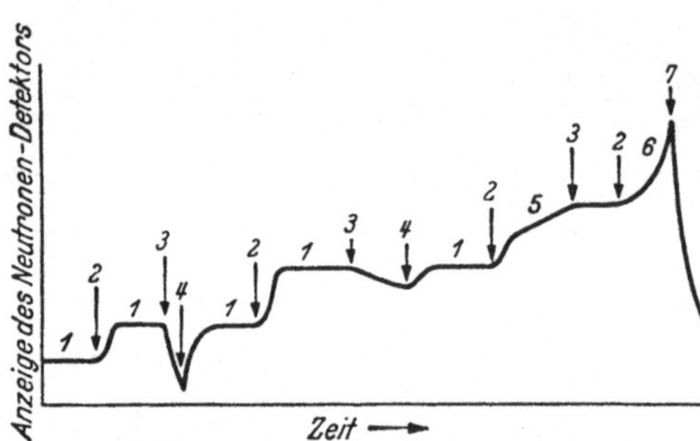

Abb. 31. Anzeige des Neutronenfluß-Detektors beim Einfahren eines Reaktors. Nach R. L. MURRAY. *1* stetig, *2* Uranzufuhr, *3* „Zündung" entfernt, *4* „Zündung" wieder eingeführt, *5* linearer Anstieg, *6* Expotentialanstieg, *7* Sicherheitsstangen eingefahren

gewünschte Wärmeleistung eingestellt und konstant gehalten. Die Automatik eines Reaktors und die für seine Bedienung erforderlichen Anzeigeinstrumente sind wegen der hohen an sie gestellten Ansprüche kompliziert und teuer. Abb. 32 zeigt den Verlauf der Temperaturen, der prozentualen Werte für die Geschwindigkeit des Kühlmittels und der erzeugten bzw. übertragenen Wärme des Calder Hall-Reaktors während einer Zeit von 10 Stunden nach dem Anfahren. Bei einer minutlichen Belastungszunahme der Turbine von 500 kW und einer minutlichen Zunahme der Oberflächentemperatur des Spaltstoffes von 2° C wird die volle Reaktorleistung in etwa 6 Stunden erreicht. Auf die Folgen der während dieser Periode sich vollziehenden Temperaturänderungen im Reaktor wird zurückgekommen.

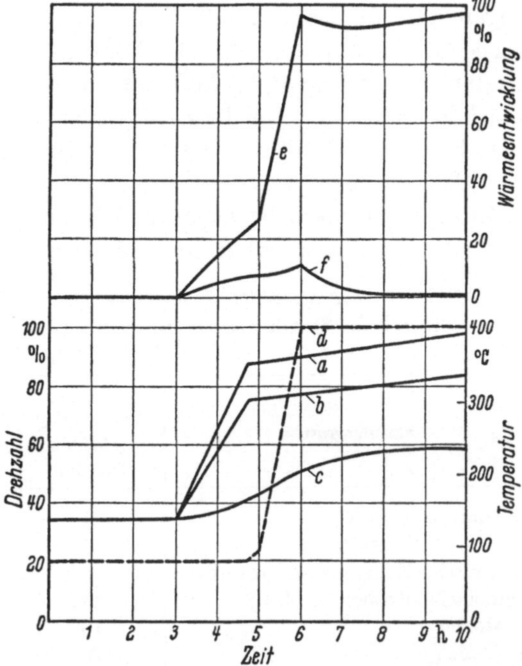

Abb. 32. Verhalten von graphitmoderiertem mit Natururan arbeitendem Reaktor beim Anfahren. (Anfängliche Temperaturzunahme 2° C/min.). Nach ANDRESON u. BOWEN. Journ. Brit. Nucl. Energy Conf. v. IV. 1957. *a* max. Hüllentemp., *b* Austrittstemp. d. CO_2, *c* mittlere Graphittemp., *d* Drehzahl d. Gebläses, *e* im Reaktor entwick. Wärme, *f* an Graphit u. Konstruktion übertragene Wärme.

n) Abschirmen von Reaktoren

1. Zulässige Strahlungsdosen. Reaktoren müssen derart abgeschirmt (gepanzert) werden, daß die in die Umgebung entweichenden Neutronen und andere Strahlungen einen für die Gesundheit der Bedienungsmannschaften ungefährlichen Betrag nicht übersteigen. Dies geschieht durch den *thermischen* und den auf ihn folgenden *biologischen Panzer*.

Als Maßstab für die Absorption von X-Strahlen wurde seinerzeit das *Röntgen* (r) festgesetzt. 1 r ist die Strahlungsdosis, die in 1 g Luft eine Energie von 83 erg freigibt. Im Jahre 1949 wurde die höchstzulässige wöchentliche Dose m · p · d (maximum permissible dose) durch internationale Übereinkunft auf 0,3 r/Woche und 15 r/Jahr festgesetzt. Wie vorsichtig die Forscher inzwischen geworden sind, geht daraus hervor, daß zur Zeit nur noch 5 r/Jahr als zulässig angesehen werden im Gegensatz zu 60 r/Jahr, mit denen man zwischen 1934 und 1950 gerechnet hatte. Um eine Vorstellung von dieser Größe zu geben, möge erwähnt werden, daß eine diagnostische Röntgen-Untersuchung ungefähr eine Dose von 1 r bedeutet, daß 25 r zum Bekämpfen von Geschwüren

angewendet werden und daß 450 r bei etwa 50% der Menschen den Tod
herbeiführen würden, „LD 50“-Dose (50% lethal dose). Einer Entbindung von 83 erg in 1 g Luft entsprechen etwa 93 erg in 1 g Gewebe,
welch letzterer Wert für die Berechnung der zulässigen Strahlungstole-
ranz benutzt und mit rep (*roentgen equivalent physical*) bezeichnet wird.
Das Maß rep gilt im Gegensatz zum Maß r aber nicht nur für Absorption
in Geweben, sondern ist auch auf alle anderen Partikelchen neben X-
und γ-Strahlen anwendbar. Tab. 15 zeigt, daß eine Dose verschiedener

Tabelle 15. *Verhältnismäßige biologische Wirkung* (RBE) *und höchstzulässige
wöchentliche Strahlungsdose* rep/Woche *bei verschiedenen Strahlungen*
Nach R. L. MURRAY

Strahlungsart	Verhältnis-mäßige biologi-sche Wirkung einer Dose	Zulässige rep/Woche (m. p. d-Dose)	Äquivalenter Strahlenfluß n/cm²sek
X- und γ (1 MeV)	1	0,3	1300
β (1 MeV)	1	0,3	32
thermische Neutronen (0,025 eV)	5	0,06	600
schnelle Neutronen (2 MeV)	10	0,03	22
Protonen	10	0,03	—
α (5 MeV)	20	0,0015	0,0016

Strahlungen sehr verschiedene biologische Wirkungen haben kann, wofür
der Begriff RBE (relative biological effect) geprägt worden ist. Nach
Tab. 15 ist eine Dose α-Teilchen ungefähr 20mal gefährlicher als eine
Dose γ-Strahlen, womit sich die für verschiedene Strahlungen zulässigen
wöchentlichen Dosen ergeben.

Da nach Tab. 15 schnelle Neutronen erheblich gefährlicher sind als thermische,
die sich auch leichter absorbieren lassen, muß man sie vor ihrem Austritt in die
Umgebung verlangsamen, wozu sich Stoffe mit hohem Wasserstoffgehalt, vor allem
Wasser, am besten eignen. γ-Strahlen fängt man am wirksamsten in sehr dichten
Stoffen von hoher Atomzahl und einer großen Zahl von Elektronen je cm³ auf.
α- und β-Teilchen können durch verhältnismäßig dünne Metallschichten absorbiert
werden, nur die Absorption von γ-Strahlen und Neutronen verlangt Panzer von
beträchtlicher Dicke. Bei verschiedenen Reaktoren wurden nach J. A. LANE der
höchste Neutronenfluß vor Eintritt in den thermischen Panzer zu $5 \cdot 10^{13}$ n/cm²sek
gefunden; $2 \cdot 10^{13}$ n/cm²sek sind ein guter Mittelwert. Der γ-Strahlenfluß ist von
etwa gleicher Größenordnung.

2. **Biologische Panzer.** Der Reaktorkern steckt in dem stählernen
thermischen Panzer, auf den der aus Spezial-Beton bestehende *biologische
Panzer* folgt. Letzterer Name rührt davon her, daß der biologische
Panzer die den thermischen Panzer durchdringende Strahlung des
Reaktors auf einen für Lebewesen biologisch ungefährlichen Betrag
herabsetzen muß. Die Erfahrung hat gezeigt, daß sich für thermische
Panzer Stahl oder Stahlschichten in Gemeinschaft mit Wasserschichten,
für biologische Panzer gewisse Betonsorten ohne oder mit Beimischung

von kleinen Eisen- oder Stahlstücken oder von Bor am besten eignen. Die Dicke der beiden Panzer beträgt im allgemeinen 100 bis 250 mm bzw. 1,6 bis 2,5 m. Der thermische Panzer muß die Emanationen des Reaktorkernes auf einen Betrag herabsetzen, der den Betonpanzer nicht mehr unzulässig stark erwärmen kann, da er sonst Risse bekommen würde. Für die Wärmeleitzahlen gelten etwa folgende Werte: gewöhnlicher Stahl $40 \div 45$, nicht rostender Stahl $13 \div 15$, Stahlbeton 1,2; Spezialbeton für biologische Panzer mit Stahlsplit (punchings) $2,4 \div 3,1$ kcal/mh° C.

Damit sich der biologische Panzer nicht unzulässig erwärmt, wird sich eine Kühlung der Außenseite des thermischen Panzers nicht immer vermeiden lassen. Nach J. A. LANE liegt man auf der sicheren Seite, wenn man mit einer Wärmebelastung von nicht mehr als rd. 300 kcal/m²h (entsprechend einem Temperaturgefälle im biologischen Panzer von höchstens 25 bis 30° C) rechnet. Diesem Wärmefluß entspricht eine Strahlungsintensität von rd. $2 \cdot 10^{11}$ MeV/cm²sek. Die mittlere γ-Ausstrahlung eines typischen Reaktors beträgt bei 2000 MeV-γ-Teilchen 10^{11} γ/cm²sek. Um sie auf die zulässige Toleranzdose von 2 MeV/cm²sek herabzudrücken, ist eine Abschwächung um 10^8 erforderlich. Die Absorption von Beton, der sehr sorgfältig zubereitet werden muß, läßt sich durch reichlichen Wassergehalt (nach S. DAVIS sind 4% Wassergehalt ein Mindestwert) und durch Beimischen schwerer Stoffe, wie Baryt, Magnesit, Hämatit, sortierte kleine Eisenstücke usw. sehr verstärken, Tab. 16, der Wassergehalt auf verschiedene Weise über den üblichen Wert hinaus erhöhen. H. S. DAVIS gibt die Kosten von 1 m³ fertig gegossenem gewöhnlichem Beton einschließlich aller Unkosten zu 275 bis 550 DM/m³, sein Gewicht zu 2400 kg/m³, die entsprechenden Werte für besonders hochwertigen Beton zu 550 bis 7000 DM/m³ und 4000 bis 6800 kg/m³ an. Die Formkosten betragen nach derselben Quelle meist mehr als die Hälfte der Gesamtkosten, weshalb einfache Formen anzustreben sind. Das Mischen sehr hochwertigen Betons verlangt große Erfahrung, besonders wenn körniger Stahl beigemischt wird. 1 t kleiner sortierter Stahl- und Eisenstücke soll 400 bis 550 DM kosten. Trotz ihres hohen Preises können die hochwertigen schweren Betonmischungen alles in allem erhebliche Ersparnisse bringen. Eine fühlbare strukturelle Schädigung hochwertigen Betons soll, solange sich der γ-Strahlen- und Neutronenfluß in angemessenen Grenzen hält, nicht zu erwarten sein.

Tabelle 16. Absorptionsfaktoren bei einer Energie der γ-Strahlen von 2 bis 3 MeV; für einen Abschwächungsfaktor von 10^8 erforderliche Dicke des biologischen Panzers und Kosten je m³ biologischen Panzer. Werte vom Jahr 1955. Nach J. E. LANE

Baustoff	Spezifisches Gewicht	Absorptionsfaktor	Erforderliche Dicke für eine Abschwächung von 10^{11} auf 10^3	Kosten des fertigen Panzers
	kg/m³	cm⁻¹	m	DM/m³
Wasser	1000	0,029	6,4	—
Normaler Beton	2300	0,067	2,8	825
Baryt-Beton	3500	0,100	1,8	1375
Mit Stahl durchmischter Beton	5600	0,162	1,15	4400

Auch aus Reaktoren, die mit thermischen Neutronen arbeiten, tritt eine bestimmte Zahl schneller Neutronen aus. Hauptzweck biologischer Panzer ist ihre Umwandlung in thermische, damit sie wirkungsvoller absorbiert werden können. Bei diesem Vorgang entstehen γ-Strahlen, und die Ausführung biologischer Panzer wird öfters stark durch die

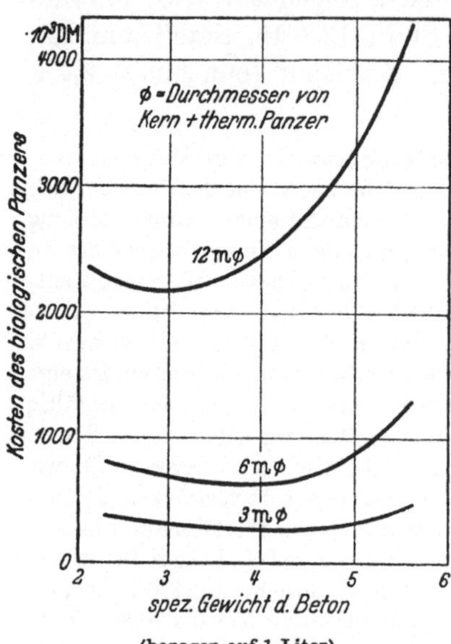

Abb. 33. Kosten von biologischen Panzern bei verschiedenem Durchmesser des Reaktorkerns samt thermischem Panzer in Abhängigkeit vom spezifischen Gewicht des verwendeten Betons, falls die Höhe des zylindrischen Kernes gleich seinem Durchmesser ist. (2300 kg/m³ = gewöhnlicher Beton, 5600 kg/m³ = mit Eisen vermischter Beton) Nach J. A. Lane Nucleonics, VI 1955.

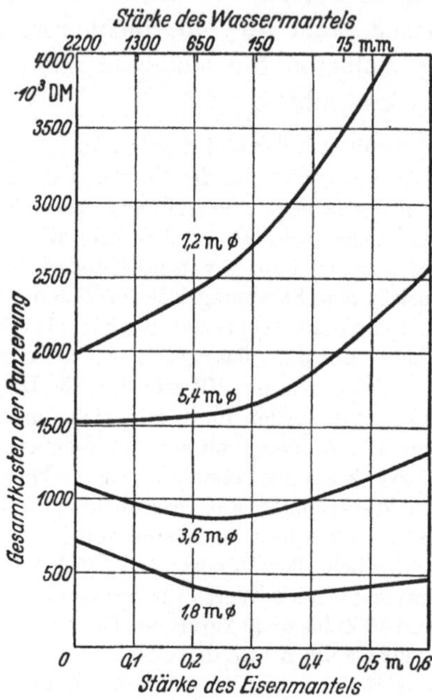

Abb. 34. Kosten des vollständigen Panzers (thermisch u. biologisch) bei verschiedenen Durchmessern des Reaktorkerns und verschiedener Stärke des Stahlpanzers und der Wasserschicht. Nach J. A. Lane, Nucleonics, VI. 1955.

Absorption eben dieser in ihnen selbst erzeugten γ-Strahlung bestimmt. Daher wird großer Wert auf Bor enthaltende Betonmischungen gelegt, weil es thermische Neutronen ohne starke Emission von γ-Strahlen absorbiert, oder auf Betonmischungen von hohem spezifischem Gewicht, die besonders gute Absorbierer von γ-Strahlen sind. Jedenfalls verlangt die richtige Bemessung und Ausführung biologischer Panzer schon deshalb intime Kenntnis atomphysikalischer Vorgänge, weil die erforderlichen Betonmengen so groß sind, daß sie einen erheblichen Teil der Gesamtkosten des ganzen Reaktors ausmachen; Abb. 33 und 34.

3. Thermische Panzer. Thermische Panzer müssen, wie wir gesehen haben, den Neutronen- und γ-Strahlenstrom derart schwächen, daß die durch ihn hervorgerufene Erwärmung den biologischen Panzer nicht mehr unzulässig erhitzen kann. Thermische Panzer können aus abwechselnden Schichten von Wasser und Stahl bestehen, Abb. 35. Nach Abb. 34 läßt sich zum Erzielen derselben Absorptionswirkung die Stärke der Stahlschicht (untere Abszisse) und die Stärke der Wasserschicht (obere Abszisse) in weiten Grenzen variieren. Man probiert daher von Fall zu Fall, welche Kombination alles in allem die günstigste ist. Nach N. F. Lansing entstehen bei einem Reaktorkern von 3,6 m Durchmesser die niedrigsten Kosten bei einer Schichtstärke des Stahles von 250 mm und des Wassers von 350 mm, Abb. 34. Bestände der thermische Panzer aus einer kompakten 250 mm starken Stahlwand, so würden in ihm hohe

Wärmespannungen auftreten, da ihre Innenseite je nach der Bauart eines Reaktors selbst dann noch einer Wärmebelastung bis zu rd. 90 000 kcal/m²h ausgesetzt sein könnte, wenn man die je Neutroneneinfang freiwerdende Energie der γ-Strahlen durch eine dem Panzer vorgelagerte 200 mm starke Wasserschicht von 7 auf 2 MeV herabsetzen würde. Eine Auflösung der dicken Stahlwand in mehrere durch Wasserschichten voneinander getrennte Stahllamellen, wobei zwischen der äußersten Lamelle und dem biologischen Panzer sich gleichfalls eine Wasserschicht

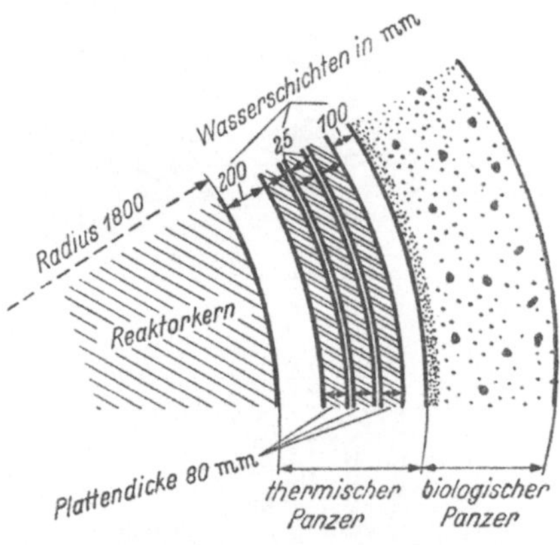

Abb. 35. Aus 3 Stahlplatten und 4 Wasserschichten gebildeter thermischer Panzer. Nach N. F. Lansing, Nucleonics, VI. 1955.

befindet, Abb. 35, bietet wesentliche Vorteile. Um die Kosten noch weiter zu senken, wird erwogen, ob man nicht die Stahlwände durch eine entsprechend dicke Schicht kleiner Eisenstückchen ersetzen soll, zwischen

denen Wasser zirkuliert. Unter der Voraussetzung, daß die Wandstärke des biologischen Panzers gleich der in Tab. 16 angegebenen ist, gibt Abb. 33 seine Kosten und bei Verwendung von Baryt-Beton, Abb. 34 die Gesamtkosten von thermischem und biologischem Panzer an. Abb. 36 zeigt die nach J. A. Lane erreichbaren Mindest-Gesamtpanzerkosten bei der günstigsten Kombination von Stahl und Wasser im thermischen Panzer. Ein Vorschlag, (März 1955), geht dahin, den thermischen und biologischen Panzer

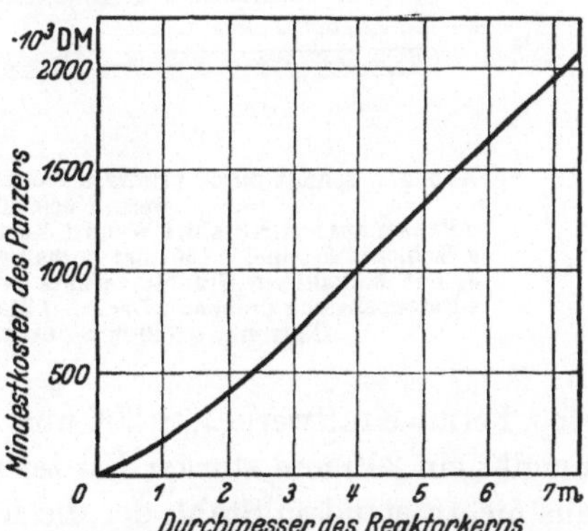

Abb. 36. Abhängigkeit der Mindestkosten eines vollständigen Panzers bei Verwendung von Barytbeton unter der Voraussetzung der vorteilhaftesten Kombination von Eisen und Wasser des thermischen Panzers. Nach J. A. Lane (1955).

durch einen gekühlten aus metallischem Wismut, das einen sehr kleinen
Absorptionsquerschnitt und einen großen Streuquerschnitt für Neutro-
nen hat, bestehenden Reflektor zu ersetzen, mit dem die Innenseite des
Reaktorgefäßes ausgekleidet wird. Man hofft, auf diese Weise mit einer
Stärke von etwa 400 mm gegenüber 1500 mm eines Betonpanzers aus-
zukommen. Abb. 37 zeigt einen Schnitt durch die Panzerung des mit
Natrium gekühlten schnellen 300 MW-Ua SM Br-Reaktors des En-

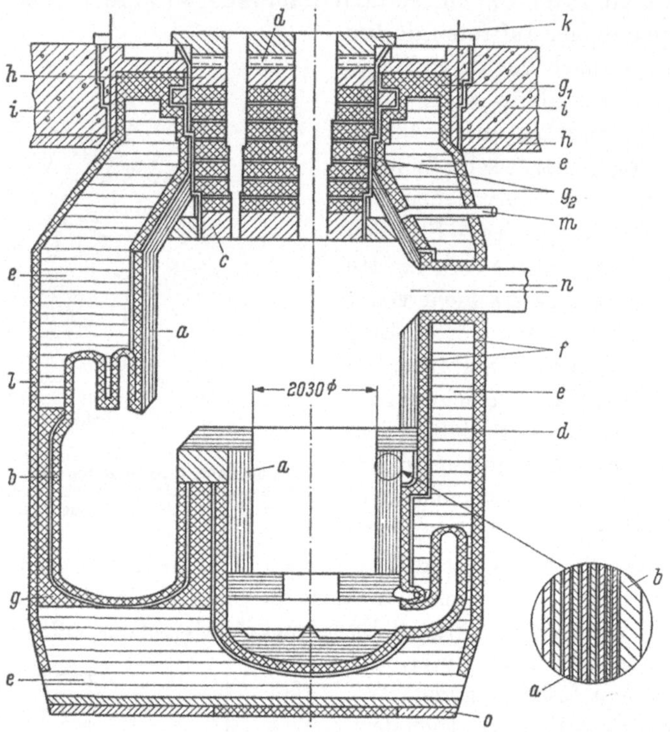

Abb. 37. Schnitt durch primären Panzer d. Reaktors im Enrico Fermi-Kraftwerk. Nucleonics XI. 1958.
a Panzer aus rostfr. Stahl, *b* Wand d. Reaktorgefäßes, *c* rostfr. Stahl, *d* Isolierung,
e Kohlenstoffsteine, *f* 150 mm borhaltiger Graphit, *g*, *g₁* borhaltiger Graphit,
g₂ mit borhaltigem Graphit gefüllte Behälter, *h* Strahlungsschutz aus Stahl,
i Betonpanzer, *k* drehbarer Deckel, *l* Stahlpanzer, *m* 150 mm-Überlaufrohr für
Natrium, *n* 750-mm-Ausflußrohr für heißes Natrium.

rico, Fermi-Kraftwerkes, S. 206 und Abb. 134, 206, 207. Den Reaktorkern
umgibt ein 300 mm starker Panzer aus laminierten gekühlten Platten *a*
aus nichtrostendem Stahl, der die Neutronen in das Blankett reflektiert
(Erhöhung des Brutfaktors) und dadurch und durch Absorption der
γ-Strahlen den Reaktortank und andere Teile vor zu hoher Bestrahlung
(Materialbeschädigung) und Erhitzung schützt. Außerhalb des Reaktor-

behälters sitzt eine 150 mm starke Schicht f aus 5% Bor enthaltendem Graphit, in der die Haupterhitzung stattfindet, und um die Drähte zum elektrischen Anwärmen des Reaktorgefäßes geschlungen sind. Dann folgt eine 75 mm starke Wärmeisolierung d, eine 850 mm starke Kohlenstoffschicht e und schließlich eine zweite 150 mm starke Lage g aus Borgraphit. Diese Panzerung setzt den gesamten Neutronenfluß von 10^{13} n/cm²sek am Reaktorbehälter auf 10^7 n/cm²sek an der Außenwand herab, Abb. 38. Die an die Umgebung des Reaktortanks ausgestrahlte Wärme kann leicht von der Luft abgeführt werden. Ein Sekundärschild k (in Abb. 206, 207) soll das Radioaktivwerden des sekundären Kreislaufes verhindern.

Das Auffinden kompendiöserer und preiswerterer Panzerungen ist besonders bei Reaktoren für Verkehrsmittel eine der wichtigsten Aufgaben des Reaktorbaues.

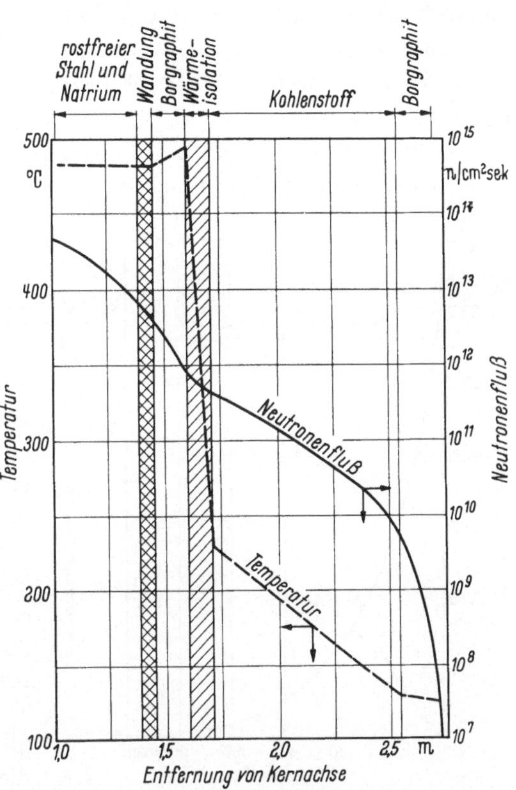

Abb. 38. Verlauf d. Temperatur u. d. Neutronenflusses im Reaktormantel v. Abb. 37.

o) Druckfeste Reaktorbehälter

In Preßwasserreaktoren herrschen Drücke bis zu 140 at und Wassertemperaturen bis zu 300° C, weshalb sie in druckfeste Stahlbehälter eingeschlossen werden müssen. Die Wandungen dieser Behälter werden beansprucht durch:

1. den hohen Innendruck,

2. Wärmespannungen, die dadurch entstehen, daß die Stahlwand innen heißer ist als außen, weil durch sie hindurch ein gewisser Wärmefluß vom heißen Reaktorkern zur kalten Umgebung des Reaktors stattfindet,

3. Wärmespannungen infolge der Aufwärmung des Stahlmantels verursacht durch die vom Reaktorkern ausgesandten Neutronen und γ-Strahlen. Diese Wärme will nach den beiden Außenflächen des Stahl-

mantels abfließen, wodurch sich seine mittleren Fasern stärker ausdehnen als seine äußeren,

4. Wärmespannungen infolge jäher Änderungen der Wassertemperatur (Dampfdruck), wie sie bei zu schnellem Anlassen des Reaktors aus dem kalten Zustand oder bei plötzlichem Wechsel der Kraftwerksbelastung auftreten können, wenn die Reaktoren nicht mit automatischen Vorrichtungen zum Konstanthalten des Druckes in ihnen ausgestattet sind.

Abb. 39 gibt nach MONG und DOUGLASS die durch einen thermischen Neutronenfluß von $3 \cdot 10^{13}$ n/cm²sek und einen γ-Strahlenfluß von $5 \cdot 10^{12}$ Photonen/cm²sek bei einem Energiespektrum von 1 bis 6 MeV Breite in verschiedener Tiefe der Stahlwand entbundene Wärme in kcal/lit h und die dadurch verursachten tangentialen Spannungen bei einem homogenen Reaktor mit einem inneren Durchmesser von 1800 mm seines aus Kohlenstoffstahl bestehenden kugelförmigen Behälters an, falls er außen so gut isoliert wird, daß auf seiner Innen- und Außenseite ungefähr dieselben Temperaturen herrschen. Zu diesen Spannungen treten noch die von Punkt 1, 2 und 4 herrührenden hinzu. Man muß deshalb die Behälterwandung zur Erniedrigung der Wärmespannungen durch vorgesetzte Blechschilde vor zu starker Bestrahlung schützen, Abb. 35.

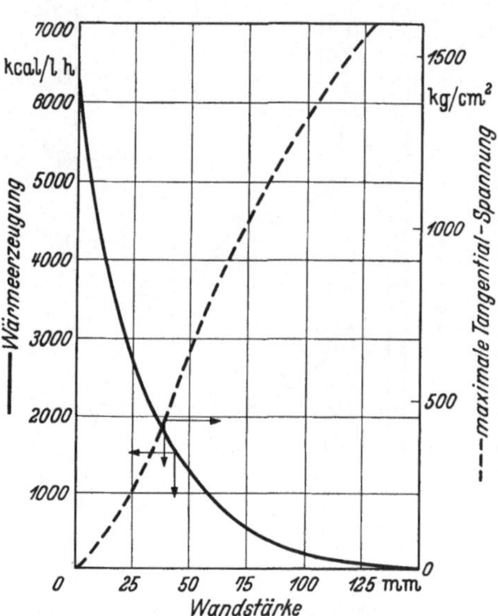

Abb. 39. Durch Bestrahlung verursachte Wärmeentwicklung in einem thermischen kugelförmigen Panzer in kcal/lit h u. die dadurch verursachte Tangentialspannung, falls der Panzer auf seiner Außenseite derart wärmeisoliert ist, daß auf der Innen- und Außenseite dieselbe Temperatur herrscht (innerer Durchm. d. Kugel 1800 mm, thermischer Neutronenfluß = 3 $\times 10^{13}$ n/cm²sek, γ-Fluß = $5 \cdot 10^{12}$ photon/cm²sek von 1 bis 6 MeV). Nach MONG u. DOUGLASS

Die Wärmespannung ist $a \cdot E/k$ proportional (a = Wärmeausdehnungskoeffizient, E = Elastizitätsmodul, k = Wärmeleitzahl). Da $a \cdot E/k$ bei austenitischem Stahl zwei- bis dreimal so groß ist wie bei Kohlenstoffstahl, werden bei ersterem für dieselbe Wandstärke auch die Wärmespannungen entsprechend höher. Häufig macht man die Druckbehälter aus Kohlenstoffstahl und kleidet sie innen mit einer Schicht aus austenitischem Stahl aus, die sie gegen Korrosion schützt.

p) Atomphysikalische Meßmethoden

Manche Leser werden fragen, wie sich die Massen von Partikelchen auf viele Dezimalen genau bestimmen lassen, obgleich man sie nicht sichtbar machen und sie nicht in wägbaren Mengen ansammeln kann. Folgende Ausführungen wollen hierüber ganz kurz Auskunft geben und zur besseren Vorstellung atomarer Vorgänge beitragen.

Zunächst muß man wissen, daß auch für die kleinsten Elementarteilchen die Gesetze der Mechanik und der Elektrizitätslehre ihre Gültigkeit behalten, mit Hilfe welcher sich ihre Massen auf verhältnismäßig einfache Weise berechnen lassen, wenn man die Bahnen kennt, die sie unter dem Einfluß veränderbarer elektrischer und magnetischer Felder durchlaufen. Sie können mit Hilfe der *Wilson-Nebelkammer* sichtbar gemacht werden.

Eine schöne Illustrierung hierzu bieten die in Abb. 40 abgebildeten hyperbolischen Bahnen, die positiv geladene α-Teilchen infolge der elektrischen Abstoßungskraft des Kernes K beschreiben. Die kürzeste Entfernung, auf die sie an den Kern herangekommen wären, wenn sie ihre ursprüngliche Richtung beibehalten hätten, geben

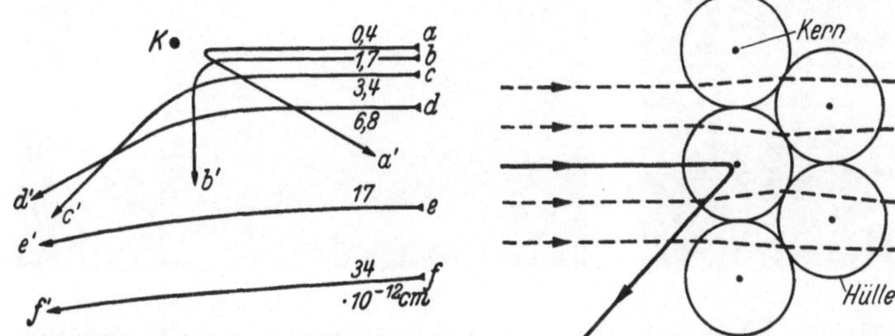

Abb. 40. Ablenkung von α-Teilchen durch einen Atomkern K. Nach W. H. WESTPHAL

Abb. 41. Verschiedene Bahnen von α-Teilchen bei ihrer Durchdringung einer dünnen Metallfolie. Nach FINKELNBURG

die beigefügten Zahlen in 10^{-12} cm an. Die tatsächliche Annäherung an ihn, die sich aus den Streuwinkeln berechnen läßt, geht bis zu Abständen in der Größenordnung von 10^{-12} cm, was für die Erkenntnis des Aufbaues von Atomen (Kern mit Elektronenhülle, S. 3 und 5) deshalb so aufschlußreich war, weil die Radien der Atome eine rd. 10000mal höhere Größenordnung (10^{-8} cm) haben und weil die Untersuchungen zeigten, daß die abstoßende Kraft der (positiv geladenen) Kerne bis auf einen Abstand von mindestens 10^{-12} cm dem ersten COULOMBschen Gesetz gemäß wirkt.

Abb. 41 macht verständlich, weshalb Partikelchen auch in anscheinend so dichtgefügte Körper wie Stahl eindringen können, ohne von ihrer Bahn wesentlich abgelenkt zu werden.

Zum Untersuchen atomphysikalischer Vorgänge dienen vor allem drei Geräte: das *Zählrohr* von GEIGER, die *Nebelkammer* von WILSON und *Massenspektrometer* bzw. *-spektrographen*. Mit dem GEIGERschen Zählrohr kann man einzelne Teilchen oder Quanten feststellen und zählen;

mit der Wilson-Kammer läßt sich ihre Bahn sichtbar machen; Massenspektrographen und -spektrometer ermöglichen eine sehr genaue Messung der Massen der Elemente und ihrer oft zahlreichen Isotopen.

In der Wilson-Kammer nutzt man die Fähigkeit elektrisch geladener Teilchen in Gasen Ionisierung hervorzurufen aus. In der mit Wasserdampf leicht übersättigten Atmosphäre der Kammer sind dann die Teilchenbahnen als Nebelspuren erkenntlich, die man beobachten und photographieren kann.

Abb. 42 zeigt die in der Wilson-Kammer aufgenommene Umwandlung von $^{14}_{7}$N in $^{17}_{8}$O durch Beschuß von N-Kernen mit α-Teilchen (Heliumkernen). In der rechten unteren Ecke sieht man, wie sich die Bahn eines α-Teilchens in die Bahn des getroffenen und dabei be-

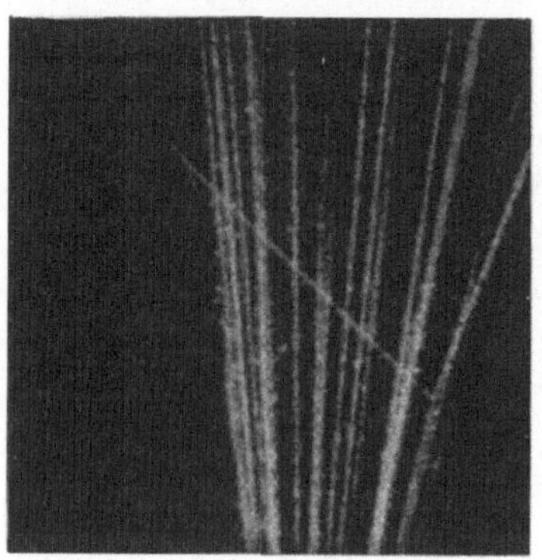

Abb. 42. Umwandlung von $^{14}_{7}$N in $^{17}_{8}$O durch Beschuß von N-Kernen mit α-Teilchen. Nach W. H. Westphal (Maßstab etwa 1:2)

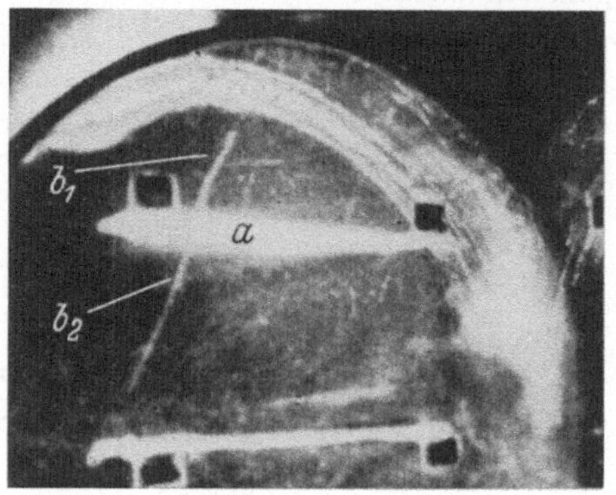

Abb. 43. Nebelkammeraufnahme der Spaltung eines Urankerns durch Neutronen. Nach Carson und Thornten (Etwa natürliche Größe)

schleunigten N-Kernes und in die Bahn des nach links oben ausgeschleuderten Protons gabelt. In Abb. 43 stellt die obere horizontale Platte a eine Uranschicht dar, die mit langsamen Neutronen beschossen wurde. Dabei flogen unter einem Winkel von annähernd 60° gegen die Uranschicht nach entgegengesetzten Richtungen die beiden Bruchstücke b_1 und b_2 eines Urankernes fort.

Die Masse eines Teilchens ist auf verschiedene Weise bestimmbar. Z. B. kann man diejenige von Elektronen dadurch messen, daß man Kathodenstrahlen (schnelle Elektronen) durch das elektrische Feld $\mathfrak{E}$ eines Kondensators von der Länge l und gleichzeitig durch ein zu ihm senkrecht stehendes magnetisches Feld mit der Feldstärke $\mathfrak{H}$ schickt. Das elektrische Feld erteilt den Elektronen mit der Masse m eine Beschleunigung

$$b = \frac{e \cdot \mathfrak{E}}{m} \tag{39}$$

Beim Durchlaufen des Kondensators mit der Geschwindigkeit w werden die Elektronen senkrecht zu ihrer anfänglichen Richtung in der Zeit $t = \dfrac{l}{w}$ abgelenkt um die Strecke

$$a = \frac{1}{2}\,b \cdot t^2 = \frac{e\,\mathfrak{E}\,l^2}{2\,mw^2} \tag{40}$$

Auf die Elektronen wirkt außer der Kraft $e \cdot \mathfrak{E}$ im elektrischen Feld die Kraft des magnetischen Feldes

$$K_m = e\,\mathfrak{H}\,w \tag{41}$$

Regelt man die Feldstärke $\mathfrak{H}$ so ein, daß die magnetische Kraft der elektrischen gerade das Gleichgewicht hält, so wird, was man an einem Leuchtschirm erkennen kann, der auf ihn auftreffende Elektronenstrahl aus seiner Richtung nicht abgelenkt, und es ergibt sich die Elektronengeschwindigkeit zu $w = \dfrac{\mathfrak{E}}{\mathfrak{H}}$, die in Gl. (40) eingesetzt aus der Messung der rein elektrischen Ablenkung ergibt

$$e/m = (1{,}75936 \pm 0{,}00018) \cdot 10^8 \text{ Amp sek/g} \tag{42}$$

Da e bekannt ist, findet man die Elektronenmasse zu

$$m = (9{,}1055 \pm 0{,}0012) \cdot 10^{-28}\,g \tag{43}$$

Eine andere Methode ist die von Thomson stammende Parabelmethode, Abb. 44, bei der der Ionenstrahl durch ein elektrisches Feld P und ein am selben Ort angebrachtes ihm gleichgerichtetes magnetisches Feld M geht. Das elektrische Feld lenkt den Strahl senkrecht zu den Kondensatorplatten nach unten gemäß Gl. (40) ab, infolge des

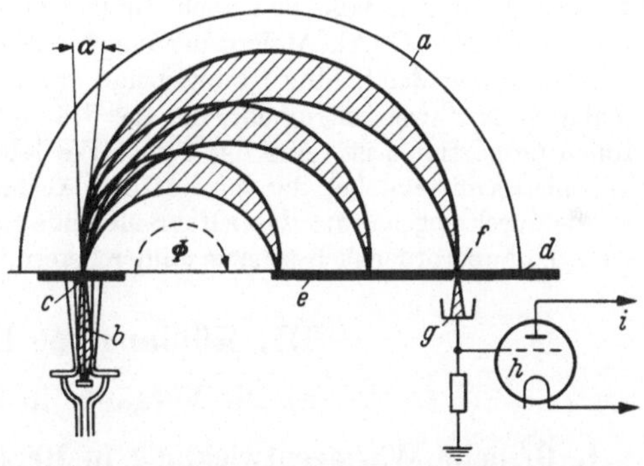

Abb. 45. Massenspektrograph, bei dem unter verschiedenen Winkeln α ankommende Ionen durch ein Magnetfeld um 180° abgelenkt und je nach ihrer Masse an verschiedenen Stellen gesammelt werden. Nach H. Hintenberger *a* homogenes Magnetfeld, *b* Ionenstrahl, *c* Schlitz, durch den die Ionen unter Winkel α in Magnetfeld *a* eintreten, *d* Ebene, in der die Ionen nach einem Ablenkwinkel von $\Phi = 180°$ an verschiedenen Stellen gesammelt werden, *e* Metallschirm in Ebene *d*, *f* Schlitz in Metallschirm *e*, *g* Ionenauffänger hinter Schlitz *f*, *h* Elektronenröhre, *i* Leitungen zum Verstärken.

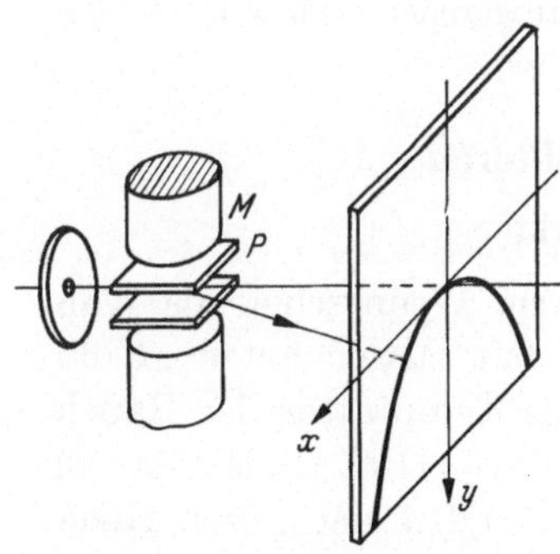

Abb. 44. Thomson'sche Parabelmethode zum Messen von Ionenmassen. Nach Finkelnburg

magnetischen Feldes führen die Ionen in der Ebene parallel zu den Kondensatorplatten eine Kreisbewegung aus. Ihr Radius r ergibt sich, indem man die elektrische Kraft, Gl. (41), gleich der Zentrifugalkraft $\dfrac{m \cdot w^2}{r}$ setzt, zu

$$r = \frac{m \cdot w}{e \cdot \mathfrak{H}} \tag{44}$$

Infolge dieser Einwirkungen zeichnen Ionen gleicher Masse und Ladung, aber verschiedener Geschwindigkeit auf dem Leuchtschirm gleiche Parabeln auf, aus deren Neigung man ähnlich wie im vorherigen Beispiel ihren e/m-Wert und damit ihre Masse m bestimmen kann.

Die heutigen zu größter Vollkommenheit entwickelten Massenspektrographen beruhen auf dem in Abb. 45 dargestellten Prinzip. Ein homogenes Magnetfeld a zerlegt den Ionenstrahl b nicht nur nach verschiedenen Massen, sondern sammelt Ionen gleicher Energie und erzeugt auf der Platte e nach einem Ablenkungswinkel von 180° scharfe Bilder der Eintrittsschlitze c. Jede Ionenart wird an einer anderen Stelle abgebildet, und zwar um so weiter entfernt von c, je größer ihre Masse ist, Gl. (44). Aus ihrer Lage in Ebene d kann man daher die Masse der Teilchen, aus dem Grade der Schwärzung der Linien die Häufigkeit des Auftretens der verschiedenen Teilchen feststellen, Abb.

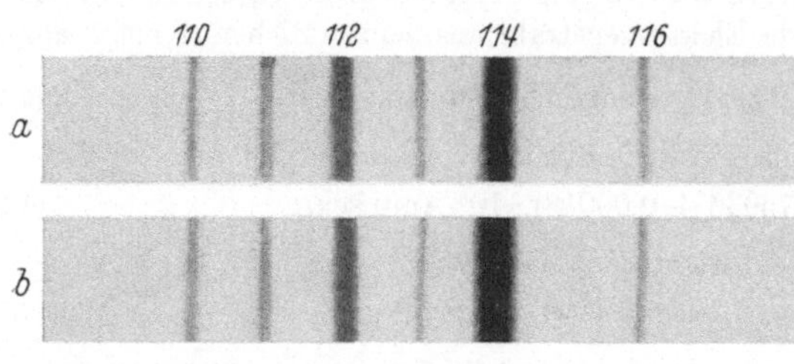

Abb. 46. Photographisch aufgenommenes Massenspektrum von Cadmium. Nach H. HINTENBERGER. Aus Z. VDI. 1955, S. 820. *a* normales Cadmium, *b* einem intensiven Neutronenstrahl ausgesetztes Cadmium.

46. Die Häufigkeit läßt sich auch durch einen Auffänger g und eine Elektronenröhre h zählen. Durch Ändern der magnetischen Feldstärke wandert das Massenspektrum über den Schlitz f hinweg und erzeugt für jede Masse einen andern Ausschlag im Nachweisinstrument, der der Häufigkeit der im Strahl vorkommenden Ionen proportional ist. Aus der Feldstärke läßt sich die Masse der beobachteten Teilchen ermitteln, bei der sie auf den Auffänger g kommen. Dieses Verfahren wurde durch sogenannte doppelfokussierende Spektrographen noch weiter verbessert, die außerordentlich scharfe Bilder liefern.

III. Kühlung von Reaktoren

a) Die Vorgänge in Reaktoren

1. Örtliche Wärmeentwicklung in Reaktoren. Wenn schon die Wandungen der Feuerräume von Dampfkesseln mit ausgedehnten „Kühlflächen" bekleidet werden müssen, damit die Temperatur der Rauchgase einen gewissen Höchstwert nicht übersteigt (1100° C bis 1700° C), so muß man die den Feuerräumen entsprechenden Kerne von Hochleistungsreaktoren noch weit intensiver kühlen, damit sie einwandfrei arbeiten können. Die z. Z. zulässige Höchsttemperatur ihres Kühlmittels (400° C bis 500° C) ist aber wesentlich tiefer als 1100° C. Es liegt dies nicht nur an der unzulänglichen Festigkeit der für die Umhüllung des Spaltstoffes in Betracht kommenden Materialien (Aluminium) bei höheren Temperaturen, sondern auch an den Eigenschaften des Uraniums, wegen derer man eine Höchsttemperatur im Uran von 600 bis 620° C noch nicht zu überschreiten wagt. Wie sehr sich in dieser und anderer Beziehung Reaktoren von Dampfkesselfeuerungen unterscheiden, zeigt Tab. 17.

Tabelle 17. Vergleich hochbelasteter Reaktoren mit Steinkohlenstaubfeuerungen großer moderner Dampfkessel

	Wärmeentbindung in 1 m³ Volumen kcal/m³h	Wärmebelastung der Kühlflächen kcal/m²h	Zulässige Höchsttemperatur des Kühlmittels °C
1. Normale Staubfeuerungen	$0,15 \div 0,25.10^6$	durchschn. 90 000 ÷ 130 000	
2. Schmelzkammer von Schmelzfeuerungen . . .	$0,6 \div 0,8.10^6$	250 000 ÷ 500 000	1300 ÷ 1700 (Rauchgase)
3. Zyklonbrenner von Schmelzfeuerungen . . .	$3,5 \div 4.10^6$	nahe den Brennern	
4. Wassergekühlte Reaktoren	$17,5 \div 35,0.10^6$	$0,3 \div 1,0.10^6$	300 ÷ 400
5. Metallgekühlte Reaktoren	$400 \div 850.10^6$	$2,0 \div 2,5.10^6$	430 ÷ 550

Nach Tab. 17 erhofft man von wassergekühlten Reaktoren eine fünf- bis neunmal, von metallgekühlten Reaktoren eine 100- bis 200 mal größere spezifische Wärmeentbindung als sie die am höchsten belasteten modernen Feuerräume, nämlich die Zyklonbrenner von Schmelzfeuerungen aufweisen. Die viel größeren Beträge bei Reaktoren lassen sich nur durch entsprechend intensive Kühlung ihres Kernes, d. h. mittels schnell strömender und eine sehr hohe Wärmeübergangszahl aufweisender Kühlmittel, wie z. B. mit flüssigem Natrium, erreichen, Abb. 47. Ein grundlegender Unterschied zwischen den am höchsten belasteten Staubfeuerungen von Dampfkesseln und metallgekühlten Reaktoren besteht also darin, daß bei letzteren die z. Z. zulässige Höchsttemperatur des Kühlmittels nur ⅓ bis ¼, die pro Raumeinheit erreichbare Wärmeentbindung aber das 100- bis 200fache und die zum Ermöglichen dieser ungeheuren Werte erforderliche spezifische Wärmeaufnahme der „Kühlflächen" das fünf- bis achtfache der entsprechenden Zahlen von Staubfeuerungen betragen. Der mit thermi-

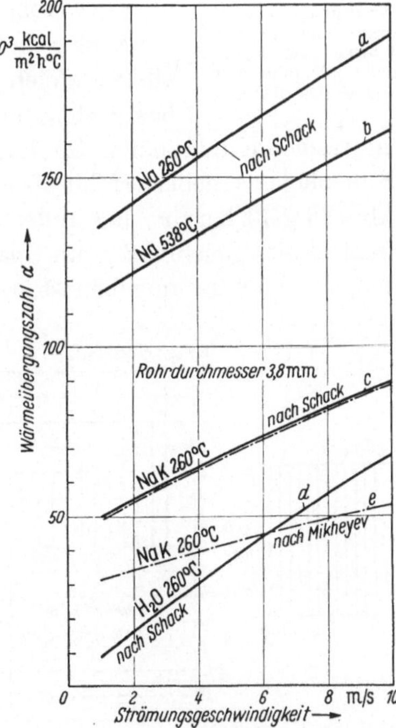

Abb. 47. Wärmeübergangszahlen von Wasser und von flüssigem Na und NaK an Rohre in kcal/m²h° C. Nach SCHACK u. MIKHEJEV

schen Kraftwerken vertraute Wärmetechniker muß sich daher erst an die
so andere Größenordnung mancher Werte bei Reaktoren gewöhnen. Hier
soll nochmals auf die Folgen einer ungleichmäßigen Verteilung der Wärmeentwicklung in Reaktoren aufmerksam gemacht werden, weil ein einziger überlasteter „heißer Fleck" noch
gefährlicher werden kann als bei
Dampfkesseln. Abb. 48 zeigt skizzenhaft die Verteilung des Neutronenflusses und der ihm
äquivalenten Wärmeentwicklung über
Durchmesser und
Länge eines metallischen Spaltstoffstückes, dessen Höhe
etwa doppelt so groß
ist wie sein Durchmesser, Abb. 49 den
Temperaturanstieg
des Kühlmittels
über der Höhe eines
von zahlreichen parallelen, gleich stark
beaufschlagten zy

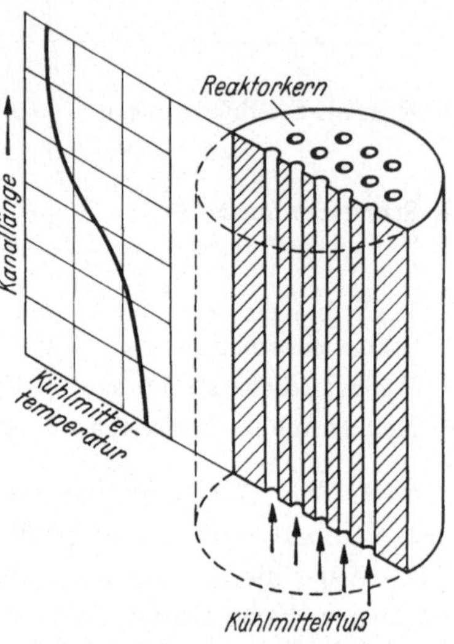

Abb. 49. Zunahme der Kühlmitteltemperatur beim senkrechten Durchströmen eines
von parallelen Kühlkanälen durchzogenen
zylindrischen Reaktorkerns.
Nach H. C. Schwenk

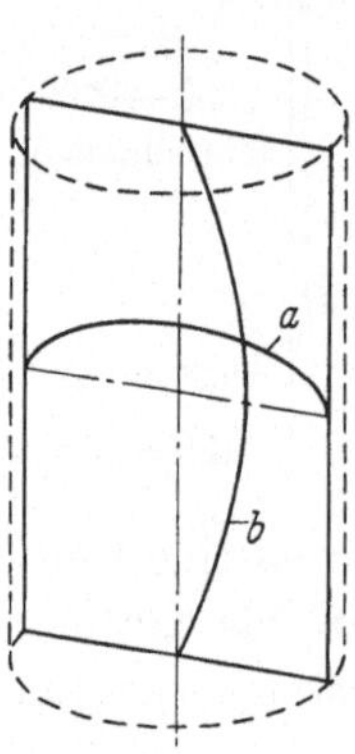

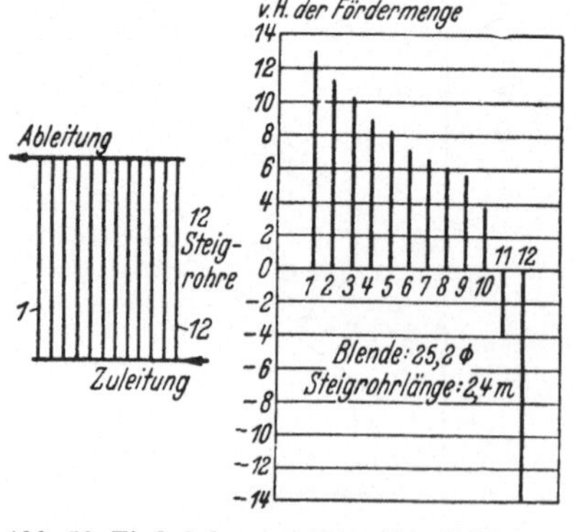

Abb. 48. Verteilung
der durch Kernspaltung entwickelten
Wärme über Länge
und Durchmesser
eines Uranstabes.

lindrischen Kühlkanälen durchdrungenen Reaktorkerns, der in mittlerer
Höhenlage schneller erfolgt als am Fuß- oder Kopfende des Kernes. Aus
Abb. 48 geht hervor, daß in den äußeren Zonen eines über seinen ganzen
Querschnitt gleichmäßig mit Spaltstoff gefüllten Reaktorkernes, der von
keinem Reflektor umgeben ist, wesentlich weniger Wärme entbunden wird
als in seinem Zentrum. Abb. 122
und 123 zeigen, daß die Unterschiede zwischen dem mittleren und
dem höchsten Neutronenfluß in
einem Reaktorkern noch weit größer und die Übergänge zwischen
den verschiedenen Zonen eines Reaktorkernes noch weit schroffer sein
können. Ist es also schon an sich
schwierig, über den ganzen horizontalen Querschnitt eines von
Kühlkanälen durchzogenen Reaktorkernes in jeder Höhenlage gleich
hohe Temperaturen zu erzielen, so

Abb. 50. Einfluß der ungleichen Beaufschlagung
annähernd gleich stark beheizter parallel geschalteter Rohrschlangen. Nach Vorkauf

wird dies dadurch noch weiter erschwert, daß die gleichmäßige Verteilung eines flüssigen Mediums auf parallel geschaltete an denselben Eintritts- und Austrittsraum angeschlossene Zwanglauf-Rohre ohne Hilfsmittel oft nicht gelingt. Abb. 50 zeigt dies für einen aus zwölf gleich stark beheizten parallel geschalteten Rohrschlangen bestehenden Zwanglaufkessel. Diesem Übelstand läßt sich durch Einbau von Drosselstellen in die Rohre abhelfen. Gefährliche Zustände stellen sich besonders dann ein, wenn das Wasser in die Rohre schon mit einem gewissen Gehalt an Dampf eintritt. Ähnliche Erscheinungen können in den Wärmeaustauschern für Reaktoren, aber auch in den Reaktoren selber auftreten.

Die erreichbare Höchstleistung eines Reaktors hängt von der zulässigen Höchsttemperatur der Spaltstoffstücke ab. Ist bei zylindrischen Spaltstoffstücken

$$\begin{aligned}
t_i &= \text{Temperatur im Zentrum des Zylinders in } °\text{C} \\
t_a &= \text{Temperatur am Umfang des Zylinders in } °\text{C} \\
r &= \text{Halbmesser des Zylinders in m} \\
\lambda &= \text{Wärmeleitzahl des Spaltstoffes in kcal/mh } °\text{C} \\
&= 28{,}2 \text{ kcal/mh } °\text{C bei Uranmetall} \\
\mathfrak{B} &= \text{Wärmebelastung der Mantelfläche des Zylinders in kcal/m}^2\text{h,}
\end{aligned}$$

so ist die Temperaturdifferenz im Zylinder

$$t_i - t_a = 0{,}5 \cdot \frac{r \cdot \mathfrak{B}}{\lambda} \; °\text{C} \tag{45}$$

$$= 0{,}0177 \cdot r \cdot \mathfrak{B} \; °\text{C} \tag{46}$$
$$\text{(bei Uranmetall)}$$

Will man das Temperaturgefälle auf die in 1 m³ Spaltstoff entbundene Wärmemenge Q in kcal/m³h beziehen, so ändert sich Gl. (45) in

$$t_i - t_a = \frac{Q \cdot r^2}{4 \cdot \lambda} \; °\text{C} \tag{45a}$$

Je 100 000 kcal/m²h spezifischer Wärmebelastung eines Uranstückes von 1 cm Durchmesser ist somit die Temperatur in seiner Achse um 8,85 = rd. 9° C höher als an seiner Oberfläche. Bei Kühlmittelaustrittstemperaturen von 600 bis 700° C und spezifischen Wärmebelastungen von 500 000 bis 800 000 kcal/m²h kommen daher nur Durchmesser der Spaltstoffstücke von weniger als 1 bis 2 cm in Betracht. In dieser Beziehung sind ein paar Millimeter dicke, beiderseits vom Kühlmittel bespülte Spaltstoffplatten offenbar überlegen.

Wie sehr es auf das satte Anliegen der Aluminiumhülsen an den Spaltstoff ankommt, zeigt eine Messung von A. Lundby an Uranstücken von 2,54 cm Durchm., die in Aluminiumrohre von 2 mm Wandstärke eingepreßt worden waren. Bei einer Wärmebelastung von $\mathfrak{B} = 21\,500$ kcal/m²h der Uranstücke betrug der Temperatursprung zwischen Hülle und Uran 75° C gegenüber einem Temperaturgefälle zwischen Achse und Oberfläche der Uranstücke von nur 8° C. Der Temperatursprung zwischen Aluminium und D₂O war etwa 5° C. Bei Spaltstoffpatronen für hochbelastete Reaktoren muß daher für sehr sattes Anliegen zwischen Spaltstoff und Hülle gesorgt werden.

Der Spaltstoff wird übrigens meist nicht am Austritt des Kühlmittels aus dem Reaktorkern, d. h. da am heißesten, wo das Kühlmittel seine Höchsttemperatur erreicht, sondern, wenigstens bei „nackten" Reaktoren (Reaktoren ohne Reflektor), etwas oberhalb seiner halben Höhe. Dann nähert sich seine Temperatur allmählich der Temperatur des Kühlmittels. Dies rührt davon her, daß der Neutronenfluß im Reaktorkern nach Abb. 48 um so mehr abnimmt, je mehr man sich von der Mitte der Spaltstoffstücke entfernt.

2. Eigenschaften der Kühlmittel. Als Kühlmittel kommen in Betracht Gase (Luft, Kohlensäure, Helium), leichtes und schweres Wasser, flüssige Metalle (Natrium, Kalium, ein Gemisch dieser beiden Stoffe und Wismut). Die ersten kleinen, wissenschaftlichen Zwekken dienenden Reaktoren wurden durch Luft von atmosphärischem Druck gekühlt und die von ihnen erzeugte Wärmemenge, die man als lästiges Nebenprodukt empfand, wurde ins Freie geführt. Mit dieser primitiven Art der Kühlung lassen sich aber keine wirtschaftlich wettbewerbsfähigen Reaktoren bauen. Man ging daher zu Gasdrücken von 7 at und mehr über. Bei Reaktoren, die mit Gasturbinen zusammenarbeiten, könnte Helium oder Stickstoff von 50 bis 70 at Druck als Kühl- und Arbeitsmittel interessant

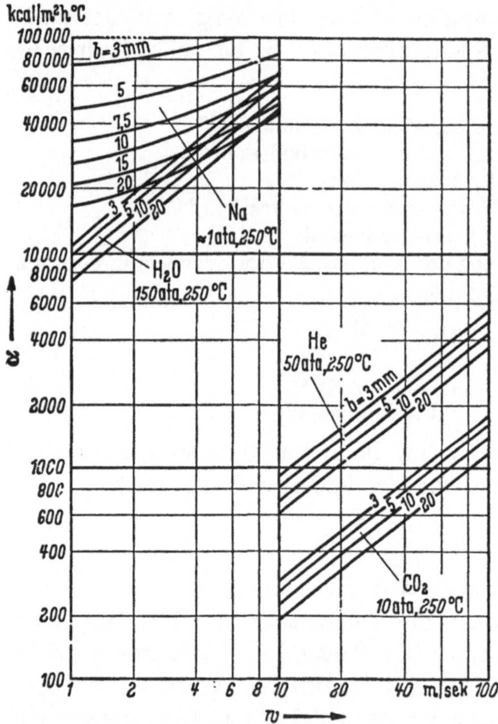

Abb. 51. Wärmeübergangszahl α in kcal/m² °C h von CO_2, He, H_2O, Na in ringförmigen Kühlkanälen abhängig von d. Geschwindigkeit d. Kühlmittels w in m/s, d. Spaltbreite b in mm. Nach G. BAUR. Aus AEG Mitt. 1957, S. 35.

werden. Für hochbelastete Reaktoren in Dampfturbinen-Kraftwerken kommen leichtes oder schweres Wasser, Natrium (Na), eine Mischung von Natrium und Kalium (Na-K) oder von Natrium und Wismut (Bi) in Betracht. Abb. 51, 52 und Tab. 18 zeigen, wie klein die Kühlwirkung von Gasen selbst bei sehr hohen Drücken oder Geschwindigkeiten ist.

Über die Wahl eines Kühlmittels entscheiden aber außer seinen Eigenschaften mit Bezug auf den Wärmeübergang auch sein atomphysika-

lisches und chemisches Verhalten (Neutronenabsorption, Neigung zum
Korrodieren) und einige andere Punkte, worüber später Näheres gesagt
wird. Für schnelle Reaktoren
sind nur Flüssigkeiten geeignet,
die keinen Wasserstoff, Kohlenstoff oder andere Bremsstoffe enthalten, Wasser kommt
daher für sie nicht in Betracht.

**3. Wärmeübertragung in Re-
aktoren.** Man unterscheidet
zwischen *laminarer* (geordne-
ter) und *turbulenter* Strömung.
Bei ersterer bewegen sich alle
Gas- oder Flüssigkeitsteilchen
parallel und die Richtung der
einzelnen Teilchen stimmt dauernd mit der Richtung des ganzen Stromes überein. Erhöht
man die Strömgeschwindigkeit
über einen bestimmten Betrag,
so geht die laminare in die
turbulente Strömung über.

Mit Hilfe der REYNOLDS-*Zahl*

$$\mathrm{Re} = \frac{w \cdot d \cdot \gamma}{g \cdot \eta} \qquad (47$$

kann man feststellen, ob eine
Strömung laminar oder turbu-
ent ist. In Gl. (47) bedeutet

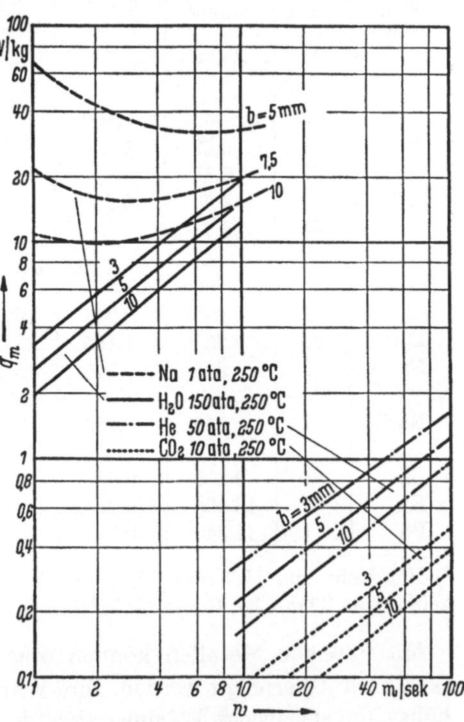

Abb. 52. Mittlere spezif. Wärmeleistung qm in kW/kg
von Spaltstoffstäben v. 15 mm Durchm. u. 1,5 m Länge
abhängig von Geschwindigkeit d. Kühlmittels *w* in m/s
bei verschied. Erwärmung d. Kühlmittels u. Temperaturgefälle von 20° C zwischen Oberfläche d. Spaltstoffstäbe u. Austrittstemp. d. Kühlwassers t_2; *b* Spaltbreite.
Nach G. BAUR. Aus AEG Mitt. 1957, S. 37.

w = Geschwindigkeit der Strömung in m/s

d = Durchmesser des Rohres in m

γ = spezifisches Gewicht des strömenden Stoffes bei der Betriebstemperatur in kg/m³

g = Erdbeschleunigung = 9,81 m/s²

η = Zähigkeit des strömenden Stoffes bei der Betriebstemperatur in
 kg s/m²

λ = Wärmeleitzahl des strömenden Stoffes in kcal/mh °C

Unter technischen Bedingungen geht bei Gasen und Flüssigkeiten die
laminare Strömung bei Re = 2300 bis 3000 in die turbulente über, wodurch sich das Verhalten des strömenden Mittels erheblich ändert.
Auch wird die übertragene Wärmemenge bei turbulenter Strömung weit
größer als bei laminarer.

Tabelle 18. _Werte einiger Kühlmittel für Reaktoren_
(Nach verschiedenen Quellen)

Kühl-mittel	Druck at	Wichte kg/m³	Spezif. Wärme kcal/kg°C	Wärme-übergang α[1]) kcal/m²h°C	Wärme-leitzahl λ kcal/mh °C	Siedepunkt °C	Schmelz-punkt °C
Gase							
H_2	—	—	3,408	80	—	—	—
He	7	0,62	1,240	386	—	—	—
	33	3,1	—	1 405	—	—	—
Luft	7	4,5	0,250	465	—	—	—
	35	22,7	—	1 665	—	—	—
Flüssigkeiten							
H_2O	1	993	0,997	19 300	—	100	0
D_2O	105	780	1,165	29 400	—	—	+ 3,8
Na	1	885	0,315	45 000[3]) 74 000[2])	—	883	97,5
NaK	1	845	0,285	26 500[3]) 37 100[2])	—	825	18,8
Bi	1	9 800	0,033	—	—	1475	270
Hg	1	13 595	0,033	—	—	357	— 38,9
Pb	1	11 340	0,032	—	—	1740	327

[1]) Für Rohr von 12,7 mm i. D. und Geschwindigkeiten von 6 m/s bei Flüssigkeiten, von 30 m/s bei Gasen. — [2]) Nach G. WIESENACK. — [3]) Nach R. L. MURRAY.

Mit flüssigen Metallen können sehr hohe Wärmeübergangszahlen α (kcal/m²h° C) erreicht werden. Ihre Wärmeleitzahl λ (kcal/mh° C) ist weit höher, die spezifische Wärme c (kcal/kg° C) und die Zähigkeit η (kgs/m²) aber sind kleiner als bei Wasser und anderen Flüssigkeiten. Ihre

$$\text{PRANDTL-}Zahl \qquad\qquad Pr = \frac{c \cdot g \cdot \eta}{\lambda_s} \qquad\qquad (48)$$

(λ_s = auf 1 s bezogene Wärmeleitzahl in kcal/m s °C) ist nur $4 \cdot 10^{-3}$ bis $3{,}2 \cdot 10^{-2}$ gegenüber mehr als 0,7 bei Gasen und Wasser, also um 2 bis 3 Zehnerpotenzen kleiner. Nach SCHACK benetzen Kalium und Natrium im Gegensatz zu Quecksilber Nickelrohre vollständig. Bei benetzenden Metallen ist α größer als bei nicht benetzenden.

Die Wärmeübertragung zwischen einer Fläche und einem strömenden Medium mit den Temperaturen t_1 und t_2 ist

$$Q = \alpha \cdot F \cdot (t_1 - t_2) \text{ kcal/h} \qquad\qquad (49)$$

Hierin bedeutet

Q = stündlich übertragene Wärmemenge in kcal/h
F = Größe der Berührungsfläche in m²
α = Wärmeübergangszahl zwischen Fläche und Medium in kcal/m²h °C
t_1 = Temperatur des Wärme abgebenden Körpers in °C
t_2 = Temperatur des Wärme aufnehmenden Körpers in °C
α läßt sich mit der NUSSELT-Zahl Nu als Funktion von Re und Pr darstellen durch

$$Nu = \frac{\alpha \cdot d}{\lambda} = f(Re, Pr) \qquad\qquad (50)$$

Beim Wärmedurchgang zwischen einem wärmeabgebenden und einem wärmeaufnehmenden Stoff durch eine Wand (Kühlfläche, Heizfläche) hindurch, Abb. 53, tritt an Stelle von α in Gl. (50) die Größe

$$k = \frac{1}{\dfrac{1}{\alpha_1} + \dfrac{\delta}{\lambda} + \dfrac{1}{\alpha_2}} \quad \text{kcal/m}^2\text{h}^\circ\text{C} \tag{51}$$

und an Stelle von t_2 die Temperatur t_4.

Hierin bedeutet

α_1 = Wärmeübergangszahl auf der Wärme abgebenden Seite der Fläche in kcal/m²h °C

α_2 = Wärmeübergangszahl auf der Wärme aufnehmenden Seite der Fläche in kcal/m²h °C

δ = Dicke der Wand in m

λ = Wärmeleitzahl der Wand in kcal/mh °C

k = Wärmedurchgangszahl, d. h. die Wärmemenge, die auf 1 m² Wandfläche von δ m Dicke und λ kcal/mh °C Wärmeleitzahl bei 1° C Temperaturunterschied zwischen beiden Medien in 1 Stunde übertragen wird in kcal/m²h °C

Befindet sich auf einer bzw. auf beiden Seiten der Fläche eine δ_1 bzw. δ_2 m starke fest haftende Stoffschicht mit den Wärmeleitzahlen λ_1 bzw. λ_2, so ist

$$k = \frac{1}{\dfrac{1}{\alpha_1} + \dfrac{\delta_1}{\lambda_1} + \dfrac{\delta}{\lambda} + \dfrac{\delta_2}{\lambda_2} + \dfrac{1}{\alpha_2}} \quad \text{kcal/m}^2\text{h}^\circ\text{C} \tag{52}$$

Zum Ermitteln der Wärmeübergangszahl α gibt es zahlreiche Formeln, die den Einfluß der Geschwindigkeit w, der Zähigkeit η und anderer Faktoren berücksichtigen. Je nach dem besonderen Fall muß man die Formel wählen, die für ihn am besten zu passen scheint. Aber auch die beste Formel wird nur befriedigen, wenn man es versteht, für das Abweichen der tatsächlichen von den bei Bestimmung der α-Werte im Laboratorium herrschenden Strömverhältnissen angemessene Zu- oder Abschläge zu machen, wozu Erfahrung und Einfühlungsvermögen gehören.

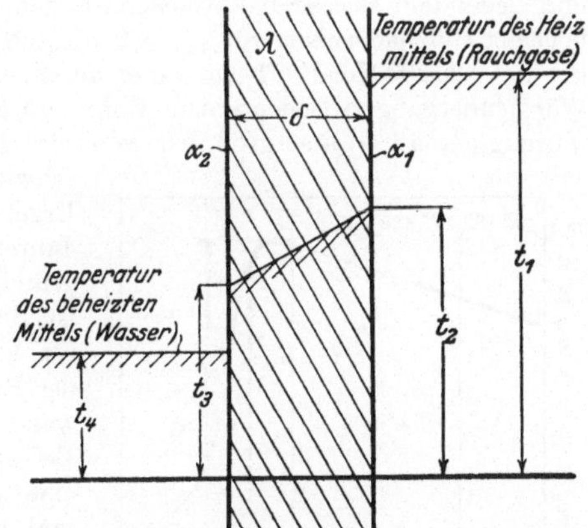

Abb. 53. Schema des Wärmedurchganges durch eine reine Wand

Hier werden daher nur wenige typische Gleichungen gebracht; in Zweifelsfällen ist es aber meist wesentlich vorteilhafter und letzten Endes auch billiger, eine Fläche eher zu groß als zu klein zu bemessen. Als ganz roher Anhalt möge dienen, daß Zuschläge von 10 bis 20% zu den errechneten Werten oft erforderlich sind, in Ausnahmefällen aber auch noch höhere Werte. Bei turbulenter Strömung gelten folgende Gleichungen:

1. *Bei Gasen und Dämpfen*

Luft in Rohren (nach Schack)

$$\alpha = (3,55 + 0,00168 \cdot t_l) \cdot \frac{w_o^{0,75}}{d^{0,25}} \quad \text{kcal/m}^2\text{h}° \text{ C} \tag{53}$$

Gase und überhitzte Dämpfe in technisch rauhen Rohren

$$\alpha = 19,3 \cdot c_p^{0,81} \cdot \lambda^{0,19} \cdot \frac{w_o^{0,75}}{d^{0,25}} \quad \text{kcal/m}^2\text{h}° \text{ C} \tag{54}$$

Gleichung (54) ersetzt die noch manchmal benutzte ältere Formel

$$\alpha = 19,3 \cdot c_p^{0,77} \cdot \lambda^{0,23} \cdot \frac{w_o^{0,75}}{d^{0,25}} \quad \text{kcal/m}^2\text{h}° \text{ C} \tag{55}$$

In diesen Gleichungen bedeutet

t_l = Temperatur des Gases (der Luft) in °C
w_0 = Geschwindigkeit des Gases in m/s bei 0° C, 760 mm Q.-S.
c_p = wahre spezifische Wärme des Gases bei konstantem Druck bei der
       mittleren Temperatur aus Gas- und Rohrwandtemperatur in kcal/kg°C
d = innerer Rohrdurchmesser in m

Zwischen der tatsächlichen Geschwindigkeit w m/s des Gases bei t °C Temperatur und p ata Druck und der Geschwindigkeit w_0 besteht folgende Beziehung:

$$w_o = w \cdot \frac{264}{273 + t} \cdot p \quad \text{m/s} \tag{56}$$

2. α *für nicht siedendes Wasser* (nach Schack):

$$\alpha = 2900 \cdot w^{0,85} \cdot (1 + 0,014 t_w) \quad \text{kcal/m}^2\text{h}° \text{ C} \tag{57}$$

3. α *für siedendes Wasser.* Bei kondensierendem Dampf liegt nach Schack α zwischen 9500 und 12500 kcal/m²h°C. Nach Jakob steigt bei glatten Heizflächen und siedendem Wasser bei atmosphärischem Druck α von etwa 1000 kcal/m²h °C bei einer Heizflächenbelastung $\mathfrak{B} = 0$ kcal/m²h etwa linear auf rd. 13000 kcal/m²h°C bei $\mathfrak{B} = 200000$ kcal/m²h an, wo es anscheinend seinen Höchstwert erreicht. Der Wärmeübergang zwischen einem Rohr und einem Dampf-Wasser-Gemisch ist erfahrungsgemäß etwa so groß, wie wenn durch das Rohr nur Wasser derselben Geschwindigkeit fließen würde, was nach den Ergebnissen der von K. Schwarz in den Jahren 1953/54 durchgeführten überaus gründlichen Versuche nicht überraschend ist. Sie zeigten nämlich, daß bei senkrechten beheizten Rohren die Dampfblasen in der Rohrmitte strömen und mit der Rohrwand fast nicht in Berührung kommen. Bei horizontalen Rohren findet dagegen eine sehr starke Entmischung des Wassers und der im oberen Teil der Rohre sich ansammelnden Dampfblasen statt. Für die Reibungszahl von Dampf-Wasser-Gemischen in Rohren stellte Schwarz den gegenüber früheren Annahmen überraschend hohen Wert von 0,046 fest. Natürlich wird man schon der Vorsicht wegen bei Reak-

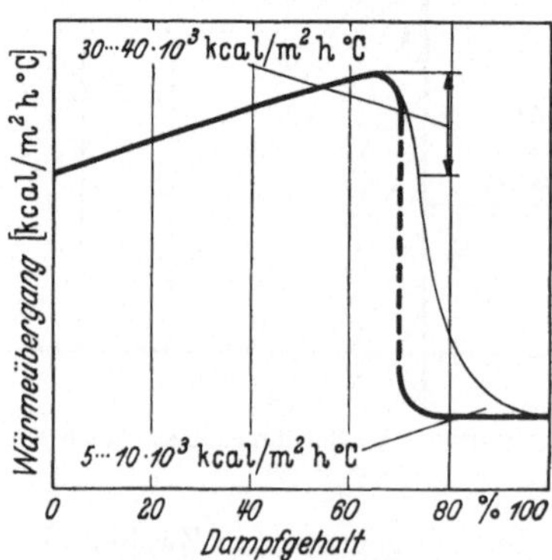

Abb. 54. Wärmeübergangszahl von dampfhaltigem Wasser in Abhängigkeit vom Dampfgehalt in kcal/m²h° C. Nach H. C. Schwenk

toren hoch belastete Kühlflächen nicht von einem Gemisch durchströmen lassen, das nur noch wenig Wasser enthält und wo infolgedessen, wie Abb. 54 schematisch zeigt, α jäh auf die Wärmeübergangszahl zwischen Dampf und Rohr fallen kann.

4. α *für flüssige Metalle in Rohren* bei netzenden Metallen (nach SCHACK):

$$\alpha = 7 \cdot \frac{\lambda}{d} + 17{,}5 \, \frac{\lambda^{0,2}}{d^{0,2}} \cdot (c \cdot w \cdot \gamma)^{0,8} \quad \text{kcal/m}^2\text{h°C} \tag{58}$$

Nach MIKHEYEV, BAUM, VOSKRESENDSKY und FEDYNSKY läßt sich α für reine bzw. oxydierte Rohre mit $l > 30 \cdot d$ finden aus den Gl. (59) bzw. (60):

$$Nu = 4{,}5 + 0{,}014 \, (Re \cdot Pr)^{0,8} \tag{59}$$
$$Nu = 3{,}0 + 0{,}014 \, (Re \cdot Pr)^{0,8} \tag{60}$$

Bei nichtnetzenden Metallen werden die Werte für α kleiner als nach Gl. (59) und (60). Abb. 47 zeigt nach den Formeln von SCHACK und von MIKHEYEV errechnete Kurven für Na und Na K. Die Temperatur ist bei Na K im Gegensatz zu Na nach MIKHEYEV kaum von Einfluß auf α. Die Wärmeübergangszahl von Na ist erheblich größer als die von Na-K und von Wasser. Trotzdem hofft man, wie Pos. 28 in Tab. 32 und Pos. 13 in Tab. 35 zeigen, auch bei Wasser als Kühlmittel spezifische Wärmebelastungen der Spaltstoffoberfläche von 1,5 bis 2,0 Millionen kcal/m²h erreichen zu können. Die grundsätzliche Überlegenheit von Na über Wasser besteht aber darin, daß sich mit Na Kühlmittel-Endtemperaturen in der Größenordnung von 600 bis 700° C erzielen lassen, wodurch sich nicht nur sehr hochgespannter, sondern auch hochüberhitzter Arbeitsdampf erzeugen ließe, während bei Wasser keine höhere Endtemperatur als etwa 320° C erreichbar ist. Außerdem wird der Reaktorbehälter viel leichter und einfacher, weil die in ihm auftretenden Drücke weit kleiner sind als bei Preßwasserreaktoren. Um die obenerwähnten Heizflächenbelastungen von rd. 2 Millionen kcal/m²h erzielen zu können, denkt ZINN an Geschwindigkeiten des flüssigen Natriums von 10 m/s und sehr kleine Durchmesser der Spaltstoffpatronen (3,8 mm) bzw. der Kühlkanäle (4,0 mm), weil nach Gl. (58) die Wärmeübergangszahl α um so höher wird, je enger die Kühlkanäle sind. Ob so hohe Geschwindigkeiten des Druckverlustes und anderer Gründe wegen zulässig sind, muß die Erfahrung zeigen.

Die für zwei Sonderfälle errechneten Abb. 51 und 52 lassen diese Zusammenhänge erkennen und zeigen, daß man unter bestimmten Voraussetzungen mit H$_2$O ähnlich hohe Werte wie mit flüssigem Na erreichen kann.

4. Reaktoren mit natürlichem Wasserumlauf. Die mit wassergekühlten Reaktoren erzielbaren Wärmeleistungen hängen außer von atomphysikalischen Gegebenheiten erheblich davon ab, ob das Wasser sie mit natürlichem Umlauf oder mit Zwangumlauf durchströmt. P. C. ZMOLA und R. C. BAILAY haben für die beiden in Abb. 55 und 56

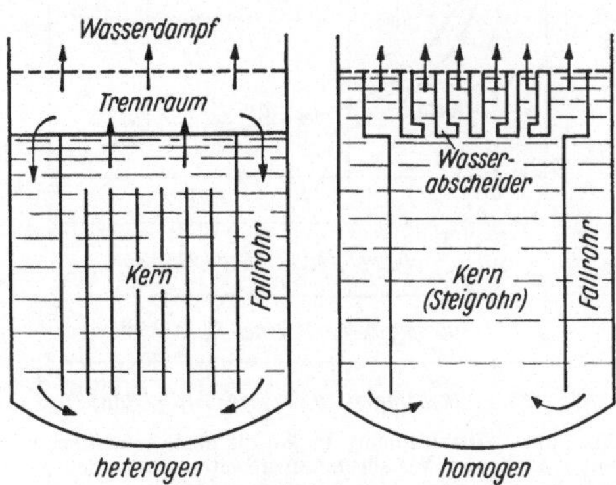

Abb. 55 u. 56. Schema von 2 Reaktoren mit natürlichem Wasserumlauf

schematisch dargestellten, mit natürlichem Wasserumlauf arbeitenden, heterogenen bzw. homogenen Reaktoren eine Reihe von Umlaufdiagrammen berechnet, aus denen die auf 1 Liter Wasserinhalt erzielbare Wärmeleistung Q für die verschiedensten Verhältnisse entnommen werden kann, Transact. ASME 1956, Heft 4. Hierbei wurde das Voreilen der entwickelten Dampfblasen vor dem umlaufenden Wasser berücksichtigt. Die mit 1 Liter Flüssigkeit erzielbare Wärmeleistung Q wurde in Abhängigkeit von der Größe $1 - \frac{p}{p_f}$ dargestellt, worin p die mittlere Dichte des im Reaktor befindlichen Dampf-Flüssigkeits-Gemisches in kg/l, p_f die Dichte der dampffreien Flüssigkeit in kg/l bedeutet. Bei Abb. 55 wird im Gegensatz zu Abb. 56 im „Fallrohr" kein Dampf erzeugt, weshalb Q größer ausfällt. Q wächst mit steigendem $1 - \frac{p}{p_f}$ schnell. Nach diesen allgemein gültigen Umlaufbildern wurde Abb. 57 entworfen, die die Verhältnisse für 3 m Kerndurchmesser und 3 m Kernhöhe bei 35 und 70 ata Dampfdruck wiedergibt. Aus atomphysikalischen Gründen darf das Wasser-Dampf-Gemisch im Reaktor nicht viel mehr als 80 Vol. % Dampf enthalten, während in Naturumlauf-Dampfkesseln der Dampfgehalt im allgemeinen oberhalb dieses Wertes liegt. Bei 84 Vol. % würde nach Abb. 57 in einem Reaktor ein etwa zehnmal so großes Wassergewicht als das erzeugte Dampfgewicht umlaufen, Punkte A und B, und es ließen sich dann je nach dem Dampfdruck (70 oder 35 ata) aus 1 Liter Wasser 9,5 bzw. 10,5 kW Leistung herausholen. Man kann also bei Reaktoren mit natürlichem Wasserumlauf, aber ohne sogenannte Überhubrohre unter mittleren Verhältnissen mit rd. 10 kW/l Leistung rechnen. Auf Einzelheiten wird später eingegangen.

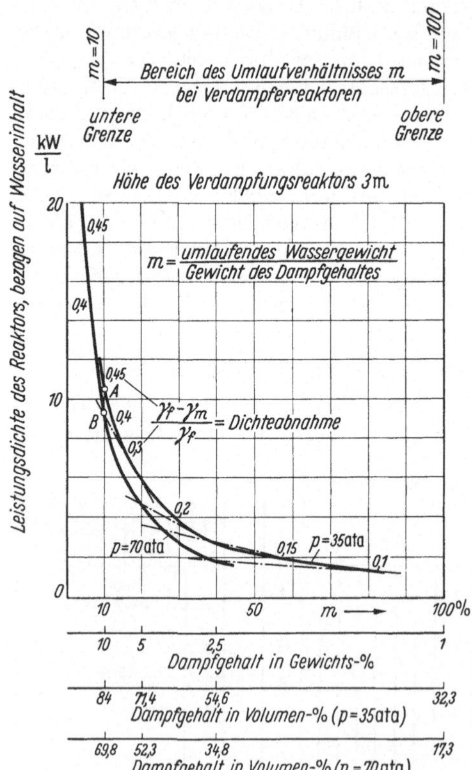

Abb. 57. Leistungsdichte in kW/lit eines homogenen mit natürlichem Wasserumlauf arbeitenden Verdampfungsreaktors nach Abb. 56 bei 35 und 70 ata Dampfdruck in Abhängigkeit vom Dampfgehalt des umlaufenden Wassers (Höhe des Reaktorkernes 3 m)

5. Wärmeaustauscher. Es hat sich häufig als zweckmäßig bzw. erforderlich erwiesen, die vom Kühlmittel aufgenommene Wärme in einem Wärmeaustauscher an einen anderen Wärmeträger zu übertragen, sei es an Wasser, das verdampft und dessen Dampf zum Betrieb einer Turbine dient, sei es an einen dritten Körper, mit dem dann ein Dampferzeuger beheizt wird. Im Kraftwerk Calder Hall z. B. beheizt die zum Kühlen der heterogenen thermischen Reaktoren benützte Kohlensäure große als Dampferzeuger dienende, mit Zwangsumlauf arbeitende Wärmeaustauscher und strömt dann zu erneuter Erhitzung in den Reaktor zurück, Abb. 84.

Durch Probieren muß man einen vorteilhaften Kompromiß zwischen der Größe und dem Druckverlust der Heizfläche zu erreichen versuchen. Wärmeaustauscher für die Beheizung durch Flüssigkeiten (Wasser, flüssige Metalle) haben im allgemeinen eine Abb. 177 ähnliche Form. Tab. 19 enthält die Kennwerte einiger zu ihrer Herstellung verwendeter Baustoffe.

Tabelle 19. Kennwerte einiger Baustoffe
Nach SCHACK und anderen Verfassern. (Siehe auch Tab. 20)

Baustoff	Wärmeleitzahl λ		Mittlere spezifische Wärme c		Raumgewicht bei gewöhnlicher Temperatur
	$\dfrac{\text{kcal}}{\text{mh}\,^\circ\text{C}}$	bei t $^\circ$C	$\dfrac{\text{kcal}}{\text{kg}\,^\circ\text{C}}$	zwischen t_1 u. $t_2\,^\circ$C	$\dfrac{\text{kg}}{\text{m}^3}$
Aluminium	176±5%	100	0,217	0÷100	2700
	230±40%	500	0,237	0÷500	2700
Stahl:					
gewöhnlicher	32÷36	100	0,108	17÷100	7700÷7800
„	32÷29	600	0,133	17÷680	7700÷7800
nicht rostender					
(AN 11)	12,6	20	—	—	—
	19,7	650	—	—	—
Nickelstahl					
(20% Ni)	14	30	0,119	30÷250	—
Kupfer (unrein) .	45÷122	20	—	30÷250	8300÷8900
Nickel	50±10%	10	0,114	30÷250	8800
Quecksilber	12,5	100	—	—	13352
Uranium	28,5	—	0,0275	—	—
Zirkonium	18	—	—	—	6490
Molybdän	—	—	—	—	10200
Graphit	70÷142	13÷15	—	—	—
„ synthet.					
⊥ Achse	59,6	423	—	—	—
	100,5	555	—	—	—
Beton					
(gewöhnlicher)	0,65	20	0,27	0÷100	2180

IV. Bau- und Spaltstoffe

a) Allgemeines

Beim Bau und Betrieb von Reaktoren sind einige Stoffe unentbehrlich, die noch vor zehn Jahren weiten Kreisen kaum dem Namen nach bekannt waren und deren Eigenschaften auch heute noch nicht völlig erforscht sind. Ihre derzeitigen hohen Preise rühren z. T. davon her, daß sie außerordentlich rein sein müssen, z. T. davon, daß ihre Gewinnungsmethoden jung und daher wohl noch verbesserungsfähig sind; mit ihrer Vervollkommnung werden wahrscheinlich auch die Preise fallen. Im Gegensatz zum normalen Maschinenbau müssen die meisten Stoffe außer bestimmten mechanischen auch bestimmte atomphysikalische Eigenschaften haben und gegen Korrosionen der verschiedensten Art, vor allem aber gegen radioaktive Strahlungen widerstandsfähig sein. Einige der neuartigen Materialien sind sehr pyrophor, d. h. entzünden sich an der Luft leicht, andere sind hochgiftig. Das Auffinden des geeigneten Stoffes erfordert daher große Spezialkenntnisse und kann schweres Kopfzerbrechen verursachen. Auch deshalb haben die Chemie und Metallurgie für den Bau von Atomkraftwerken überragende Bedeutung erlangt, da von ihrer Leistungsfähigkeit die Wettbewerbsaussichten solcher Werke in hohem Maße abhängen. Tab. 20 enthält über einige dieser Stoffe einige Angaben, die mit an anderen Stellen dieses Buches gemachten Angaben nicht immer ganz übereinstimmen. Durch Legierung mit bestimmten Stoffen, durch Glühen, Walzen, Ziehen usw. kann man die Eigenschaften einiger der in Tab. 20 aufgeführten Metalle erheblich ändern. Die Zahl dieser Legierungen ist sehr groß, ihre Kenntnis wie diejenige der für Reaktoren in Betracht kommenden Baustoffe überhaupt ist eine über den Rahmen dieses Buches weit hinausgehende Spezialwissenschaft. Die folgenden Ausführungen wollen daher nur ein paar wichtige Hinweise geben.

b) Erläuterungen zu Tabelle 20

1. *Aluminium.* Al wird sehr viel zum Umhüllen von Spaltstoffpatronen und anderen Metallen, die es vor dem Korrodieren schützen soll, benutzt. Durch radioaktive Strahlung wird es nur wenig beeinflußt, gegen Na und Na/K ist es bis 200° C korrosionsbeständig.

2. *Beryllium.* Beryllium ist ein äußerst giftiges Metall, mit dem sehr vorsichtig umgegangen werden muß. Es ist das wirksamste feste Moderatormaterial, für Reflektoren bestens geeignet und das einzige leichte Metall mit einem hohen Schmelzpunkt (1315° C). Bei erhöhter Temperatur hat es eine große Affinität zu O, N, S und C. Wegen seines sehr kleinen Absorptionsquerschnitts, Tab. 8, seiner guten Festigkeit bei erhöhter Temperatur und seiner offenbar großen Widerstandsfähigkeit gegen Oxydation in feuchter und trockener Kohlensäure ist es für die Hülle von

Spaltstoffpatronen besonders gut brauchbar, und es ist anzunehmen, daß man mit ihm die Austrittstemperatur der CO_2 bei gasgekühlten Reaktoren vom CHR-Typ gegenüber den bisherigen Werten von rd. 450° C um ungefähr 100° C erhöhen könnte, da es im Dauerbetriebe eine Temperatur von 600° C aushält. Der zulässige Gehalt von 1 m³ Luft an Beryllium darf in Räumen, die seiner Herstellung und Bearbeitung dienen, zwei millionstel Gramm nicht überschreiten. Anfang 1958 wurde es in großen Reaktoren noch nicht verwendet.

3. *Graphit.* Graphit für Moderatoren muß sehr rein sein. Er wird aus Petroleumkoks hergestellt, findet sich aber in geeigneter Qualität auch in der Natur und ist zur Zeit wohl der am meisten verwendete Moderatorstoff, wenngleich ihm Beryllium und schweres Wasser überlegen sind. Gegen thermischen Schock ist er ziemlich unempfindlich und hat auch bei hohen Temperaturen gute Festigkeitseigenschaften. Der sogenannte *Wigner-Effekt* ist eine sehr ernst zu nehmende, dem Graphit eigentümliche Form der Materialschädigung durch Neutronenbestrahlung.

Bei ihr verdrängen die mit Kohlenstoffatomen kollidierenden Neutronen diese aus ihrer normalen Lage im Kristallgitter, wobei die verdrängten C-Atome andere Atome in Mitleidenschaft ziehen können. Dadurch nimmt die Härte und Festigkeit aber auch die Sprödigkeit des Graphits zu; sein Wärmeleitvermögen wird stark verringert und seine elektrischen Eigenschaften ändern sich, was zum Feststellen des Ausmaßes der Materialbeschädigung benutzt werden kann. Die auffallendste Erscheinung aber ist die durch die Neutronenbestrahlung hervorgerufene Energiespeicherung im Graphit, die nach einer Bestrahlung mit 10^{21} n/cm² so groß werden kann, daß sie bei ihrer Auslösung den Graphit um rd. 1000° C zu erhitzen vermag. Sie läßt sich durch eine Wärmebehandlung, die in angemessenen Zeitabständen unter geeigneten Vorsichtsmaßnahmen vorgenommen werden muß, auf einen ungefährlichen Betrag verringern. Abb. 58 zeigt einige typische Kurven für die Entbindung der Energie je nachdem, ob die schädigende Bestrahlung bei 30° C oder bei 150° C

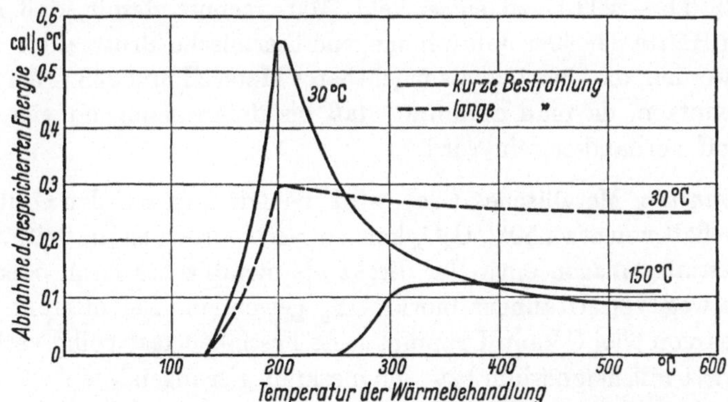

Abb. 58. Betrag der bei Erwärmung auf 130 bis 600° C frei werdenden im Graphit durch Neutronenbestrahlung gespeicherten Energie (Wigner-Effekt) in cal/g° C, je nach der Temperatur und der Dauer, mit der er bestrahlt worden ist. Nach P. J. GRANT, Engng. 24. I. 1958.

—— Kurze Bestrahlung bei 30 bzw. 150° C,   - - - - lange Bestrahlung bei 30° C.

erfolgte und bei welcher Temperatur die Wärmebehandlung durchgeführt wird. Von einer Erwärmung auf etwa 550° C an bleibt die im Graphit übrig bleibende Energie konstant.

4. *Hafnium.* Hafnium kommt vor allem für Regulierstäbe von Reaktoren in Betracht. In Zirkonium ist es wegen seiner starken Neutronenabsorption selbst in kleinen Beimengen sehr unerwünscht.

5. *Stahl.* Gewöhnlicher Stahl muß bei Reaktoren an Stellen, die starkem Bestrahlen oder Korrosionsangriff ausgesetzt sind, durch nichtrostenden Stahl geeigneter Zusammensetzung ersetzt oder geschützt werden. Letzterer Stahl kommt auch für das Umhüllen von Spaltstoffpatronen bei Temperaturen in Betracht, bei denen Aluminium versagt. Gegebenenfalls wird dann die Spaltstoffüllung etwas vergrößert, um die größere Neutronenabsorption des Stahls zu kompensieren. Auch gegen Na und Na/K sind gewisse nichtrostende Stähle sehr korrosionsfest. Stahl darf nur sehr wenig Cobalt enthalten, weil es sich in Reaktoren in das gefährliche radioaktive Isotop 60 Co verwandelt, wodurch spätere Reparaturen sehr erschwert werden können.

6. *Thorium.* Das in der Natur vorkommende nicht spaltbare Thorium kann durch Bestrahlung in das spaltbare Uranisotop 233 U verwandelt werden. Kleine Verunreinigungen durch C verändern seine Eigenschaften stark. Es ist sehr dehnbar und oxydiert bei erhöhter Temperatur stark. Seine Neigung zum Oxydieren ist schon bei Raumtemperatur groß, seine Korrosionsbeständigkeit in kochendem Wasser gering. In pulvrigem Zustand ist es pyrophor. Spaltstoffpatronen aus dem keramischen Th O_2 mit Metallhülsen sollen nach J. R. JOHNSON nur etwa halb so teuer wie metallisches Th und noch vorteilhafter als das keramische UO_2 sein. In England sind Versuche im Gange, thermische Reaktoren für den Kreislauf 232 Th — 233 U zu entwickeln. Man rechnet damit, daß in der zweiten Hälfte der 60er Jahre homogene thermische Brutreaktoren auftreten werden, die Thorium als fruchtbares Material und 233 U als Spaltstoff benutzen, da man annimmt, daß bis dahin genügend viel reiner Spaltstoff vorhanden sein wird.

7. *Uranium.* Metallisches Uran wird, nachdem es auf der Grube auf einen Gehalt von etwa 50% U_3O_8 konzentriert worden ist, in weitläufigen Aufbereitungsanlagen entweder direkt als metallisches Uran oder über den Umweg von Uranhexafluorid UF_6 gewonnen. Bei öfterem Überschreiten von 650° C kann Uranium seine Festigkeit fast völlig verlieren. Es reagiert mit Magnesium bzw. Magnesiumlegierungen, die nach Tab. 8 auch weniger Neutronen absorbieren, im Gegensatz zu Aluminium, chemisch nicht. Der größte Uranium-Produzent sind zur Zeit die US, die Ende 1958 jährlich etwa 14000 t Uranoxyd erzeugten, und jetzt dabei sind, die Produktion zu verbilligen. Es hält voraussichtlich Tem-

peraturen bis zu 450° C aus und macht bei 663 °C und bei 764° C allotropische Transformationen (α, β, γ) durch, die sein Kristallgefüge ändern, und dehnt sich bei Erwärmung in seinen 3 Kristallachsen ganz verschieden aus: in der a- und c-Achse positiv, in der b-Achse negativ, Pos. 9 in Tab. 20. Uran ist in der α-Phase (0÷663° C) dehnbar, in der β-Phase recht spröde, in der γ-Phase sehr weich und von geringer Festigkeit. Mit steigender Temperatur nehmen seine Proportionalitätsgrenze und seine Elastizität schnell ab. Bei einer bestimmten Probe fiel seine Zugfestigkeit von 3800 kg/cm² bei 20° C auf 900 kg/cm² bei 600° C. Ein Uranzylinder, dessen Temperatur in der Achse 535° C, am Umfang 260° C beträgt, ist einer Zugbeanspruchung von beispielsweise 3800 kg/cm² ausgesetzt. Wegen seiner Neigung zum Oxydieren muß Uran bei erhöhter Temperatur in hoher Luftleere oder in einer inerten Atmosphäre bearbeitet werden.

Bestrahlung schwächt die Festigkeit von Uran mehr, als man bisher annahm. Nach Cotterell nimmt die Kriechfestigkeit mit der Temperatur zu, während sie unter dem Einfluß der Neutronenbestrahlung mit der Temperatur fällt. Es gibt daher, was die Festigkeit betrifft, offenbar eine günstigste höchstzulässige Temperatur. Urandioxyd (UO_2) und die Urankarbide UC_2 und UC haben in den letzten Jahren große Bedeutung erlangt. UO_2 ist bis etwa 2650° C beständig und spröde. Wegen seiner geringen Wärmeleitfähigkeit können im Inneren von entsprechend dicken UO_2-Patronen bei Oberflächentemperaturen von 600 bis 700° C Temperaturen bis zu 2100° C auftreten. UC leitet die Wärme besser als metallisches Uran und ist gegen Bestrahlung unempfindlich, kann aber in wassergekühlten Reaktoren nicht verwendet werden, weil es mit Wasser chemisch reagiert, siehe auch S. 93, Tab. 24.

8. *Plutonium.* Nach S. 42 läßt sich das nicht spaltbare Uranisotop 238 U durch Neutronenbeschuß in spaltbares Plutonium 239 Pu verwandeln. In sogenannten Konvertern kann man annähernd ebensoviel, in Brutreaktoren sogar mehr Plutonium erzeugen, als Spaltstoff verbraucht wurde, was für die wirtschaftlichen Aussichten von Atomkraftwerken von großer Bedeutung ist. Die Verwendung von Plutonium verlangt u. a. deshalb noch viel Entwicklungsarbeit, weil es nach T. W. F. Brown sechs oder mehr Phasenänderungen durchmacht und man mit der Möglichkeit eines positiven Temperaturkoeffizienten rechnen muß. Nach Sir Chr. Hinton (Sommer 1958) kann man in thermischen Reaktoren mit Plutonium (239 Pu) nur ein beschränktes burnup erzielen, weil ein Teil davon in die nicht spaltbaren, Neutronen stark absorbierenden Isotope 241 Pu und 242 Pu verwandelt wird. Es ist daher wahrscheinlich zweckmäßiger, es in schnellen Brutreaktoren und nicht zum Regenerieren von erschöpftem Spaltstoff in thermischen Reaktoren zu verwenden.

Tabelle 20.   Kennwerte einiger
(Aus verschiedenen amerikani

		Beryllium	Bor
1. Stoff		Beryllium	Bor
2. Symbol/Ordnungszahl/ Atomgewicht		Be/4/9,02	B/5/10,82
3. Schmelzpunkt. . . .	°C	1315	2000 ÷ 2300
4. Siedepunkt	°C	2970	2550
5. Spezifisches Gewicht .	kg/lit	1,82	2,33
6. Spezifische Wärme. .	kcal/kg°C	0,43 ÷ 0,52 bei 20 ÷ 100 °C Nach „Hütte" 0,442 (0/100°C)	0,263 bei 20°C
7. Wärmeleitfähigkeit .	kcal/mh°C	137 bei 20°C	—
8. Elektrischer Widerstand	μ Ohm cm	5,9 bei 0°C	$1{,}8 \cdot 10^{-6}$ bei 0°C
9. Lineare Wärmeausdehnung	$10^{-6}/°C$	13,3/17,8 (20 ÷ 200/ 20 ÷ 700 °C) Nach ‚Hütte' 12,3	8,3 bei 20 °C
Richtung parallel zu a-Achse	$10^{-6}/°C$		
b-Achse 25 ÷ 325/ 25 ÷ 650°C	$10^{-6}/°C$		
c-Achse	$10^{-6}/°C$		
10. Zugfestigkeit	kg/cm²	2400 ÷ 6700 (Je n. Bearbeitg.)	2500 ÷ 3500
11. Dehnung	%	2 ÷ 20	—
12. Brinell-Härte	kg/mm²	97 ÷ 172 (120 ÷ 150°C)	—
13. Allgemeines Verhalten		Schwer bearbeitbar, korrodiert in Wasser stark	Oxydiert leicht
14. Aussehen		stahlgrau	—
15. Mechanische Beschaffenheit . . .		äußerst spröde	—
16. Ist der Körper bei Raumtemperatur gefährlich ?		sehr giftig	—
17. Preis.	DM/kg	—	—

Bau- und Spaltstoffe für Reaktoren
schen Quellen zusammengestellt)

Aluminium	Zirkonium	Cadmium	Hafnium
Al/13/*26,97*	Zr/40/*91,22*	Cd/48/*112,41*	Hf/72/*178,6*
600	1845	321	2130
2327	—	765	—
2,69 (2,70)	6,49	8,65	11,4
			—
0,215 bei 20° C	0,069 bei 20° C	0,055 bei 20° C	
125 bei 20 °C Nach „Hütte" 190 bei 20 °C	20,7 bei 20° C	79 bei 20 °C	—
2,66/8,0 (20/400 °C)	41,0 bei 0 °C	7,51 bei 18 °C	32,7 bei 0 °C
23,8/28,7 (20 ÷ 100/ 20 ÷ 600 °C)	5 bei 20 °C	31,8 bei 20 °C	5,9 bei 20 °C
	allotropische Trans- formation bei 865 °C		
900 (gewalzt 1400–1700)	3500 ÷ 5800 (20/320° C)	720 ÷ 960	4500/2900 (75/650° C)
30 ÷ 35	25/60 (20/320 °C)	50 ÷ 126	43/58 (75/650 °C)
23 gewalzt 44	83 ÷ 95	21 ÷ 23	—
Gut bearbeitbar. Bis 200 °C gegen Na und Na/K korro- sionsbeständig	Gut bearbeitbar. Gegen meiste Säu- ren sehr korrosions- fest	Oxydiert oberfläch- lich. Reagiert nicht mit siedendem Wasser	Widerstandsfähig- keit gegen Oxy- dieren leidlich gut
—	silbrig-weiß	—	—
—	weich, schwach dehnbar	—	—
nein	—	—	—
2,8 – 5,6	185	—	—

Tabelle 20 (Fortsetzung)

	Thorium	Uranium	Graphit
1. Stoff	Thorium	Uranium	Graphit
2. Symbol/Ordnungszahl/ Atomgewicht	Th/90/232,12	U/92/238,07	—
3. Schmelzpunkt. . . .	1690	1133	3800 – 3900
4. Siedepunkt	> 3000	3900	—
5. Spezifisches Gewicht .	11,71	rd. 19	1,60 ÷ 1,65
6. Spezifische Wärme . .	0,031 bei 20° C	0,028 bei 20° C	
7. Wärmeleitfähigkeit .	32/39 (100/650 °C)	22 bei 20 °C	14,5
8. Elektrischer Widerstand	18 bei 20 °C	25 ÷ 50 bei 23 °C	—
9. Lineare Wärmeausdehnung	11,5/11,9 (30÷100/ 30÷500 °C)	14,5 bei 20 °C	2,0 längs; 3,0 quer
Richtung parallel zu a-Achse ⎫ 25 ÷ 325/ b-Achse ⎬ 25 ÷ 650 °C c-Achse ⎭		+ 26,5/ + 36,7 − 2,4/ − 6.3 + 23,9/ + 34,2	
10. Zugfestigkeit	2600/1250 (25/500° C)	6300 ÷ 700 (25/500 °C)	210/400 (25/250 °C)
11. Dehnung	40/50 (25/500° C)	13,5/57,5 (25/500 °C)	—
12. Brinell-Härte	—	200 ÷ 220° bei 25° C	—
13. Allgemeines Verhalten	Gut bearbeitbar. In Luft u. kochend. Wasser wenig korrosionsfest. Oxydiert schon bei Raumtemp. stark. Th-Pulver ist pyrophor. Gegen Na u. NaK sehr korrosionsfest	Gut bearbeitbar. Korrodiert bei meisten Stoffen sehr leicht. U-Pulver ist pyrophor	Gut bearbeitbar. Verträgt thermischen Schock. Sollte mit Na u. NaK nicht in unmittelbare Berührung kommen
14. Aussehen	silbrig, ähnelt Stahl	weiß bis grauweiß	—
15. Mechanische Beschaffenheit . . .	Etwa so hart wie Silber. Sehr dehnbar, wird bei 250 °C ziemlich zähe	α-Phase: dehnb. β-Phase: recht spröde γ-Phase sehr weich u. schwach Härtung erhöht Zugfestigkeit v. 6300 auf 14000 kg/cm²	—
16. Ist der Körper bei Raumtemperatur gefährlich?	nein	nein	nein
17. Preis.	140	—	—

Im August 1956 sagte W. Libby von der US-Atomenergie-Kommission, es gebe heute noch kein Verfahren, mit dessen Hilfe man Plutonium für andere Zwecke als für Atomwaffen benutzen könne. Englische Stellen meinten, Dr. Libby sehe zu schwarz, es liege keine Ursache vor, zu bezweifeln, daß Plutonium nach geeigneter Behandlung vor allem für schnelle Reaktoren bestens geeignet sei. Wegen seiner leichten Entzündbarkeit, schweren Löschbarkeit und großen Giftigkeit ist seine Verarbeitung zu Spaltstoffpatronen gefährlich und sehr teuer. Eine zu diesem Zweck vom Argonne Nat. Lab. im Jahre 1959 in Betrieb gesetzte Spezialfabrik kostete rd. 17 Millionen DM.

9. *Zirkonium.* Zirkonium soll besonders gegenüber heißem Wasser eine hohe Korrosionsbeständigkeit und in reinem Zustand einen kleinen Absorptionsquerschnitt ($\sigma_a = 0,18$ barn) haben, Tab. 8, der aber schon bei einem geringen Zusatz von Hf auf $\sigma_a = 120$ barn ansteigt. Eine viel verwendete Zirkonium-Legierung ist Zircaloy 2 (1,45% Sn, 0,12% Fe, 0,10% Cr, 0,05% Ni), das 230 DM/kg kostet (1958). Zirkonium scheint sich aber nicht überall bewährt zu haben. Ende 1957 berichtete G. Milne, daß in dem Preßwasser-Reaktor vom Indian Point-Kraftwerk jetzt Spaltstoffpatronen verwendet werden, die aus einer Mischung der Oxyde von 235 U und Thorium bestehen und mit nichtrostendem Stahl umhüllt sind, wozu auch der sehr hohe Preis des Zirkoniums beigetragen hat. Bei seiner Verarbeitung entstehende und wieder eingeschmolzene Abfälle sollen für Reaktoren ungeeignet sein, weil sie nicht mehr genügend korrosionsfest sind. Aus Zircaloy 2 bestehende Teile sollten daher durch Pressen oder Ziehen und nicht mit Schneidewerkzeugen hergestellt werden.

Metallisches Zirkonium ist pyrophor. Da Zr-Abfälle sich in Aufbewahrungsbehältern oft spontan entzünden und explodieren, entzündet man sie unter entsprechenden Vorsichtsmaßnahmen künstlich und verwahrt das dabei entstehende nicht brennbare ZrO_2 bis zu seiner Wiederverwendung auf.

c) Radioaktive Strahlungsschäden

Radioaktive Strahlen dringen je nach ihrer Natur und Energie und je nach der Natur (Atomgewicht) des von ihnen bombardierten Stoffes mehr oder weniger tief in ihn ein (z. B. Elektronen von 1 MeV Energie in Aluminium 0,15 cm, in Eisen 0,051 cm) und können sein Gefüge u. U. erheblich verändern und schwächen. Der Vorgang vollzieht sich lawinenartig so, daß von den Partikelchen (z. B. Neutronen) getroffene Atome benachbarte Atome des Stoffes durch Kollision verdrängen, bis die zuletzt getroffenen Atome nicht mehr genügend Energie besitzen, um dies noch bei weiteren Atomen tun zu können. Einige Atome verändern dabei ihre Lage viele Male, andere überhaupt nicht. Dadurch bilden sich im Materialgefüge Zwischenräume und Risse. Die Stärke der Schädigung hängt u. a. von der Strahlungsdose n · v · t. ab, die den Stoff getroffen hat (n = Zahl der Neutronen je Volumeneinheit des auftreffenden Strahles, v = Geschwindigkeit der Neutronen, t = Expositionsdauer). Metalle scheinen besonders durch Neutronen, organische Stoffe durch β-, γ- und Neutronenstrahlen beschädigt zu werden. Die zum Herbeiführen von Atomverlagerungen erforderliche Mindestenergie beträgt bei Aluminium (Atomgewicht 26,97) 370 eV, bei Wolfram (Atomgewicht 183,9) 2300 eV. Auch die bei der Bestrahlung entwickelte Wärme kann das Stoffgefüge bei ungenügender Kühlung durch Rißbildung schä-

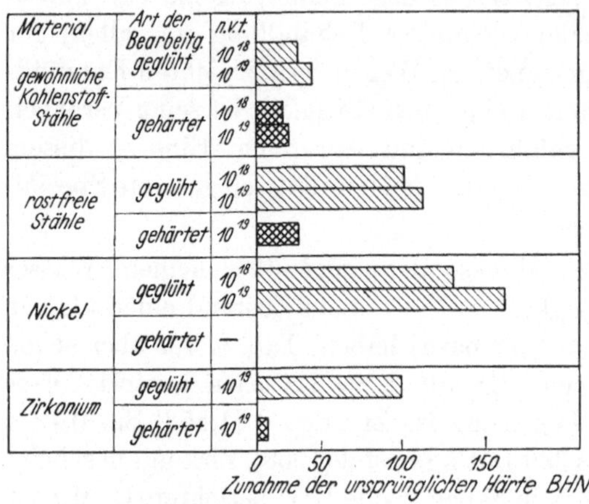

Abb. 59. Zunahme der ursprünglichen Härte bei Bestrahlung einiger Metalle im ausgeglühten und im gehärteten Zustand bei 2 verschiedenen Bestrahlungsdosen n · v · t.

digen. Die Bestrahlungsschädigung von Metallen hat eine auffallende Ähnlichkeit mit ihrer Schädigung durch Kaltverformung, die gleichfalls die Kristallstruktur verändert. Beide Prozesse vergrößern die Härte und den thermischen und elektrischen Widerstand des Materials. Nach Abb. 59 sind gehärtete Metalle gegen Bestrahlung viel unempfindlicher als ausgeglühte; nach Abb. 60 ist die Dehnung von nichtrostendem Stahl, Typ 347, nach erfolgter Bestrahlung kleiner als vorher; nach Abb. 61 nimmt die Brinellhärte bei stark bestrahltem nichtrostendem Stahl mehr zu als bei schwach bestrahltem. Abb. 62 zeigt

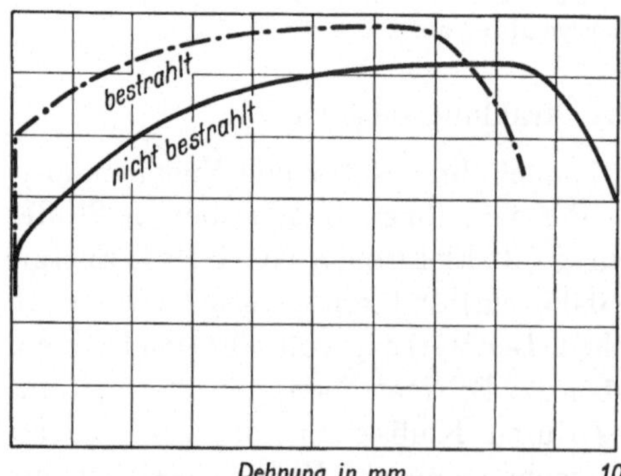

Abb. 60. Beziehung zwischen Dehnung und Belastung eines nicht bestrahlten und eines mit einer Strahlungsdose von 7 · 10¹⁹ nvt bestrahlten Stückes nichtrostenden 347-Stahls. Nach MANNAL, BRUCH u. KOENIG (Die Stababmessungen sind nicht angegeben)

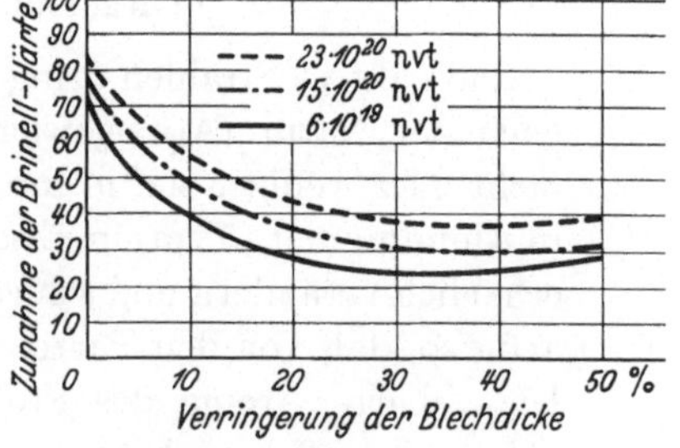

Abb. 61. Einfluß der einer verschieden starken Bestrahlung vorangehenden Kaltbearbeitung von nichtrostendem 347-Stahl. Nach MANNAL, BRUCH u. KOENIG

das Aussehen von Uranium im ursprünglichen Zustand (1), nach a Stunden (2) und nach 2 · a Stunden Bestrahlungszeit (3), und zwar vor (obere Reihe) und nach (untere Reihe) einer metallurgischen Vorbehandlung. Der ursprünglich glatte Körper nahm zunächst an Größe zu und fiel dann nach einer doppelt so langen Bestrahlungszeit in sich zusammen, und zwar beim metallurgisch vorbehandelten Versuchskörper viel weniger als beim anderen.

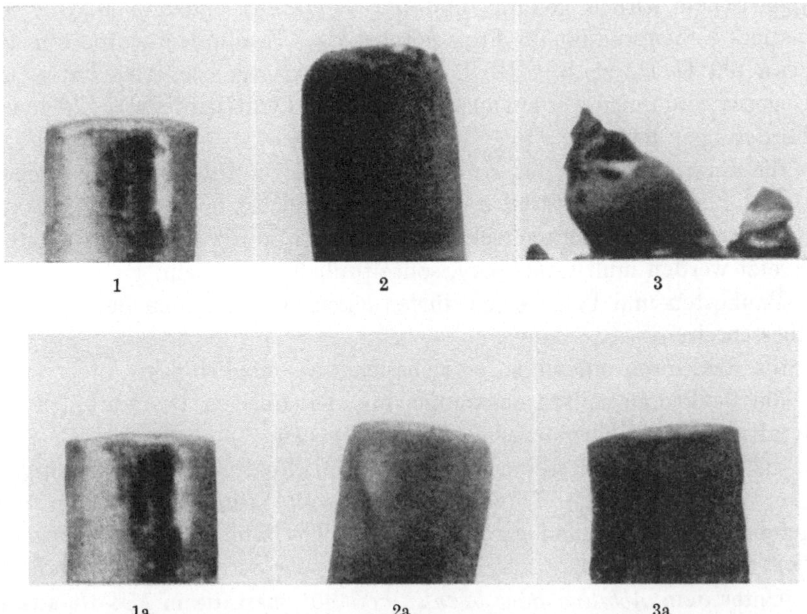

Abb. 62. Einfluß der Neutronenbestrahlung auf metallisches Uran

Starker Bestrahlung oder Korrosion oder beiden gleichzeitig ausgesetzte Bauteile von Reaktoren werden im allgemeinen aus einem geeigneten nicht rostendem Stahl hergestellt oder mit ihm auf ihrer gefährdeten Seite gefüttert.

B. Technischer Teil
I. Der Bau von Reaktoren[1])
a) Allgemeines

Reaktoren sind eine Art Brenner und Wärmeaustauscher zugleich, in denen die kinetische Energie der Spaltprodukte in Wärme umgewandelt und an ein Kühlmittel abgegeben wird. Die ersten kleinen, wissenschaftlichen Zwecken dienenden Reaktoren wurden durch Gas von atmosphärischem Druck gekühlt und die von ihnen erzeugte Wärme als lästiges Nebenprodukt ins Freie geführt. Das Kühlmittel wurde nur auf etwa 100° C erhitzt, was den Bau jener Reaktoren sehr erleichterte. Im Gegensatz zu ihnen werden an Reaktoren für Elektrizitätswerke folgende Forderungen gestellt:

die Endtemperatur des Kühlmittels sollte im Interesse eines hohen thermischen Wirkungsgrades der Anlage tunlichst hoch sein,

die Zeit, nach welcher erschöpfter Spaltstoff durch frischen Spaltstoff ersetzt werden muß *(Abbrand)*, sollte tunlichst lang sein,

Baukosten und Platzbedarf dürfen einen angemessenen Betrag nicht überschreiten,

die Reaktoren müssen so betriebssicher als möglich sein,

die Reaktoren sollten zusammen mit den übrigen Bestandteilen des Kraftwerkes ein harmonisches Ganzes ergeben,

die Reaktoren sollten eine tunlichst kleine Spaltstoffüllung benötigen,

erschöpfter Spaltstoff *(depleted fuel)* sollte tunlichst bequem und gefahrlos durch frischen ersetzt und möglichst billig und bequem regeneriert werden können.

Unter dem *Abbrand* oder *burnup* versteht man die in MWd/t ausgedrückte Energie, nach deren Abgabe die erschöpften Spaltstoffpatronen gegen frische ausgewechselt werden müssen. Man rechnet heute bei metallischen Spaltstoffen mit einem Abbrand von 3000 bis 4000 MWd/t.

---

[1]) In diesem Buch werden folgende Bezeichnungen und Symbole benutzt: Patronen, Elemente, Stangen und Rohre für betriebsfertigen Spaltstoff; Hülsen für die gasdichte metallische oder keramische Umhüllung der Patronen, Elemente, Stangen und Rohre; U für Natururan; Ua für mit 235 U angereichertes Uran bzw. reines 235 U oder einen anderen „hochkonzentrierten" Spaltstoff (233 U, 239 Pu); G, D, H für thermische Reaktoren mit Graphit-, D_2O- und H_2O-Moderatoren; S für schnelle Reaktoren ohne Moderator; L, W oder M für Reaktoren mit Gas- (z. B. Luft), Wasser- (D_2O oder H_2O) oder Metallkühlung; P für Preßwasserreaktoren; Br für Brutreaktoren bzw. Konverter. Die Reihenfolge der Buchstabenbezeichnungen ist: Spaltstoff — Moderator bzw. schneller Reaktor — Kühlmittel — Preßwasserreaktor — Brutreaktor. Ein UGLBr-Reaktor ist also ein mit natürlichem Uran betriebener Brutreaktor, der einen Graphit-Moderator hat und durch Luft oder ein anderes Gas gekühlt wird. Aus Zweckmäßigkeitsgründen werden gelegentlich auch die Symbole CHR[5], BWR, PWR, DMCR usw. verwendet.

Unter Berücksichtigung des heute erzielbaren Wirkungsgrades eines Atomkraftwerkes würde dann 1 t Natururan etwa 10000 t Steinkohle äquivalent sein. Durch Umsetzen und öfteres Auswechseln eines Teiles der Spaltstoffelemente lassen sich möglicherweise 6000 bis 8000 MWd/t erreichen. Bei Uranoxyd (UO_2) als Spaltstoff hofft man auf 10000 MWd/t zu kommen. Nach einer anderen Rechnung (Engng. 5. IX. 1958) können mit Beryllium umkleidete UO_2-Elemente 6000 MWd/t erreichen und wenn alles erzeugte Plutonium dem Spaltstoff zugeführt wird, können 50% des erschöpften Natururans wieder benutzt werden, wodurch der Abbrand des ursprünglich eingesetzten Natururans auf 12000 MWd/t anstiege. Der zulässige Abbrand hängt, worauf noch zurückgekommen wird, nicht nur davon ab, ob Natururan, angereichertes Uran oder Uranoxyd verwendet werden, sondern auch vom Metall, mit dem man die Spaltstoffelemente umkleidet.

Reaktoren kann man nach sehr verschiedenen Gesichtspunkten klassifizieren, z. B. danach, ob:

sie mit thermischen (langsamen), mittelschnellen oder schnellen Neutronen arbeiten,

sie heterogen oder homogen sind,

sie durch Gase, Wasser, organische Flüssigkeiten oder flüssige Metalle gekühlt werden,

ihre Spaltstoffüllung aus natürlichem Uran, mit 235 U angereichertem Uran, reinem 235 U, 233 U, Plutonium oder einer Mischung mehrerer dieser Stoffe besteht,

sie mit Graphit, H_2O, D_2O oder einem sonstigen Stoff moderiert werden,

sie als Brutreaktoren (Konverter) arbeiten oder nicht,

sie für die Erzeugung von Kraft und Wärme oder für Forschungs- und sonstige Zwecke dienen.

Bei Reaktoren, die mit Wasser gekühlt und/oder moderiert werden, kann man wieder danach unterscheiden, ob:

das Kühlwasser verdampft (Siedewasserreaktoren, boiling water reactors, BWR) oder unter einem so hohen Druck gehalten wird, daß es nicht zum Kochen kommen kann (Preßwasserreaktoren, pressurized water reactors, PWR),

man einen Teil des vom Reaktor auf hohen Druck erhitzten Wassers oder das gesamte hocherhitzte Wasser durch Herunterdrosseln auf einen niedrigeren Druck ausdampfen läßt und den durch das Ausdampfen entstandenen Dampf in die Turbine schickt (Entspannungsreaktoren, flash type reactors),

sie mit natürlichem Wasserumlauf oder Zwangsumlauf arbeiten,

der erzeugte Dampf direkt zur Turbine strömt oder ob mit der im Reaktor entwickelten Wärme der Arbeitsdampf in besonderen Wärmeaustauschern erzeugt wird,

bei Verwendung von schwerem Wasser als Moderator und Kühlmittel die Turbinen mit D_2O-Dampf oder mit H_2O-Dampf betrieben werden, der in Wärmeaustauschern mit Hilfe des erhitzten schweren Wassers erzeugt wird.

Da die Dinge bei metallgekühlten Reaktoren ganz ähnlich liegen, ist es nicht verwunderlich, daß die allerverschiedenartigsten Reaktorsysteme entwickelt, gebaut oder in mehr oder weniger ausgereifter Form angepriesen werden. Die in diesem Buche getroffene Auswahl zeigt, auf wie sehr unterschiedliche Weise versucht wird, denselben Gedanken zu verwirklichen, wie viele z. T. schwierig miteinander zu vereinbarende Punkte physikalischer, chemischer, metallurgischer, technischer und finanzieller Art beachtet werden müssen, und auf welch unsicheren Fundamenten man manchmal bei Neuentwicklungen auch heute noch aus Mangel an Erfahrung zu bauen gezwungen ist. Es kann daher noch nicht sicher beurteilt werden, welches System und ob überhaupt ein einziges System sich schließlich durchsetzen wird. Wahrscheinlich werden sich mehrere Reaktortypen nebeneinander behaupten können.

Die *Ausbildung* eines Reaktors wird entscheidend durch atomphysikalische Forderungen bestimmt, denen sich alle anderen Forderungen unterordnen müssen; die mit einem bestimmten Materialaufwand erzielbare *Wärmeleistung* eines Reaktors hängt in hohem Maße vom Können der mit seiner Herstellung betrauten Maschinen- und Wärmeingenieure ab. Sie müssen unter Beachtung des atomphysikalisch Erforderlichen vor allem verstehen, dem Spaltstoff eine vorteilhafte Form zu geben; ihn wirkungsvoll und mit angemessenem Kraftverbrauch zu kühlen; unzulässige örtliche Übertemperaturen im Reaktor zu vermeiden und ihn so zu bauen, daß er unvermeidlichen Wärmedehnungen nachgeben kann, ohne daß seine Standfestigkeit leidet, einzelne seiner Teile sich unzulässig gegeneinander verschieben oder Undichtheiten auftreten.

Die Wahl eines bestimmten Reaktorsystems und seine konstruktive Durchbildung hängen erheblich davon ab, ob nur Natururan oder auch angereicherter Spaltstoff zur Verfügung stehen und was sie kosten. Ist man auf Natururan angewiesen, so müssen der Spaltstoff selbst und andere Materialien außerordentlich rein sein und nach ganz bestimmten atomphysikalischen Forderungen angeordnet werden, damit der Reaktor *kritisch* wird. Die kritische Größe für eine bestimmte Form eines Reaktors kann beträchtlich verkleinert werden, wenn man seinen Kern mit einem Reflektor umgibt. Dadurch wird auch die benötigte Füllung mit spaltbarem Material geringer. Bei Verwendung von angereichertem Spaltstoff werden an die Reinheit keine so scharfen Anforderungen gestellt und der Konstrukteur hat freiere Hand.

GLASSTONE und EDLUND geben das höchstzulässige burnup, das sehr von den Eigenschaften eines Reaktors und der Schädigung des Spaltstoffes beim Spaltvorgang abhänge, zu 5 bis 10% seines Gehaltes an spaltbarem Material an. Das Gewicht der frischen Spaltstofffüllung muß also um 5 bis 10% größer sein als das zur Erhaltung seiner kritischen Masse erforderliche.

Um die Übersicht über das folgende zu erleichtern, sind in Tab. 21 und 22 einige Merkmale der verschiedenen Systeme zusammengestellt. Die Klassifizierung der Systeme erfolgt in diesem Buch nach gasgekühlten, wassergekühlten und metallgekühlten Reaktoren; zunächst wird aber das vielen Systemen Gemeinsame, nämlich der Aufbau von Spaltstoffpatronen bzw. -paketen behandelt.

b) Spaltstoffpatronen (-pakete)

Allen Formen von Spaltstoffpatronen gemeinsam ist ihre gasdichte Ummantelung, die mechanisch genügend fest, gegen chemischen Angriff widerstandsfähig, aus gut verarbeitbarem und schweißbarem Material bestehen und ein möglichst schwacher Neutronenabsorbierer sein muß. Längere Zeit hindurch wurde fast nur Aluminium als Hüllstoff verwendet, weil es die meisten dieser Eigenschaften hat und wenig kostet, Tab. 8. Seine größte Schwäche ist vielleicht, daß es schon bei Temperaturen von etwa 450° C keine genügende Festigkeit mehr besitzt und daß bei höherer Temperatur Uranium und Aluminium viel stärker miteinander reagieren sollen, als bisher angenommen wurde. Man ging daher zu nichtrostendem Stahl und Zirkonium über, dessen Absorptionsquerschnitt erheblich kleiner als von Stahl ist, S. 25, das erheblich höhere Temperaturen als Aluminium verträgt und auch sonst günstigere Eigenschaften hat, aber sehr teuer ist.

Im Preßwasserreaktor des 60000/90000 kW-Kraftwerkes Shippingport sind sowohl die mit angereichertem Uran gefüllten Patronen des Reaktorkerns als auch die mit Natururan (fruchtbares Material) gefüllten Patronen des Blanketts mit Zirkonium umhüllt. Für die Kosten der Natururanpatronen wurden Anfang 1957 folgende Werte angegeben (s. auch S. 222):

Zirkonium .... 10^6 · DM 13,5
Herstellung der Patronen .... 10^6 · DM 5,5
Natururan (fruchtbares Material) ...... 10^6 · DM 2,1

Insgesamt .... 10^6 · DM 21,1

Nach mir gemachten brieflichen Mitteilungen liegen bei einem anderen PWR-Reaktor die Verhältnisse folgendermaßen:

	DM/kg	%
Zirkonium	1040	66
Herstellung der Patronen	370	23
Natururan (fruchtbares Material)	168	11
Insgesamt	1578	100

Der Anteil des Spaltstoffes an den Gesamtkosten beträgt also bei Natururan nur rd. 10%, bei angereichertem Uran liegt er natürlich höher. Je install. kW Kraftwerksleistung kostet die vollständige Spaltstoffüllung etwa 75% der Kosten von thermischen Kraftwerken. Wenngleich diese hohen Kosten bei späteren Ausführungen beträchtlich zurückgehen werden, so zeigen sie doch, was für eine schwere finanzielle Bürde die Metallumhüllung der Spaltstoffpatronen werden kann.

Je nach den Abmessungen der Spaltstoffpatronen, dem Hüllmaterial und der Art seines Aufbringens auf den Spaltstoff beträgt seine Wandstärke oft nur Bruchteile eines Millimeters. Wichtig ist, daß die Hülle sehr satt am Spaltstoff anliegt, was nicht nur der verschiedenen Wärme-Ausdehnungszahl von Hülle und Spaltstoff wegen, sondern auch deshalb schwierig erreichbar ist, weil sich metallisches Uran in seinen drei Achsen verschieden stark ausdehnt, Tab. 20. Da es außerdem bei etwa 650° C seine Struktur und sein Verhalten erheblich verändert, überschreitet

Tabelle 21. Ungefähre Anhaltswerte einiger typischer Reaktoren

	thermisch		schnell	mittel-schnell
1. Reaktorsystem	thermisch		schnell	mittel-schnell
2. Grad der Erprobung 3. Spaltstoff	in zahlreichen Ausführungen erprobt; Natururan oder angereichertes Uran		in 2 bis 3 Ausführ. in Erprobung angereichertes Uran, 233 U, 235 U, 239 Pu, Uransalze und -oxyde	unerprobt
4. Neutronen	thermisch		schnell	mittel-schnell
5. Moderator	Graphit, H_2O, D_2O, Beryllium		fällt weg	—
6. Kühlmittel	Luft, CO_2, He, N, H_2O, D_2O, Wasserdampf	flüssige Metalle	flüssige Metalle	—
7. Ungefährer Neutronenfluß n/cm²sek	Gasgekühlte Reaktoren $1.10^{12} \div 1.10^{13}$ wassergek. Reaktoren $2.10^{12} \div 2.10^{13}$	$2{,}5.10^{13} \div 1.10^{14}$	$1 : 2{,}5 \cdot 10^{15}$	—
8. Erreichbare spezifische Wärmeleistung des Reaktorkernes	mäßig	hoch bis sehr hoch	sehr hoch	—
9. Erreichbare bzw. erstrebte spezif. Wärmeleistung je Liter Volumen des Reaktorkernes	$10 \div 20 \div 70$ kW/lit	$50 \div 150$ kW/lit	$0{,}8 \div 1{,}0$ MW/lit	—
10. Höchste Wärmebelastung d. Spaltstoffes in kcal/m²h	bei Wasserkühlung $2{,}5 \cdot 10^5 \div 1{,}0 \cdot 10^6$	$1{,}0 \div 2{,}5 \cdot 10^6$		
11. Innerer Aufbau des Reaktors	heterogen, zuweilen auch homogen		heterogen oder homogen	—
12. Gewöhnliche oder Brutreaktoren?	Beide Bauarten sind anwendbar Brutfaktor $= 0{,}5 \div 0{,}8 \div (1{,}1)$ bei langsamen, bis zu 1,5 bei schnellen Reaktoren			—
13. Sind Wärmeaustauscher nötig?	Falls verdampftes Kühlmittel (H_2O oder D_2O) als Arbeitsdampf dient, nein. Bei Reaktorkühlung durch	Ja. Meistens werden Primär- und Sekundäraustauscher verwendet		— —

	Gase und Verwendung von Dampfturbinen, ja. Bei Reaktorkühlung durch Gase u. bei Gasturbinen nicht unbedingt.			—
14. Natürl. oder Zwangumlauf des Kühlmittels im Reaktor?	Bei Gaskühlung Zwangumlauf, bei Wasserkühlung Natur- oder Zwangumlauf	Zwangumlauf		—
15. Brauchen die Wärmeaustauscher Sicherheitsdoppelrohre?	Nein	Ja		—
16. Höchster Druck im Reaktorbehälter	Bei Gaskühlung $10 \div 70$ at, bei Wasserkühl. $15 \div 140$ at	Im allgemeinen unter 10 at		—
17. Muß Dichtheit von Primärsystem (Reaktor, Wärmeaustauscher, Verbindungsleitungen usw.) höchsten Ansprüchen genügen?	Bei Gaskühlung ja. — Falls im Reaktor verdampftes H_2O oder D_2O als Arbeitsmittel dient, müssen Reaktor samt Turbine und Verbindungsleitungen hohen Ansprüchen genügen	Ja		—
18. Große Reaktoren f. Elektrizitätswerke können voraussichtl. frühestens gebaut bzw. in Betrieb genommen werden	Seit 1955 bzw. 1957	nicht vor 1960	wahrscheinlich nicht vor 1962 bis 1965	—
19. Gewicht des stählernen Reaktorbehälters (thermischen Panzers) je kWNutzleistung des Atomkraftwerkes	Bei heterogenen Verdampfungsreaktoren $0,45 \div 0,5$ kg/kW; bei heterogenen Preßwasserreaktoren $3,8 \div 4,4$ kg/kW; bei homogenen Preßwasserreaktoren rd. $0,3$ kg/kW.			—
20. Spezielle Anwendungsgebiete	Sämtliche Arten von Kraftwerken	Mittlere und große Kraftwerke	Voraussichtlich nur große Kraftwerke	—

Tabelle 22. Ungefähre Anhaltswerte einiger durch Wasser gekühlter und moderierter Reaktoren

	Kochend, meistens heterogen (Siedewasserreaktor, boiling water reactor, BWR)		Nicht kochend (Presswasserreaktor, pressurized water reactor, PWR), heterogen oder homogen
1. Reaktorsystem und allgemeine Beschreibung	Die im Reaktor entbundene Wärme wird meist als H_2O- oder D_2O-Sattdampf mit dem im Reaktor herrschenden Druck in die Turbine geleitet. Eindruck-Reaktoren, Zweidruck-Reaktoren, Entspannungs-Reaktoren. Bei Naturumlauf kann im Reaktor auch Dampf von 80 bis 90 at erzeugt und nach seiner Kondensation in einem Wärmeaustauscher, in dem er Arbeitsdampf von 40 bis 45 at erzeugt, durch Schwerkraft in den Reaktor zurückgeführt werden (closed cycle boiling water reactor, CCBWR). Im Primärkreislauf von CCBW-Reaktoren befinden sich dann weder Dichtungen, Ventile noch Pumpen. Vorteile: große Einfachheit, nicht radioaktiver Arbeitsdampf. Das stählerne Reaktorgefäß (thermischer Panzer) ist im allgemeinen erheblich leichter als bei heterogenen Preßwasser-Reaktoren.		Der Druck im Reaktor ist erheblich höher als der Druck des Arbeitsdampfes und wird durch ein im oberen Teil des Reaktors befindliches Gaspolster oder durch ein in einem besonderen Druckhaltegefäß befindliches Dampfpolster annähernd konstant gehalten. Die im Reaktor entbundene Wärme wird in Gestalt von nichtsiedendem Wasser in Wärmeaustauscher geleitet, in denen der Arbeitsdampf erzeugt wird. Bei homogenen Reaktoren ist der stählerne Reaktormantel (thermischer Panzer) erheblich leichter als bei heterogenen.
2. Druck im Reaktorbehälter	30 bis 45 at, zuweilen bis 80 at		80 bis 150 at
3. Wasserumlauf	überwiegend Naturumlauf		meistens Zwangumlauf
4. Naturumlauf arbeitet mit oder ohne Überhub	ohne oder mit Überhub (chimneys)		
5. Reaktorleistung	8 bis 15 kW/lit	30 bis 45 kW/lit	35 bis 45 bis 70 kW/lit
6. Varianten	Eindruckreaktor (one cycle boiling reactor, OCBR)	Zweidruckreaktor (dual cycle boiling reactor, DCBR) Entspannungsreaktor (flash type reactor, FTR)	Mit hochsiedenden Flüssigkeiten gekühlte OMCR-Reaktoren befinden sich in Erprobung
7. Druck des Arbeitsdampfes	etwa 42 at	etwa 42 at und etwa 25 at	35 bis 45 at
8. Nähere Kennzeichen	Sehr einfach, erreicht aber nur mäßige kW/lit-Leistung.	Folgende Varianten werden empfohlen: a) Ein Teil des im Reaktor auf 42 at erhitzten Wassers wird in einem Tank auf 25 at entspannt, wodurch 9% verdampfen, die in eine Zwischenstufe der Turbine geleitet werden. Das 25 at-Kondensat wird in den Reaktor zurückgepumpt. Der 25 at-Dampf kann auch mit Wasser von 42 at-Sättigungsdruck, Abb. 111, erzeugt werden	Schwere und entsprechend teuere Reaktorbehälter. Etwas kompliziertes Auswechseln von erschöpftem Spaltstoff. An das Dichthalten des Primärsystems werden sehr hohe Anforderungen gestellt.

	b) Moderierung u. Kühlung durch D_2O, dessen Dampf in die Turbine geleitet wird. Dann ist natürliches Uran verwendbar. Solche Anlagen werden einfach, eignen sich aber nur für große Leistungen u. verlangen hervorragende Dichtigkeit des ganzen Systems.	
	Gegen schnelle Änderungen der Dampfentnahme bzw. des Dampfdruckes im Reaktor z. T. empfindlich. Übersteigt der Dampfgehalt im Reaktor einen gewissen Betrag, so kann seine Anpassungsfähigkeit an Lastschwankungen leiden.	
9. Sind Wärmeaustauscher nötig?	Im allgemeinen nicht, nur bei Spezialausführung erforderlich, bei denen der im Reaktor entwickelte Dampf einen Wärmeaustauscher zum Erzeugen von niedriger gespanntem Arbeitsdampf beheizt und als Kondensat durch seine Schwere in den Reaktor zurückfließt.	Ja
10. Spaltstoff	Angereichertes Uran. Bei ausschließlicher Verwendung von Natururan muß D_2O als Moderator genommen werden. Bei Reaktoren mit Zwanglauf sind angeblich erfolgversprechende Versuche mit einer wäßrigen Uranylsulphat-Lösung (UO_2SO_4) im Gange.	
11. Werden an d. Dichtheit d. Rohrleitungssystems u. d. Turbine sehr hohe Anforderungen gestellt?	Bei Anlagen, bei denen im Reaktor verdampftes Wasser nicht als Arbeitsdampf dient, keine so hohen Anforderungen wie bei metallgekühlten Reaktoren. Bei Reaktoren, bei denen D_2O-Dampf in die Turbine gelangt, sehr hohe Anforderungen auch an die Dichtheit der Stopfbüchsen von Turbinen und Pumpen, außerdem besteht die Gefahr der Verschmutzung des D_2O durch Kühlwasser infolge undichter Kondensatorrohre.	
12. Anforderungen an d. Wasser	Das Wasser muß etwa so rein sein wie bei modernen hochbelasteten brennstoffbeheizten Dampfkesseln für hohen Druck. Unreinigkeiten begünstigen Korrosionen und erhöhen die Radioaktivität des Dampfes (Verseuchen von Rohrleitungen, Turbinen und Kondensatoren). Spaltung von H_2O und besonders von D_2O durch Bestrahlung verlangt besondere Maßnahmen.	
13. Anforderungen an d. Umwälz- u. anderen Pumpen	Zum Vermeiden von Leckagen sind stopfbüchsenlose Pumpen mit von Kühlwasser umspülten Elektromotoren (canned motors) und Pumpenräder aus nichtrostendem Stahl vorteilhaft.	
14. Aussichten verglich. mit gas- und metallgekühlten Reaktoren	Mit H_2O gekühlte und moderierte Reaktoren haben mindestens in den nächsten 5 bis 10 Jahren in Elektrizitätswerken bessere Aussichten als metallgekühlte.	
15. Erreichbarer auf 1 kW elektr. Nutzleistung bezogener Wirkungsgrad η_{eff} der Anlage	Dampfüberhitzung im Reaktor ist bisher noch nicht gelöst worden. Der auf die elektr. Leistung bez. Wirkungsgrad η_{eff} der Anlage liegt je nach den besonderen Verhältnissen (Zwei- u. Dreidruckbetrieb) zwischen 22 und 30%. Bei ölbeheizten Fremdüberhitzern sind ungefähr dieselben η_{eff} erzielbar wie in brennstoffbeheizten Kraftwerken ohne Zwischenüberhitzung mit Frischdampfzustand von 100 at und 500° C.	

man zur Zeit eine Temperatur von höchstens 620° C nicht. Bei Thorium sind möglicherweise 1000° C zulässig.

Zum Erzielen eines hohen Wärmeüberganges wird das Uran mit der Aluminiumhülle verlötet. Nach H. E. Schimmelbusch und H. Hardung-Hardung werden dadurch die Spaltstoffelemente auch betriebssicherer, weil die Lötschicht bei einer Beschädigung der Hülle die Korrosion des Urans verringert. Da auch zahlreiche andere Umstände berücksichtigt werden müssen, ist die Herstellung der Elemente eine viel Erfahrungen und große technische Mittel verlangende Arbeit. Trotz der noch jungen Herstellungstechnik haben sich die Elemente als erstaunlich betriebssicher erwiesen, denn bei den bis zum Sommer 1958 in Betrieb gesetzten Atomkraftwerken haben auf 10000 Elemente je Jahr nur 3 bis 4 versagt. Die Hülle kann bei hoher thermischer Belastung des Spaltstoffes erheblichen mechanischen Beanspruchungen ausgesetzt sein, Tab. 23, Abb. 63 u. 64.

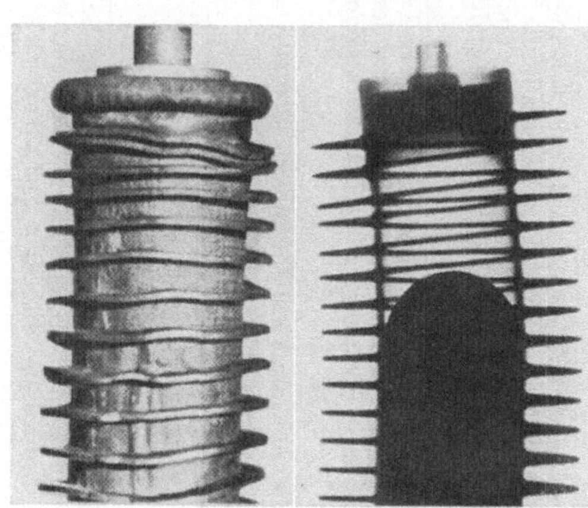

Abb. 63 u. 64. Photo und Röntgen-Aufnahme einer durch die Bestrahlung verzogenen und unbrauchbar gewordenen Spaltstoffpatrone.

Tabelle 23. Wärmebelastung und Materialbeanspruchung glatter zylindrischer 0,8 mm starker, wassergekühlter Hüllen aus nichtrostendem Stahl bei 3 verschiedenen Durchmessern der umhüllten Uranstäbe und einer stündlichen Wärmeabgabe des Urans von 180000 kcal/h lit. Nach Sir Chr. Hinton

Höchste Wassergeschwindigkeit 7,5 m/s; größtes Temperaturgefälle zwischen eintretendem Kühlwasser und Stahlhülle 55° C, Kanallänge 2,4 m				
Fall		1	2	3
Durchm. des Uranstabes ..	mm	12,7	19,0	25,4
Durchschn. mittlere Wärmebelastung	kcal/m²h	565 000	850 000	1 130 000
Höchste Wärmebelastung .	kcal/m²h	845 000	1 270 000	1 690 000
Temperaturgefälle zwischen der Achse des Uranstabes und der Außenfläche der Stahlhülle	° C	116	246	422
Temperaturgefälle in der Stahlhülle	° C	24,7	37,4	50
Materialbeanspruchung ...	kg/cm²	675	1130	1500

Da zu den Wärmespannungen noch Spannungen infolge der Ausdehnung des Spaltstoffes und der Strömung des Kühlwassers bzw.

seiner Verdampfung kommen können, geht man schon aus Festigkeits-
gründen bei hochbelasteten wassergekühlten Reaktoren häufig nicht
über 10 bis 20 mm und bei metallgekühlten Reaktoren nicht über 5 mm
Durchmesser bzw. Dicke der Spaltstoffstücke oder -platten hinaus.
Damit die einzelnen Spaltstoffelemente trotzdem genügend steif werden,
sich leicht auswechseln lassen und sich nicht nennenswert werfen können,
was wegen der oft nur wenige Millimeter weiten Kühlkanäle unzulässig
wäre, vereinigt man eine größere Zahl Platten oder Stangen zu Paketen
und manchmal mehrere Pakete zu noch größeren Einheiten.

Bei den ersten, durch Luft von annähernd atmosphärischem Druck
gekühlten Forschungsreaktoren, und den ein paar Jahre später in
Windscale, England, aufgestellten, der Gewinnung von Plutonium dienenden Reaktoren bestanden die Spaltstoffpatronen aus Uranstücken von
40 bis 70 mm Länge und etwa ebensolchem Durchmesser, die in die von
den Graphitblöcken des Moderators gebildeten horizontalen Kühlkanäle eingeschoben wurden,
Abb. 65. Bei dem im Jahre 1956
in Betrieb gekommenen Reaktor
in *Calder Hall*, England, der mit
Kohlensäure von 7 at Druck gekühlt und gleichfalls durch Graphit moderiert wird, werden mas-
sive senkrechte Stangen aus natürlichem Uran benutzt.

Der Übergang zu Wasser und
erst recht zu flüssigen Metallen,
die eine weit stärkere Kühlwirkung haben als niedergespannte
Luft und daher eine erheblich höhere Wärmebelastung des Spaltstoffes gestatten, Abb. 47 und 52,
zwang zu einer wesentlich an-

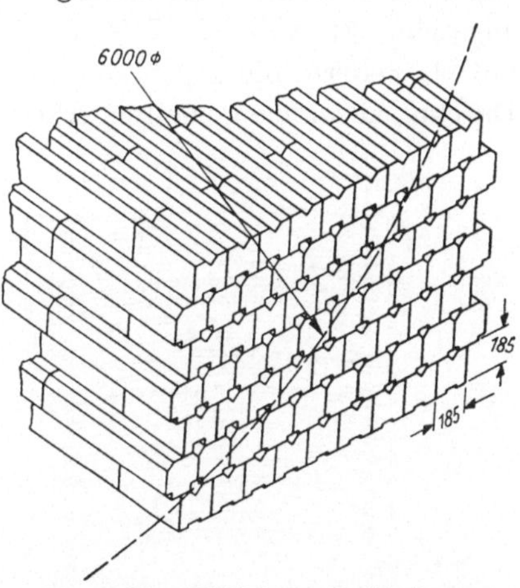

Abb. 65. Graphitblöcke des Reaktorkernes.
Die zum Brüten von Plutonium dienenden Stoffe
sind in den Kanälen außerhalb des 6-m-Kreises
untergebracht. Nach Sir CHR. HINTON

deren Formgebung der Spaltstoffpatronen, um bei einer bestimmten Austrittstemperatur des Kühlmittels und einer bestimmten höchstzulässigen
Temperatur des Spaltstoffes aus einem bestimmten Spaltstoffgewicht die
größtmögliche Leistung herausholen zu können. Die Mittel hierzu waren
sehr schlanke Spaltstoffnadeln oder dünne Spaltstoffplatten, die bei einem
bestimmten Spaltstoffgewicht die größten Kühlflächen und die Möglichkeit ergeben, sehr enge Kühlkanäle und eine entsprechend hohe Geschwindigkeit des Kühlmittels zu erzielen. Nach Sir CHRISTOPHER HINTON kann
durch Vergrößerung des Verhältnisses Oberfläche : Volumen auf das
30 fache, die spezifische Belastung des Spaltstoffes auf etwa das 5 fache erhöht werden. Die Spaltstoffpatronen und -elemente müssen aber so aus-

gebildet sein, daß beim Verbiegen oder Schadhaftwerden einzelner von ihnen sich die Kühlkanäle nicht verstopfen können. Abb. 66 bis 73 zeigen Schnitte und Photos von Spaltstoffpaketen, die aus 1,5 bis 7 mm

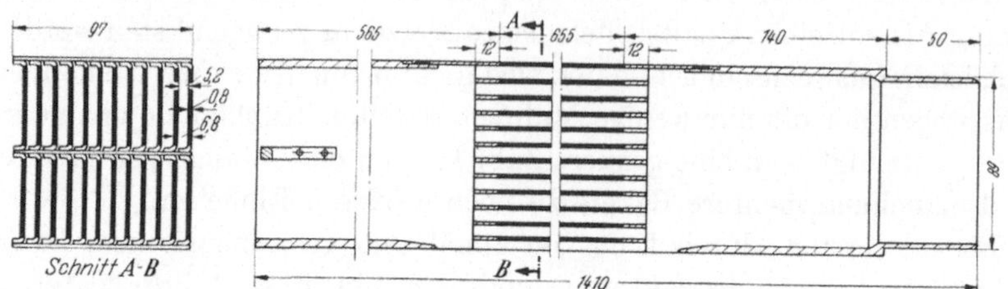

Abb. 66 u. 67. Spaltstoffelement eines 15 MW-Versuchs-Siedewasserreaktors des Argonne Nat. Lab. Nach DIETRICH, LICHTENBERGER u. ZINN. 8/P/851 (Abb. 106)

starken Spaltstoffplatten bestehen. Die Platten stecken in den Schlitzen seitlicher Leisten, Abb. 68, oder sind an Seitenbleche aus Zircaloy-2 angeschweißt, Abb. 66, 67, 69, oder werden von gewellten Distanzstücken mittels Federn, die gegen sie pressen, in Zircaloy-Rohren von 150 mm Durchm. zusammengehalten, Abb. 71, 72, 73. An die Stelle dieser Rohre

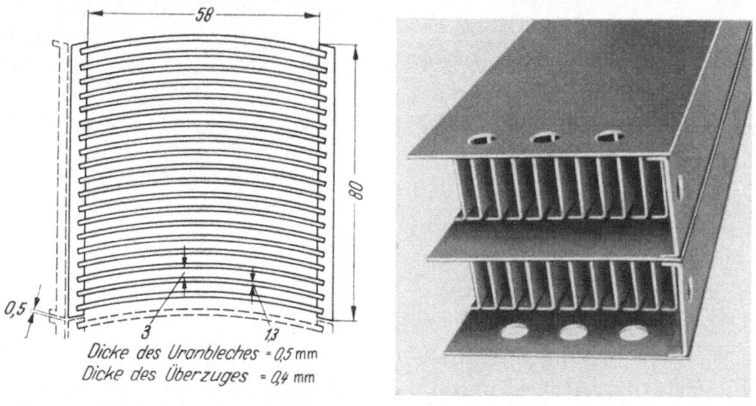

Abb. 68. Spaltstoffelement eines wassergekühlten 30 MW-Versuchs-Siedereaktors des Oak Ridge Nat. Lab. Nach CUNNINGHAM u. BOYLE. 8/P/953 (Abb. 70, 79)

Abb. 69. Ansicht eines aus dünnen Spaltstoffplatten bestehenden kastenförmigen Elementes

treten in anderen Beispielen vier- oder sechseckige Blechkästen, deren Enden meist zum Aufhängen und Unterstützen der ganzen Pakete oder um die Spaltstoffplatten tiefer oder weniger tief in das Wasserbad einhängen zu können, ausgebildet sind, Abb. 66, 67, 69, 73 bis 76. Mit Zwangumlauf arbeitende Reaktoren verlangen eine etwas andere Ausbildung der Elemente als Reaktoren mit natürlichem Wasserumlauf, Abb. 71 bis 73 (die Kühlwassergeschwindigkeit in Abb. 71 bis 76 beträgt 0,9 und 4,8 m/s). Im selben Reaktor können im Interesse einer gleichmäßigen Wärmeentwicklung an verschiedenen Stellen des Reaktorquerschnittes Spaltstoffplatten verschiedener Stärke oder Anreicherung des Spaltstoffes erforderlich sein. Ein weiteres diesem Zwecke dienendes Mittel ist das Unterbringen Neutronen absorbierender Mittel, z. B. von Thorium, an geeigneten Stellen des Reaktorkernes. Mit derselben Spaltstoffüllung läßt sich eine um so höhere Reaktorleistung erzielen, je besser es gelingt, durch Abflachen (flattening) des Neutronenflusses in Abb. 22 aus den peripheren Patronen eine ähnlich hohe Leistung herauszuholen wie aus den zentral gelegenen. Öftere Positionsänderung der verschieden stark bestrahlten Patronen gegeneinander verstärkt das Abflachen und verlängert die mit einer Spaltstoffüllung erzielbare ununterbrochene Betriebszeit eines Reaktors. Sämtliche Kästen der Spaltstoffpakete eines Reaktors erhalten womöglich dieselbe viereckige oder sechseckige Form, weil dies ihre Herstellung verbilligt, weil sie sich dann gegenseitig stützen können, und weil sich dadurch auf einem bestimmten Reaktorquerschnitt die größte Zahl von Paketen unterbringen läßt, Abb. 77 und 78. Da große Reaktoren viele Tausend Spaltstoffelemente enthalten und Undichtwerden nur weniger von ihnen den ganzen Reaktor vergiften kann, ist die sorgfältige Herstellung dieser hoher Bestrahlung und mechanischer Beanspruchung ausgesetzten Hülsen sehr wichtig. Außerdem sollten sie von zusätzlichen Beanspruchungen, wie z. B. schnellen Temperaturwechseln, möglichst entlastet werden.

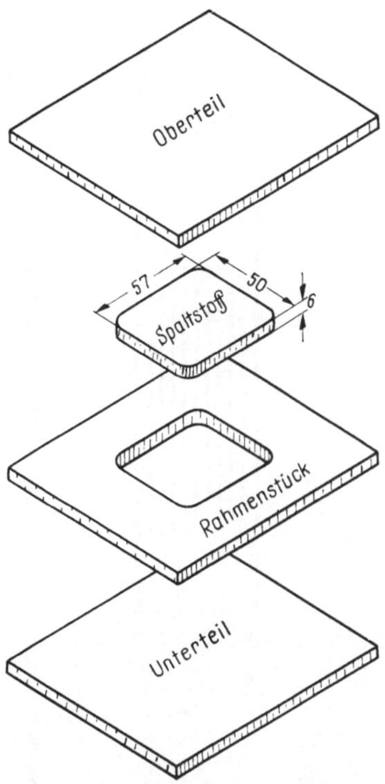

Abb. 70. Herstellung einer Spaltstoffplatte für das Spaltstoffelement in Abb. 68

In dem in Abb. 77 dargestellten Reaktor werden im Anfang der Betriebszeit etwa 60% der Wärme in den Blanketts, 40% im übrigen Reaktor erzeugt. 8% der Wärme entstehen durch die durch schnelle Neutronen bewirkte Verwandlung des 238 U-Gehaltes des Uraniums in Plutonium und ein fühlbarer Betrag durch das Spalten von Plutonium. Die Wassergeschwindigkeit in den Blanketts beträgt 6 m/s, im übrigen Teil 3 m/s.

Die Umkleidung mit Aluminium erfolgt nach Abb. 70, indem man die vier aufeinander gelegten Stücke von ihrer ursprünglichen Dicke auf 1,5 bis 1,7 mm heiß

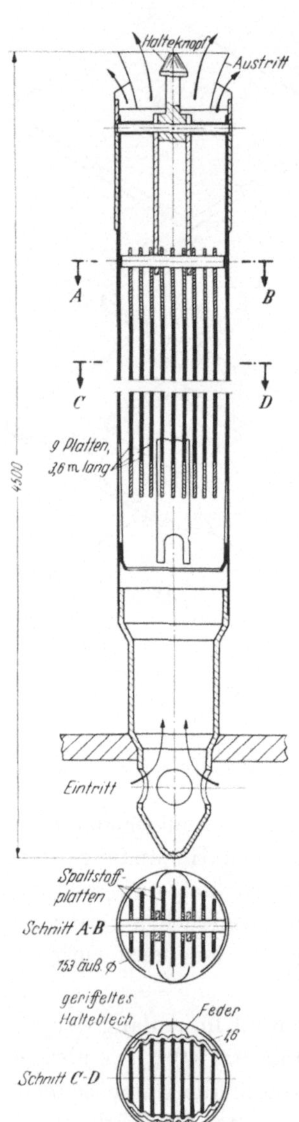

Abb. 71 bis 73. Spaltstoffelement zum 1000 MW-Siedereaktor in Abb. 109. Nach ISKANDERIAN, TRESHOW u. WEST, 8/P/495 (Tab. 32)

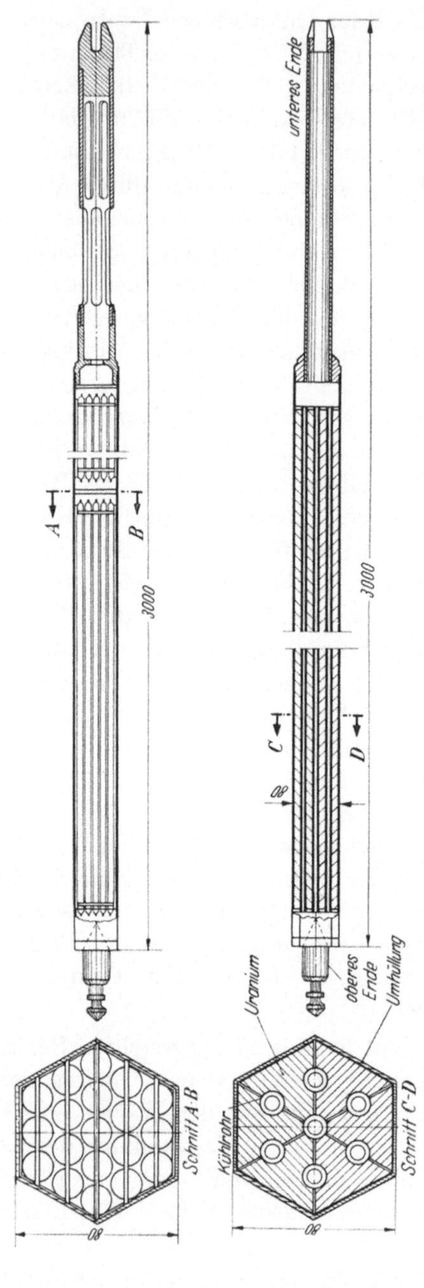

Abb. 74 bis 76. Spaltstoffelement des Na-gekühlten schnellen 60 MW-Versuchsreaktors (EBR-II) des Argonne Nat. Lab. Nach BARNES, KOCH, MONSON u. SMITH. 8/P/501 (Abb. 77)

auswalzt und unter Verwendung eines Hartlötmittels erhitzt, um eine gute metallische Verbindung zwischen Spaltstoff und Aluminiumhülle zu erzielen. Abb. 80 läßt die weitgehende Spezialfabrikation erkennen, zu der man in Amerika schon vor einigen Jahren gelangt ist.

Die weiter vorn beschriebenen Schwächen von metallischem Uran führten zur Entwicklung *keramischer Spaltstoffe*. Die Elemente Kohlenstoff, Bor, Silizium und die Oxyde, Carbide und Silizide gehören zu den sogenannten keramischen Stoffen, Tab. 24.

Tabelle 24. *Keramische Stoffe mit einem thermischen Absorptionsquerschnitt von* $\sigma_a \gtrless 0,5$ *barn. Nach J. R.* Johnson *(Paper 57-NESC-101)*

(Die Stoffe sind nach steigenden Herstellungskosten geordnet)

Oxyde	Carbide	Silizide
Al_2O_3	Be_2C	$ZrSi_2$
BeO	ZrC	—
MgO	(Graphit)	Si
SiO_2	—	—
ZrO_2	—	—
UO_2 ($\gamma = 10$ kg/lit)	UC ($\gamma = 11$ kg/lit)	USi_2
U_3O_8	UC_2	USi_3
ThO_2	—	$ThSi_2$

UO_2 dehnt sich nach allen 3 Achsen bis 1250° C gleichmäßig aus und schmilzt erst bei 1580 ° C, muß aber metallumhüllt werden, da es bei Erwärmung leicht in Stücke zerbrechen kann. UO_2 verträgt wesentlich höhere Temperaturen als metallisches Uran und ermöglicht daher höhere Reaktorleistungen und thermische Wirkungsgrade. Mit hochangereichertem Si-Si, C-UO_2 erscheint ein burnup von 25%, mit Graphit-UO_2-Elementen bei 1000° C Spaltstofftemperatur u. U. noch mehr erreichbar zu sein. Vielleicht wird es sich empfehlen, keramische Spaltstoffe etwas porös herzustellen, damit das meiste bei ihrer Bestrahlung entwickelte Xenon aus ihnen entweichen und aus dem Kühlmittelkreislauf kontinuierlich ausgeschieden werden kann. Die sogenannten *cermets* bestehen aus 5 bis 25% Kieselsäure (silicon) und 75 bis 95% UO_2, die in pulverförmigem Zustand bei 1400° C zu festen Körpern gepreßt werden. Ihre Porosität soll klein, ihr Widerstand gegen Oxydation wesentlich größer als bei UO_2 sein und man rechnet damit, daß sie in Reaktoren eine Temperatur bis zu 1000° C vertragen. Da die Neutronen-Bilanz bei UO_2 und bei Uranlegierungen wie U-Al ungünstiger wird als bei metallischem Uran, sind größere Abmessungen der Reaktoren nötig, damit sie kritisch werden. Die Herstellungs-

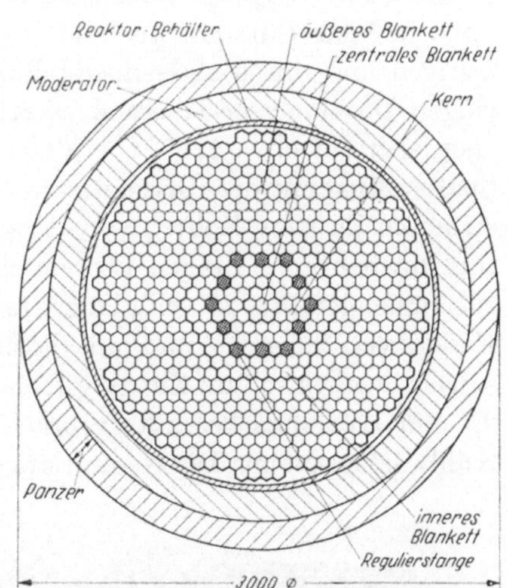

Abb. 77. Horizontalschnitt durch den Na-gekühlten schnellen 60 MW-Versuchsreaktor (EBR-II) des Argonne Nat. Lab. 8/P/501

---

[1] Ersetze in Abb. 77 „Moderator" durch „Reflektor"

kosten der z. T. sehr harten Stoffe in Tab. 24 hängen erheblich von der Form und der zulässigen Toleranz der aus ihnen hergestellten Körper ab. Nach J. R. Johnson können je nach der verlangten Toleranz 1000 Kügelchen keramischer Stoffe 20 bis 80 DM, bei UO_2-Kügelchen 400 DM bis ein Mehrfaches davon betragen. Metallumhülltes ThO_2 wird voraussichtlich nur halb so teuer wie metallisches Thorium.

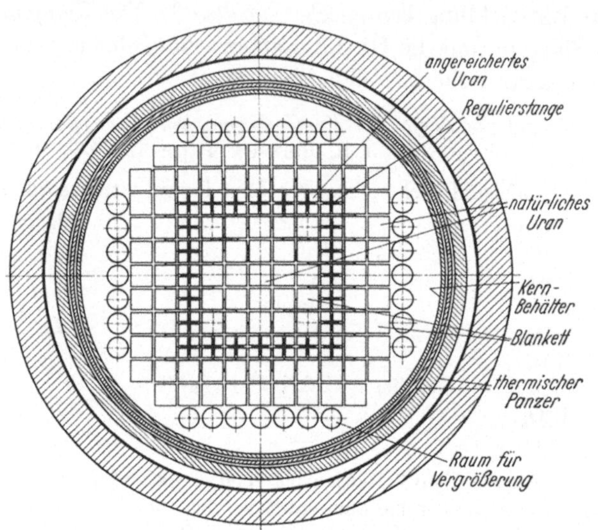

Abb. 78. Querschnitt durch den H_2O-moderierten u. -gekühlten 230 MW-Preßwasserreaktor in Shippingport. Nach Simpson u. 5 Mitarbeitern. 8/P/815

Uranoxyd UO_2 eignet sich besonders für die Brut-Blanketts, weil es auch in hocherhitztem Zustand inert ist, durch Sintern sich sehr verfestigen und durch Massenherstellung zu Kügelchen mit einer sehr geringen Durchmesser-Toleranz verarbeiten läßt. Selbst wenn die Kügelchen sich auf etwa 1200° C erhitzen sollten, besagt dies nicht viel. Die Spaltstoffpakete des Blanketts in Abb. 78 bestehen aus wasserdurchströmten Zircaloy-Rohren von etwa 125 mm Durchm. In diesen Rohren sind in mehreren Etagen übereinander sehr viele kleine, bündelförmig zusammengefaßte, 250 mm lange, mit den Kügelchen gefüllte, an beiden Enden verschlossene und mit horizontalen, perforierten Halteplatten einzeln verschweißte Zircaloy-Röhrchen von 10,5 mm Durchm. und 0,7 mm Wandstärke untergebracht, zwischen denen hindurch das Kühlwasser strömt. Die Gesamtlänge der übereinanderliegenden Bündel

Abb. 79. Ansicht eines Spaltstoffelementes.

beträgt etwa 1,8 m. Auch aus angereichertem Uran bestehende Kügelchen, die in einer 65 Volumprozente Uran und 35 Volumprozente Mg enthaltenden Legierung gleichmäßig verteilt sind, werden empfohlen. Ein Beispiel dafür, wie sehr man die Form, den verhältnismäßigen Gehalt an Spaltstoff und seine Anreicherung der örtlichen Lage eines Spaltstoffpaketes in einem Reaktor anpassen können muß, ist der schnelle, mit Natrium gekühlte 60 MW-Versuchs-Brutreaktor in Argonne, (EBR-II-Reaktor; experimental breeder reactor), Abb. 77. Seinen Kern

Abb. 80. Verschiedene Spaltstoffelemente d. Sylvania Corning Nuclear Corp.

bilden Hohlzylinder aus einer angereicherten Uran-Plutonium-Legierung, Abb. 74, 75, 76, 77. Er wird von einem das Brutmaterial (Uran) enthaltenden Blankett umgeben. Die durchschnittliche Wärmeleistungsdichte des Kernes soll 1 MW/Liter, der durchschnittliche Wärmefluß $4,9 \cdot 10^6$ kcal/m²h betragen. Zum Vergleichmäßigen des radialen Neutronenflusses wurde in den ringförmigen Kern ein zentrales Uranium-Brutblankett eingebaut (Volumenanteil des Urans 30%). Mittleres und äußeres Brutblankett wurden verschieden ausgeführt, um überall die größtmögliche Volumenleistung erzielen zu können. Im mittleren Blankett darf die Uranfüllung nur verhältnismäßig klein sein (55 Volumenprozent), weil dort die Wärmedichte hoch und die Kühlung schwierig ist. Das äußere Blankett muß viel Uran enthalten, weil bei ihm das Umgekehrte zutrifft. Die Spaltstoffpakete im Zentrum haben eine untere und eine obere Blankettsektion und eine zwischen ihnen liegende Kernsektion.

Spaltstoffpakete sollen folgende Aufgaben erfüllen:

1. Schaffung einer tunlichst großen Berührungsfläche je Kilogramm Spaltstoff zwischen ihm und dem Kühlmittel,

2. Ermöglichung einer großen Geschwindigkeit des Kühlmittels bei einer kleinen benötigten Kühlmittelmenge (besonders bei D_2O und Na),

3. kleiner Strömungswiderstand,

4. trotz sicherer Fixierung ungehinderte Ausdehnungsmöglichkeit der einzelnen Spaltstoffstücke und der ganzen Spaltstoffpakete,

5. gute atomphysikalische Verhältnisse,

6. derartige Herstellung der Spaltstoffstücke besonders bei Siedewasserreaktoren, deren Dampf direkt zur Turbine geht, daß die Stücke bei einem kleinen Schaden nicht schnell zerfallen können,

7. gute Formbeständigkeit (kein „Verziehen") und derartige Befestigung der Spaltstoffpakete im Reaktor, daß sie sich durch verhältnismäßig kleine Öffnungen mittels einer mechanischen Hand auswechseln lassen,

8. tunlichst gute Übereinstimmung der äußeren Form und Abmessungen und des inneren Aufbaues der verschiedenen Spaltstoffpakete verbunden mit der Möglichkeit, sie je nach ihrer Lage im Reaktorbehälter mit verschieden viel oder verschiedenartigem Spaltstoff füllen und auch in dasselbe Paket verschiedene Spaltstoffe einbauen zu können,

9. derartig konstruierte Spaltstoffelemente und -pakete, daß sich bei ihrem Schadhaftwerden die Kühlkanäle nicht verstopfen können,

10. geringe Herstellungskosten durch geschickte Konstruktion, einfache Herstellungsverfahren und Verwendung preiswerter Baustoffe.

Die m. W. letzte Form von Spaltstoffelementen für CHR-Reaktoren zeigen Abb. 81 u. 82. Die Elemente von 30 mm ä. Durchm. haben eigenartig geformte schraubenförmige Kühlrippen zwecks kräftiger Durchwirbelung der kühlenden Gase. Auf 1 m Länge werden bei kleinstmöglichen Werten des Kraftbedarfes der Umwälzgebläse und des Temperaturgefälles 33 bis 66 kW Wärme übertragen.

Die Herabsetzung der heutigen hohen Kosten der Spaltstoffpakete ist eine wichtige Voraussetzung für den Bau wettbewerbsfähiger Atomkraftwerke. Noch so raffiniert ausgeklügelte Spaltstoffelemente nützen nämlich nicht viel, wenn sie sich nicht preiswert fabrizieren lassen.

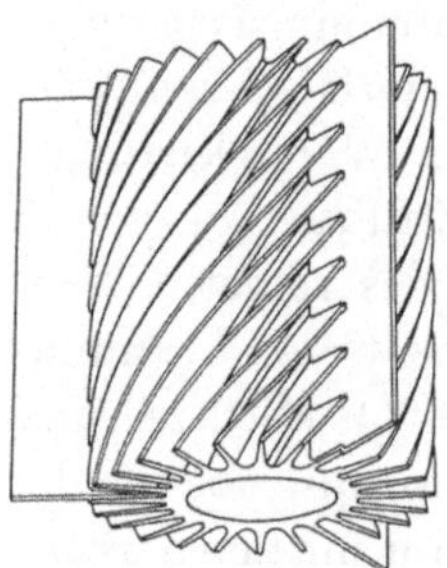

Abb. 81. Spaltstoffelement mit schraubenförmigen Kühl- und longitudinalen Wirbelrippen für CHR-Reaktoren. Engng. 3. X. 1958.

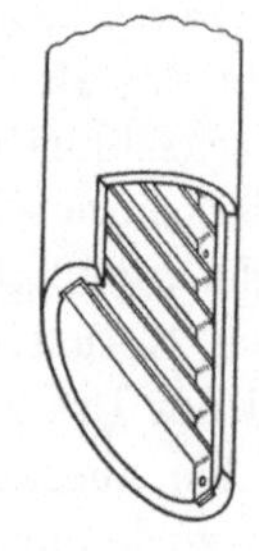

Abb. 82. Spaltstoffstange aus Natururan mit dünnen in die hohlen Stangen eingesetzten Wirbelstreifen. Engng. 3. X. 1958.

c) Die verschiedenen Reaktorsysteme

1. Vorbemerkung. Ende 1957 befanden sich nur drei ortsfeste Atomkraftwerke in Betrieb: das englische 90000 kW-Werk *Calder Hall*, Tab. 26, das amerikanische 60000/90000 kW-Kraftwerk *Shippingport* und ein russisches 5000 kW-Kraftwerk. Es lagen also jenesmal im Gegensatz zu einer bei uns weit verbreiteten Ansicht nur sehr wenig Betriebserfahrungen vor. Ein so glänzendes Zeugnis die vielerlei Reaktoren, die nunmehr beschrieben werden, der Erfindungskraft der Ingenieure ausstellen, so zeigt doch ihre große Zahl, daß die Entwicklung sich noch im Anfangsstadium befindet, denn je jünger eine technische Entwicklung ist, um so mehr Varianten werden in Vorschlag gebracht, aus denen im Laufe der Zeit die nicht lebensfähigen von allein ausscheiden.

Ferner muß man bedenken, daß von den heute in Betrieb oder in der Errichtung befindlichen Anlagen kein Fachmann eine Rendite oder auch nur eine volle Deckung der Selbsterzeugungskosten des Stromes erwartet, sondern in ihnen lediglich Versuche im großen erblickt, die durchgeführt werden müssen, wenn die Entwicklung schnell vorwärts kommen soll, wie denn in der gesamten modernen Technik das oft viele Millionen verschlingende Großexperiment zu einer Notwendigkeit geworden ist. Da der Bau von Atomkraftwerken einen wichtigen Teil des internationalen „Kampfes um die Atomherrschaft" bildet, mußte auch seine friedliche Variante, nämlich die Stromerzeugung aus Kernenergie von einer rein technisch-wissenschaftlichen Angelegenheit zu einem wichtigen Politikum werden. Infolge der stürmischen Entwicklung finden sich in der Fachliteratur über dasselbe Atomkraftwerk oft recht verschiedene Angaben[1]), teils weil sie aus verschiedenen Bauperioden stammen, teils weil zu der Zeit, zu der sie gemacht wurden, noch keine einwandfreien Ergebnisse existierten, teils infolge einer gewissen Flüchtigkeit mancher Verfasser. Schließlich legen die führenden amerikanischen Elektrizitätswerke auf „publicity" weit mehr Wert als europäische Unternehmungen, weil der Amerikaner von ihnen außer billigem Strom technische Pionierleistungen erwartet. Deshalb sind manche Angaben, wie Baukosten, Wirkungsgrade usw., zuweilen etwas optimistisch gefärbt. Unsere Ingenieure müssen aber die Vorgänge auf atomarem Gebiet nüchtern betrachten, wenn sie im Wirbel der auf sie einstürmenden Nachrichten nicht Gefahr laufen wollen, verkehrte Maßnahmen zu treffen, die wir uns nicht leisten können.

2. Gasgekühlte heterogene Reaktoren[2]). Graphitmoderierte, gasgekühlte Reaktoren sind besonders attraktiv, weil sie:

---

[1]) Die in dem von der ASME nach der Drucklegung dieses Buches herausgegebene Werk „Nuclear Reactor Plant Data 1959", Vol. 1 (Preis 3 Dollar) veröffentlichten Werte weichen z. T. von den im folgenden angegebenen etwas ab.

[2]) Die Wärmeleistung von Reaktoren wird in diesem Buch durchweg in Mega-

relativ einfach gebaut und mit natürlichem Uran betrieben werden
können und kein schweres Wasser benötigen, das teuer und in größeren
Mengen in vielen Ländern zur Zeit nicht zu beschaffen ist,

infolge ihres negativen Temperaturkoeffizienten und weil Austreten
von Spaltprodukten ins Freie kaum zu befürchten steht, ein so hohes
Maß von Sicherheit bieten, daß sie kein gasdichtes Gebäude für den
Reaktor und kein Bannland benötigen,

aus hier nicht näher zu erörternden Gründen sich für viele Forschungszwecke besonders gut eignen.

α) UGLBr-Versuchsreaktor Windscale (ND-Kühlgas), Abb. 83.
Sein $8 \times 17 \times 17$ m messender Kern besteht aus sorgfältig aneinander

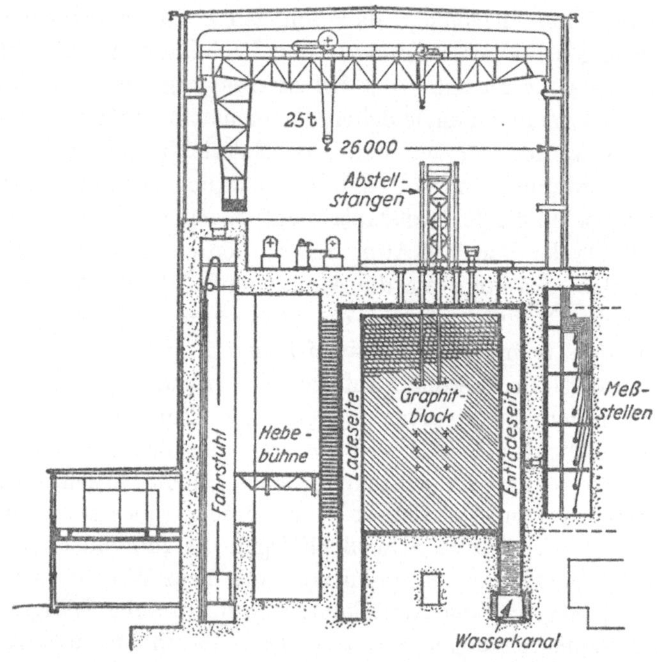

Abb. 83. Querschnitt durch den Windscale-Reaktor. Nach Sir Chr. HINTON

gepaßten Blöcken aus sehr reinem Graphit, Abb. 65. Sie bilden waage-
rechte Kanäle, in die zylinderförmige, durch Luft von atmosphärischem
Druck gekühlte Natururanstücke eingeschoben werden. Der ganze
Graphitwürfel sitzt in einem Betonpanzer mit $23 \times 23 \times 28$ m Außen-

watt (MW), die elektrische Leistung eines Werkes durchweg in kW angegeben,
um Verwechslungen zu vermeiden. Lediglich die auf ihr Volumen bezogene Wärmeleistung wird, weil es sich bereits eingebürgert hat, in kW/m³ oder in kW/lit
angegeben.

abmessungen. Der Abstand der Spaltstoffelemente voneinander hängt von dem für die Moderierung erforderlichen Verhältnis zwischen dem Moderator- und dem Spaltstoffgewicht ab und beträgt nach Sir Ch. Hinton bei Graphit, schwerem Wasser und Beryllium 150 bis 300 mm, bei leichtem Wasser 25 bis 50 mm. Da H_2O auch ein gutes Kühlmittel ist, wird bei H_2O-Moderierung und -Kühlung das Reaktorgewicht verhältnismäßig klein.

Frische Patronen werden von der Stirnseite her durch Löcher im Betonpanzer eingeschoben und werfen dabei erschöpfte Patronen in einen auf seiner Rückseite untergebrachten wassergefüllten Kanal, aus dem sie eine mechanische Fördervorrichtung in ein 5 m tiefes Wasserbad bringt. Von dort werden sie, nachdem sie abgekühlt sind und einen Teil ihrer Radioaktivität verloren haben, nach einer Regenerierungsanlage geschafft. Das Wasserbad dient auch als Strahlungsschutz. Die Regulierstangen werden von den Seitenwänden, die Abstellstangen von der Decke des Reaktors aus eingeführt. Die Kühlluft wird, damit sich kein radioaktiv gewordener Staub in der Umgebung des Werkes niederschlagen kann, vor ihrem Austritt ins Freie sehr sorgfältig in einem aus Glasfasern, Asbest-Baumwolle oder Kolophoniumwolle bestehenden Filter gereinigt, das auf dem Kopf eines 120 m hohen Schornsteines von 12,5 m Durchm. sitzt.

Im Herbst 1957 wurde beim routinemäßigen Abbauen des Wigner-Effektes, S. 71, nicht ganz sachgemäß vorgegangen, wodurch sich ein Teil des Reaktorkernes unzulässig hoch erhitzte und einige Uranstäbe zu brennen anfingen. Hierbei bildete sich das radioaktive gasförmige Spaltprodukt Jod ($^{131}_{53}$J), das sich in der Umgebung des Werkes als radioaktiver Staub niederschlug, weil es die für feste Partikelchen gebauten Filter nicht zurückzuhalten vermochten. Die Milch der auf den Weiden grasenden Kühe mußte daher zum Vermeiden gesundheitlicher Schädigungen ein paar Tage lang ins Meer gegossen werden. Da die Reaktoren durch Luft gekühlt werden, war das Löschen des Brandes besonders schwierig.

β) UGLBr-Reaktor Calder Hall. Calder Hall (CH) wurde in erster Linie auf hohe Betriebssicherheit gebaut. Auf das Erbrüten von Plutonium wurde größerer Wert gelegt als auf das Erzielen eines hohen thermischen Wirkungsgrades. Nach Tab. 25 sind aber hoher Wirkungsgrad und hohe Plutoniumausbeute nicht miteinander identisch. Welch wichtige Rolle Plutonium (239 Pu) in der Kostenbilanz eines Atomkraftwerkes zur Zeit spielt, zeigt sein Preis von 120,— bis 190,— DM/g.

Tabelle 25. *Plutoniumausbeute und thermischer Wirkungsgrad eines Atomkraftwerkes vom CHR-Typ. Nucl. Engng. X. 1956*

Fall		I	II
CO_2-Temperatur am Reaktoreintritt	° C	180	100
Wärmeleistung des Reaktors.............	MW	145	213
Thermischer Wirkungsgrad des Werkes	%	27	19
Elektrische Nutzleistung des Werkes.......	kW	39000	41000
Plutoniumausbeute	%	100	rd. 150

Die CHR-Reaktoren arbeiten mit Natururan, sind graphitmoderiert und werden durch Kohlensäure von 7 at Druck gekühlt, die nach ihrer

Erhitzung auf 336° C in die vier in Druckgefäßen von 5,3 m Durchm. und 23 m Höhe untergebrachten Wärmeaustauscher strömt und dort Dampf von 14,8 und 4,3 atü Druck erzeugt, der um 113 bzw. 38° C überhitzt wird, Abb. 84 u. 85. Die von den CO_2 umspülten Uranstangen von 29,2 mm Durchm. stecken in 1696 senkrechten, den rd. 8,5 m hohen

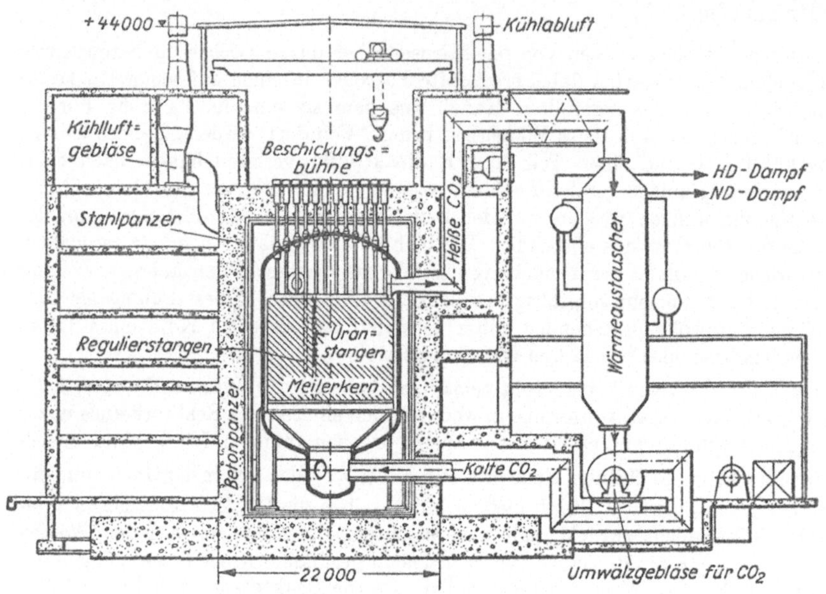

Abb. 84. Schnitt durch Reaktor und Wärmeaustauscher in Calder Hall, England.

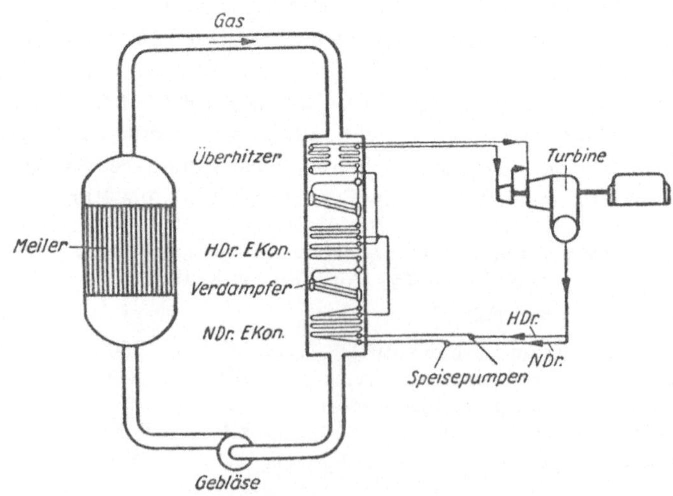

Abb. 85. Schaltschema eines gasgekühlten Reaktors
(Es wird Dampf von 2 verschiedenen Drücken erzeugt).

Graphitblock durchdringenden Kanälen von 100 mm Durchm. und haben aus einer Magnesiumlegierung bestehende 1,8 mm dicke Hüllen. Ihre Höchsttemperatur beträgt 408° C, diejenige des Urans 425° C.

Abb. 86 zeigt das Kernstück der Anlage: den Reaktor, die Wärmeaustauscher und die Gebläse zum Umwälzen der CO_2. Der Reaktortank (11,3 m Durchm., 22 m Höhe) hat eine 100 mm starke Wärmeisolierung. Der thermische Panzer ist 180 mm, der biologische 2100 mm dick. Sämtliche Druckgefäße wurden aus 30 bis 50 mm starken Stahlblechen auf der Baustelle zusammengeschweißt. Nachdem die Schweiß-

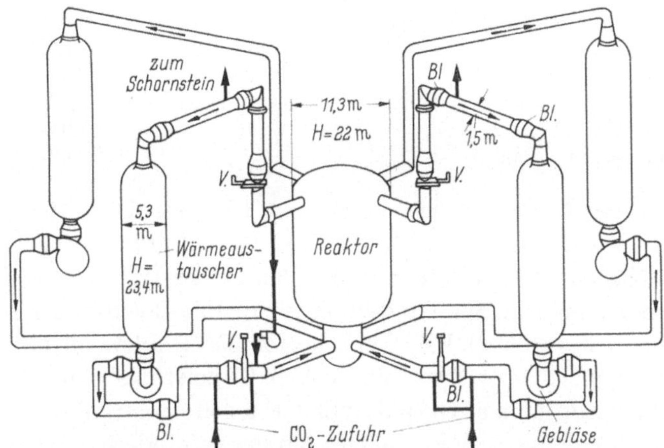

Abb. 86. Perspektivische Ansicht d. CHR-Reaktors samt zugehörigen Wärmeaustauschern, Umwälzgebläsen u. Verbindungsleitungen.

nähte mit elektrischen Vorrichtungen spannungsfrei gemacht und mit X-Strahlen geprüft worden waren, wurden sie mit 9 at Preßluft von 20° C und von 130° C Temperatur sowie unter Vakuum bei 20° C auf Dichtheit untersucht. Die Druckgefäße kosten daher verhältnismäßig viel Geld. Schnelle Temperaturschwankungen des Systems müssen wegen der durch sie verursachten Beanspruchung der mehrere 100 m langen Schweißnähte vermieden werden.

Die großen beim Anfahren des Reaktors in seinen verschiedenen Teilen auftretenden Temperaturänderungen, Abb. 32, und die verschiedenen Wärmeausdehnungszahlen des Graphits ($3 \cdot 10^{-6}/°C$) und des Reaktorgefäßes, auf dem der Graphitblock aufruht ($14 \cdot 10^{-6}/°C$), zeigen, wie schwierig es ist, unzulässige Lageverschiebungen zwischen den Moderatorkanälen und den im Reaktordeckel befindlichen Öffnungen für die Regelstangen und für das Auswechseln der Spaltstoffpatronen zu verhindern, zumal Graphit unter dem Einfluß der Neutronenbeschießung seine Abmessungen verändert, Abb. 87. Deshalb wird der mit dem Reaktorgefäß verbundene Stahlroste, auf dem der Moderator sitzt, beim Anfahren des Reaktors durch Dampf auf 140° C erwärmt und auf dieser Temperatur gehalten.

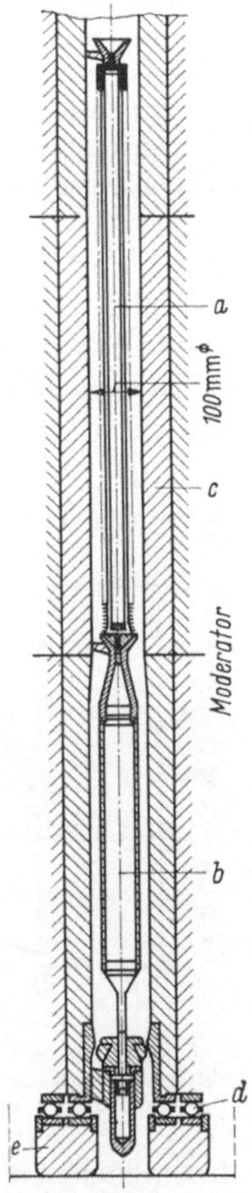

Da man Natururan zu jener Zeit nicht gern über 400

Abb. 87. Fußende eines Moderatorkanales des ersten Calder-Hall-Reaktors. Nach R. V. MOORE: Brit. Nucl. Energy Conf. IV. 1957. *a* Spaltstoffpatronen; *b* Graphitpatrone; *c* Graphitseele; *d* Kugellager; *e* Gitterrost.

bis 440° C erhitzte und Kohlensäure von 7 at Druck nur eine mäßige Kühlwirkung hat, benötigen die Wärmeaustauscher eines Reaktors die gewaltige Heizfläche von 37 000 m². Der große Reaktortank bedingt einen entsprechend großen und teuren thermischen und biologischen Panzer. Man kann daher den CHR-Reaktor den Reaktor der großen Massen und Gewichte nennen, Tab. 26.

Tabelle 26. *Gewichte der Bestandteile des ersten Reaktors in Calder Hall (CHR-Reaktor) in t*

Druckfeste Behälter und Verbindungsleitungen	1260
Uranfüllung	63 bzw. 130
Graphitkern	1146
Reaktor, Spaltstoff, Schutzmantel, vollständige Wärmeaustauscher und sonstiges Zubehör	23 400
Thermischer und biologischer Panzer	33 000

Der Kraftbedarf der Umwälzgebläse beträgt rd. 10% der Kraftwerksleistung, Abb. 88, wozu noch etwa 5% für andere Hilfsantriebe kommen. Wegen des thermischen Wirkungsgrades von Calder Hall wird auf S. 185 bis 188 verwiesen. Die Spaltstoffüllung von CHR-Reaktoren für ein im Bau befindliches 360 000 kW-Werk kostet 350 DM/kW install. Leistung. (Annual-Report der CEA 1956/7.) Abb. 87 zeigt das Fußende eines der 1696 Spaltstoffkanäle. Graphitzylinder b soll Ausstrahlungen

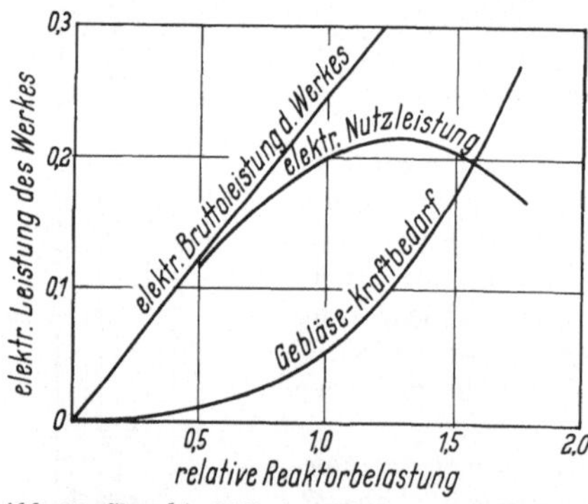

Abb. 88. Charakteristik eines Werkes mit CHR-Reaktoren bei verschiedener Belastung des Reaktors. Nach R. V. MOORE u. B. L. GOODLET.

nach unten verhindern. Diese Konstruktion wurde inzwischen verlassen. Um undichte Patronen feststellen zu können, werden aus jedem der Kanäle automatisch in kurzen Intervallen Gasproben entnommen und auf Radioaktivität untersucht, wozu Entnahmeröhrchen von insgesamt 65 000 m Länge, Abb. 89, acht rotierende 54-Wege-Ventile und weitläufige komplizierte automatische Prüf-, Anzeige- und Registrierinstrumente dienen. Der Zustand der Innenflächen der Kanäle kann durch eine Fernsehkamera geprüft werden. Ein paar Prozent der umlaufenden CO_2 werden im Nebenschluß dauernd durch Filter von Graphitstaub und Eisenoxyd befreit. Eine nennenswerte Reaktion zwischen Graphit und CO_2, die den Moderatorblock deformieren könnte, hat sich selbst bei Graphittemperaturen von 345° C nicht gezeigt. Man verändert täglich die Position einiger Spaltstoffpatronen, damit die Energieentbindung über den ganzen Reaktorquerschnitt tunlichst gleichförmig bleibt und damit während der auf etwa

5 Jahre bemessenen Lebensdauer der Spaltstoffüllung alle Patronen ungefähr gleich stark erschöpft werden, da dann ihre Auswechselung am wenigsten kostet.

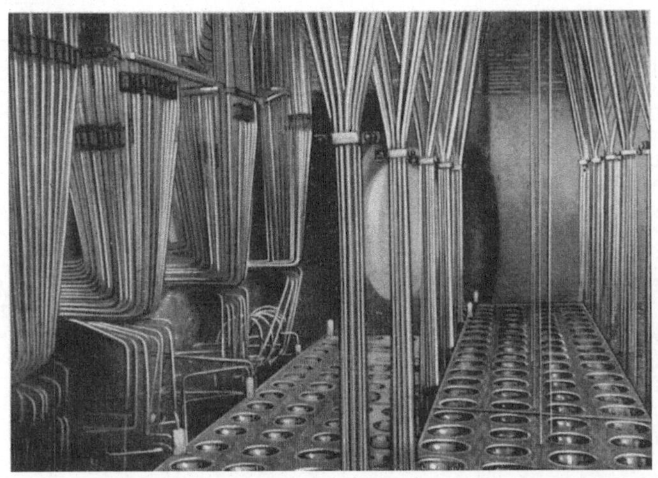

Abb. 89. Gasproben-Entnahmerohre im Calder Hall-Reaktor.

Erschöpfte Patronen können bei den Nachfolgewerken von Calder Hall ohne Betriebsunterbrechung der Reaktoren ausgewechselt werden, damit die jährliche Stromerzeugung tunlichst groß wird. Hierzu benötigt man voluminöse komplizierte Vorrichtungen, Abb. 90. Da die verhält-

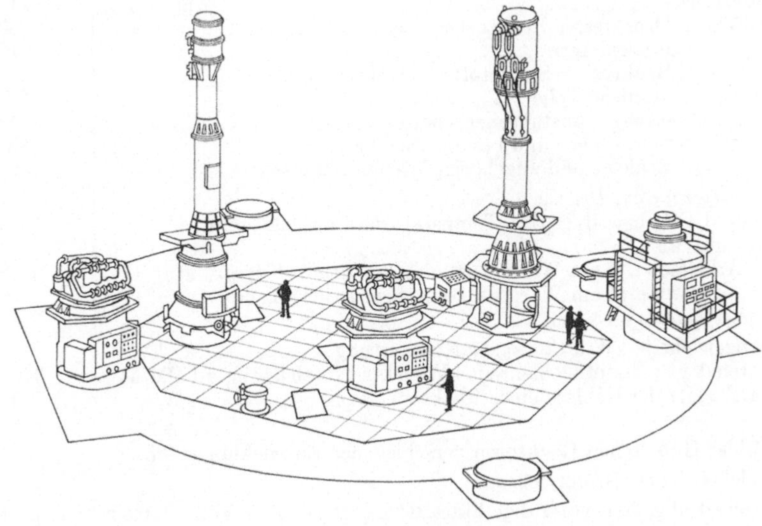

Abb. 90. Vorrichtung zum Laden und Entladen eines CHR-Reaktors
im 275000 kW-Kraftwerk Berkeley. Engng. 15. IV. 1959,

Tabelle 27 u. 28.   Hauptwerte von CO_2-gekühlten, graphitmoderier
Nach Nucl. Engng., X. 1956; Engr. 15. II. 1957; R. G. LORRAINE, 19

	Dim.	I
A. Allgemeines. Fall		Calder Hall (1954)
1. Name des Kraftwerks (Baubeginn)		
2. Bauausführende Firmen		—
3. Arbeitsweise der Reaktoren		
4. Nutzleistung des Werkes	kW	70 000[1]
5. Wärmeleistung der Reaktoren	MW	2×180[1]
6. Leistung der Turbinen	z/kW	$4 \times 21\ 000$
7. Thermischer Wirkungsgrad des Werkes	%	rd. 22
8. Kann Spaltstoff unter voller Last ausgewechselt werden?		nein
B. Reaktor		
9. Spaltstoff		Natururan
10. Spaltstoffpatronen: Durchm., Länge, Zahl	mm/mm/z	29,2/1020/10176
11. Gewicht der Spaltstoffüllung, höchste Spaltstoff-Temp.	t/° C	$2 \times 130/400$
12. Neutronenfluß im Spaltstoff	n/cm²s	—
13. Überschußreaktivität und Brutfaktor (anfängliche Werte)	%/—	4,0/—
14. Spaltstoffkanäle: Zahl, Durchm.	z/mm	1696/100
15. Graphitmoderator: Gewicht, Temperatur	t/° C	1146/250
C. Wärmeaustauscher		
16. Art und Druck des Reaktorkühlmittels	—/atü	CO_2/7,0
17. Wärmeaustauscher je Reaktor: Zahl, Durchm. und Höhe der Behälter	z/m/m	4/5, 3/23, 4
18. Wärmeaustauscher je Reaktor: Wandstärke, Gewicht eines Behälters	mm/t	33/140[4]
19. Wärmeaustauscher-Heizfläche je Reaktor	m²	4×9290
20. Gewicht und Länge sämtlicher Verbindungsrohre zwischen Reaktor und Wärmeaustauschern	t/m	300/450
D. Gewichte, Abmessungen, Kosten		
21. Druckfester Reaktorbehälter: Form / Durchm. / Höhe / Wandstärke	—/m/m/mm	Zyl./11,3/22,0/50
22. Gewichte: Druckfester Reaktorbehälter	t	400
23. Reaktorkern	t	1016
24. Reaktor + Spaltstoff + Schutzmäntel + zusätzliche Teile	t	23 400
25. 4 Wärmeaustauscherbehälter	t	960
26. thermischer und biologischer Panzer	t	33 000
27. Reaktor und zugehörige Wärmeaustauscher	t	—
E. Temperaturen, Drücke		
28. Druck d. CO_2 bzw. d. H_2O u. Temperaturen am Reaktorein- und -austritt	atü/° C/° C	7,0/140/336
29. HD-Arbeitsdampf am Wärmeaustauscher: Druck, Temp.	atü/° C	14,8/313
30. ND-Arbeitsdampf am Wärmeaustauscher: Druck, Temp.	atü/° C	4,3/171
F. Verschiedenes		
31. Urangewicht je kW elektrischer Nutzleistung	kg/kW	1,86
32. Kosten der Spaltstoffelemente je kW elektr. Nutzleistung	rd. DM/kW	370÷310
33. Kraftbedarf der Gebläse eines Reaktors	kW	5440

[1]) In Calder Hall stehen Reaktoren verschiedener Entwicklungsreife

[2]) Auf elektr. Nutzleistung bezogen

[3]) Kritische Füllg. 20 t, vorläufige Füllg. 63 t, evtl. endgült. Füllg. 130 t bei entspr. höherer Kraftwerksleistung

[4]) Das Gewicht eines Wärmeaustauscher-Behälters einschl. -Heizfläche usw. scheint 200 t zu betragen

Reaktoren und von H_2O-moderierten Siedewasserreaktoren.
Journ. Brit. Nucl. Engy Conf., IV. 1957 und anderen Quellen

II Hunterston (1957) GEC Simon Carves	III Berkeley (1957) AEJ-John Tompson	IV Bradwell (1957) Parsons a. Associates	V Marcoule (1958) —	VI Dresden-Chicago General Electric Co.
heterogen, CO_2-gekühlt, graphitmoderiert				heterogen H_2O-gekühlt
320 000	275 000	300 000	30 000	180 000
2 × 625	2 × 550	2 × 540	150÷200	627
6 × 60 000	4 × 85 000	390 000	—	1 × 180 000 Blockschaltung
28	25	28	—	28,7[2])
ja	ja	ja	—	nein
Natururan	Natururan	Natururan	Natururan	Uranoxyd (UO_2) 1,5% 235 U
29,2/615/32880	—	—	28÷31/300/—	12,5/—/25 × 700
2 × 250/420	2 × 250/420	2 × 240/438	100/—	60[6])/rd. 1600
2,0÷2,5 × 10^{13}	—	—	2,5 × 10^{13}	—
4,57/0,8	—	—	—	—/0,6
3280/rd. 90	3000/—	rd. 2600/—	1200/70	700/—
2150/—	—	—	—	Wasser (H_2O)
CO_2/11,5	CO_2/8,8	CO_2/9,2	CO_2/15	H_2O/70,0
8/5,9/21,0	8/—/—	6/—/—	—	4[5])/rd. 1,7 u. 1,2/6,0
—/210	—/—	—/—	—	—/rd. 13
—	—	—	—	—
—	—	—	—	—
Kugel/21,3/ 21,3/75	Zyl./15,2/—/75	Sph./20,4/—/75	Beton	Zyl/3,65/12,5/140 rd. 140
—	—	—	—	—
—	—	—	—	—
—	—	—	—	—
—	—	—	—	rd. 52
—	—	—	—	—
70 000	—	—	—	—
11,5/240/396	8,8/255/345	9,2/177/390	15/80/354	70/285/285
40,0/382	21,5/322	53/374	—	70/Sattdampf
10,2/355	4,4/322	13,7/374	—	42/Sattdampf
rd. 1,56	rd. 1,82	rd. 1,6	3,3[7])	0,33 (1,5% 235 U)
120 (?)	—	—	—	—
12 600	8 × 2240	—	—	—

[5]) Wärmeaustauscher werden nur für ND-Dampf (42 atü) benötigt

[6]) Auf metallisches Uran umgerechnet

[7]) Der Reaktor ist wahrscheinl. für spätere Erhöhung seiner Leistung ausgelegt

nismäßig hohen Kosten dieser und anderer Teile, wie z. B. die Vorrichtungen zum Untersuchen der Gasproben, ziemlich unabhängig von der Leistung eines Reaktors sind, werden CHR-Reaktoren bei Werken unter 80000 kW elektrischer

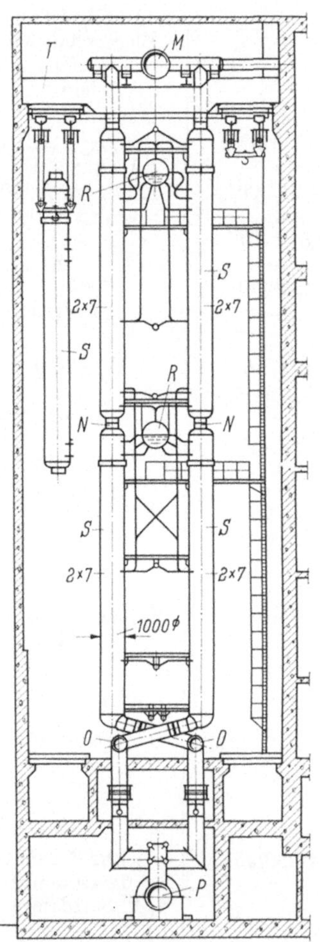

Abb. 91. Französischer Wärmeaustauscher eines CHR-Reaktors für 250000-kW-Kraftwerk.
Société Française des Constructions Babcock et Wilcox.
M CO_2-Eintritt, N Verbindung von oberen u. unteren Behälter, O Gasaustritt, P Umwälz-Gebläse, R Ausdampftrommel, S Behälter in Auswechselungs-Stellung, T Tragkonstruktion für Behälter.

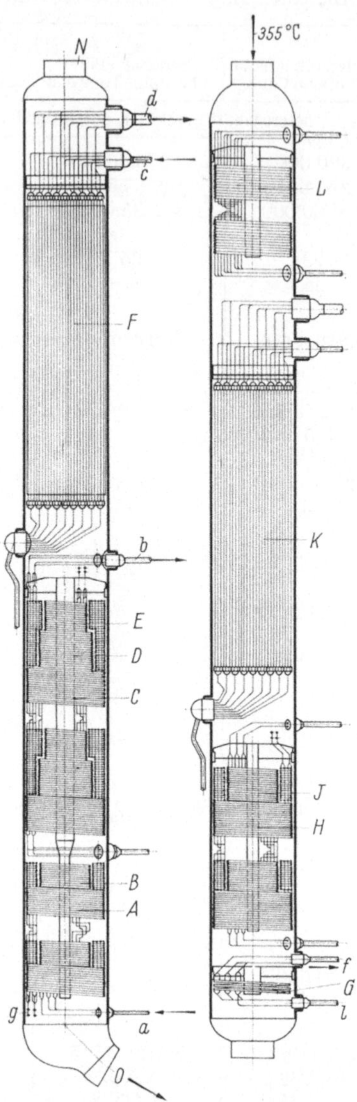

Abb. 92 u. 93. Längsschnitt durch oberen u. unteren Behälter d. französischen Reaktors in Abb. 94 u. 95.
a Wassereintritt, b Wasseraustritt, c Wassereintritt, d Austritt v. ND-Dampfwassergemisch, A ND-Eko I, B HD-Eko I, C Zwischenüberhitzer, D ND-Eko II, E HD-Eko II, F ND-Verdampfer, N CO_2-Eintritt, O CO_2-Austritt, l ND-Dampfeintritt, f ND-Dampfaustritt, G ND-Überhitzer, H Zwischenüberhitzer, J HD-Eko III, K HD-Verdampfer, L HD-Überhitzer, M CO_2-Eintritt (355 °C).

Leistung zu teuer. Tab. 27 u. 28, Fall I, enthält die wichtigsten Daten von Calder Hall, das sich bisher bestens bewährt hat.

Nach Tab. 27 u. 28, Pos. 12 und 28, werden die Nachfolger-Kraftwerke von Calder Hall z. T. für erheblich höhere Werte von CO_2-Druck, Neutronenfluß und Wärmeleistung ausgelegt. Ihre Reaktorbehälter sind z. T. kugelförmig, ihre Wandungen werden durch Blecheinbauten vor der Berührung mit der heißen CO_2 geschützt. Eigenartig geformte Spaltstoffelemente ermöglichen eine erheblich höhere spezifische Wärmeleistung, Abb. 81 und 82. Zum Montieren der bis zu 150 t schweren Wärmeaustauscher dienen gewaltige fahrbare Portalkrane mit folgenden Daten: Bradwell (300000 kW) und Hinkley Point (500000 kW) Spannweite 69/76 m, höchste Stellung des Kranhakens 44/61 m, größte Tragfähigkeit 200/400 t, Gewicht eines Kranes 1000/-t. Schwächen der CHR-Reaktoren sind die erforderliche sehr sorgfältige Montage, ihre Sperrigkeit, ihre Empfindlichkeit gegen Temperaturschwankungen, der hohe Eigenkraftbedarf, die teuren Druckgefäße und die kostspieligen Hilfseinrichtungen. Im 275000 kW-Kraftwerk Berkeley werden zwei 600-MW-CHR-Reaktoren mit je 8 Wärmeaustauschern und 8 Umwälzgebläsen aufgestellt.

Es wurde an anderer Stelle darauf hingewiesen, daß die Herstellungsmittel, über die eine Firma verfügt, und Transportrücksichten beim Bau von Reaktoren eine erhebliche Rolle spielen können. In dieser Beziehung sind Abb. 91 bis 93 von hohem Interesse, die die Wärmeaustauscher für einen französischen Reaktor vom CHR-Typ für 200 MW Leistung zeigen. Die 4 gewaltigen auf der Baustelle zusammengeschweißten Behälter, in denen die Wärmeaustauscher in Calder Hall untergebracht sind, sind durch 4 Einheiten ersetzt, die aus je 2×14 dicht nebeneinander angeordneten Behältern von rd. 1000 mm Durchm. bestehen. Sie sind bequem zu transportieren, brauchen keine schweren Portalkrane und können in der Fabrik fertiggestellt werden.

Reaktoren vom CHR-Typ lassen sich durch folgende Mittel weiter vervollkommnen:

1. Ersatz des metallischen durch keramisches Uran (UO_2), das weit höher erhitzt werden kann;

2. Vergleichmäßigung des Neutronenflusses über den ganzen Reaktorquerschnitt, damit die äußeren Uranstäbe eine ähnliche hohe Leistung hergeben wie die zentral gelegenen;

3. Vorrichtungen, mit denen man während des Betriebes erschöpfte Uranstäbe gegen frische auswechseln oder die Position der Stäbe im Reaktor verändern kann, damit die jährlich erzeugbare Strommenge tunlichst groß wird;

4. Umhüllung des Spaltstoffes mit Beryllium oder Zirkonium statt mit Aluminium zwecks Ermöglichung einer höheren Spaltstoff- und Gastemperatur sowie einer guten Neutronenökonomie;

5. Erhöhung des CO_2-Druckes, damit die Druckgefäße und Wärme-

austauscher kleiner werden und man die Uranstäbe höher belasten kann;

6. höhere Überhitzung und Ersatz des in Calder Hall angewandten Zweidruckbetriebes (15 u. 4 atü Dampfdr.) durch Dreidruckbetrieb (50, 15 u. 4 atü), damit der thermische Wirkungsgrad höher wird;

7. Durchmischen des Spaltstoffes mit dem Graphit in Form von Kügelchen und Verwendung von mit 235 U leicht angereichertem Spaltstoff sind weitere Mittel zum Verbilligen von Moderator, Druckgefäßen und Panzerung und zum Verringern des Eigenkraftbedarfes.

Zu Punkt 4. ist folgendes zu bemerken: Mit Magnesiumlegierungen ist eine Hüllentemperatur von 475°C erreichbar, Zirkonium scheidet für CHR-Reaktoren aus, weil es mit der CO_2 chemisch reagiert. Mit Beryllium könnte man bis auf 600° C kommen, seines hohen Preises wegen kommt es aber nur bei spezifisch sehr hoch belasteten Spaltstoffelementen in Betracht. Man wird dann zu dünnen Spaltstoffelementen (s < 10 mm) übergehen und wahrscheinlich angereicherten keramischen Spaltstoff wählen. *Graphitmoderierte, CO_2-gekühlte Reaktoren verdienen also auch heute noch alle Beachtung.*

Eine amerikanische Firma soll an einem heliumgekühlten Reaktor arbeiten, der aus einem Bett von Uranium enthaltenden Graphitkügelchen besteht und Dampf von 100 at und 535° C erzeugen kann. Abb. 94 u. 95 zeigen den französischen, graphitmoderierten, mit Natururan betriebenen 150/200 MW-Reaktor in Marcoule, dessen Hauptzweck gleichfalls die Erzeugung von Plutonium ist. Sein Kern steckt in einer 30 mm dicken Stahlhülle, die ihrerseits von einem würfelförmigen Behälter aus vorgespanntem Beton von 3 m Wandstärke umhüllt wird. Die Spaltstoffkanäle sind horizontal, um die unteren Spaltstoffpatronen nicht durch das Gewicht der darüberliegenden Patronen zu belasten, die Regulier- und Sicherheitsstangen sitzen senkrecht. Die Auswechselung der Patronen erfolgt durch eine 200 t wiegende Chargiermaschine auf der Rückseite des Reaktors. Die CO_2 von 15 at Druck wird in zwei getrennten Kreisläufen mit zwei Gebläsen von je 3850 kW Kraftbedarf durch den Reaktor gedrückt, Spalte V in Tab. 27 u. 28. Eine interessante Variante zu den CHR-Reaktoren ist der 20-MW-Alamos-Drehtischreaktor (Turret-Reactor) in Abb. 96. Sein Kern besteht aus 40 auf einem Drehtisch ruhenden Graphitscheiben a mit 36 radialen Kühlkanälen, in denen die Spaltstoff-Elemente liegen. Stickstoff von 35 at strömt vom Kanal d zu den Kanälen b und dann direkt zur Gasturbine. Die Kanäle können durch Drehen des Tisches vor die Öffnungen c im Stahlmantel gebracht werden, was das Auswechseln des Spaltstoffes vereinfachen soll.

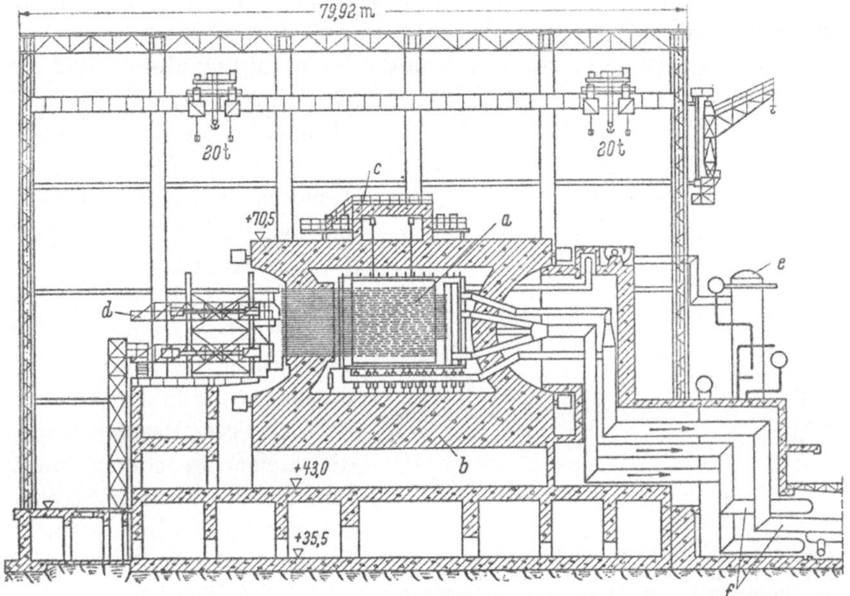

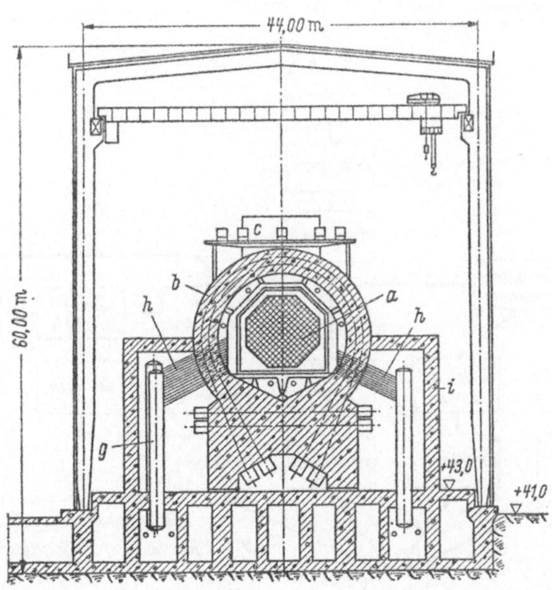

Abb. 94 u. 95. CO_2-gekühlter, graphitmod. Reaktor in Marcoule, Frankreich.
Nach Engng. v. 16. VIII. 1957.

a Reaktorkern, *b* Strahlungspanzer, *c* Bedienungsbühne, *d* Chargiermaschine, *e* Wärmeaustauscher (Verdampfer), *f* CO_2-Leitungen, *g* Aufnahmebehälter für erschöpfte Spaltstoffpatronen. *h* Schurre zum Überleiten v. erschöpften Spaltstoffpatronen aus *a* nach *g*, *i* äußerer Strahlungspanzer.

Der Wigner-Effekt, S. 71, tritt bei allen Reaktoren vom CHR-Typ auf. In Calder Hall brauchte er bisher nicht abgebaut zu werden, was im Bedarfsfall dadurch geschieht, daß man die Kernspaltung abstellt und die elektrisch erhitzte CO_2 im Reaktor zirkulieren läßt. Im übrigen ist ein Vorfall wie in Windscale in Calder Hall nicht möglich, weil CO_2 und nicht Luft als Kühlmittel dient.

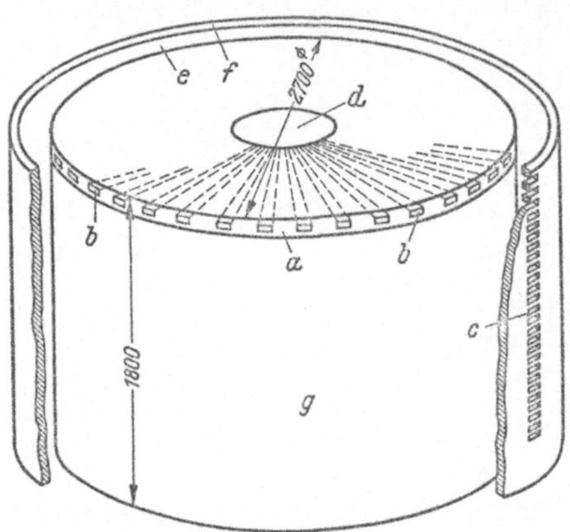

Abb. 96. Therm. 20 MW-Alamos-Drehtischreaktor mit Kühlung durch Stickstoff von 35 at Druck u. 700° C Austrittstemperatur mit nackten nicht-metallischen Spaltstoffelementen. Nach Engng. 3. X. 1958.
a Graphitscheiben, b Kühlkanäle, c Öffnungen im Stahlmantel zum Auswechseln der Spaltstoffelemente, d zentraler Kanal zur Zufuhr des Stickstoffs, e Sammelraum für erhitzten Stickstoff, f Stahlmantel, g Reaktorkern.

Abb. 97 zeigt den Weg des Urans (und der Spaltprodukte) vom Uranerz bis zu seiner Wiedereinführung in den Reaktor nach erfolgter Regenerierung, die in einer besonderen, meist für mehrere Atomkraftwerke gemeinsamen, sehr kostspieligen Anlage vorgenommen wird.

γ) UGL-Reaktoren des Brookh. Nat. Lab. Die vom *Brookhaven National Laboratory* in Upton N.Y. entwickel-

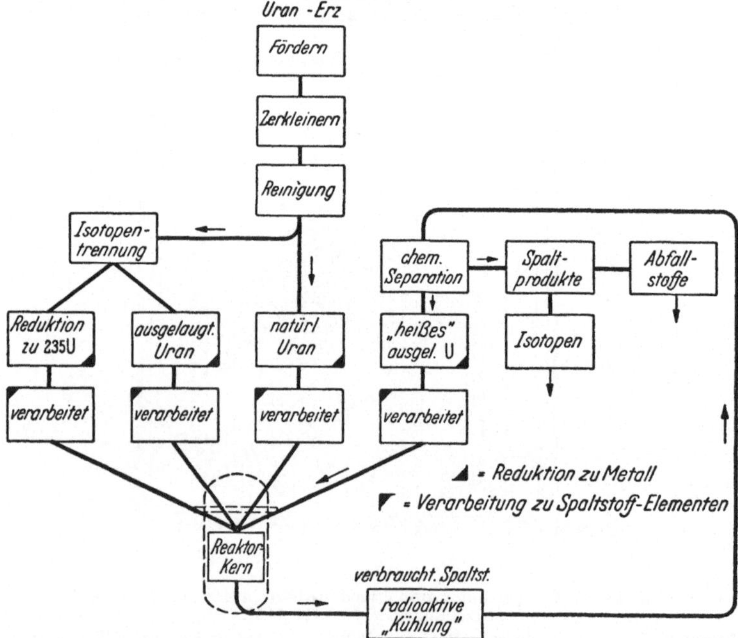

Abb. 97. Weg des Materials vom Uranerz bis zum Reaktor und zur Regenerieranlage. Nach J. C. WARD

ten Entwürfe von drei Reaktoren sind für geschlossene AK-Gasturbinen bestimmt und zeigen zusammen mit Abb. 98, in welch verschiedenartiger Weise man versuchen kann, eine eng umgrenzte Aufgabe, nämlich einen Reaktor für geschlossene Gasturbinen zu bauen, zu lösen, Tab. 29, Abb. 99 bis 101.

Tabelle 29. Hauptdaten der drei vom Brookh. Nat. Lab. entwickelten Reaktoren für geschlossene Gasturbinen (ASME-Paper 56-GTP-12; Schweiz. Bauztg. v. 8. IX. 56)

Fall	I	II	III
Kühlung des Reaktorkerns durch ...	HD-Gas	HD-Gas	Flüssiges Bi
Bauart des Reaktors nach Abb.	98	99, 101	100
Voraussichtliche Wärmeleistung des Reaktorkernes .... kW/lit	35	—	—
Voraussichtliche maximale Wärmebelastung der Spaltstoffpatronen $10^6 \cdot$ kcal/m²h	rd. 2,0	—	—
Leistung der Gasturbine .... kW	15 000	15 000	15 000
Baustoff des Moderators	Beryllium	Graphit	Graphit
Baustoff der Regulierstäbe..........	Isotop von Bor	—	—
Spaltstoff........................	UO_2	UO_2	UO_2
Zustand des Spaltstoffes	fest	gelöst	0,5% U in Bi gelöst
Zusatzstoffe zum Verhindern von Korrosionen	—	—	Magnesium u. Zirkonium
Reaktorkern ist umgeben bei gewöhnlichen Reaktoren von	—	Reflektor	Reflektor
Brutreaktoren von	—	Th-Bi-Schlamm	Th-Bi-Schlamm
Erwartetes Brutverhältnis	—	1 : 1	1 : 1
Ein- und Austrittstemperatur des Kühlmittels .... °C	408/700	408/700	650/815
Druck und Temperatur des Arbeitsmittels.................... at/°C	36,5/700	36,5/700	36,5/700
Voraussichtliche Temperatur d. Spaltstoffes .... °C	800÷1000	—	—
Abmessungen des Reaktorkerns mm	—	1524/1524/ 1524	1100
Innendurchmesser des Reaktormantels .... mm	—	4267	—
Wandstärke .... mm	—	95	—

Die Reaktoren in Abb. 99÷101 haben Graphitmoderatoren; bei zweien wird der Kern direkt mit Stickstoff unter 35 bis 60 at Druck gekühlt, beim dritten erfolgt die Kühlung durch flüssiges Wismut, in dem der Spaltstoff gelöst und dem zum Verhüten von Korrosionen etwas Magnesium und Zirkonium beigemischt ist.

Der Spaltstoff UO_2 wird bei Abb. 98 nach seiner Zerpulverung sehr fest zu sechseckigen Spaltstoffpaketen (80 mm Rachenweite) gepreßt, die zahlreiche enge, dicht beieinanderliegende gleichachsige Bohrungen haben, durch die der Stickstoff mit 25 bis 30 m/s Geschwindigkeit strömt. Da man mit Spaltstofftemperaturen von 800 bis 1000° C rechnet und da der Abstand zwischen der Mantelfläche der Bohrungen und der von ihr am weitesten entfernten Stelle des UO_2 nur wenige Millimeter beträgt, hofft man, eine Austrittstemperatur des Stickstoffs von 600 bis 800° C, eine spezifische Wärmeleistung des Reaktorkernes von 35 kW/l und eine maximale spezifische Wärmebelastung der Spaltstoffpatronen von $2{,}0 \cdot 10^6$ kcal/m²h zu erreichen. Der Moderator wird aus Berylliumoxyd-Säulen desselben Querschnittes wie die Spaltstoffpakete hergestellt, weil der Reaktor dann infolge der vorzüglichen Bremswirkung des BeO

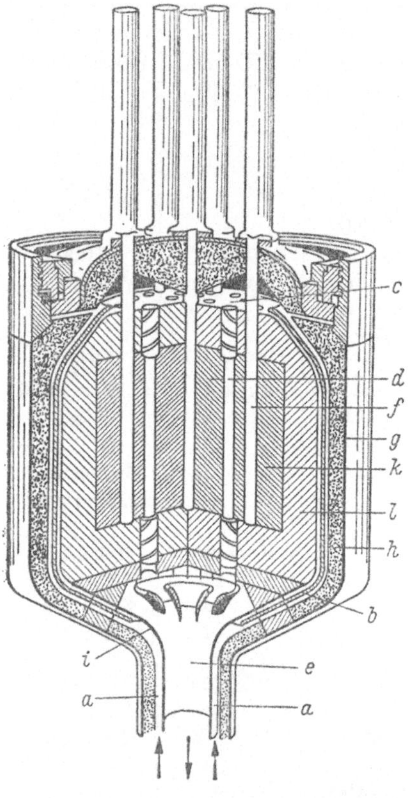

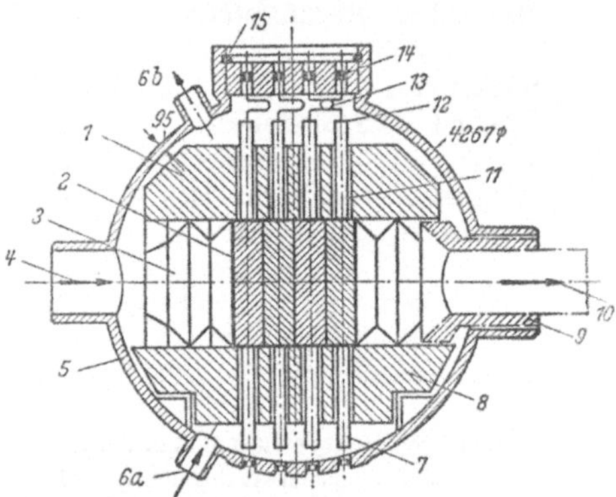

Abb. 98. Entwurf eines mit Stickstoff von 40 bis 60 at Druck gekühlten, berylliummoderierten 45 MW-Reaktors der Ford Instrument Co. für den Betrieb von geschlossenen AK-Gasturbinen.
a Gaseintritt, *b* thermischer Panzer, *c* Gaskammer, *d* Spaltstoffelemente, *e* Auslaß aus dem Reaktor, *f* Regulierstange, *g* Reaktorbehälter, *h* Wärmeisolierung, *i* Stahlummantelung des Reaktorkernes, *k* Berylliummoderator *l* Graphit-Reflektor.

Abb. 99. Entwurf eines gasgekühlten 50 MW-Reaktors des Brookh. Nat. Lab. (Entwurf II)[1].
1 = oberer Graphitreflektor, 2 = Reaktorkern, 3 = Einbauten zur Vergleichmäßigung des Gasdurchflusses, 4 = Eintritt des Stickstoffes, 5 = Reaktorbehälter (4267 mm i. D., 95 mm Wandstärke), 6a und 6b = Ein- und Austritt des Bi zum Kühlen der Reflektoren, 7 u. 11 = Anschlußrohre für die Apparatur zum Regenerieren der U/Bi-Lösung, 8 = unterer Graphitreflektor, 9 = Innenwärmeisolierung für den heißen Stickstoff, 10 = Austritt des erhitzten Stickstoffes, 11 = siehe unter 7, 12 und 13 = elastische Anschlußrohre der Spaltstoffelemente an die Regenerierungsapparatur, 14 = Durchführungen der Anschlußrohre an die Regenerierungsapparatur, 15 = Halterung für den Einsatzdeckel mit den Anschlußrohr-Durchführungen.

[1] Die Graphitreflektoren 1 u. 8 in Abb. 99 müssen am Eintritt des Stickstoffes bei 4 gasdicht an Wandung 5 anliegen.

nur etwa 60% des von einem graphitmoderierten Reaktor benötigten
Volumens einnimmt.

Bei der Wahl des Kühlgases spielen Rücksichten auf hohen thermischen Wirkungsgrad der Gasturbine und geringe Stufenzahl ihres Verdichters ebenso eine Rolle wie atomphysikalische (geringe Aktivierung des Gases), metallurgische (Nitrierung von Bauteilen aus nichtrostendem Stahl) und wohl auch regeltechnische Rücksichten. Man hielt s. Zt. sehr reinen Stickstoff alles in allem für das geeignetste Kühl- und Arbeitsmittel. Der Stickstoff strömt in Abb. 98 in den Reaktor bei a ein und gelangt nach Passieren des den Reaktorkern umhüllenden, gleichzeitig als thermischer Panzer dienenden Mantels b in Raum c, von wo er durch die senkrechten Bohrungen der Spaltstoffelemente d nach Auslaß e gelangt. f sind die Regulierstangen. Der druckfeste Reaktorbehälter g braucht nur eine verhältnismäßig kleine Wandstärke zu haben, weil der den Reaktorkern umhüllende, aus „kaltem" Stickstoff bestehende Mantel zusammen mit dem thermischen Panzer b und Isolierung h die Wandung vor nennenswerter Erwärmung schützen, so daß ihr Material erheblich höher belastet werden kann als bei manchen anderen Reaktoren. k ist der Graphit-Moderator, l der Graphit-Reflektor.

Der gleichfalls unmittelbar vom Stickstoff gekühlte würfelförmige Kern des Reaktors in Abb. 99 besteht aus 4 × 4 Graphitblocks mit horizontalen und senkrechten Bohrungen, Abb. 101, die durch Spezialzement miteinander dicht verbunden sind. Durch die horizontalen Bohrungen strömt der Stickstoff vom Eintritt 4 zum Austritt 10; die senkrechten Bohrungen sind mit stagnierendem, in geschmolzenem Wismut gelöstem UO_2 gefüllt. Nur ein kleiner Teil des Inhaltes wird umgepumpt und in einer besonderen, in Abb. 99 nicht dargestellten Apparatur kontinuierlich entgast und regeneriert. In Abb. 100 hängen der Reaktor und der Wärmeaustauscher zum Erhitzen des Stickstoffs in einer Bi-UO_2-Lösung, die dauernd umgepumpt wird, und sind allseits von einem Graphitreflektor oder bei Brutreaktoren von Thorium-Wismutschlamm umgeben.

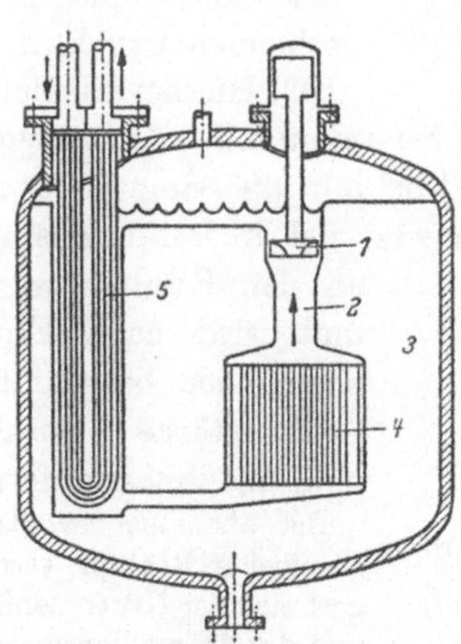

Abb. 100. Entwurf eines metallgekühlten 50 MW-Reaktors des Brookh. Nat. Lab. (Entwurf III). 1 = Umwälzpumpe, 2 = U-Bi-Lösung, 3 = Graphitreflektor, 4 = Reaktorkern, 5 = Wärmeaustauscher.

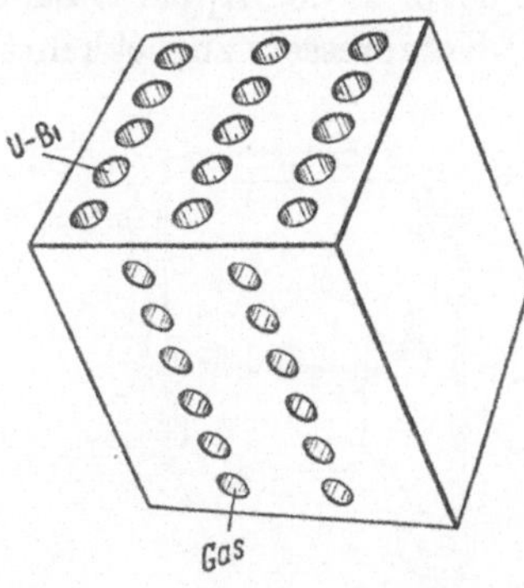

Abb. 101. Graphitblock von 381 mm Kantenlänge für den Reaktorkern 2 in Abb. 99.

Der Kern 4 in Abb. 100 besteht aus einem mit senkrechten Bohrungen versehenen Graphitblock von 1100 mm Durchm. Entgasung und Entgiftung erfolgen ebenso wie in Abb. 99. Reguliervorrichtungen sind bei Abb. 100 wegen des negativen Temperaturkoeffizienten nicht nötig.

Bei den Reaktoren nach Abb. 99 und 100 erfolgt das Regenerieren kontinuierlich. Hierbei muß das durch die Bestrahlung entstandene und möglicherweise durch den Graphit in den Stickstoff hineindiffundierte *Xenongas* entfernt werden, das infolge seines hohen Absorptionsquerschnittes, Tab. 8, die Reaktivität des Reaktors sehr stark verringert. Da es nur etwa 1% des umlaufenden Stickstoffes ausmacht, wird gemäß Abb. 102 ein kleiner Teilstrom des N abgezweigt und in einen Ausscheider

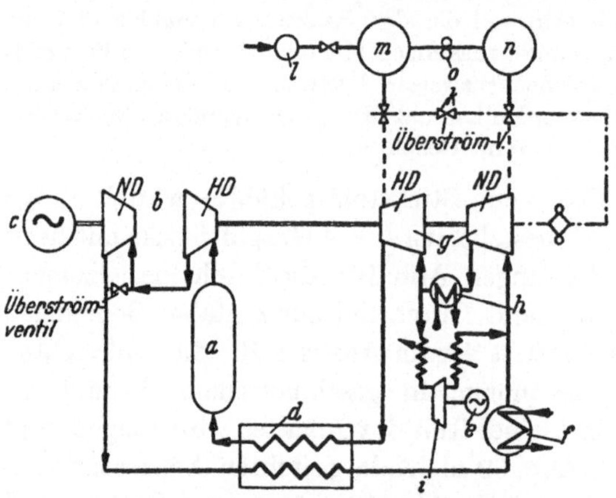

Abb. 102. Schaltschema eines durch Stickstoff gekühlten Reaktors und einer geschlossenen AK-Gasturbine
a Reaktor, *b* Gasturbine, *c* Generator, *d* Wärmeaustauscher, *e* Generator, *f* Vorkühler, *g* Kompressor, *h* Zwischenkühler, *i* Xenonfänger, *k* Überströmventil zwischen der HD- und ND-Stufe des Kompressors, *l* Zufuhr von Stickstoff, *m* HD-Stickstoff-Behälter, *n* ND-Stickstoff-Behälter, *o* Auflade-Kompressor.

geschickt, der aus einer Turbine i und einem ihr nachgeschalteten, vom Auspuff der Turbine gekühlten Oberflächenapparat besteht, Abb. 103. Der Teilstrom tritt bei a in ihn ein und expandiert in Turbine b, die einen kleinen Generator c antreibt, vom Druck am Eintritt in den HD-Kompressor auf den am Eintritt in den ND-Kompressor der Gasturbine herrschenden Druck, Abb. 102. Hierbei erleidet er

einen Temperatursturz und kühlt dann das bei a ankommende Gas stark ab, bevor es den Apparat bei d verläßt und bei e in die Saugleitung des ND-Kompressors zurückkehrt. Das Xenon setzt sich in festem Zustand an den Kühlrohren ab und wird nach Erreichen einer bestimmten Schichtstärke zusammen mit ihnen entfernt.

Bei abnehmender Belastung eines Reaktors verringert sich der Neutronenfluß und der Absorptionsmechanismus, der die Gleichgewichtskonzentration von ^{135}Xe zum Teil kontrolliert, verschwindet je nach der

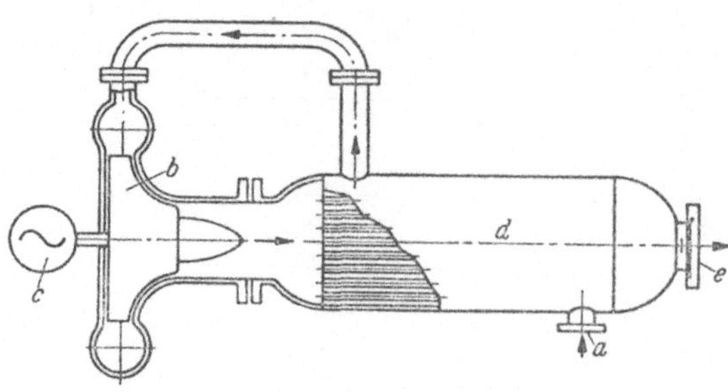

Abb. 103. Xenonfänger zu Abb. 102
a Eintritt des Xenon enthaltenden Stickstoffs, *b* Expansionsturbine, *c* Generator, *d* Kühlfläche, *e* Xenon-freier Stickstoff.

Höhe der Belastungsverringerung unter einer entsprechenden Verringerung der Reaktivität mehr oder weniger, Abb. 104. Nach völligem Abstellen können infolgedessen bis zu etwa 24 Stunden vergehen, bevor der Reaktor wieder hochgefahren werden kann. Abb. 19 zeigt den Verlauf der Reaktivität eines CO_2-gekühlten, graphitmoderierten, mit Natururan betriebenen Reaktors während eines Jahres nach Inbetriebsetzung.

Bei Abb. 100 besticht der einfache Aufbau des Reaktors, während der Wärmeaustauscher samt Zubehör eine wenig erwünschte Zugabe ist; bei Abb. 99 u. 101 könnte bei Undichtwerden der zusammenzementierten waagerechten Kühlkanäle der Graphitblocks U-Bi in den Stickstoff gelangen. Auch wird es nicht ganz einfach sein, eine auf die Dauer dichte Verbindung der Spaltstoff-Kanäle mit den zur Regenerierungsapparatur führenden Anschlußrohren zu erzielen; bei Abb. 98 wird der Reaktor durch die Notwendigkeit des periodischen Auswechselns der Spaltstoffelemente und die Reguliervorrichtung etwas kompliziert.

3. Wassergekühlte heterogene Siedewasserreaktoren. Zuerst werden Siedewasserreaktoren (BWR) mit natürlichem Umlauf, dann mit Zwangsumlauf und mit Zweidruckbetrieb arbeitende Reaktoren (dual cycle reactors, DCR) und zuletzt Preßwasserreaktoren (PWR) besprochen, wobei man zwischen H_2O- und D_2O-moderierten Reaktoren unterscheiden muß. Nach J. Cockcroft muß man sich bei großen BWR-Reaktoren auf unangenehme Unstabilitäten gefaßt machen, die aber bei den für Schiffsantriebe in Frage kommenden Leistungen nicht

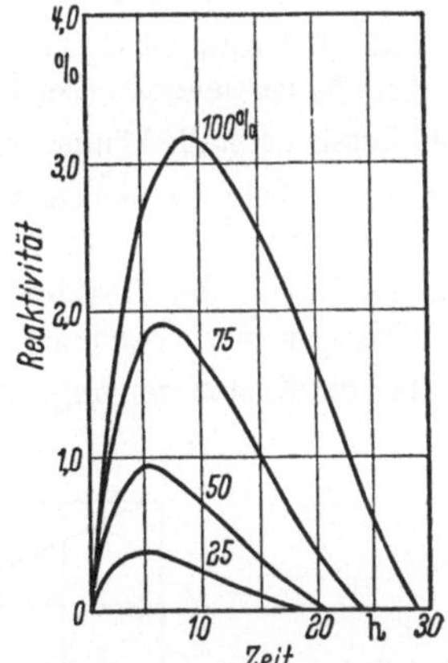

Abb. 104. Verringerung d. Reaktivität durch Xenon-Vergiftung bei Lastverringerung oder völligem Abschalten eines graphitmoderierten Reaktors. Nach Sir Ch. Hinton. Engr. v. 29. XI. 1957.

zu befürchten sind. Bei H_2O-Moderierung lassen sich Reaktoren von kleinerer Leistung bauen als bei D_2O-Moderierung, man braucht aber um so höher angereicherten Spaltstoff, je kleiner der Reaktor ist. Bei allen mit Wasser betriebenen Reaktoren ist die Korrosion durch Sauerstoff ein schwieriges Problem.

Sie rührt von der durch die radioaktive Strahlung ausgelösten Spaltung des Wassers in H und O her. Wasser von dem für Preßwasserreaktoren in Frage kommenden Druck (Temperatur) verhält sich gegenüber Spaltstoffelementen bzw. ihrer Umhüllung äußerst korrosiv. Nach A. B. McIntosh (England) sollen selbst sogenannte korrosionsfeste Spaltstoffe von heißem Wasser nur während einer gewissen Anlaufperiode langsam, dafür später um so katastrophaler korrodiert werden.

Bei wassermoderierten Reaktoren spielt der Umstand, ob sie mit Natururan (U) oder mit angereichertem Uran (U_a) arbeiten sollen, eine große Rolle, da man selbst bei leicht angereichertem Uran infolge des beträchtlich größeren Multiplikationsfaktors k in der Gestaltung des Reaktors weit freiere Hand hat. Beträgt z. B. der 235 U-Gehalt von angereichertem Uran 1,2 % (gegenüber 0,712 % von Natururan), so erhöht sich nach S. GLASSTONE der Faktor η in Gl. (27) von 1,3 auf fast 1,5, ferner werden mehr Neutronen vom Spaltstoff eingefangen, so daß der Multiplikationsfaktor k_∞ alles in allem um mindestens 15 % zunimmt. Bei einem heterogenen Natururan-Wasserreaktor, bei dem $k_\infty = 0{,}97$ festgestellt wurde, ist bei 1,2 % Anreicherung der relativ hohe Wert von mindestens $k_\infty = 1{,}15$ zu erwarten. Man kommt daher bei H_2O und bei 1,2 % 235 U-Anreicherung mit annähernd demselben Reaktorvolumen aus wie bei D_2O und Natururan. Angereicherter Spaltstoff bietet also folgende Vorteile vor Natururan:

1. Die kritische Masse läßt sich mit einem geringeren Reaktorvolumen erreichen, weshalb Reaktoren unter einer gewissen Leistung nur mit angereichertem Spaltstoff gebaut werden können;

2. mit hoch angereichertem Spaltstoff sind die größten spezifischen Reaktorleistungen erzielbar;

3. als Moderator ist H_2O trotz seines verhältnismäßig hohen Absorptionsquerschnittes σ_a verwendbar (bei H_2O ist $\sigma_a = 0{,}66$ barn, bei D_2O ist $\sigma_a = 0{,}0011$ barn);

4. flüssige Metalle können zur Reaktorkühlung benutzt werden;

5. auch Stoffe wie nichtrostender Stahl können für die Patronenhülsen in Betracht kommen;

6. im Innern des Reaktors darf mehr Stahl und ähnliches Baumaterial als bei Natururan vorhanden sein.

Über die Kosten von angereichertem Spaltstoff wird später berichtet.

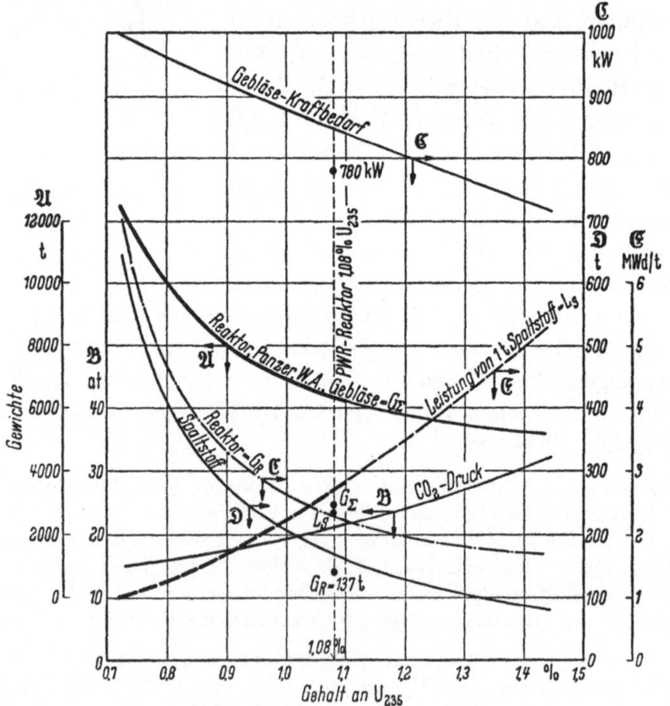

Abb. 105. Hauptwerte eines CHR- u. PWR-Reaktors für 16 000 kW Nutzleistung (Schiffsantrieb) bei Spaltstoffen mit verschied. 235 U-Gehalt. Nach Engng. v. 1. XI. 1957. PWR-Reaktor $\eta = 23\%$; CHR-Reaktor $\eta = 24\%$.

Nach T. W. F. Brown nehmen die Gewichte des Spaltstoffes und des Reaktors ausschl. bzw. einschl. Panzerung, Wärmeaustauscher und Gebläse bei einem graphitmoderierten Reaktor (CHR) selbst bei einer geringen Anreicherung des Spaltstoffes sehr stark ab, Abb. 105. Über eine Anreicherung von wesentlich mehr als 1,1% 235 U wird man aber möglicherweise wegen zu starker Erwärmung des Spaltstoffes nicht gehen können. Interessant ist ein Vergleich der für einen 235 U-Gehalt von 1,08% angegebenen Werte eines PWR-Reaktors mit denjenigen eines CHR-Reaktors in Abb. 105.

H_2O-moderierte sowie natriumgekühlte Reaktoren können nur mit angereichertem Spaltstoff arbeiten.

α) 15 MW-U_a HW-Versuchsreaktor (Argonne Nat. Lab.). Der mit natürlichem Wasserumlauf bei 21 at Dampfdruck arbeitende, mit auf 90% 235 U-Gehalt (!) angereichertem Spaltstoff betriebene 15 MW-Siedewasserreaktor (3500 kW elektr. Leistung) in Abb. 106 u. Tab. 30 wurde vom Argonne National Laboratory gebaut, um Unterlagen für die Konstruktion großer Siedewasserreaktoren zu gewinnen. Sein Querschnitt ähnelt Abb. 78. Das Wasser steigt in den seinen Kern bildenden Spaltstoffpaketen, Abb. 66, 67, hoch und strömt dann durch den ringförmigen Raum zwischen Kern und Reaktorbehälter, der gleichzeitig als Reflektor dient, wieder nach unten; das Speisewasser wird dem rücklaufenden Wasser durch ein ringförmiges Verteilungsrohr zugeführt, a in Abb. 106. Der entwickelte Sattdampf geht direkt zur Turbine. Damit sie nicht in stärkerem Maße „vergiftet" werden kann, kommt es bei derartigen Siedewasserreaktoren besonders auf eine solche Ausführung der Spaltstoffhülsen an, daß nach ihrem Undichtwerden keine nennenswerten Spaltstoffmengen innerhalb kurzer Zeit in das Wasser geraten können, damit nach Ansprechen der das Eindringen der ersten Spuren von Spaltstoff in das Wasser bzw. in den Dampf anzeigenden Instrumente noch genügend Zeit zum

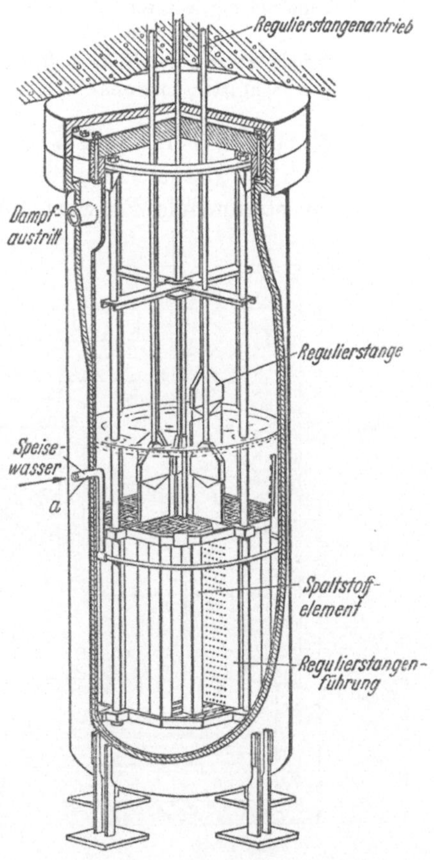

Abb. 106. H_2O-gekühlter und -moderierter 15 MW - Versuchs - Siedewasserreaktor Borax 3 des Argonne Nat. Lab. 8/P/851. Tab. 30.

Absperren der Turbine vom Reaktor verbleibt. Die unterbringbare Größe des Dampfdurchflußquerschnittes der Spaltstoffpakete begrenzt die erreichbare Leistung. Der während des Betriebes sich bildende Sauerstoff übertrifft alle anderen Korrosionsquellen an Stärke. Die aus Hafnium oder Bor bestehenden Regulierstäbe haben plattenförmige, die Cadmium-Regulierstäbe kreuzförmige Gestalt.

Tabelle 30. *Kennwerte des 15 MW-U_aHW-Versuchsreaktors d. Argonne Nat. Lab.* Abb. 106. (8/P/851)

Dampfdruck im Reaktor	21 at
Durchm. des Reaktorbehälters	1330 mm
Höhe „ „	4900 mm
Wandstärke „ „	19 mm
Material „ „	nicht rostender Stahl
Spaltstoffart	hochangereich. Uran (90 % 235 U)
Gewicht der Spaltstoff-Füllung.	11,8 kg
Wärmeleistung je Liter Kernvolumen . .	$20 \div 30$ kW/l
„ je Liter Wasser im Kern .	$30 \div 40$ kW/l
Wärmebelastung der Spaltstoffplatten durchschnittl. / maximal	110000 / 250000 kcal/m²h

β) 100 MW-U/UaHW-Reaktor (Amer. M. a. F. At.Corp.). Der in Abb. 107 dargestellte, von der *American Machine a. Foundry Atomics Corp.* stammende Entwurf eines 20000 kW-Atomkraftwerkes, dessen

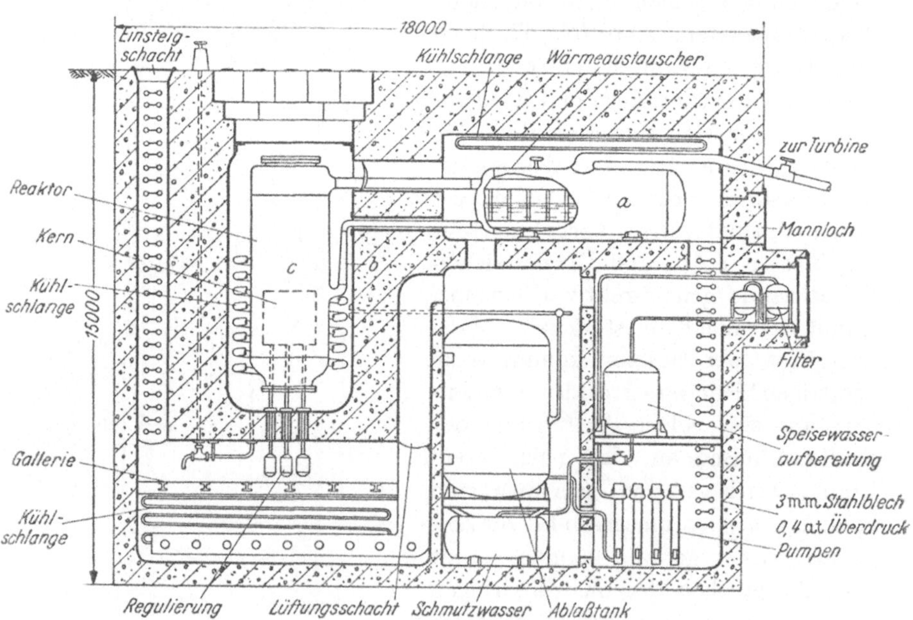

Abb. 107. Schnitt durch ein 20000 kW-Atomkraftwerk mit 100 MW-Siedewasserreaktor der American Machine a. Foundry Atomics Corp. (Tab. 31).

Reaktor gleichfalls natürlichen Wasserumlauf hat, ist für Anlagen mit 10000 bis 20000 kW elektrischer Leistung bestimmt. Er arbeitet nach demselben Prinzip wie der unter 3α) beschriebene Reaktor, aber unter einem Druck von 84 at. Der 84 at-Dampf stömt zu einem Wärmeaustauscher a mit senkrechten Heizflächen, der den zur Turbine strömenden Sattdampf von 45 at erzeugt. Er wird in einem ölgefeuerten, in der Abbildung nicht dargestellten Überhitzer überhitzt. Radioaktiver Dampf gelangt also nicht in die Turbine. Das Kondensat des Heizdampfes fließt infolge seiner Schwere durch Leitung b in den Reaktor c zurück. Die ganze Anlage ist in einem kompakten, durch dicke Betonwände nach außen abgeschirmten Block von $5 \times 18 \times 15$ m Kantenlänge zusammengefaßt. Die aus Natururan bestehenden Spaltstoffpakete mit einer höchsten Oberflächentemperatur von rd. 305° C sind mit Zirkonium umkleidet; eine gewisse Anzahl von aus angereichertem Uran bestehenden Paketen dient zur Vergrößerung der Reaktivität.

Tabelle 31. *Anlagekosten eines Atomkraftwerkes von 20000 kW nutzbarer elektrischer Leistung mit einem heterogenen U/U_aHW-Reaktor nach Abb. 107. Nach G. J. STABER, F. H. HOLZER und J. MACPHEE (Power, IX. 1955)*

Fall		I	II	III	IV
Mit oder ohne ölgefeuerten Überhitzer		ohne	mit	ohne	mit
Druck des Arbeitsdampfes ..	atü	44	42	44	42
Temperatur des Arbeitsdampfes	° C	Satt-dampf	440	Satt-dampf	440
Spaltstoff	natürliches und etwas angereichertes Uran				
Moderator		H_2O	H_2O	D_2O	D_2O
Wärmeleistung des Reaktors	MW	74,6	51,7	74,6	51,7
Wirkungsgrad der Anlage bezogen auf 1 nutzb. kWh η_{eff}	%	26,5	30,1	26,5	30,1
Kosten der Reaktoranlage einschl. Überhitzer	10^6 DM	12,5	11,6	13,7	12,6
Kosten der Turbinenanlage einschl. Kosten des Spaltstoffes und seiner Regenerierung ...	10^6 DM	7,1	8,0	7,1	8,0
Gesamtkosten	10^6 DM	19,6	19,6	20,8	20,6
Anlagekosten von 1 installierter kW Kraftwerksleistung ..	rd. DM/kW	925 (?)[1]	925 (?)[1]	985 (?)[1]	975 (?)[1]
Gesamte Erzeugungskosten einer nutzbaren kWh bei 80% Belastungsfaktor, 4 Mann Bedienung/Schicht und 15% Kapitaldienst	Pfg/kWh	4,05	4,00	4,11	4,07

[1] Die Fragezeichen in Tab. 31 und in den folgenden Tab. deuten die etwas fragwürdige Größe der angegebenen Anlagekosten an, s. S. 97.

Der reichliche Wasservorrat im Wärmeaustauscher erleichtert durch seine Pufferwirkung die Regulierung der Anlage; durch Verändern des Wasserstandes im Wärmeaustauscher läßt sich ein konstanter Druck des 45 at-Dampfes aufrechterhalten. STABER, HOLZER und MACPHEE geben für ein 20000 kW-Atomkraftwerk der in Abb. 107 dargestellten Bauart der Werte von Tab. 31 an.

Tab. 31 zeigt, daß sich bei so kleinen Anlagen bei den heutigen D_2O-Preisen Moderierung durch schweres Wasser nicht lohnt. Unglaubwürdig erscheint, daß bezogen auf 1 kW elektr. Nutzleistung Anlagen

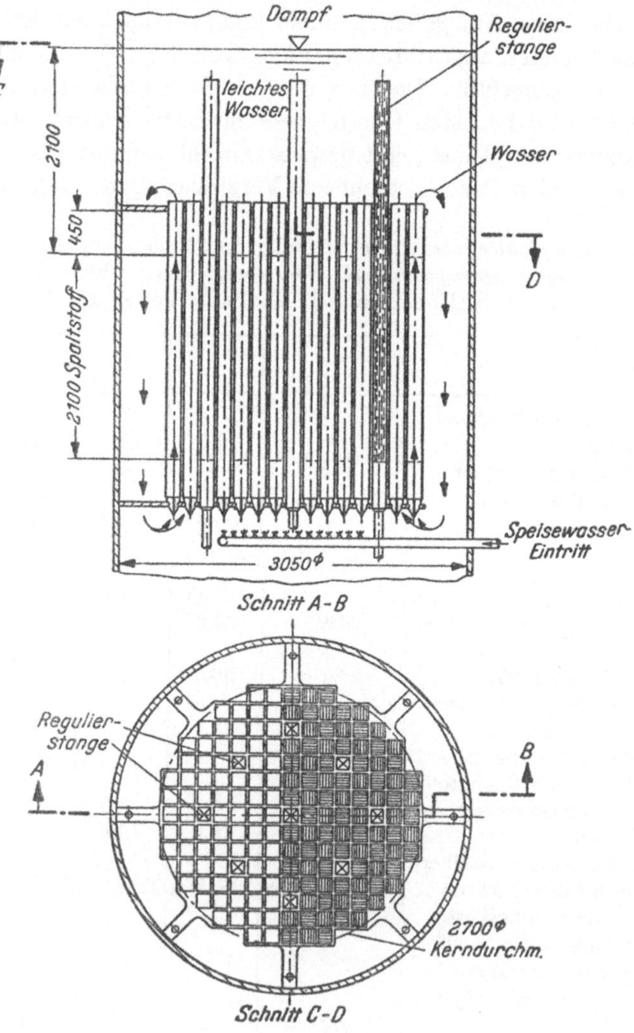

Abb. 108. Schnitt durch 250 MW-H_2O-Siedewasserreaktor mit natürlichem Wasserumlauf für 42 at Dampfdruck des Argonne Nat. Lab. Nach ISKANDERIAN u. Mitarbeitern. 8/P/495 (Tab. 32).

mit ölgefeuerten Überhitzern nicht fühlbar billiger werden sollen als
solche ohne Überhitzer.

γ) 250 MW-UaHW-Reaktor (Argonne Nat. Lab.). Die beiden in
Abb. 108 und 109 dargestellten 250 MW- und 1000 MW-Reaktoren mit
natürlichem Wasserumlauf sind Studienentwürfe. Auf den 1000 MW-
Reaktor wird in Abschn. 4ζ) zurückgekommen. Die Spaltstoffpakete des
250 MW-Reaktors ähneln denen in Abb. 66, 67, diejenigen des 1000 MW-
Reaktors zeigten Abb. 71 bis 73. Damit der Naturumlauf kräftiger wird,

sind die Pakete des 250 MW-Reaktors kürzer als beim 1000 MW-
Reaktor, was einen verhältnismäßig größeren Gesamtquer-
schnitt der Kühlkanäle ermöglicht, Pos. 17 in Tab. 32. Es wurde
angenommen, daß das umlaufen-
de Wassergewicht das 30 fache des
erzeugten Dampfgewichtes beträgt und daß je Liter Wasserinhalt des Reaktors 40 kW Wärme
erzeugt werden können. Nach Ansicht der Verfertiger der Entwürfe
würde sich offenbar wegen der nur
etwa halb so schweren Spaltstofffüllung, Pos. 15, Fall I und II in
Tab. 32, auch beim 250 MW-Reaktor Zwanglauf lohnen. Sie be-
tonen ferner, daß bei Moderierung
durch HO_2 Spaltstoff und Moderator viel gleichmäßiger verteilt
sein müssen als bei D_2O, wenn
die erforderliche Anreicherung des
Spaltstoffes in tragbaren Grenzen
gehalten und die Bildung „heißer"
Stellen vermieden werden soll,
was die Konstruktion des Kernes
und der Regelvorrichtungen er-
schwere. Für sehr kleine Leistungen sei aus atomphysikalischen
Gründen H_2O überlegen, bei etwa
200 MW Leistung seien H_2O und
D_2O als Moderatoren etwa gleichwertig, bei 1000 MW-Leistung
verdiene D_2O den Vorzug.

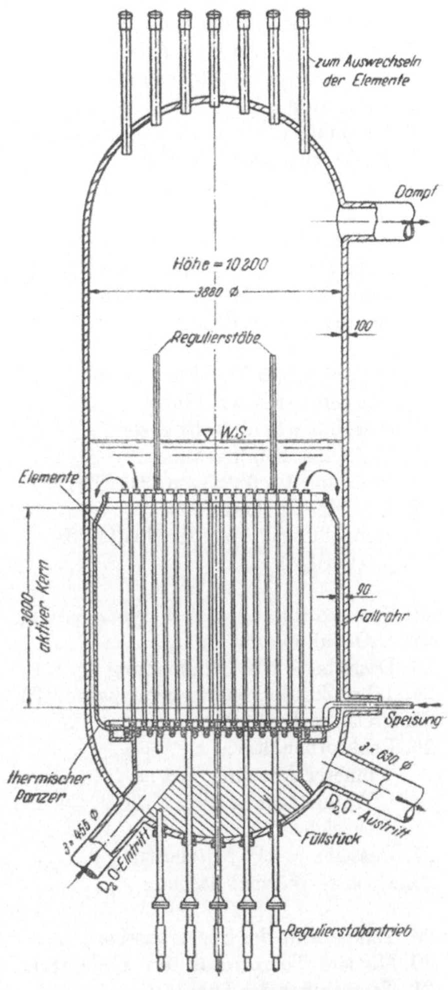

Abb. 109. D_2O-moderierter und -gekühlter mit natürlichem Wasserumlauf arbeitender 1000 MW-Siedewasserreaktor für 42 at Dampfdruck des Argonne
Nat. Lab. Nach Iskanderian, Treskow u. West.
8/P/495 (Tab. 32, Abb. 71 bis 73).

Tabelle 32 u. 33. Heterogene U_a HW-Siedewasserreaktoren für 1000 MW- und 250 MW-Leistung des Argonne Nat. Lab. mit D_2O- und mit H_2O-Moderierung u. -Kühlung. (Jahr 1955). Nach ISKANDERIAN, TRESKOW und WEST (Conf. 8/P/495[1])

Fall		I	II	III
1. Art des Wasserumlaufes		Naturumlauf	Zwangsumlauf	Naturumlauf
Hat die Anlage einen Wärmeaustauscher		nein	nein	nein
2. Wärmeleistung des Reaktors	MW	250	250	1000
3. Elektrische Gesamtleistung	kW	67 500	67 500	270 000
4. Elektrische Nutzleistung	kW	62 500	61 000	248 000
5. Druck des erzeugten Arbeitsdampfes = Druck im Reaktorbehälter	ata	42	42	42
6. Moderator		H_2O	H_2O	D_2O
7. Kühlmittel		H_2O	H_2O	D_2O
8. Reaktorbauart nach Abb.		108	108	109
9. Bauart der Spaltstoffelemente nach Abb.		66, 67	66, 67	71÷73
10. Zahl der Spaltstoffelemente	z	168	90	295
11. Äuß. Durchm. der Spaltstoffelemente	mm	125	125	150
12. 235 U-Gehalt des Spaltstoffes	%	1,10	1,15	0,71
13. Art des Spaltstoffes	angereich. Uran + Zusatz von 90prozentigem 235 U			natürl. Uran
14. 90prozentiges 235 U je t Uran	g/t	700	1000	—
15. Gewicht der Uranfüllung	t	72	36	43,4
16. Stärke der Spaltstoffplatten	mm	12,7	12,7	3,8
17. Weite der Kühlkanäle	mm	17,8	7,6	8,9
18. Preis von 1 g 90%igem 235 U[6]	DM/g	63÷126	63÷126	—
19. Preis des Spaltstoffes[6]	DM/kg	435÷720	475÷780	170
20. Herstellungskosten der Spaltstoffplatten[4], [6]	DM/kg	210	210	280
21. Spaltstoffüllung je kW Nutzleistung	kg/kW	1,15	0,59	0,175
22. D_2O-Füllung der Anlage	t	—	—	120
23. Dasselbe je kW Nutzleistung	kg/kW	—	—	0,48
24. Jährl. Zufuhr von frischem Spaltstoff[2]	t/Jahr	7,3	7,3	29,2
25. Preis des D_2O[3], [6]	DM/kg	—	—	260[3]
26. Reaktorbehälter: innerer Durchm.	mm	3640	2750	4620
Wandstärke	mm	—	—	100
Gewicht	t	—	—	103
27. Dasselbe je kW Nutzleistung	kg/kW	—	—	0,415
28. Höchste Wärmebelastung	10^6 kcal/m^2h	1,75	1,75	1,95
29. Temperatur des Speisewassers	°C	—	—	32
30. Mittlere Temperatur des Moderators	°C	250	250	93
31. Temperatur des Dampfes	°C	250	250	250
32. Dampfgehalt des Kühlwassers am Austritt aus der beheizten Strecke der Kühlkanäle	Vol. %	50	50	80

Tabelle 32 u. 33 (Fortsetzung)

Fall		I	II	III
33. Anlagekosten des Kraftwerkes je kW installierte Leistung einschl. Spaltstoff- und D_2O-Füllung	DM/kW	1605(?)[5,7]	1690(?)[5,7]	1050(?)[5,7]
34. Gesamterzeugungskosten des nutzbar erzeugten Stromes (einschl. Kapitaldienst und Bedienung)	Pf/kWh	6,41÷7,42	6,17÷7,05	3,22
35. Davon entfallen auf:				
35a Kapitaldienst des Kraftwerkes	Pf/kWh	2,85	3,03	1,77
36. Kapitaldienst der Uranfüllung	Pf/kWh	1,25÷1,77	0,67÷0,97	0,13
37. Kapitaldienst der D_2O-Füllung	Pf/kWh	—	—	0,21
38. Bedienung	Pf/kWh	0,96	0,96	0,38
39. Verbrauch an natürlichem Uran	Pf/kWh	1,10÷1,50	1,17÷1,63	0,68
40. Verbrauch an angereichertem Uran .	Pf/kWh	0,25÷0,34	0,34÷0,46	—
41. Verbrauch an D_2O	Pf/kWh	—	—	0,05
42. Bruterlös	Pf/kWh	—	—	rd. 0,9

[1]) Nummer der Berichte von der Atomkonferenz in Genf im Jahre 1955.

[2]) Falls der Spaltstoff nach einer Energieabgabe von 10000 MW d/t ausgewechselt werden muß. Um diese Zeit zu erreichen, muß bei H_2O-moderierten Reaktoren dem Spaltstoff verhältnismäßig viel 235 U zugesetzt werden.

[3]) Vor ein paar Jahren rechnete man noch mit 700 bis 900 DM/kg.

[4]) Ein erheblicher Teil dieser Kosten rührt von der Verwendung des sehr teuren Zirkonium für die Spaltstoffumhüllung her.

[5]) D_2O-Kraftwerk kostet rd. 105 DM/kW mehr als H_2O-Kraftwerk gleicher Leistung. (Infolge der weit höheren Anforderungen an die Dichtigkeit des Systems.)

[6]) Von den Verfassern geschätzte Preise.

[7]) Siehe Fußnote zu Tab. 31.

δ) **Zweidruck-Naturumlauf-Siedewasserreaktoren.** Der Wasserinhalt eines normalen Siedewasserreaktors moderiert bei plötzlicher Belastungszunahme infolge seines zunehmenden Dampfgehaltes zunächst etwas weniger stark als vorher, d. h. gerade in dem Augenblick, in dem er mehr Leistung hergeben soll, geht sie etwas zurück. Da der Regulierungsmechanismus aber nicht momentan einwirkt, treten Lastpendelungen auf, die in heftige Oszillationen übergehen können, wenn durch „Aufkochen" Reaktorwasser in den Dampfraum des Reaktors hochgeschleudert und dadurch die Moderierung geschwächt wird. Bei Zurückfallen dieses Wassers nimmt die Leistung wieder plötzlich zu. Derselbe Vorgang oder Wasserverluste durch Leckagen können aber u. U. eine gegenteilige Wirkung haben,

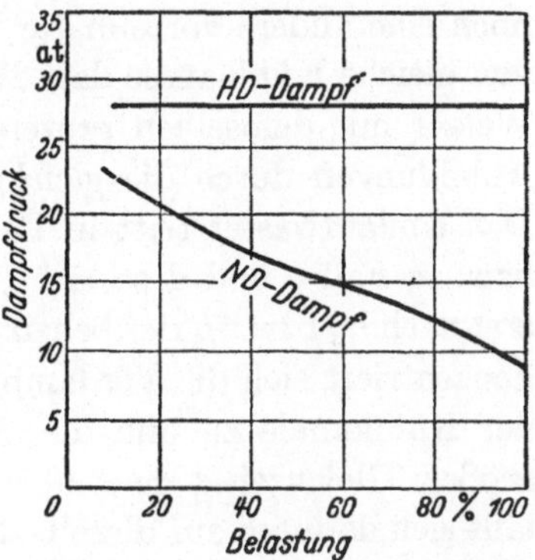

Abb. 110. Druckverlauf im Reaktorkern und im Entspannungsgefäß eines Zweidruckreaktors nach Abb. 111. Nach R. E. ZOLLER

weil durch das H_2O weniger Neutronen absorbiert werden ($\sigma_a = 0,66$ barn), siehe Tab. 8. Diese Erscheinungen sind bei Zweidruckreaktoren schwächer, die aus einem HD-Teil bestehen, in dem der Dampfdruck (und damit auch der Dampfgehalt) des Reaktorwassers sich bei Lastschwankungen nur wenig ändert, während der Druck des zum Aufnehmen der Belastungsschwankungen des Werkes dienenden ND-Dampfes mit zunehmender Belastung fällt, wobei die ND-Trommel als eine Art Wärmespeicher dient, Abb. 110. Der ND-Dampf wurde früher dadurch erzeugt, daß man der HD-Trommel entnommenes Wasser durch Herabdrosseln in einem Entspannungsgefäß ausdampfen ließ und den nicht verdampften Anteil des Wassers in den Reaktor zurückpumpte (flash type reactors). Jetzt pumpt man nach Abb. 111 HD-Wasser durch einen Wärmeaustauscher d, in dem der ND-Dampf erzeugt wird. Alles übrige zeigt Abb. 111.

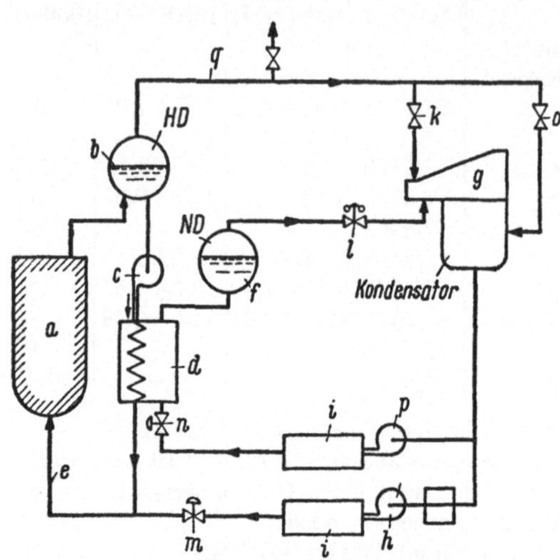

Abb. 111. Schaltschema d. PWR-Zweidruck-(70/42 at) H_2O-Siedewasserreaktors für 180000 kW-Kraftwerk Dresden d. Commonwealth Edison Co., Chicago. Nach Paper 56-A-169.
a Reaktor, b HD-Trommel, c Umwälzpumpe, d ND-Dampferzeuger, e Eintritt d. unterkühlten H_2O in a, f ND-Trommel, g Turbine, h Kondensatpumpe, i Speisewasservorwärmer, k Regulierventil, l ND-Regulierventil, m Regulierventil für Wasserstand in b, n desgl. für f, o Kurzschlußventil.

Die Herabsetzung der Eintrittstemperatur des Wassers in den Reaktor durch das in Wärmeaustauscher d unterkühlte Umlaufwasser hat aber noch eine andere vorteilhafte Wirkung. Fall a bis d in Abb. 112 stellen vier gleiche Kühlkanäle dar, die jeweils so stark beheizt sind, daß sie das Wasser mit demselben prozentualen Dampfgehalt verläßt, was in den Abbildungen durch die gleiche Zahl von Dampfblasen angedeutet ist. Das Umlaufwasser tritt in Fall a mit Sättigungstemperatur, in Fall b bzw. in Fall c und d so tief „unterkühlt“ ein, daß seine Verdampfung erst nach $^1/_3$ bzw. $^2/_3$ der beheizten Kühlkanalhöhe beginnt. Infolgedessen konzentriert sich die Verdampfung immer mehr nach dem oberen Ende der Kühlkanäle zu und die Wärmeaufnahme des Kanals wird immer größer. Gleichzeitig geht aber die Umlaufgeschwindigkeit zurück. Sie läßt sich dadurch auf dieselbe Stärke wie in Fall a bringen, daß man auf die beheizten Kühlkanäle Überhubrohre (chimneys) aufsetzt, die etwa $^2/_3$ so hoch wie letztere sind, Fall d. Die Wärmeleistung der beheizten Kühlkanalstrecke bzw. des ganzen Reaktors wird dann in Fall d ein Mehrfaches derjenigen von Fall a, weil erheblich mehr Wasser zufließt. Durch Unterkühlen und durch Überhubrohre läßt sich die Wärmeleistung von etwa 10 kW/l auf etwa 45 kW/l erhöhen. Zweidruckreaktoren sind betriebssicherer und vom guten Arbeiten des Reguliermechanismus wesentlich unabhängiger als normale Siedewasserreaktoren und schützen die Spaltstoffpatronen und das Reaktorgefäß besser vor schnellen Temperaturschwankungen. Abb. 113 zeigt die Abnahme der Reaktivität eines Siedewasserreaktors mit zunehmendem Dampfgehalt des Wassers. Er darf

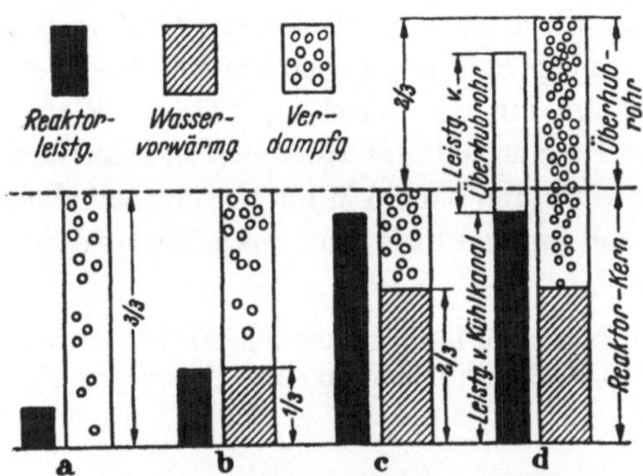

Abb. 112 a—d. Einfluß der Unterkühlung des Wassers und von Überhubrohren auf die Leistung von Reaktoren mit natürlichem Wasserumlauf. Nach S. A. UNTERMYER.

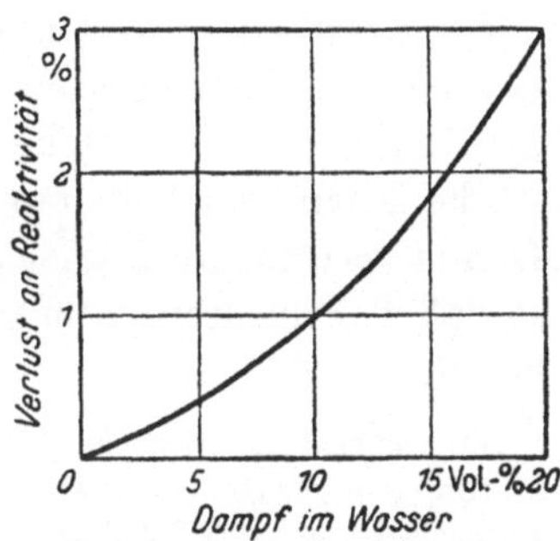

Abb. 113. Geschätzter Einfluß des Dampfgehaltes von Reaktoren mit natürlichem Wasserumlauf auf die Reaktivität eines Reaktors. Nach S. A. UNTERMYER.

aus atomphysikalischen Gründen und im Interesse des einwandfreien Arbeitens einen bestimmten Prozentsatz nicht überschreiten, s. Pos. 32 in Tab. 32 u. 33.

ε) UaHH-Naturumlauf-Siedewasserreaktor im Kraftwerk Dresden. Beim General-Electric Co.-Reaktor des 180000 (192000) kW-Kraftwerkes Dresden der Commonwealth Edison Co., Chicago (Fall VI in Tab. 27 u. 28), werden die Spaltstoffelemente nach oben ausgebaut, Abb. 114, 114a. Der im Reaktor erzeugte HD-Dampf strömt unmittelbar zur Turbine, weil sich gezeigt hat, daß ihr Inneres schon kurze Zeit nach dem Abstellen besichtigt und im Bedarfsfall durch Auswaschen auf einfache Weise „entgiftet" werden kann. Auch dem Reaktor-Wasserkreislauf können Entgiftungsmittel zugeführt werden. Bei 70 atü Druck des HD-Dampfes wird bezogen auf die nutzbar abgegeb. Leistung ein Wärmeverbrauch von 2975 kcal/kWh erwartet. Lastschwankungen zwischen 60 und 100% sind zulässig.

Der Spaltstoff besteht aus zylindrischen Stäbchen aus gesintertem, leicht angereichertem UO_2 (1,5% 235 U-Gehalt), die in Zircaloy 2-Rohren von 12,5 mm Durchm. und 2840 mm Länge stecken. 25 Rohre sind in einem 90×90 mm messenden Zircaloy-Kasten ähnlich wie in Abb. 71 bis 76 untergebracht. 700 solcher Rohre mit insgesamt 60 t Uran bilden ähnlich wie in Abb. 119 den Reaktorkern. Der Brutfaktor wird mit 0,6 angegeben. Da die UO_2-Stäbchen sehr hohe Temperaturen vertragen, spielt es keine Rolle, daß sie mit dem Wasser bzw. den Wandungen der 90×90 mm-Kästen nicht in unmittelbare Berührung kommen. Weitere Daten des Reaktors bringt Fall VI in Tab. 27 u. 28. Jeweils 20% der Elemente sollen während des Wochenendes alle 6 Monate gegen frische ausgewechselt werden, wofür nur ein paar Stunden nötig sind. Für das Auswechseln sämtlicher Elemente wird für einen allerdings kleineren Reaktor eine Zeit von 48 Stunden und einschl. des Abkühlens und Wiederaufwärmens des Reaktors von 72 Stunden angegeben. Der Reaktor ist in einer druckdichten Stahlkugel von 57 m Durchm. und 32 mm Wandstärke untergebracht. Nach dem heutigen Stand der Technik lassen sich Reaktoren vom Dresden-Typ bis zu etwa 600 MW Wärmeleistung bauen.

Der Kraftbedarf der Umwälzpumpen wird mit rd. 4% der Kraftwerksleistung, der Wirkungsgrad der Anlage mit 26% angegeben. Der Reaktorbehälter hat 12,8 m Höhe, 3,65 m inneren Durchm., 127 mm Wandstärke. Nach dem Anhalten der Turbine soll ihre durch den radioaktiven Dampf verursachte Radioaktivität schon nach 5 Minuten verschwinden, so daß Turbinenreparaturen nach kurzem Stillstand ausgeführt werden können.

Die General Electric Co. gibt für einen solchen Reaktor mit 40 MW Wärmeleistung eine elektr. Nutzleistung von 10600 kW und einen auf sie bezogenen Wirkungsgrad von etwa 26% an.

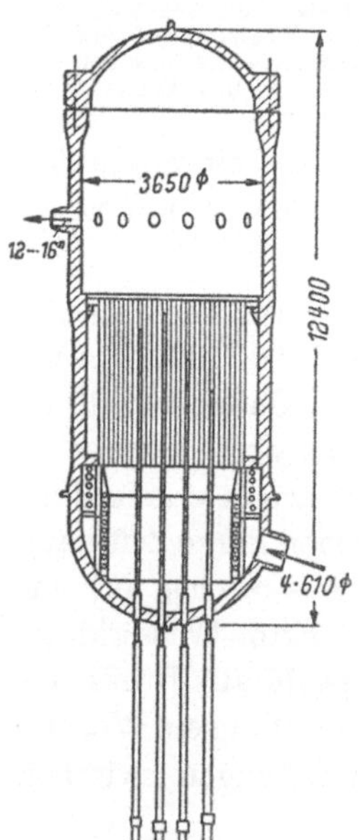

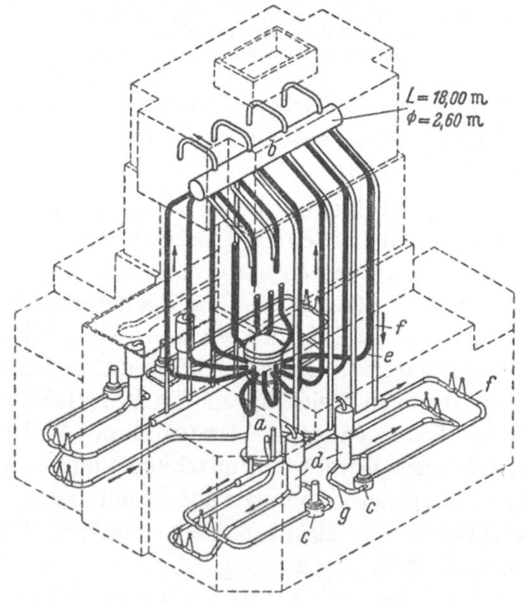

Abb. 114. 627 MW-BWR-Zweidruckreaktor für 70 at Druck des 180000 kW-Kraftwerkes Dresden d. Commonwealth Edison Co., Chicago. Nach Paper 56-A-169.

Abb. 114a. 627 MW-Zweidruck-Siedewasserreaktor d. General Electric Co. für 180000 kW-Kraftwerk Dresden d. Commonwealth Edison Co., Chicago.
a Siedereaktor; b HD-Kesseltrommel; c Umwälzpumpe; d ND-Dampferzeuger; e Verbindungsrohre zwischen a u. b; f Verbindungsrohre zwischen b u. c; g Verbindungsrohre zwischen c u. a. (Buchstaben a, b, c, d stimmen mit Abb. 111 überein).

ξ) UaHWP-Entspannungsreaktor (flash type reactor). Die beschriebenen unangenehmen Nebenerscheinungen von Dampfblasen lassen sich natürlich auch vermeiden, wenn man das gesamte im Reaktor auf Sättigungstemperatur gebrachte Wasser durch Herunterdrosseln auf einen tieferen Druck ausdampfen läßt und das nicht verdampfte Wasser ebenso wie beim Zweidruck-Siedewasserreaktor zusammen mit dem Speisewasser in den Reaktor zurückpumpt. *Kay und Hutchinson* haben berechnet, welche Verhältnisse sich dann bei 63 at Reaktordruck bei verschiedenem Ausdampfdruck verglichen mit einem Siedewasserreaktor ergeben, Tab. 34. Bereits in Fall III, bei dem der theoretische thermische Wirkungsgrad schon um 2,7 Punkte (8%) schlechter ist als bei einem Siedewasserreaktor, würde die Umwälzwassermenge sehr groß werden.

Tabelle 34. Theoretischer Vergleich von Entspannungs- und Siedewasserreaktoren
Nach KAY und HUTCHINSON (Engr. vom 30. XII. 1955)

Fall	I	II	III	IV	V
Reaktorbauart	Entspannungs-Reaktor				Siede-wasser-reaktor
Druck im Reaktor . at	63	63	63	63	63
Druck im Entspannungs-gefäß . . . . . . at	35	42	49	56	—
Speisewassertemperatur °C	165	174	183	191	191
Wärmeentwicklung im Reaktor je kg Dampf kcal/kg	582	572	558	546	555
Theoretischer thermischer Wirkungsgrad . . . %	30,0	30,5	31,1	31,7	33,8
Umgewälztes Wassergewicht . . . . . . t/s	2,38	3,28	4,66	11,5	—
Umgewälztes Wassergewicht : verdampftes Wassergewicht	9,8	13,2	20,2	40,7	—

4. Heterogene Preßwasserreaktoren. α) Allgemeines. Der unter 3β) beschriebene U/UaHW-Reaktor, Abb. 107, wird durch Wasser von 84 at Druck mittels Naturumlauf gekühlt. Bei großen Preßwasserreaktoren ist aber Zwangsumlauf geeigneter, weil man dann einen beliebig großen Widerstand in den Spaltstoffpaketen überwinden und infolge der dadurch ermöglichten größeren Wassergeschwindigkeit eine höhere spezifische Wärmeleistung des Reaktors und eine zweckmäßigere Verteilung des Wassers über den Querschnitt des Reaktorkernes erzielen kann. Diesem Vorteil steht der u. U. große Kraftbedarf der Umwälzpumpen und die Notwendigkeit gegenüber, entweder normale Pumpen mit etwas komplizierten Stopfbüchsen der Pumpenwelle oder stopfbüchsenlose

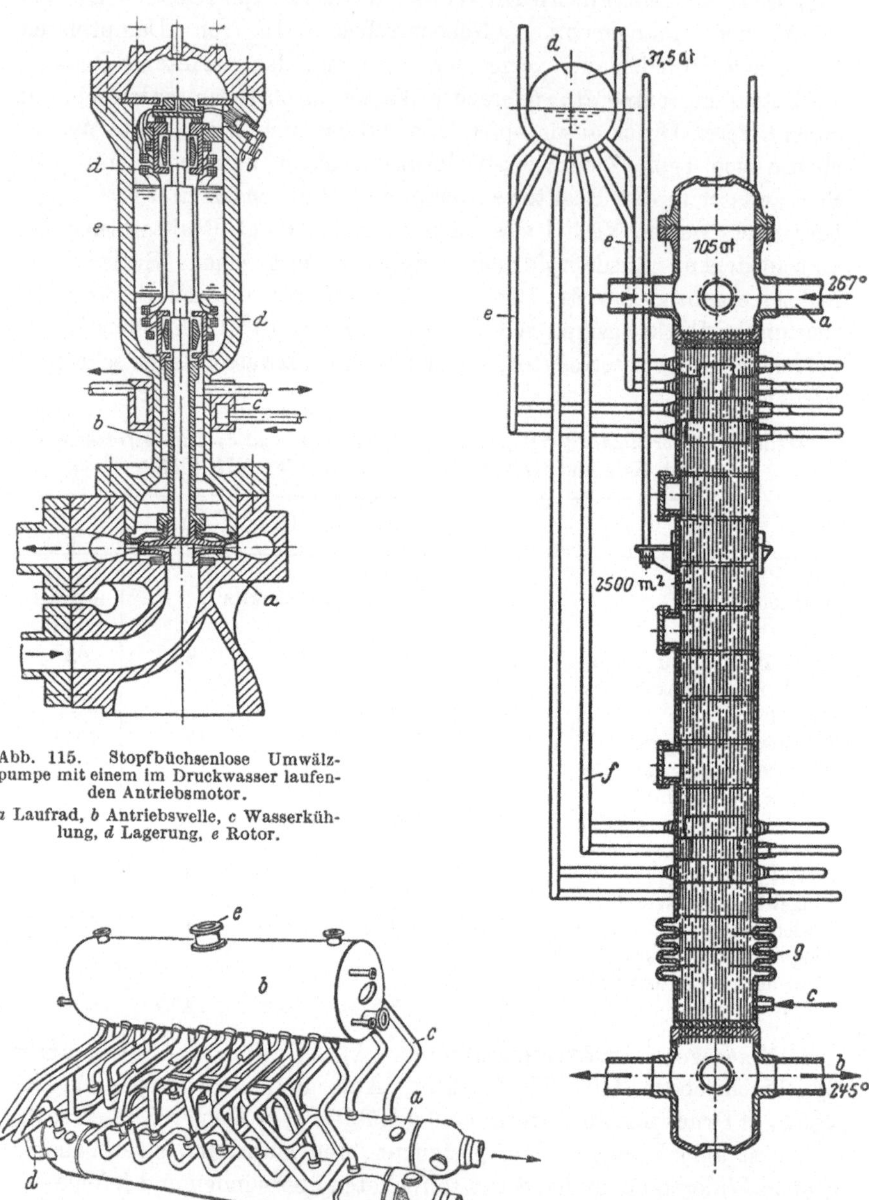

Abb. 115.　Stopfbüchsenlose Umwälzpumpe mit einem im Druckwasser laufenden Antriebsmotor.

a Laufrad, *b* Antriebswelle, *c* Wasserküh-
lung, *d* Lagerung, *e* Rotor.

Abb. 116.　Wärmeaustauscher des Preßwasser-Reaktors in
Shippingport. 8/P/815.
a Wärmeaustauscher mit U-Rohren, *b* Wasserabscheide-
und Dampftrommel, *c* Steigrohre, *d* Rücklaufrohre, *e* zur
Dampfturbine.

Abb. 117. Wärmeaustauscher zum
500　MW-H₂O-Preßwasser-Reak-
tor in Abb. 121

a Preßwassereintritt, *b* Preßwas-
seraustritt, *c* Speisewassereintritt,
d 31,5 at-Dampftrommel, *e* Steigrohre, *f* Fallrohre, *g* Ausdehnungs-
balg.

Pumpen mit Spezialelektromotoren (canned motors) zu wählen, deren Rotor im gekühlten Preßwasser läuft, Abb. 115. Die meisten bisher (1959) gebauten Preßwasserreaktoren verwenden „canned motors".

Mit Preßwasserreaktoren kann man verhältnismäßig einfach in Wärmeaustauschern Arbeitsdampf von 35 bis 45 at Druck erzeugen, der nicht radioaktiv ist und daher zu keinen besonderen Vorsichtsmaßnahmen zwingt, Abb. 116, 117. Die Eingliederung eines 140-at-Preßwasser-Reaktors mit einem ölgefeuerten Dampfüberhitzer in ein Kraftwerk zeigt Abb. 118.

β) **230 MW-U/UaHWPBr-Preßwasserreaktor in Shippingport und englischer 500 MW-UaHPW-Reaktor.** Die Hauptdaten des mit H_2O von 140 at Druck gekühlten und moderierten 230 MW-Preßwasser-Reaktors für Kraftwerk Shippingport, Abb. 119, sind in Tab. 35 zusammengestellt. Der Entwurf stammt von der Westinghouse Electric Corp. Mit dem auf 285° C erhitzten Preßwasser wird in vier aus nichtrostendem Stahl angefertigten Wärmeaustauschern, Abb. 116, 42 at-Sattdampf erzeugt, der während seiner Expansion in einer Eingehäuseturbine einmal von 11,6% auf 1% Wassergehalt getrocknet wird. Infolge seines negativen Temperaturkoeffizienten ist der Reaktor weitgehend selbstregulierend. Nach einem Bericht des Werkes vom Herbst 1958 hat sich die Anlage in zehnmonatigem Betrieb als äußerst stabil und sehr anschmiegungsfähig an Lastschwankungen erwiesen, ist einfacher zu bedienen als ein thermisches Kraftwerk, hat aber einen beträchtlich größeren Eigenkraftbedarf. Die Bedienung umfaßt jetzt 190 Mann statt der ursprünglich in Aussicht genommenen 130 Mann und wird wahrscheinlich noch vergrößert werden müssen. Ein zur Hälfte mit Wasser, zur Hälfte mit einem geeigneten Gas gefüllter und mit dem Reaktor verbundener Druckhalter von 1,5 m Durchm. und 5,5 m Höhe

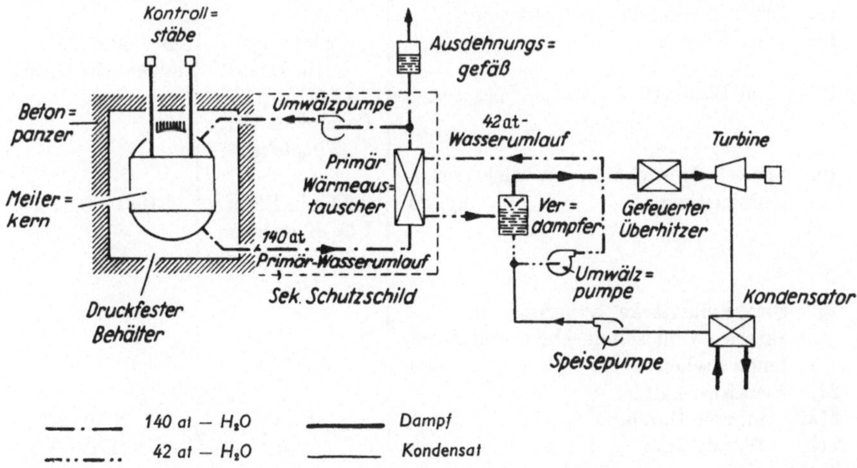

Abb. 118. Schema eines H_2O-gekühlten Preßwasserreaktors mit Überhitzung des erzeugten 42 at-Sattdampfes durch einen ölgefeuerten Überhitzer. Nach Bauer

Tabelle 35. Heterogener 230 MW-U/UaHWPBr-Reaktor für Kraftwerk Shippingport der Dusquesne Light Co. Nach SIMPSON, DONWORTH, MANDIL u. Mitarbeitern (8/P 815), Paper 57-SA-25 und Entwurf eines englischen 500 MW-UaHWP-Reaktors nach J. M. KAY u. F. J. HUTCHINSON (Engr. 23. XII. 1955)

		USA	England
1.	Der Entwurf stammt aus	USA	England
2.	Bauart des Reaktors nach Abb.	78 u. 119	121
3.	Kühlung und Moderierung durch	H_2O	H_2O
4.	Art des Wasserumlaufs	Zwangslauf	Zwangslauf
5.	Druck des Preßwassers . . . . at	140	105
6.	Druck des Arbeitsdampfes bei Vollast/Nullast . . . . . . ata	42/62	31,8/—
7.	Leistung des Reaktors . . . . . MW	230	500
8.	Elektrische Nutzleistung des Werkes . . . . kW	60 000 (90 000)	130 000 ÷ 134 000
9.	Eigenkraftbedarf des Werkes . . kW	9500	—
10.	Wirkungsgrad des Werkes . . . %	rd. 26	26,0 ÷ 26,5
11.	desgl. bei einem ölgefeuerten Überhitzer . . . . %	—	30,6
12.	Höchster u. mittlerer Neutronenfluß . . . . n/cm²sek	20.10^{13} u. 6.10^{13}	—
13.	Spezifische Wärmebelastung:		
13a.	im Kern max/mittel 10^6 kcal/m²h	1,85/0,55	—
13b.	im Blankett max/mittel 10^6 kcal/m²h	1,15/0,32	—
14.	Temperatur d. Speisew. am Eintritt Wärmeaustauscher . . . . . . ° C	158	157
15.	Temperatur des Umlaufwassers am Eintritt und Austritt des Wärmeaustauschers . . . . ° C	285/265	268/248
16.	Umgepumpte Wassermenge . m³/s	—	5,5
17.	Höchste Temperatur im Spaltstoffinnern/an Spaltstoffoberfläche . ° C	—/330	420/300
18.	Art und Gewicht des Spaltstoffes:		
18a.	im Kern	52 kg angereich. Uran	40 ÷ 50 t leicht angereich. Uran
18b.	im Blankett	12 t Uran in Form von UO_2-Kügelchen	—
19.	Spaltstoffgewicht je kW elektrische Nutzleistung . . . . kg/kW	0,2 kg in Form v. UO_2-Kügelchen, 0,87 g angereich. Uran	0,31 ÷ 0,37
20.	Strahlungsstärke außerhalb des Reaktors an oft/selten/sehr selten betretenen Stellen . . . . mr/h	<2/5/50	—
21.	Reaktorbehälter:		
21a.	innerer Durchm. . . . . . . m	2,73	2,70
21b.	Wandstärke . . . . mm	215	170
21c.	Höhe . . . . m	10	10,4
21d.	Gewicht . . . . t	250	—

Tabelle 35 (Fortsetzung)

21e.	Gewicht je kW Nutzleistung kg/kW	4,2	—
21f.	Material	SM-Stahl	SM-Stahl
22.	Wassergeschwindigkeit:		
	im Kern/Blankett d. Reaktors m/s	$3 \div 6$ /3	7,5
23.	Druckverlust in Reaktor		
	und Wärmeaustauscher . . . . at	7	3
24.	Zahl der Wasserabscheider		
	der Turbine . . . . z	1	1
25.	Zahl der Regenerativ-Speisewasser-		
	Vorwärmer . . . . z	3	?
26.	Bauart des Wärmeaustauschers		
	nach Abb.	116	117
27.	Heizfläche des Wärmeaustauschers m²	—	4000
28.	Druckfeste Sicherheitsbehälter:		
28a.	für Reaktor, Durchm. . . . . m	11,5	—
28b.	für Wärmeaustauscher,		
	Durchm./Länge . . . . m	15,2 /29,5	—
29.	Fläche des Bannlandes . . . . ha	40	—

sorgt dafür, daß der Druck im Reaktor nur in verhältnismäßig engen Grenzen schwankt.

Abb. 122 und 123 zeigen den achsialen und den radialen Gradienten des Neutronenflusses. Der radiale Gradient verläuft beim Übergang vom zentralen, mit Natururan beschickten Teil des Kernes zu dem auf ihn folgenden ringförmigen Teil, Abb. 123, der mit angereichertem Uran beschickt ist, sehr steil. Da die Wärmeentwicklung dem Neutronenfluß entspricht, können daher dicht nebeneinanderliegende Teile eines Reaktors sich verschieden erwärmen und ausdehnen und dadurch u. U. Schwierigkeiten verursachen. Sogar im selben Spaltstoffpaket können durch solche Differenzen die Kühlkanäle deformiert und das Auswechseln von Paketen unmöglich gemacht werden. In achsialer Richtung ist diese Gefahr wegen des verhältnismäßig stetig verlaufenden Gradienten weit kleiner.

In Abb. 123 ist ferner der große Unterschied zwischen dem höchsten Neutronenfluß von $20 \cdot 10^{13}$ n/cm²sek und seinem durchschnittlichen Wert von $6 \cdot 10^{13}$ n/cm²sek bemerkenswert. Starker γ-Strahlung ausgesetzte Teile der Unterstützungskonstruktion verlangen gleichfalls eine kräftige Kühlung. Die 24 kreuzförmigen Regulierstangen, Abb. 78, bestehen aus Hafnium. Der Verschlußdeckel des aus 4 halbkreisförmigen SM-Stahlplatten von 215 mm Stärke zusammengeschweißten Reaktorbehälters von 2,73 m Durchm. und 250 t Gewicht wird durch 42 Schrauben von 150 mm Durchm. auf seinen Sitz gepreßt und durch eine verschweißte Lippendichtung zusätzlich gedichtet, Abb. 119.

Beim Auswechseln der Spaltstoffelemente wird das Reaktorgefäß bis zu seinem oberen Rande mit Wasser gefüllt, das die Mannschaften vor zu starker Strahlung schützt. Reaktor und Wärmeaustauscher werden in 5 voneinander unabhängigen kugel- bzw. zylinderförmigen Behältern eingeschlossen, Pos. 28a u. b in Tab. 35.

Nach einem nächtlichen Stillstand sollen $1^3/_4$ Stunden, beim Anfahren aus dem kalten Zustand $3^1/_2$ Stunden vergehen, bis die Anlage Strom liefern kann. Man hofft, daß sie nach ein paar Jahren Betrieb 100000 kW statt der nominellen 60000 kW zu leisten vermag.

Zum Vergleich ist in Tab. 35 dem Atomkraftwerk *Shippingport* der Entwurf eines englischen Kraftwerkes mit einem etwa doppelt so starken Reaktor mit 105 at Druck des Preßwassers gegenübergestellt.

γ) 500 MW-UaHWPBr-Reaktor für die Consolidated Edison Co., New York. Der von der *Babcock a. Wilcox Co.* gebaute Reaktor (Konverter) verdient durch seine Verbindung mit einem öl-beheizten Überhitzer besonderes Interesse. Seine Beschreibung bringt S. 136, seine Hauptdaten enthält Tab. 36. Der Reaktor sollte in einen Kern und ein Blankett unterteilt werden

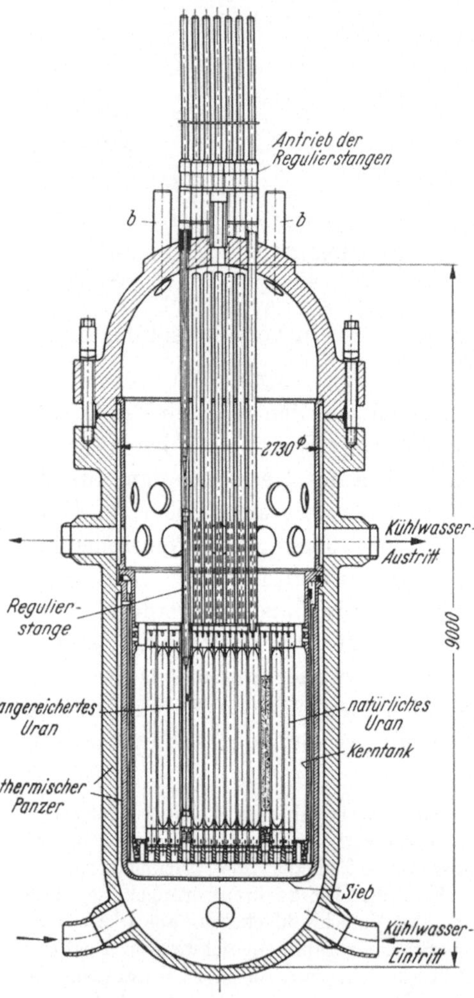

Abb. 119. Schnitt durch den H_2O-moderierten und durch Wasser von 140 at Druck gekühlten, mit Zwangsumlauf arbeitenden 230 MW-Preßwasserreaktor in Shippingport. *b* Öffnungen zum Auswechseln von Spaltstoffpatronen. Nach SIMPSON und 5 Mitarbeitern. 8/P/815.

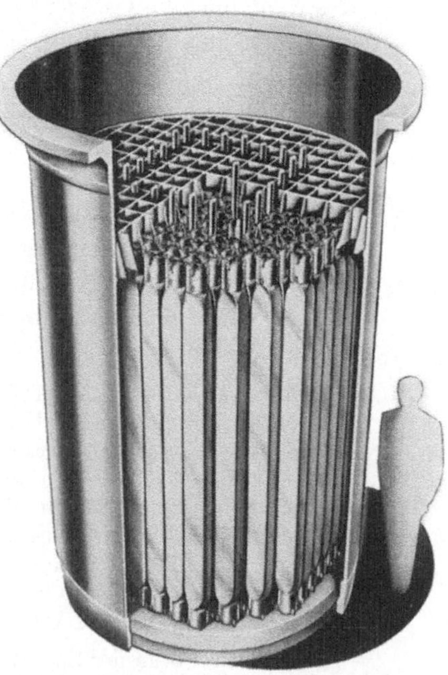

Abb. 120. Perspektivische Ansicht des 230 MW-Reaktorkernes im Kraftwerk Shippingport.

und mit metallischem Th und einer U/Zr-Legierung betrieben werden. Nach Nucleonics III. 1957 mußte man diese Absicht aufgeben, weil sich inzwischen gezeigt hatte, daß an diesen beiden Stoffen Strahlungsschäden auftreten. Man unterläßt daher die Unterteilung und verwendet Zircaloy-2-Rohre, die mit 97% Thorium und 3% UO_2-Kügelchen gefüllt sind und

Tabelle 36. Hauptdaten des 236000/275000 kW-Kraftwerkes Indian Point der Consolidated Edison Co. Von G. R. MILNE u. W. TH. MOORE (Paper 269 J/17)[1] und anderen Quellen

1. Reaktorsystem		Preßwasser
2. Wärmeleistung des Reaktors	MW	500/585
3. Brutfaktor		0,55
4. Moderator		H_2O
5. Kühlmittel		H_2O
6. Gewicht des hochangereicherten Uran	kg	850
7. Gewicht der ThO_2-Füllung	kg	17400
8. Zahl der Spaltstoffelemente		120
9. Sind Wärmeaustauscher vorhanden?		ja
10. Neutronenfluß	n/cm²sek	$6 \cdot 10^{13}$
11. Temperaturkoeffizient des Reaktors		$-2,9 \cdot 10^{-4}$
12. Mittlere Wärmebelastung d. Spaltstoffelemente	kcal/m²h	450000
13. Höhe u. Durchm. d. zylindr. Reaktorkernes	mm/mm	1540/1540
14. Höhe u. Durchm. des Druckgefäßes	mm/mm	7000/3000
15. Druck des Preßwassers	at	105
16. Aus- u. Eintrittstemperatur des Preßwassers	°C	267/250
17. Druck des erzeugten Sattdampfes	at	28
18. Temperatur des Sattdampfes bzw. überhitzten Dampfes	°C	230/535
19. Installierte Leistung des Werkes bei		
gesättigtem Dampf	kW	140000
überhitztem Dampf	kW	236000/275000
Eigenkraftverbrauch des Werkes		
bei überhitztem Dampf	kW	17000
20. Spezifischer Wärmeverbrauch der Turbine bei		
gesättigtem Dampf	kcal/kWh	3240
überhitztem Dampf	kcal/kWh	2680
20a Wirkungsgrad auf 1 insgesamt erzeugte kWh bezogen	%	26,5 bzw. 32,2
21. Anlagekosten des Werkes je kW installierte Leistung bei		
gesättigtem Dampf	DM/kW	1250 (?)[2]
überhitztem Dampf	DM/kW	990 (?)[2]
21a Kosten von 1 kW der durch die Überhitzung gewonnenen Mehrleistung des Werkes	rd. DM/kW	420
22. Anlagekostenersparnis durch Überhitzung $\dfrac{1250-990}{1250} \cdot 100 =$	%	21
23. Wärmeverbrauchersparnis durch Überhitzung $\dfrac{3240-2680}{3240} \cdot 100 =$	%	17

[1] Berichte der V. Weltkraftkonferenz 1956 in Wien
[2] Siehe Fußnote von Tab. 31.

hofft, nunmehr eine Leistung von 275000 kW (statt 236000 kW) und Anlagekosten von 1170 DM/kW (statt 990 DM/kW) erreichen zu können.

δ) **Russischer 30 MW-UaGWPBr-Preßwasserreaktor.**
Abb. 124 zeigt den seit mehreren Jahren im Betrieb befindlichen Reaktor für 100 at Preßwasserdruck. Er hat keinen druckfesten Behälter, da nur dünnwandige Stahlrohre und engräumige Sammler unter hohem Druck stehen. Die gestrichelten Linien zeigen den aktiven von Graphitreflektor b umgebenen Reaktorkern a.

a und b werden von dem luftdichten Blechkasten d umschlossen, den ein 800 mm breites, als thermischer Panzer dienendes Wasserbad l umgibt, auf das der 1000 mm starke Betonpanzer n folgt. Das Preßwasser strömt vom Eintrittskasten e über die Rohre f zu Verteiler g, dann durch das innere Rohr der aus sehr dünnwandigen, aus nichtrostendem Stahl bestehenden Doppelkühlrohre h nach unten und durch das äußere Rohr wieder nach oben zum Austritts-

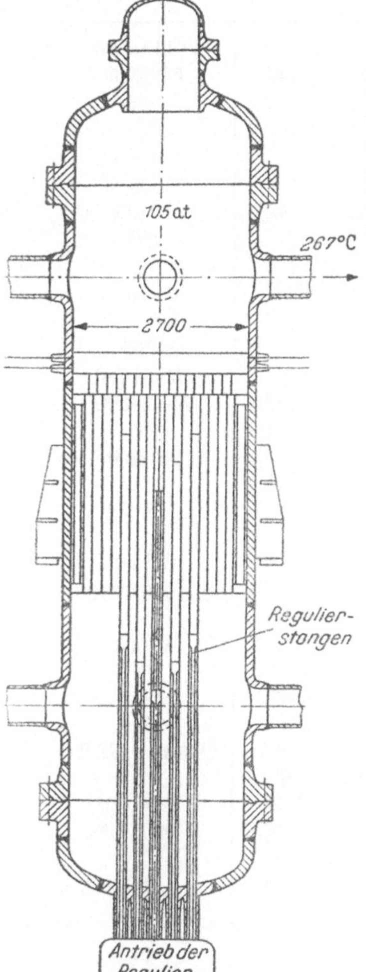

Abb. 121. 500 MW-H₂O-Preß-
wasserreaktor für 105 at.
Nach J. M. KAY und F. J.
HUTCHINSON. (Abb. 115, 117)

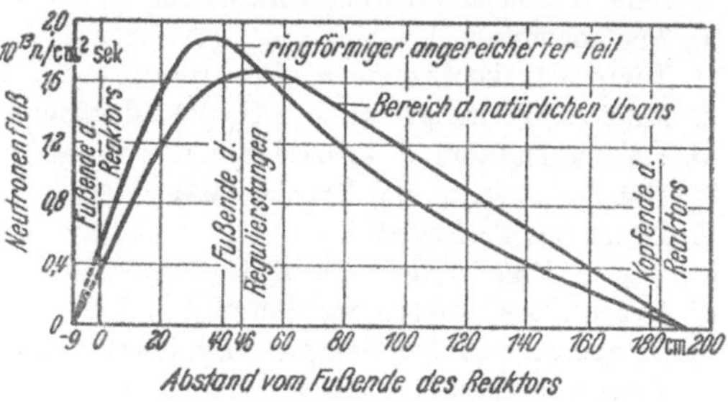

Abb. 122. Achsiale Verteilung des thermischen Neutronenflusses im 230 MW - Preßwasserreaktor in Shippingport. 8/P/815. (Abb. 120)

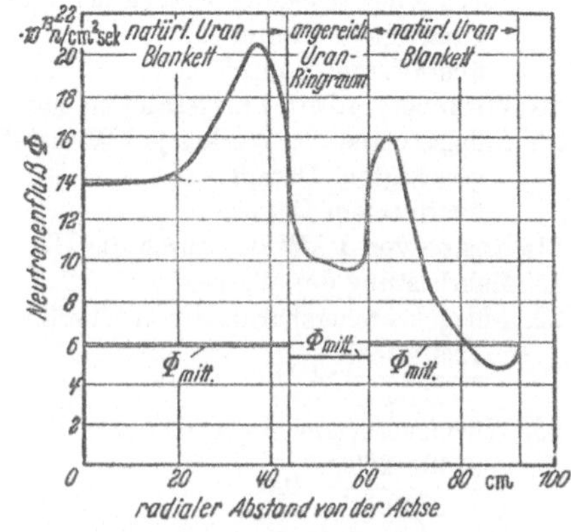

Abb. 123. Radiale Verteilung des thermischen Neutronenflusses im 230 MW-Preßwasserreaktor in Shippingport. 8/P/815 (Abb. 120)

sammler i. Von dort gelangt es durch Rohre k zu einem Wärmeaustauscher, in dem es Arbeitsdampf von 12,5 atü für eine 5000 kW-Turbine erzeugt. Zwischen den konzentrischen Kühlrohren ist der Spaltstoff untergebracht. Das Wasserbad l und der

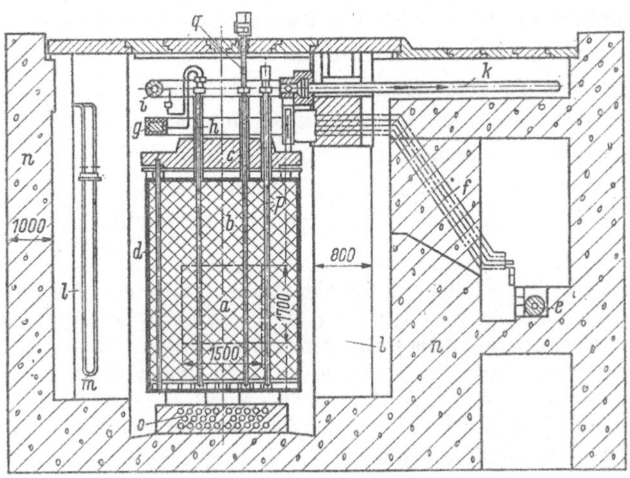

Abb. 124. Russischer graphitmod. wassergekühlter Reaktor für angereichertes Uran.
a Reaktorkern, b Graphitmoderator, c Schutzdeckel, d gasdichter Stahlmantel, e Kühlwasser-Eintritt, f Verbindungsrohre zwischen e u. g, g Verteiler für eintretendes Kühlwasser, h Doppelrohr, i Verteiler für erhitztes Kühlw., k Verbindungsrohr zwischen i u. den nicht dargestellten Wärmeaustauschern, l therm. Panzer (Wasserbad), m wasserdurchstr. Schlangen zum Kühlhalten v. Wasserbad l, n Betonpanzer, o Kühlschlangen zum Verhindern unzulässiger Erhitzung von n, p Regulierstange, q Sicherheitsstange.

Boden des Betonpanzers werden durch wasserdurchströmte Rohrschlangen m und o gekühlt. Den Reaktorkern a bilden 128 als Moderatoren wirkende Graphitzylinder, in deren Bohrungen die Kühlrohre h sitzen. Der Spaltstoff besteht aus einer Uran-

Tabelle 37. Hauptwerte des russischen 30 MW-Preßwasserreaktors.
Nach D. J. BLOKINTSEV und N. A. NIKOLAYEV (8/P/615) [Jahr 1955].

1. Druck des Preßwassers .... at		100
2. Druck des Arbeitsdampfes .... atü		12,5
3. Temperatur des Arbeitsdampfes.................... °C		260
4. Temperatur des Preßwassers: Reaktoreintritt .... °C		190
5. Reaktoraustritt .... °C		265
6. Umlaufendes Preßwassergewicht .... t/h		300
7. Stellenweise Maximaltemperatur der Graphitkanäle .. °C		600÷700
8. Mittlerer Neutronenfluß .... n/cm²s		$5 \cdot 10^{13}$
9. Gewicht der Uranfüllung .... kg		500
10. Gehalt an 235 U in frischem/erschöpftem Zustand des Urans ....%/%		5,0/4,2
11. Brutfaktor		0,32
12. Maximale Wärmebelastung des Urans .... kcal/m²h		$1,5 \times 10^6$
13. Spaltstoff wird ausgewechselt nach .... Monaten		2
14. Zum Auswechseln erforderliche Zeit .... Tage		3
15. Anfahrdauer der Anlage aus kaltem Zustand .... h		1,5÷2,0

legierung mit 5% 235 U-Gehalt. 18 Stäbe p und q aus Borkarbid dienen zum Regeln und schnellen Abstellen. Die Hauptwerte des Reaktors enthält Tab. 37. Der Brutfaktor von nur 0,32 (Tab. 37, Pos. 11) erklärt sich durch das verhältnismäßig große im Reaktorkern vorhandene, Neutronen absorbierende Stahlgewicht.

ε) Russischer 420 MW-Preßwasserreaktor. Abb. 125 zeigt einen modernen wassermoderierten 420 MW-Preßwasserreaktor für 100 at Druck, der aber im Gegensatz zu Abb. 124 einen druckfesten Behälter hat. Das Preßwasser umspült die Spaltstoffelemente, die teils aus Natururan, teils aus angereichertem Uran bestehen. Die Regelung und die Kompensation der allmählich sinkenden Reaktivität des Reaktors erfolgen durch Ändern der Höhenlage der angereicherten Elemente.

Im normalen Betrieb ändert sich bei Lastschwankungen die Temperatur und damit das Gewicht der Wasserfüllung des Reaktorkerns. Infolge der absorbierenden und moderierenden Wirkung von H_2O hängt die Reaktivität des Reaktors erheblich von dem in seinem Kern jeweils vorhandenen Wassergewicht ab. Nach BLOKINTSEV und NIKOLAYEV verringert eine Zunahme des Wassergewichtes durch Erhöhung der Neutronenabsorption die Reaktivität, wenn das eingebaute Graphit zum Abbremsen der Neutronen reichlich ausreicht, andernfalls verstärkt es die Moderierung und vergrößert dadurch die Reaktivität.

In Tab. 38 sind einige Werte der bisher besprochenen Reaktoren zusammengestellt. Nach Engng. 12. XII. 1958 haben die Russen in einem PWR-Reaktor einen Abbrand von 25 000 MWd/t erzielt.

Tabelle 38. Vergleich einiger Werte verschiedener Reaktorsysteme

Kraftwerk		Reaktorsystem	Siehe Tab.	Brutfaktor	Auf nutzb. Leistung bez. thermisch. Wirkungsgrad d. Kraftwerkes %
Name	Leistung kW				
Hunterston	320 000	CO_2-gekühlt; graphit-moderiert	27 u. 28 Pos. 4, 7, 13	0,8	rd. 28,0
Indian Point	236 000	H_2O-Preßw.-Reaktor (105 at)	36 Pos. 3, 19, 20 a	—	32,2
Dresden/ Chicago	180 000	H_2O-Zweidruck-Siedewasser-Reaktor	27 u. 28 Pos. 4, 7, 13	0,6	28,7
Arg.Nat.Lab.	248 000	D_2O-Siedewasser-Reaktor	32	rd. 0,9	24,8
Russischer Reaktor	5 000	H_2O-Preßw.-Reaktor (100 at)	37 Pos. 11	0,32	—

ζ) 1000 MW-UDWBr-Reaktor (Argonne Nat. Lab.). Die Initiatoren des bereits in Abschn. 3γ) erwähnten Entwurfes eines Siedewasserreaktors, Abb. 71 bis 73, 109, Fall III in Tab. 32, meinen, daß D_2O-Moderierung für mit Natururan betriebene Reaktoren hoher Leistung allein in Betracht komme, da D_2O für thermische Neutronen ein weit größeres Moderierungsverhältnis „Bremswirkung : Absorptionsquerschnitt" als andere Stoffe hat. Es sei daher möglich, mit einem derartigen Reaktor ein Brutverhältnis von etwa 0,9 bei einer anfänglichen Überschußreaktivität von 2,3% zu erzielen. Dieser Überschuß sei erforderlich, damit eine Auswechselung des Spaltstoffes erst nach langer Betriebszeit nötig wird, ohne daß während dieser Zeit die Reaktivität des Reaktors wesentlich zurückgeht. Infolge des durch das D_2O ermöglichten kleinen Volumens an Uran werden die Konstruktion und Regelung des Reaktors und die Manipulation des Spaltstoffes weit einfacher als bei H_2O-Moderierung. Auch hätten dann die schnellen Neutronen bei der vorgeschlagenen Reaktorbauart eine etwa 10 mal längere Lebensdauer, was die Betriebssicherheit beträchtlich erhöhe. Bei einem Preis des D_2O von 260 DM/kg betrage der auf 1 nutzbar erzeugte kWh entfallende Kapitaldienst der D_2O-Füllung nur noch 0,21 Pfg/kWh, Pos. 37 in Tab. 32. Er sei also kleiner als die Kosten des Spaltstoffes bei Reaktoren mit einem anderen Moderator und

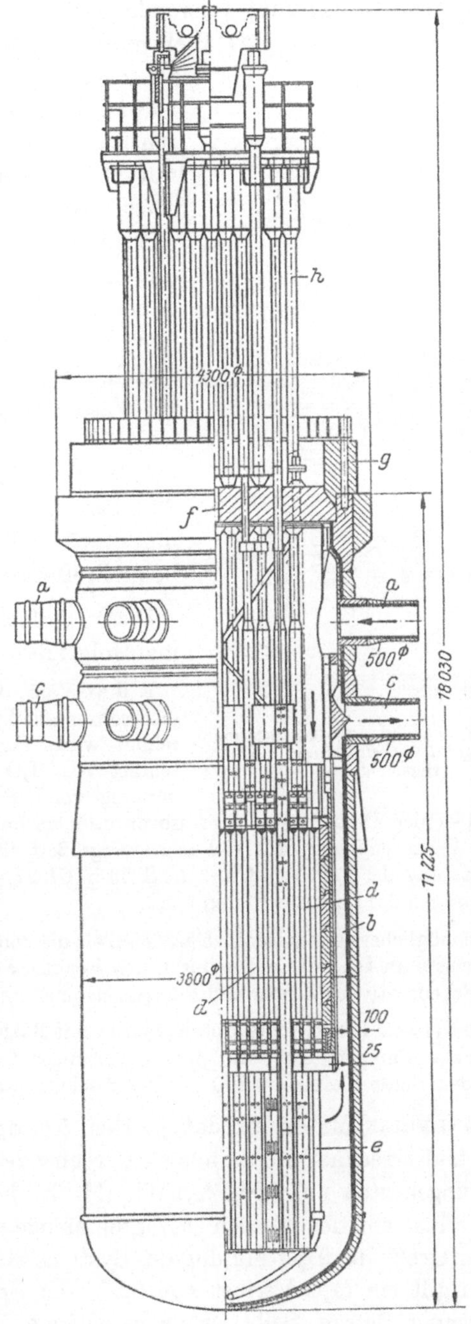

Abb. 125. Russischer 420 MW-Preßwasser-Reaktor f. 100 at Druck. Nach Engng. v. 22. XI. 1957. *a* Eintritt v. Kühlwasser, *b* Ringraum für Abfluß v. erhitztem Wasser, *c* Kühlwasseraustritt, *d* Spaltstoff-Elemente, *e* Entwässerungsrohr, *f* Behälterdeckel, *g* Preßring zum Dichten von *f*, *h* Regulierstangen.

angereichertem Uran. Übrigens käme man, wenn man den erzeugten D_2O-Dampf als Arbeitsdampf verwende, mit einer kleineren D_2O-Füllung aus, als wenn man bei D_2O-Preßwasser-Reaktoren in einem Wärmeaustauscher H_2O-Arbeitsdampf erzeugen würde, da dann auch der Wärmeaustauscher, die Rohrleitungen und die Pumpen mit D_2O gefüllt werden müßten. Allerdings verlange dieses Reaktorsystem einschl. des D_2O-Reflektors einen Durchmesser von mindestens 3,9 m, eigne sich daher nur für große Leistungen. Nach J. V. DUNWORTH braucht man für 1 kW install. elektr. Leistung etwa 1 kg schweres Wasser. Wegen Einzelheiten wird auf Abb. 70 bis 73, 109 und Tab. 32 verwiesen. Die D_2O-Füllung wiegt einschließlich 20 t Reserve 120 t, der Reaktorbehälter nur 0,415 kg/MW gegenüber 4,2 kg/kW beim Preßwasserreaktor in Abb. 119.

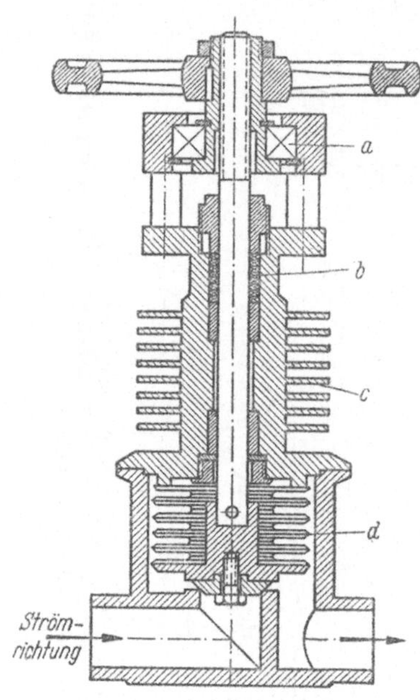

Abb. 126.   Ventil mit Balgdichtung
a Halslager, b Asbestdichtung, c Kühlrippen, d Balg

Diesen verlockenden Aussichten könnte man folgende Bedenken entgegenhalten:

1. die Gefahr, daß beim Bruch von Kondensatorrohren das D_2O durch Kühlwasser verunreinigt wird. Der atomare Absorptionsquerschnitt von H_2O beträgt $\sigma\,H_2O \cong 0,5$ barn, derjenige von D_2O $\sigma\,D_2O = 0,0025$ barn, ist also 200 mal kleiner. Deshalb wird der Absorptionsquerschnitt von D_2O schon durch eine geringe Verunreinigung sehr viel mehr vergrößert als von H_2O, was infolge Verschlechterung der Faktoren f u. k (s. S. 28 u. Gl. 27) u. U. zum Unkritischwerden und Versagen des Reaktors führen kann,

2. die möglicherweise wesentlich größeren als die von den Verfassern angenommenen Verluste an D_2O, das außer durch den Reaktor auch durch Turbine, Kondensator, Regenerativvorwärmer und Pumpen strömen muß,

3. die Notwendigkeit, teure Spezialventile mit Balgdichtungen, Abb. 126, stopfbüchsenlose Pumpen, Abb. 115, Spezialdichtungen für die Turbinenwelle usw. zu verwenden, deren Kosten auf 100 DM/kW geschätzt werden.

ISKANDERIAN nimmt an, daß jährlich 5% der D_2O-Füllung verlorengehen und errechnet die daraus sich ergebende Verteuerung der Stromerzeugungskosten zu 0,05 Pfg/kWh. M. E. hängt aber der jährliche D_2O-Verlust von der jährlich erzeugten Menge an D_2O-Dampf und nicht von der Größe der D_2O-Füllung des Systems ab. Bei thermischen Kraftwerken gilt ein H_2O-Verlust von 0,5% der Speisewassermenge als ein sehr kleiner Betrag. Selbst wenn es gelänge, ihn bei D_2O-moderierten Reaktoren auf 1 Tausendstel dieser Wertes (0,0005%) zu senken, würde sich nach Tab. 39, Pos. 9 u. 10, statt der von ISKANDERIAN angenommenen 6 t rd. 47 t, d. h. ein untragbar großer Wert ergeben.

Tabelle 39. Erfahrungsgemäßer minimaler Speisewasserverlust eines modernen brennstoffgefeuerten Dampfkraftwerkes und von ISKANDERIAN und Mitarbeitern angenommener D_2O-Verlust eines mit einem UDW Br-Reaktor ausgestatteten Atomkraftwerkes

Fall	I	II
1. Art des Kraftwerkes	brennstoffbeheizt Dampfkraftwerk	Atomkraftwerk
2. Elektrische Nutzleistung . . . . kW	248 000	248 000
3. Zustand des Arbeitsdampfes . . at/°C	100/520	42/Sattdampf
4. Art des Arbeitsdampfes	H_2O	D_2O
5. Spezifischer Dampfverbrauch kg/kWh	3,7÷4,0	4,5÷5,2
6. Stündliches Gewicht des Arbeitsdampfes im Mittel . . . . t/h	960	1200
7. Wasserinhalt der Kessel bzw. des Reaktors . . . . t	300÷400	120
8. Stündlicher minimaler Speisewasserverlust des brennstoffbeheizten Dampfkraftwerkes angenommen zu 0,5% von 6 I) = $\dfrac{0,5}{100}\cdot 960$ . . . . . t/h	4,8	—
9. Jährlicher zu 0,0005% von 6 II) angenommener D_2O-Verlust des Atomkraftwerkes $= \dfrac{0,0005}{100}\cdot 1200 \cdot 7800$ . . t/Jahr	—	rd. 47
10. Von ISKANDERIAN angenommener jährlicher D_2O-Verlust $= \dfrac{5}{100}$ von 7 II) $= \dfrac{5}{100}\cdot 120$ t/Jahr	—	6

5. Homogene Zwangumlauf-Reaktoren. α) **Allgemeines.** In homogenen wassermoderierten Reaktoren, die einfach aussehen, deren Entwicklung Physiker und Ingenieure aber vor sehr schwierige Probleme stellt, wird der Spaltstoff in Wasser aufgelöst oder mit ihm zu einem Schlammbrei (slurry) vermischt. Der Spaltstoff kostet wegen des Wegfalls seiner Ummantelung erheblich weniger und kann spezifisch höher belastet werden als bei heterogenen Reaktoren. Grundsätzlich ist folgendes zu sagen:

Bei Verwendung von mit 235 U hoch angereichertem, wasserlöslichem Uranylsulfat kann kein spaltbares Material erbrütet werden, da fast kein 238 U vorhanden ist. Des sehr teuren Spaltstoffes wegen wären derartige Reaktoren nicht wirtschaftlich. — Mit leicht angereichertem Uran könnte man 239 Pu erbrüten, müßte aber sehr hoch konzentriertes, äußerst korrosives und thermisch wenig stabiles Uranylsulfat verwenden. — Mit einer Mischung von Uran und Thorium ließe sich mehr Spaltstoff (233 U) erbrüten als verbraucht wurde, die einzigen löslichen Thoriumlegierungen sind indes unter den in Reaktoren herrschenden Bedingungen nicht stabil. — Da Thoriumoxyd zwar stabil, aber in Wasser unlöslich ist, müßten für Schlamm geeignete Umwälzpumpen und Wärmeaustauscher entwickelt werden. — Würde man den Reaktorkern mit hoch angereichertem Uranylsulfat füllen und mit einem Blankett aus Thoriumoxyd-Schlamm umgeben, „two region reactor", so wäre mindestens theoretisch ein guter Brutfaktor zu erwarten.

Homogene D_2O-moderierte **Zwangumlaufreaktoren** wären aus folgenden Gründen verlockend:

1. Sie kommen mit einer kleinen Spaltstoffüllung aus,

2. sie lassen die höchsten Brutfaktoren erwarten, da am wenigsten Neutronen verlorengehen,

3. ihre Wärmeleistung hängt nur von der zulässigen D_2O-Temperatur am Austritt aus dem Reaktor und der umgepumpten D_2O-Menge ab,

4. sie brauchen weder Einbauten, noch Regulierstangen, noch schwer dichtbare Deckel zum Befahren und zum Auswechseln von erschöpftem Spaltstoff,

5. da der Spaltstoff kontinuierlich von Spaltprodukten befreit wird, braucht er erst nach einer längeren Betriebszeit als bei anderen Systemen durch frischen ersetzt zu werden. Außerdem ist die Regenerierung der wäßrigen Spaltstofflösung (Uransalze) einfacher als von metallischem Spaltstoff,

6. infolge ihres großen negativen Temperaturkoeffizienten ist ein „Durchgehen" wenig wahrscheinlich.

Diesen Vorteilen stehen folgende Nachteile gegenüber:

1. Es entsteht ein explosibles Gemisch von D und O, die wieder zu D_2O vereinigt werden müssen,

2. damit das gebildete D und O kein zu großes Volumen einnimmt und in den Pumpen keine Kavitationen auftreten, muß das Preßwasser sehr hohen Druck haben,

3. D_2O, Spaltstoff und Baustoffe bilden verwickelte chemische und physikalische Systeme, die die Arbeitsbedingungen der Anlage einengen,

4. alle Teile, die mit der Spaltstofflösung in Berührung kommen, werden (auch bei metallgekühlten Reaktoren) hochradioaktiv. Sie können später nur noch mit fernbedienten Vorrichtungen unter großer Vorsicht repariert werden und benötigen dicke Betonpanzer;

5. der Schlamm ist abrasiv, neigt stark zum Ablagern und kann zu harten Krusten erstarren;

6. es könnten sehr unangenehme Korrosionen auftreten;

7. die Bedienung homogener Reaktoren verlangt erheblich mehr Sachkenntnis als diejenige heterogener, die man nach J. V. DUNWORTH wegen ihres einfachen Betriebes möglicherweise allen anderen Systemen vorziehen wird.

Abb. 127 zeigt für einen homogenen, mit Wasser von 250° C und 70 at Druck arbeitenden Reaktor mit 3,2 m³ Kernvolumen und 64 mm Wandstärke des Behälters, welche Drücke und Materialbeanspruchungen bei einer Explosion des gebildeten Gemisches aus H und O entstehen, falls es sich um eine durch chemische Bedingungen verursachte Explosion und nicht um eine auf hydrodynamischen Vorgängen beruhende Detonation handelt, bei der 2- bis 4 mal so hohe Drücke wie in Abb. 127 auftreten können. Ein von der Westinghouse Electric Corp. gebautes 150 000 kW-Kraftwerk mit homogenen, D_2O-gekühlten Reaktoren soll in Ostpennsylvanien im Jahre 1962 in Betrieb kommen.

β) Homogener 440 MW-Ua DWPBr-Reaktor (Oak Ridge Nat. Lab.). Einzelheiten des Reaktors, Abb. 128, bringt Tab. 40. Das Blankett, in dem Thorium in spaltbares

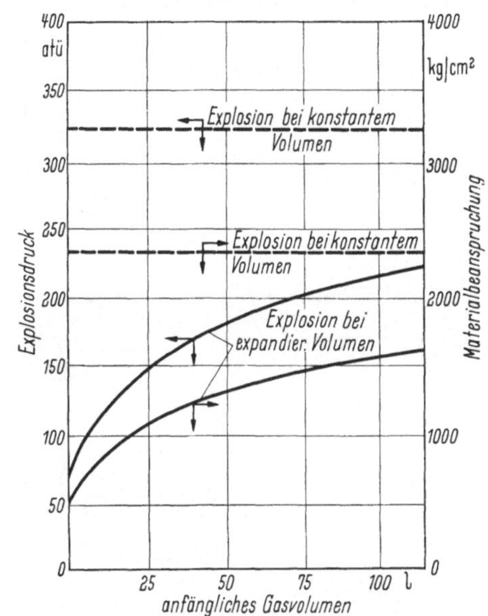

Abb. 127. Errechnete Werte v. Gasdruck u. Materialbeanspruchung bei verschied. Größe d. im Kern eines homogenen Reaktors enthaltenen, aus H und O bestehenden, explodierenden Gasvolumens. Nach Reactor Handbook, Vol. I.

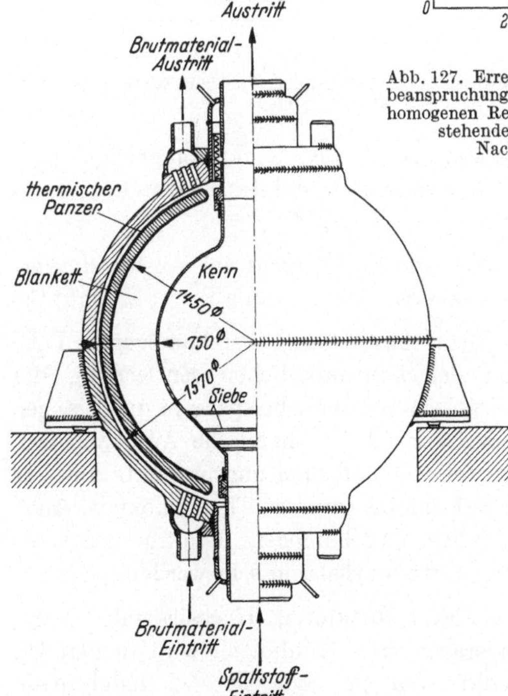

Abb. 128. Homogener D_2O-gekühlter u. -moderierter 440 MW-Zweiregionen-Reaktor für 140 at Druck, Variante I. 8/P/496 (Abb. 129).

233 U verwandelt wird, ist vom eigentlichen Reaktorkern getrennt (Zweiregionen-Reaktoren, two regions reactors). Es fällt auf (Pos. 4, 7 u. 9 von Tab. 40), daß trotz der höheren Austrittstemperatur des Umlaufwassers (300° C gegenüber 285° C) der Druck des Arbeitsdampfes zu nur 25,8 at und der Anlagenwirkungsgrad zu nur 23% gegenüber 42 at und 26% in Kolonne I, Pos. 6 u. 10 von Tab. 35 angegeben wird, die für den dort beschrie-

benen, mit demselben Druck des Preßwassers arbeitenden heterogenen
Reaktor genannt werden. Abb. 129 zeigt die getrennten Wasserumläufe
des Reaktorkernes und des Blanketts. Der Temperaturkoeffizient des
Reaktors wird zu etwa $3,6 \cdot 10^{-3}$ Δk/k je $^\circ$ C angegeben. Die Regulie-

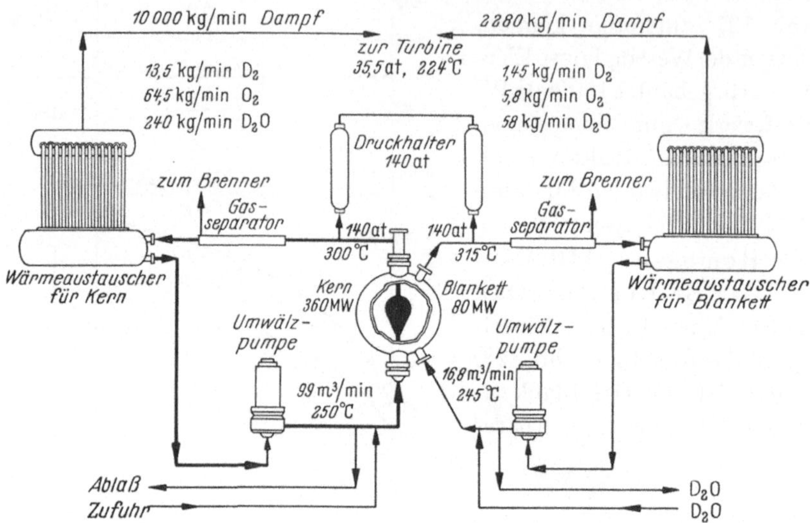

Abb. 129. Schaltschema des homogenen 440 MW-Zweiregionen-Reaktors in Abb. 128.
Nach BRIGGS u. J. A. SWARTOUT. 8/P/496.

rung von homogenen mit Wasser arbeitenden Reaktoren erfolgt durch
die Veränderung der Spaltstoffkonzentration und des Reaktivitäts-Temperaturkoeffizienten.

Tab. 41 enthält die Hauptwerte des m. W. nicht zur Ausführung gekommenen 150 000 kW-Kraftwerkes der Pennsylvania Power a. Light Co.

Die Höhe des erzielbaren Brutfaktors hängt bei homogenen D_2O-
Reaktoren entscheidend von der kontinuierlichen Entfernung der
Neutronengifte ab. Da mit schwerem Wasser sehr sparsam umgegangen
werden muß, braucht man eine verwickelte chemische Aufbereitungsanlage zum Entfernen der Korrosions- und Spaltungsprodukte und zur
Separation des 233 U, des Protaktiniums und des Thoriumoxyds. Auch
deshalb ist es nicht wahrscheinlich, daß homogene Reaktoren der beschriebenen Art vor 10 Jahren wettbewerbsfähig sein werden.

6. Mit organischen Stoffen gekühlte Reaktoren. Hochsiedenden Poly-
phenyl-Verbindungen als Moderator- und Kühlmittel wird in den US
viel Aufmerksamkeit geschenkt, weil sie nach Tab. 42 Kühlmittel-
Temperaturen von rd. 300° C bei nur 9 ata Druck ermöglichen, wodurch
der Reaktortank billiger wird als bei Siedewasser- oder Preßwasser-

reaktoren. Gefährliche chemische Reaktionen sollen nicht auftreten, der Temperaturkoeffizient in dem in Frage kommenden Temperaturbereich soll negativ und die Aggressivität gegenüber Kohlenstoffstahl, Aluminium und den Spaltstoffen klein sein (OMCR-Reaktoren).

Tabelle 40. Hauptdaten des Studienentwurfes eines homogenen 440 MW - UaDW P Br-Reaktors. Nach BRIGGS u. SWARTOUT vom Oak Ridge Nat. Lab. (A/Conf. 8/P/496)

	Kern	Blankett	—
1. Bestandteil des Reaktors			
1a. Ausführung des Reaktors nach Abb.	—	—	128
2. Wärmeleistung des Reaktors .... MW	360	80	440
2a. Hat der Reaktor einen Wärmeaustauscher?	—	—	ja
3. Druck im Reaktor .... ata	140	140	—
4. Druck u. Temperatur des Arbeits- dampfes .... ata/° C	—	—	25,8/225
5. Leistung der Turbine .... kW	—	—	106 000
6. Elektrische Nutzleistung .... kW	—	—	100 000
7. Wirkungsgrad d. Anlage............... %	—	—	23
8. Umgewälzte D_2O-Menge .... m³/min	98	16,7	—
9. Temperatur d. D_2O: Reaktoraustritt .... ° C	300	315	—
10. Reaktoreintritt .... ° C	250	245	—
11a. Höchste Spaltstofftemperatur .... ° C	—	—	rd. 315
11b. Spaltstoff-Mischung	UO_2SO_4-D_2O	ThO_2-D_2O	—
12. Gehalt der Mischung an 233 U + 235 U + 233 Pa .... g/kg D_2O	2,8	4,7	—
13. Gewicht d. Spaltstoffüllung:			
13a. 233 U + 235 U + 233 Pa .... kg	30	60	90
13b. 232 Th .... kg	—	15 000	—
13c. D_2O .... kg	—	—	26 000
14. Kosten d. D_2O-Füllung bei 260 DM/kg .... DM	—	—	$6,8 \cdot 10^6$
15. Täglich erbrütetes 233 U ..... gramm/Tag	—	60	60
16. Reaktorbehälter			
16a. Durchm........................... m	—	—	3,0
16b. Wandstärke .... mm	—	—	125
16c. Gewicht .... t	—	—	27
16d. Desgl. je kW Nutzleistung .... kg/kW	—	—	0,27
17. Anlagekosten je kW installierte Leistung .... DM/kW	—	—	790 bis 1000 (?)
18. Kosten d. D_2O-Füllung .... DM/kW	—	—	68
19. Gesamtkosten d. Anlage mit D_2O-Füllung aber ohne Kosten des ThO_2 u. des übrigen Spaltstoffes .... DM/kW	—	—	908÷ 1118 (?)
20. Anlagekosten eines 100 000 kW-brennstoff- gefeuerten Kraftwerkes .... DM/kW	—	—	630
21. Anteilige Kosten d. Regenerierung des er- schöpften Spaltstoffes an den Stromerzeu- gungskosten bei einer Regenerierungsanlage für 500 000 kW Kraftwerksleistung. Pf/kWh	—	—	0,42

Tabelle 41. Hauptdaten des 150000-kw-Kraftwerkes der Pennsylvania Power and Light Co. mit einem homogenen D_2O-moderierten und D_2O-gekühlten Reaktor. Nach PAPER 56-A-170

Leistung des Werkes	kW	150 000
Wärmeleistung des Reaktors	MW	550
Wirkungsgrad des Werkes	%	27,5
Druck des Preßwassers	at	140
Art der Energiequelle	Thoriumoxydschlamm	
Konzentration des Schlamms je kg D_2O	g/kg	260
Moderator und Kühlmittel		D_2O
Druck des Arbeitsdampfes	ata	28,5
Temperatur des D_2O: Reaktoreintritt	° C	240
Reaktoraustritt	° C	305
Reaktorbehälter: äußerer Durchm.	m	4,6
Wandstärke	mm	150

Tabelle 42. Daten von Reaktoren mit Terphenylkühlung. Nach H. POLAK, Atomkernenergie 1958, Heft VIII/IX

Anreicherung des Spaltstoffes an 235 U	%	bis zu 3
Terphenyl-Temperatur: Reaktoreintritt	° C	288
Reaktoraustritt	° C	316
Druck des Terphenyl	ata	8,4
Höchste Oberflächentemperatur der Spaltstoffelemente	° C	400
Temperatur des erzeugten Dampfes	° C	288
Druck des erzeugten Dampfes	ata	29
Anlagekosten eines 100000/150000 kW-Kraftwerkes	DM/kW	1100/900

Versuche der North American Aviation Inc. haben ergeben, daß die Wärmeübertragung vom Spaltstoff an das als Kühlmittel verwendete Terphenyl selbst bei einem verhältnismäßig hohen Gehalt an Zerfallprodukten (Polymere) nur wenig zurückgeht; daß Verstopfungen nicht eintreten, weil die Zerfallprodukte in Lösung bleiben und daß der Reaktor eine gute Stabilität hat. Nach H. POLAK beträgt die erforderliche Zusatzmenge an Terphenyl 0,4 bis 0,9 kg/MWh, was die Stromerzeugungskosten immerhin um 0,2 bis 0,4 Pf/kWh verteuert. Aus hier nicht näher zu erörternden Gründen könnte es sich empfehlen, als Moderator schweres Wasser und Terphenyl als Kühlmittel zu verwenden. Der Reaktor in Abb. 135 verwendet schweres Wasser als Moderator, eine Mischung von Polyphenylen von etwa 80° C Temperatur als Kühlmittel und natürliches oder leicht angereichertes Uran als Spaltstoff. Die Reaktivität wird durch Verändern des D_2O-Spiegels geregelt. Ein Werk von 11400 kW elektr. Nutzleistung soll demnächst in der Stadt Piqua/Ohio errichtet werden.

7. Metallgekühlte Reaktoren. α) Allgemeines. Abb. 130 zeigt die Löslichkeit von Pu, U und Th in geschmolzenem Wismut von verschiedener Temperatur. Schnelle metallgekühlte Reaktoren haben wegen ihrer besseren Neutronenökonomie einen größeren Brutfaktor als thermische. Infolge des hohen Neutronenflusses ($\geq 1 \cdot 10^{15}$ n/cm²sek) wird das Reaktorvolumen klein und die spezifische Wärmeleistung des Spaltstoffes so hoch, daß man ihn mit leicht schmelzenden Metallen kühlen muß. Durch

Überhitzen des erzeugten Arbeitsdampfes kann der thermische Wirkungsgrad fühlbar verbessert werden, was den Spaltstoffverbrauch und den Kapitaldienst verkleinert.

Na reagiert mit Sauerstoff und Wasser chemisch sehr heftig und wird im Reaktor ein starker γ-Strahler. Man muß daher freie Na-Oberflächen durch neutrale Gase vor der Berührung mit Luft schützen und von radioaktiv gewordenem Na durchströmte Leitungen usw. mit einem Betonpanzer umgeben. Da diese Teile hochradioaktiv werden, ist ihre Reparatur nur unter umständlichen Schutzmaßnahmen möglich. Schließlich sind Na und Bi bei hoher Temperatur stark korrosiv und die

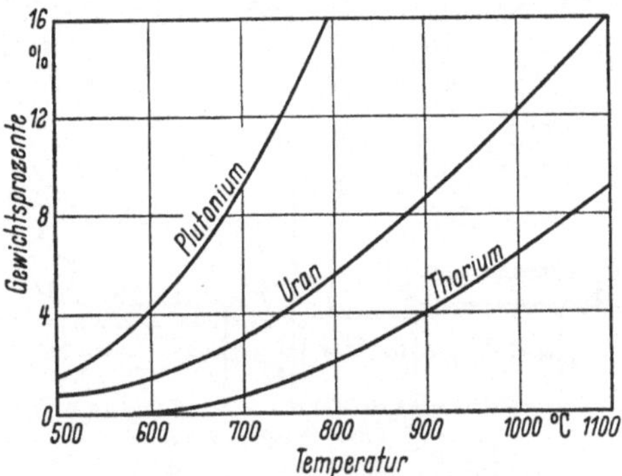

Abb. 130. Löslichkeit v. Uran, Plutonium u. Thorium in Wismut bei 500 bis 1100 °C. Nach PAPER 57 NESC-79.

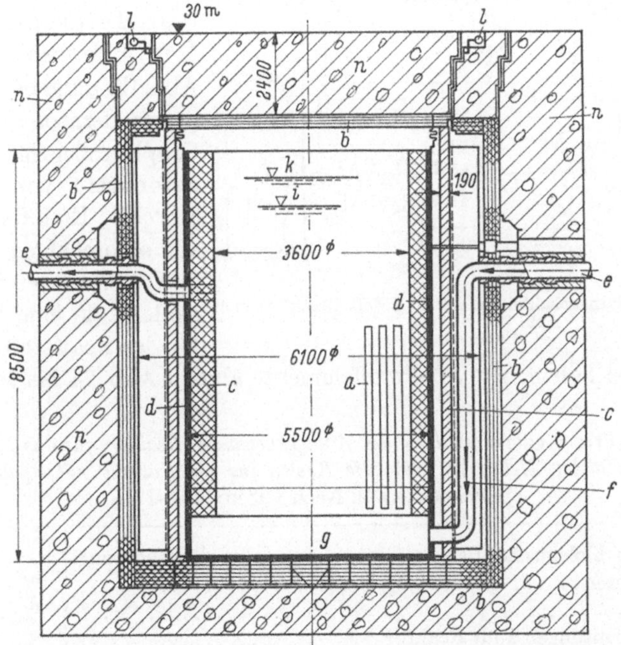

Abb. 131. 250 MW-graphitmod., Na-gekühlter Reaktor d. North Amer. Aviation Inc. für Consumers Public Power District of Nebraska (SRG-Reaktor). Nach ASME-Paper 56-A-171.
a Reaktorkern, b Reflektor, c thermischer Panzer, d Reaktortank, e Na-Ein- u. Austritt, f Na-Eintritt, g Eintritts-Verteilerkasten für Na, i u. k Na-Stand bei kaltem und heißem Na, l Kühlschlange im biologischen Panzer, n biolog. Panzer.

im Reaktor erzeugte Wärme muß mit Hilfe eines zweiten metallischen Kreislaufes an Wasser übertragen werden. Die Wärmeaustauscher werden teuer, weil auch bei Schäden Na und Wasser nicht miteinander in Berührung kommen dürfen, Abb. 178.

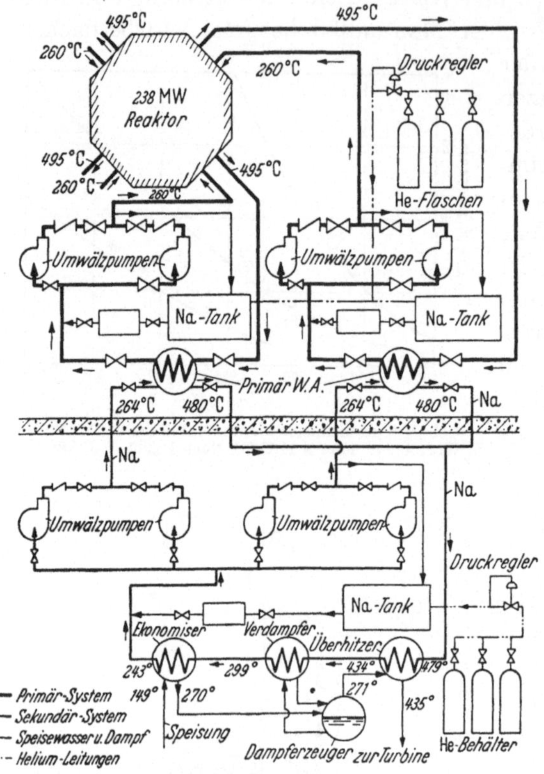

Vor 5 bis 10 Jahren ist mit dem Bau großer schneller Reaktoren u. a. deshalb nicht zu rechnen, weil das Verhalten flüssiger Metalle noch nicht genügend geklärt ist, weil die Spaltstoffelemente sehr teuer werden und die kritische Spaltstoffmasse etwa zweimal so groß sein muß wie bei thermischen Reaktoren.

β) Heterogener 250 MW-Brutreaktor. In Abb. 131 umgeben ein Graphitmoderator und ein Graphitreflektor den Reaktorkern von 3,6 m Durchm. Ersterer besteht aus sechseckigen mit Zirkon umkleideten Graphitsäulen, die eine Bohrung für den Spaltstoff und das Kühlmittel haben. Die Spaltstoffelemente ähneln Abb. 74 bis 76.

Abb. 132. Wärmeschaltbild des 250 MW-Brutreaktors in Abb. 131. 8/P/493

Tabelle 43. *Prozentuale Verteilung der Anlagekosten des Reaktors für das 75000 kW-Kraftwerk Hallem, Nebraska (ohne die Kosten für die Füllung mit Spaltstoff und „Kühlmetallen"). Nach* PAPER 56-A-171

Gebäude, biologische Panzer, Baukräne, elektr. Beleuchtung und Motoren	%	29,5
Reaktor	%	36,5
Hilfsvorrichtungen zum Reaktor	%	9,5
Natrium-Kühlsystem	%	20,3
Instrumentation	%	4,2

Den Betondeckel schützt eine durch Tetralin gekühlte aus Stahl und Blei bestehende Platte, 190 mm starke Ringe aus Gußstahl bilden den thermischen Panzer. Ein zwischen Tank und biologischem Panzer untergebrachtes von Tetralin durchflossenes Rohrsystem verhindert unzulässige Erwärmung des Panzers. Helium und in einigen Teilen Stickstoff dienen als inertes Gas. Tab. 43 zeigt die prozentuale Verteilung der Kosten auf die Bestandteile des Reaktors.

Die im Reaktor entwickelte Wärme wird in 4 Zwischen-Wärmeaustauschern an einen sekundären Na-Kreislauf übertragen, Abb. 132.

γ) **Heterogener 60 MW-UaSMBr-Reaktor in Dounreay, England.** Der Reaktor wurde für Forschungszwecke gebaut, Abb. 133.

Sein Kern soll mit Natururan oder mit Plutonium, die ihn umgebenden Blanketts sollen mit Natururan oder mit Thorium gefüllt werden und man erhofft einen Brutfaktor von mehr als 1,0.

Der zylindrische Kern hat 535 mm Durchm. und ebensolche Höhe. An beiden Enden der Spaltstoffelemente sitzen Stücke aus Natururan für Brutzwecke. Das Blankett enthält 2000 Natururanstäbe von 31,8 mm Durchm. und 2400 mm Länge, Tab. 44, Fall IV. Als Kühlmittel wird zunächst eine Legierung von 70% Na und 30% Ka, später voraussichtlich reines Na verwen-

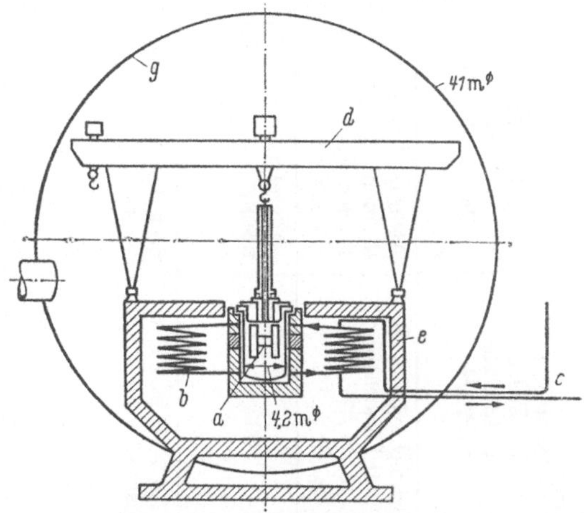

Abb. 133. Natriumgekühlter schneller, mit hochangereichertem Uran betriebener 60 MW-Reaktor in Dounreay, England. a Reaktorkern, b Primär-Wärmeaustauscher, c Rohrleitungen zu Sekundär-Wärmeaustausch., d Drehkran zum Auswechseln der Spaltstoffelemente, e biolog. Panzer, g gasdichte Stahlkugel 41 m Durchm.

det. Alle radioaktiven Teile sitzen in einer Kammer mit 1,5 m starken Betonwandungen. Der eigentliche Reaktor ist mit einer 1,2 m dicken borhaltigen Graphitschicht zum Schutze des Sekundärkreislaufsystems umgeben. Der Reaktorkern ist in 12 Sektionen unterteilt, damit bei Versagen der Kühlung seine Spaltstoffüllung nicht in einen einzigen Klumpen von überkritischer Masse zusammenschmelzen und explodieren kann. Jede Sektion hat ihren eigenen Primärwärmeaustauscher und 2 elektromagnetische Primär- und 1 Sekundär-Umwälzpumpe für das Na. Jedes der 12 Pumpensysteme ist mit einem eigenen Diesel-Notmotor ausgerüstet, der automatisch anspringt, wenn die Stromversorgung aus dem Kraftwerk ausfällt. Der Reaktor ist also sehr kompliziert. Die für das Jahr 1958 geplante Inbetriebsetzung mußte verschoben werden, weil sich Prototypen der vorgesehenen Spaltstoffelemente nicht bewährt hatten[1]. (Stand der Entwicklung 1957)

Da das flüssige Metall nur verschwindend wenig Sauerstoff enthalten darf, weil sonst Korrosionen und gefährliche Verstopfungen auftreten würden, ist schon sein Desoxydieren und Einfüllen in den Primär- und Sekundärkreislauf eine mühsame, größte Sorgfalt verlangende Arbeit. Dazu kommen die nicht weniger umständlichen Kontrollen der Rohrleitungen und Heizflächen auf völlige Dichtheit und die schwierige Instrumentation, weshalb bis zum Erreichen der vollen Reaktorleistung viele

---

[1] Der Reaktor wurde im November 1959 kritisch und wird mehrere Monate nur mit kleiner Last arbeiten, bevor man zu höheren Leistungen übergeht.

Tabelle 44. Hauptwerte von vier metallgekühlten Brutreaktoren (Aus mehreren Quellen zusammengestellt)

	I	II	III	IV
1. Fall	I	II	III	IV
2. Reaktorbauart 3. Reaktortyp 4. Ausführung des Reaktors nach Abb. 5. Nummer des Berichtes	Heterogen U_aGMBr 131, 132 8/P/493 Paper 56-A-171	Homogen U_aGMBr 136, 137, 138 8/P/494	Heterogen U_aSMBr 134 Paper 56-A-168	Heterogen U_aSMBr Engng., V. 1957
6. Entwicklungsstelle 6a. Name des Kraftwerkes	North Amer. Aviation Inc. Hallem-Nebraska	Brookhaven National Laboratory —	Atomic Power Development Associates Enrico Fermi-Kraftwerk in Detroit	UKAEA Dounreay England
7. Spaltstoffgewicht im Reaktorkern . t	22,5 t auf 1,8 (2,5) % 235 U anger. Uran (443 kg 235 U) oder Thorium	233 U	angereichertes Uranium, später vielleicht Pu	65 t Uran in Kern und Blankett 40% 235 U, 60% 238 U
8. Spaltstoffgewicht im Blankett		23 t Th in 231 t Lösung von Th_3Bi_5	65 t Uran im Kern und Blankett	Der Reaktor soll auch mit Plutonium betrieben werden und 233 U erzeugen können
9. Brutfaktor	0,71	1,05	< 1,0	1,12
10. Neutronenfluß maxim./mittel im Reaktorkern n/cm²sek	$4,3/2,0 \cdot 10^{13}$	10^{15}	—	—
11. Kühlmittel	Na	U-Bi u. Th_3 Bi_5	Na und NaK	70% Na, 30% K
12. Hat die Anlage Primär- u. Sekundärwärmeaustauscher?	Ja	Ja	Ja	Ja
13. Maximale Wärmebelastung des Spaltstoffes im Reaktor kcal/m²h	$0,95 \cdot 10^6$	—	$2,6 \cdot 10^6$ u. $1,55 \cdot 10^6$	—
14. Wärmeleistung von 1 lit. Volumen des Reaktorkerns MW/lit	—	—	0,8	—
15. Reaktorleistung nominal/wirklich MW	250/245	550	300 (430)	60
16. Elektrische Leistung der Anlage ..kW	80 800	210 000	100 000	15 000
17. Elektrische Nutzleistung der Anlage kW	76 800	200 000	90 000	—

18. Wirkungsgrad der Anlage bezogen auf (15) .... %	31,6	36,4	30	25
19. Zustand des Arbeitsdampfes: Druck/Temp. .... atü/° C	56/435	88/482	42/408[2])	13/240
20. Speisewasser: Temperatur/Zahl der Regenerativvorwärmer .... ° C	149/3	246/6	198/—	—
21. Spaltstofftemperatur max. ...... ° C	649	—	705	—
22. Na-Temperatur: Reakt. Ein-/Austritt ° C	260/495	400/550	289/428	200/400
23. Primärwärmeaustauscher: Ein- u. Austritt .... ° C	496/260	550/400	399/261	—/410
24. Sekundärwärmeaustauscher: Ein- u. Austritt .... ° C	480/243	516/350	—	—
25. Reaktorbehälter einschl. Reflektor: Durchm./Höhe .... m	siehe Abb. 131	3,66/4,57,	3,05/3,95)	0,535/0,535
26. Material des Reaktorbehälters	Nichtrostender Stahl	Croloy 2-¼	—	Nichtrostender Stahl
27. Thermischer Panzer, Dicke ..... mm	152	—	—	—
28. Umgepumpte Natriummenge im Reaktorkern/Brutblankett .... m³/min	50/—	135,5/14	rd. 90	—
29. Strömgeschwindigkeit im Reaktorkern .... m/s	—	—	7,5	—
30. Natriuminhalt des Reaktorbottichs .... m³	—	—	57	—
31. Spaltstoffnadeln: Zahl/Kern u. Blankett .... mm	215	—	182 u. 572	im Blankett 2000
Reaktorkern: Durchm. Zahl je Element .... mm/z	—	—	4/144	—
Blanketts: Durchm. Zahl je Element .... mm/z	—	—	11, 30 u. 12,3/16 u.25	
235 U in Reaktorkern/Blanketts Vol.%	—	—	7,75/—, —	
238 U in Reaktorkern/Blanketts Vol.%	—	—	21,4/36,1 u. 46,7	—
Leistung v. Reaktorkern/Blanketts MW	—	500/50	268/4 u. 28	
32. Anlagekosten des Reaktors/Werkes je kW installierter Leistung .. DM/kW	1400/2000[1])	1000 (?)	1260/2270 (?)	1250 (?)
33. Desgleichen eines brennstoffgefeuerten Dampfkraftwerkes .... DM/kW	840	—	—	—

[1]) Davon rd. 420 DM/kW für Entwicklungsarbeiten u. allgemeine Unkosten während der Errichtung des Werkes

[2]) Später voraussichtlich höhere Überhitzung

Monate vergehen können. Aus diesem und anderen Gründen wird man bezweifeln dürfen, ob solche Reaktoren gute Aussichten haben, solange es nicht gelingt, sie wesentlich zu vereinfachen.

δ) **Heterogener 300 MW-UaSMBr-Reaktor** für das 156000 kW-Enrico Fermi Kraftwerk der Detroit Edison Co., Tab. 44, Fall III, Abb. 134. Die Kosten der Anlage wurden im Jahre 1956 auf 230 Millionen DM

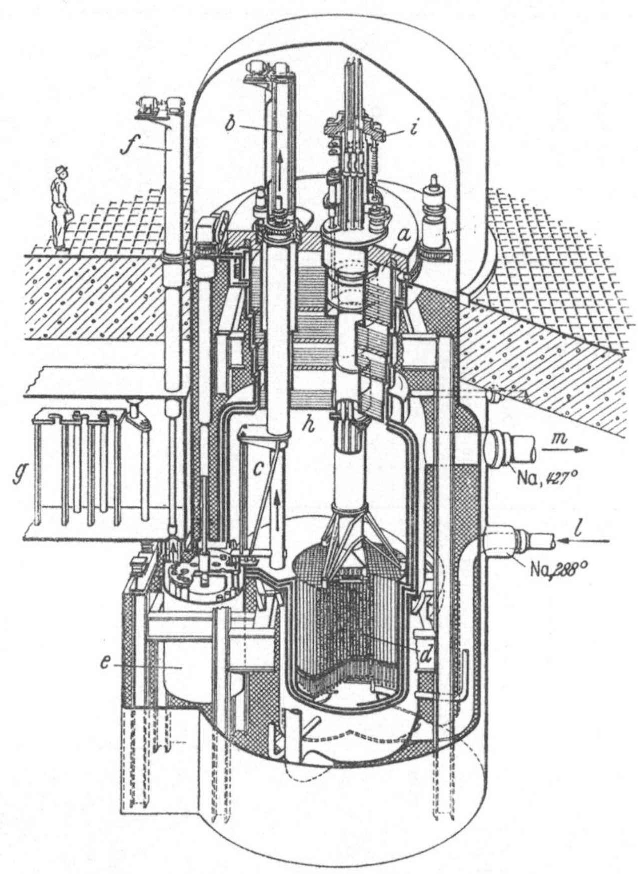

Abb. 134. Schneller Na-gekühlt. 300 MW-Brutreaktor für Enrico Fermi-Kraftwerk d. Detroit Edison Co. Nach Paper 270/J/18. (Jahr 1956)

a Senkrechtes drehbares Rohr zum Niederhalten des Reaktorkernes im Na-Bad, *b* Mechanismus z. Auswechseln erschöpfter Spaltstoffstäbe, *c* drehbarer Arm z. Überführen d. Spaltstoffstäbe aus d. Reaktorkern in Zwischenbehälter *e*, *d* Reaktorkern, *e* Zwischenbehälter, *f* Elevator zum Herausheben d. Spaltstoffstäbe aus *e*, *g* Lagerraum für Spaltstoffstäbe, *h* mit inertem Gas gefüllter Raum, *i* Regulierstangenantrieb, *l* Na-Eintritt, *m* Na-Austritt.

veranschlagt, wovon rd. 40 Millionen DM auf Entwicklungsarbeiten und allgemeine Unkosten entfallen sollen, Abb. 134. Man hofft, eine Reaktorleistung von 430 MW zu erreichen. Das Natrium tritt mit 288° C durch Leitung l unten in Gefäß h ein und verläßt es an seinem oberen Ende m mit

427° C. Der Reaktor ist mit 3 Primär- und 3 Sekundärwärmeaustauschern verbunden. Das flüssige Metall wird mit Zentrifugalpumpen umgewälzt.

Das Laden und Entladen des Reaktors erfolgt mittels des schwenkbaren Armes der Hebevorrichtung b, mit dem jedes Spaltstoffelement in den Behälter e geschafft

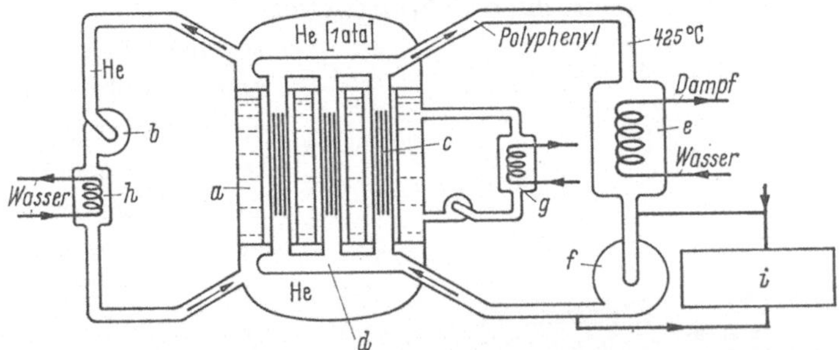

Abb. 135. D₂O-moderierter u. polyphenylgekühlter Reaktor. Nach Engng.
v. 1. VIII. 1958. (Siehe S. 144)
a D₂O-Moderator u. Reflektor (~ 80° C Temp.), b Heliumpumpe, c mit Al oder Zr umkleid. Spaltstoffelemente, druckfeste Rohre aus Al oder Zr, e Dampf-erzeuger aus Monnel-Metall, f Umwälzpumpe für Kühlmittel, g Kühler für D₂O, h Kühler für Helium-Schutzgas, i Reinigungsanlage für Kühlmittel.

werden kann. Von dort bringt es Ele-vator f nach Raum g, bis seine Ak-tivität soweit gesunken ist, daß es sich weiterbefördern läßt. Der Bottich h ist mit Natrium gefüllt, i ist der Antrieb für die Sicherheits- und Regulierstan-gen. Der Durchmesser der aus einer 10% Molybdän enthaltenden Uranle-gierung bestehenden Spaltstoffnadeln beträgt 3,8 mm, ihre Zirkoniumumhül-lung ist 0,1 mm dick. Die viele tausend Nadeln enthaltende Füllung eines großen Reaktors wird daher sehr teuer. Da bis zu ihrer völligen Erschöpfung eine mehr als zehnmalige Auswechse-lung nötig sein soll, kostet auch ihre Regenerierung offenbar viel Geld und die engen Kühlkanäle verlangen eine sehr sorgfältige Montage. Der zulässige Abbrand hängt möglicherweise mehr von Strahlungsschäden als von der nachlassenden Reaktivität ab. Das Blankett ist mit erschöpftem Natur-uran beschickt. Man hofft, die Reak-toren später mit Plutonium oder 233 U betreiben zu können.

ε) **Homogener 550 MW-Ua-GMBr-Reaktor (Brookh. Nat. Lab.).** Das als Spaltstoff dienende

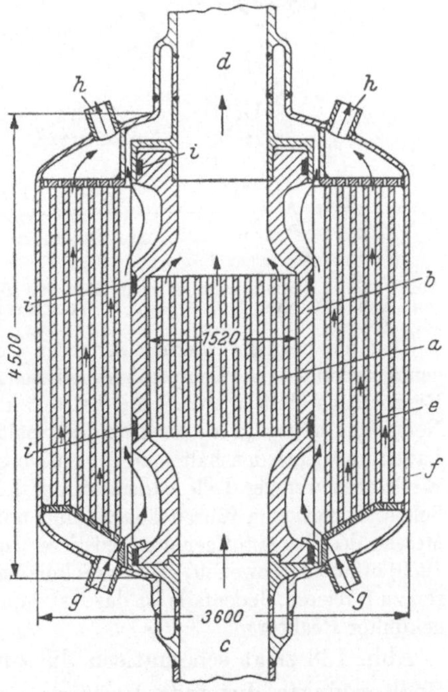

Abb. 136. Metallgekühlter Zweizonen-550 MW-Brutreaktor d. Brookhaven Nat. Lab. 8/P/494
(Abb. 137, 138)
a Kern, b Behälter aus Graphit, c Eintritt des U/Bi, d Austritt des U/Bi, e Brutteil, f Stahl-mantel, g Th/Bi-Eintritt, h Th/Bi-Austritt, i Metallbänder.

233 U wird in dem den Reaktorkern umschließenden Brutblankett aus Thorium erzeugt. Durch den Reaktorkern fließt das mit Wismut gemischte 233 U (137,5 m³/min), durch das Blankett in geschmolzenem Wismut suspendierter Th₃ Bi₅-Brei, Abb. 136. Den Reaktorkern bildet ein von zahlreichen senkrechten Bohrungen von 51 mm Durchm. durchzogener Block a aus reinem Graphit, der in einem faßartigen Behälter b untergebracht ist. Der Behälter besteht aus schwalbenschwanzförmig ineinandergreifenden Faßdauben aus Graphit, die durch aufgeschrumpfte Metallringe i zusammengehalten werden. Das Brutblankett e bilden um den Kern herum konzentrisch angeordnete Graphitzylinder von 80 mm Durchm. Die U-Bi-Mischung erwärmt sich im Kern von 400° C auf 550° C, der Neutronenfluß beträgt 10¹⁵ n/cm²sek, die Wärmeentwicklung im Kern 500 MW.

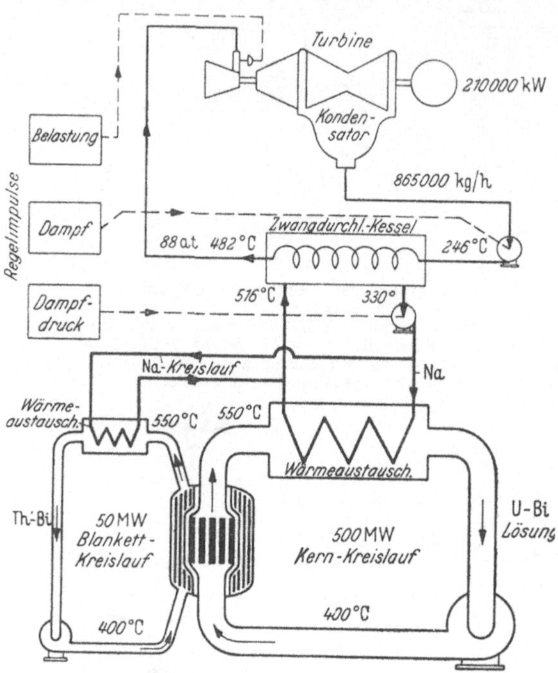

Abb. 137. Wärmeschaltbild zum 550 MW-Brutreaktor in Abb. 136. Nach **F. T. Miles** u. **C. Williams**. 8/P/494.

Über die Betriebssicherheit schneller metallgekühlter Reaktoren hört man folgende Bedenken: Der Temperaturkoeffizient sei positiv (?); es könne eine gefährliche Resonanzinstabilität auftreten; die weit kleinere Lebensdauer schneller prompter Neutronen könne in kurzer Zeit den Spaltstoff bis zum Schmelzen erhitzen. Das Laden und Entladen hält man für eine besonders heikle Prozedur, weil schon das Eindringen weniger Teile Sauerstoff auf 1 Million Teile flüssiges Metall zu gefährlichen Korrosionen führen könnte und noch keine zuverlässige Vorrichtung zum Messen des Sauerstoffgehaltes existiere. In Großbritannien wird daher z. Z. (III. 1959) offenbar bezweifelt, ob es zweckmäßig wäre, die Entwicklung solcher Reaktoren zu forcieren. Jedenfalls ist das Natrium eine wenig erwünschte Beigabe metallgekühlter Reaktoren.

Abb. 138 zeigt schematisch die zur kontinuierlichen Entfernung der Spaltprodukte dienende Einfügung des Reaktorkernes und -blanketts in drei Systeme, von denen das erste der Versorgung der Turbine mit Dampf, das zweite der Ausscheidung gasförmiger Spaltprodukte und das dritte der Zufuhr von frischem Thorium und der Abscheidung von überschüssig erbrütetem 233 U dient.

Die gasförmigen Spaltprodukte werden durch einen Heliumstrom von der freien Oberfläche der U Bi-Lösung in eine unter Unterdruck stehende Trommel geführt, Abb. 138, wo Xenon und andere gasförmige Produkte entweichen können. Wismut- und Poloniumdämpfe werden in einem wassergekühlten Apparat niedergeschlagen. Die flüchtigen Spaltprodukte läßt man von Holzkohle absorbieren. Die nicht flüchtigen Spaltprodukte, darunter Sr, Ce und seltene Erden, die besonders giftig sind, werden durch Extraktion einer Salzschmelze entfernt. Von dem Salz absorbiertes Uranium ist zurückgewinnbar.

Infolge der Wärmeausdehnung der Spaltstofflüssigkeit haben solche Reaktoren einen großen negativen Reaktivitäts-Temperaturkoeffizienten und sind daher sehr stabil und an eine Änderung der Belastung oder der Reaktivität, wie sie bei der Zufuhr von frischem Uran auftritt, sehr anschmiegungsfähig. Würde z. B. plötzlich dem Kern so viel 233 U zugeführt, daß die Konzentration um 2,75% und die Überschußreaktivität um 1% zunähmen, so würde nach MILES und WILLIAMS der Reaktor bei einer um 55° C höheren mittleren Temperatur eine neue Gleichgewichtslage erreichen. Die Wärmeleistung des Reaktors wird durch die Temperaturzunahme des U Bi in ihm und die ihn durchströmende U Bi-Menge bestimmt. Von der Spaltstoffkonzentration hängen die durchschnittliche in ihm herrschende Temperatur und bei einer verlangten Leistung die Ein- und Austrittstemperaturen ab. Es wird daher die 233 U-Konzentration so eingestellt, daß im Reaktorkern eine mittlere Temperatur von 475° C herrscht. Bei plötzlicher Lastzunahme steigt die Austrittstemperatur um denselben Betrag, um den die Eintrittstemperatur fällt, die durchschnittliche Temperatur ändert sich nicht.

Der selbstregulierende Reaktor soll zwischen 10% und 100% Last so anpassungsfähig sein wie ein brennstoffbeheizter Dampfkessel. Eine konstante Temperatur

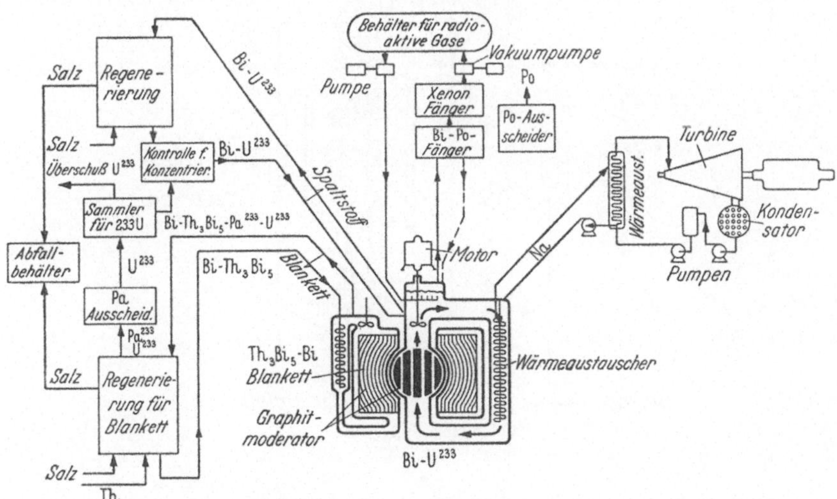

Abb. 138. Regenerierungs-Kreislaufschema zum metallgekühlten 550 MW-Zweiregionen-Brutreaktor in Abb. 136. Nach F. T. MILES u. C. WILLIAMS. 8/P/494.

des Arbeitsdampfes wird gemäß Abb. 137 durch Ändern der Speisewasserzufuhr zu dem als Zwangsdurchlaufkessel ausgebildeten Wärmeaustauscher, ein konstanter Dampfdruck durch Verstellen der umlaufenden Wismutmenge aufrechterhalten, worauf sich die gewünschte Wärmeleistung des Reaktors selbsttätig einstellt.

Das hochradioaktive Wismut gibt in einem Primäraustauscher seine Wärme an Natrium ab, das in einem als Zwangsdurchlaufkessel ausgebildeten Sekundäraustauscher Dampf von 88 at und 482° C erzeugt. Ein mit Helium arbeitendes System dient zum Aufrechterhalten des gewünschten Überdruckes in den verschiedenen metallgefüllten Teilen und zum Anwärmen des Reaktorkernes bei seiner Füllung. Die geschmolzenes Wismut und Natrium führenden Leitungen stecken in Mänteln, durch die erhitztes NaK fließt, das ihr Einfrieren verhindert und sie beim Anfahren auf die erforderliche Mindesttemperatur bringt.

8. Reaktoren mit fließbarem Spaltstoff. α) Zwei holländische Reaktoren. Der Kern des Reaktors in Abb. 139 besteht aus schwerem Wasser, in dem leicht angereichertes Uranium in der Form von fein pulverisiertem UO_2 suspendiert schwebt. Die Suspension strömt mit der Setzgeschwindigkeit des Pulvers durch den Kern und dann durch die Rohre des Wärmeaustauschers, worauf sie mittels einer Gaspumpe (Mammutpumpe) in den Reaktor zurückgefördert wird. Mit 1 t Uranfüllung sollen sich 25 MW Wärme erzeugen lassen. Mit dem Reaktor zusammengebaut sind Vorrichtungen zum automatischen Reinigen des für die

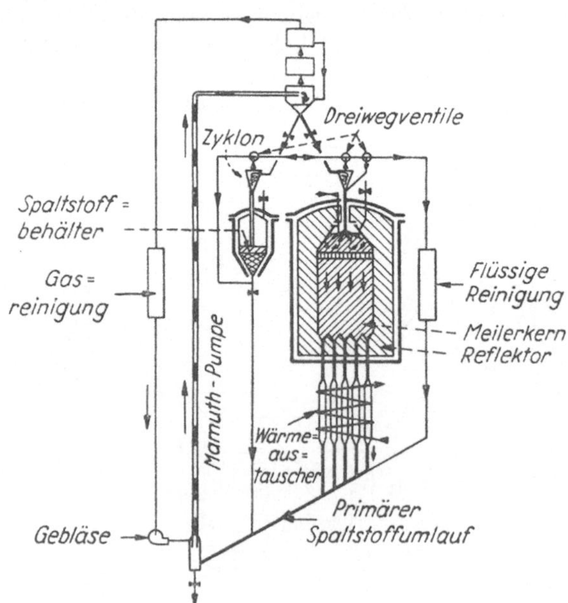

Abb. 139. Holländischer Vorschlag eines homogenen, D_2O-moderierten Reaktors, in dem eine Emulsion aus Wasser und UO_2 durch Reaktor und Wärmeaustauscher mittels einer Mammut-Pumpe umgewälzt wird. Nach WENT u. DE BRUYN.

Mammutpumpe benötigten Umwälzgases, zum Reinigen des D_2O von Spaltprodukten und zum Aufrechterhalten einer gleichförmigen Suspension. Die höchste D_2O-Temperatur soll 300° C betragen.

Der Reaktor in Abb. 140 benutzt eine Emulsion aus einem Trägergas und UO_2-Pulver. Das Pulver rutscht durch die wärmeisolierten aus Berylliumoxyd (BeO) bestehenden Reaktorrohre und wird dann von einem Trägergas durch die Rohre eines Wärmeaustauschers hindurch, an die es seine Wärme abgibt, zum oberen Ende der BeO-Rohre zurückbefördert. Das Gas wird kontinuierlich von Spaltprodukten befreit. Die Temperatur der Emulsion soll bis 700° C betragen können, ohne daß ein nennenswerter Überdruck im Reaktorsystem entsteht. Auf ähnlichen Prinzipien beruht der ADFR-Reaktor (Armour Dust-Fuel Reactor).

9. Reaktoren für hohe Dampfüberhitzung. α) **Amerikanischer Armour-Reaktor (ADFR).** Den Moderator des Reaktorentwurfes in Abb. 141 bilden hochfeuerfeste Kammern aus Beryllium-Verbindungen, die zum Schutz gegen die Hitze mit Siliziumkarbonaten oder -oxyden bekleidet sind. In ihnen zirkuliert auf 1 Mikron Korngröße gemahlenes UO_2 oder UC, das in Helium von 1100 bis 1700° C schwebt. Die hohen Temperaturen sind erforderlich, um trotz des geringen Wärmeleitvermögens der Kammerwände mit Oberflächen von tragbarer Größe auszukommen. Der Reaktor wird durch Helium von 30 at Druck gekühlt, das den Wärmeaustauscher k beheizt.

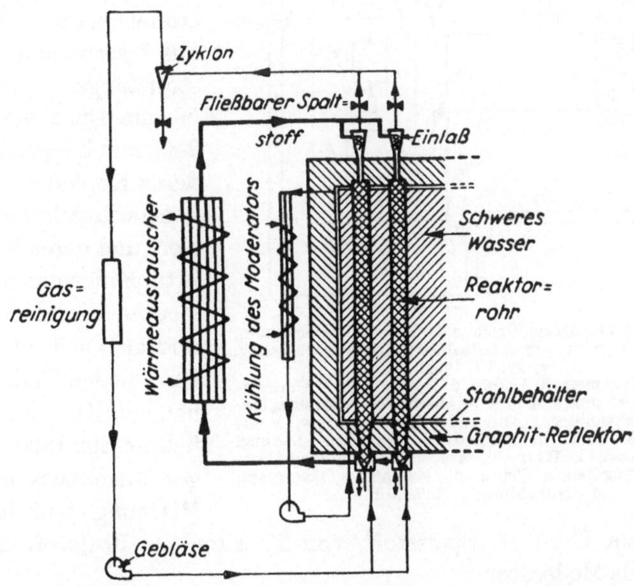

Abb. 140. Holländischer Vorschlag eines mit D_2O moderierten Reaktors. Seine wärmeisolierten Rohre bestehen aus Berylliumoxyd BeO. Der Wärmeaustauscher wird durch eine Emulsion aus einem Trägergas und UO_2-Pulver beheizt. Nach WENT u. DE BRUYN.

Das System soll folgende Vorteile haben:

der Arbeitsdampf kann hoch überhitzt werden,

der Spaltstoff braucht nicht umkleidet zu werden, weil giftige Spaltprodukte in einem Nebenkreislauf kontinuierlich ausgeschieden werden;

es sind keine teuren Vorrichtungen zum Beschicken des Reaktors mit Spaltstoffpatronen erforderlich;

sehr hohe Spaltstofftemperaturen sind zulässig.

Hierzu ist folgendes zu bemerken:

In den Kammerwandungen werden sehr hohe Wärmespannungen auftreten, weil ihre Außenseite erheblich kälter als ihre Innenseite ist und sie aus zwei Baustoffen mit verschiedenen Wärmeausdehnungszahlen bestehen. Man muß daher befürchten, daß infolge von Rissen radioaktive Stoffe die ganze Anlage verseuchen;

es dürfte schwerfallen, die in Betracht kommenden, sehr kleinen Spaltstoffmengen der jeweils verlangten Reaktorleistung schnell anzupassen und gleichmäßig auf die zahlreichen Reaktionsräume zu verteilen;

das Auffinden eines brauchbaren Kompromisses zwischen der zum Mitführen des Spaltstoffes erforderlichen und der für ausreichende Kühlung benötigten Geschwindigkeit des Heliums wird nicht einfach sein;

es erscheint zweifelhaft, ob der Reaktor billiger und kompendiöser wird als erprobte Systeme.

β) **Entwurf eines 10 MW-Hochtemperatur-Versuchsreaktors in Harwell.** Das als Kühlmittel dienende Helium wird unter 10 at Druck auf 750° C erhitzt und erzeugt Frischdampf von 550° C, Abb. 142 u. 143. Die 61 Spaltstoffelemente bestehen aus 7 sechseckigen Spaltstoffstangen von etwa 50 mm Durchmesser und 2400 mm Länge, Abb. 144, deren Kopfenden eine siebensternige Spinne distanziert und deren Fußenden in tulpenförmigen Kelchen stecken, die als Fixierung und als Dichtung dienen. Ihre beiden Enden bestehen aus Graphit als Reflektor, ihr 1800 mm langes Mittelstück aus einer Mischung von hochkonzentriertem Uran als Spaltstoff, von Thorium als Brutstoff und von Graphit als Moderator.

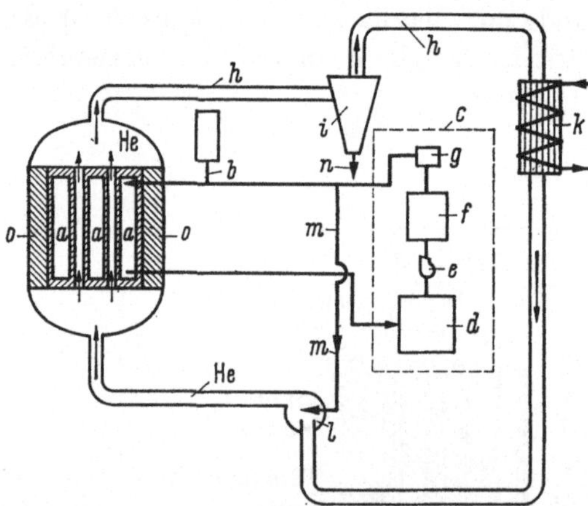

Abb. 141. Mit pulverförm. Uranoxyd oder -carbid arbeitender, heliumgekühlt. therm. Armour-Reaktor (ADFR). Nach Engng. v. 27. VI. 1958.
a Reaktionskammern, b Zufuhr d. Spaltstoffes, c Umwälzsystem für Spaltstoff, d Kühler u. Abscheider, e Diaphragma-Pumpe, f Elektrofilter, g Abscheider für Xenon usw., h mit Siliziumcarbid oder Aluminiumoxyd ausgekleid. Leitung, i desgl. Zyklon, k Wärmeaustauscher, l Umwälzgebläse, m Rückleitung eines Teiles d. gereinigt. Trägergases, n Staubabfuhr, o Reflektor.

Die Spaltstoffstangen sollen mit einem gasundurchlässigen Spezialgraphit umhüllt werden. Durch die hohlen Stangen wird dauernd etwas Helium abgesaugt, das die

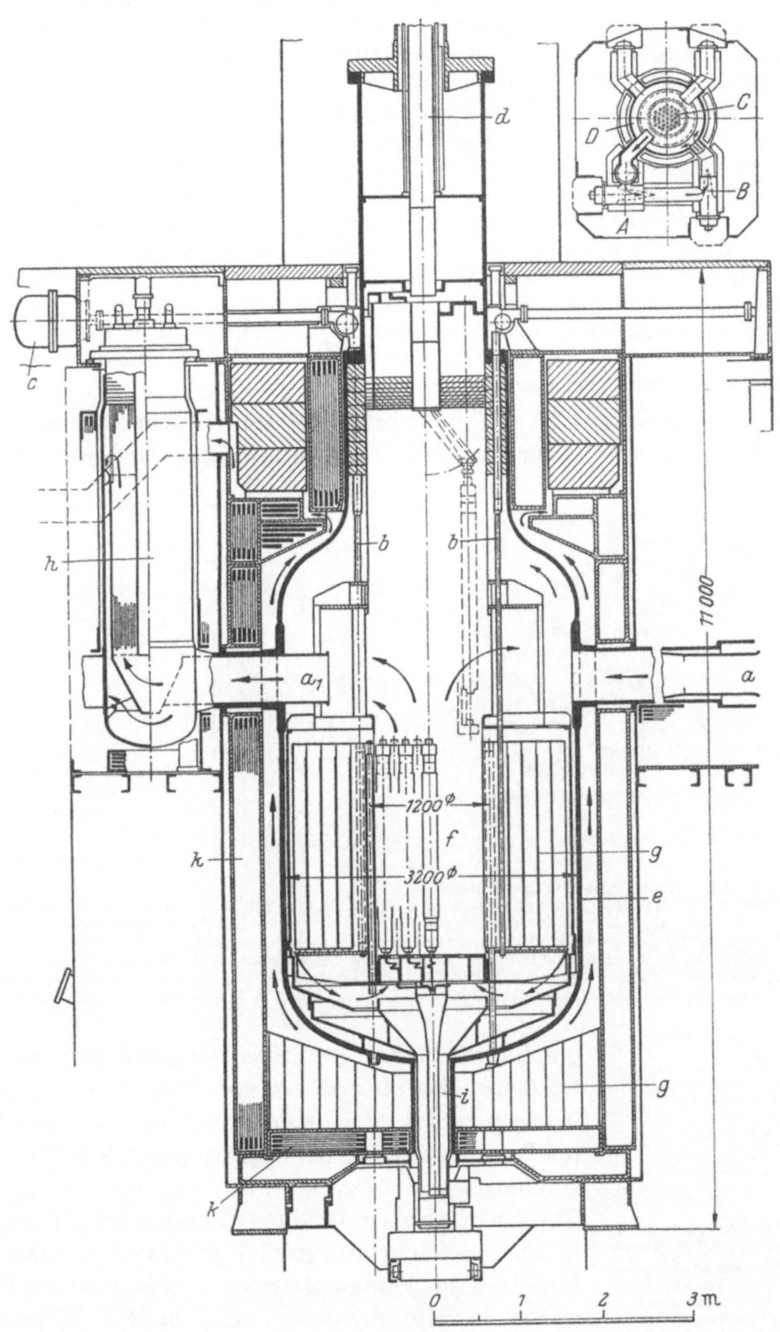

Abb. 142, 143. Heterogener 10 MW-Hochtemperaturreaktor. Nach P. FORTESCUE u. V. WORDSWORTH (Engng. 12. IX. 1958).
a Heliumeintritt (350° C), a_1 Heliumaustritt (750° C), b Aufhängekabel der Regulierstangen, c Antrieb für b, d Vorrichtung z. Auswechseln d. Spaltstoffelem., e Reaktortank, f Reaktorkern (61 Elemente), g Graphitreflektor, h Wärmeaustauscher, i Röhrchen zum Absaugen der Spaltprodukte, k Wärmeisolierung.
Im Nebenbild: A und B Umwälzgebläse, C Kern des Reaktors, D Ringmantel.

Spaltprodukte einer Ausscheidungsanlage zuführt, Abb. 103. Es wird mit folgenden Temperaturen gerechnet: Im Innern des Spaltstoffes bis 1500° C, an seiner Oberfläche bis 1000° C; Helium am Ein-/Austritt des Reaktorkerns 350/750° C, am Eintritt in die Wärmeaustauscher 600° C.

750° C Heliumtemperatur treten nur im zentral gelegenen Teil des Reaktors auf; seine Ummantelung, die Graphitreflektoren g und die maschinellen Teile werden durch Helium von 350° C gekühlt. Zwei vom Helium durchströmte Gasturbinen treiben Gebläse A an, die das Gas aus dem Innern C des Reaktors absaugen und über die Wärmeaustauscher in den äußeren Ringraum D zurückführen. Die Antriebsleistung wird durch Abkühlung des heißen Heliums gewonnen. Die mit dem Reaktor zusammengebauten Wärmeaustauscher h in Abb. 142, 143 werden wegen des großen Wärmegefälles ziemlich klein. Um wirtschaftlich zu sein, muß nach P. FORTESCUE u. V. WORDSWORTH mit 1 kg Spaltstoff mindestens 1 MW erzeugt werden, die spezifische Wärmeleistung sollte nicht weniger als 10 MW auf 1 lit Kernvolumen betragen.

γ) **Wassergekühlte graphitmoderierte Reaktoren mit Überhitzung.** In der letzten Zeit sind in mehreren Staaten Entwürfe

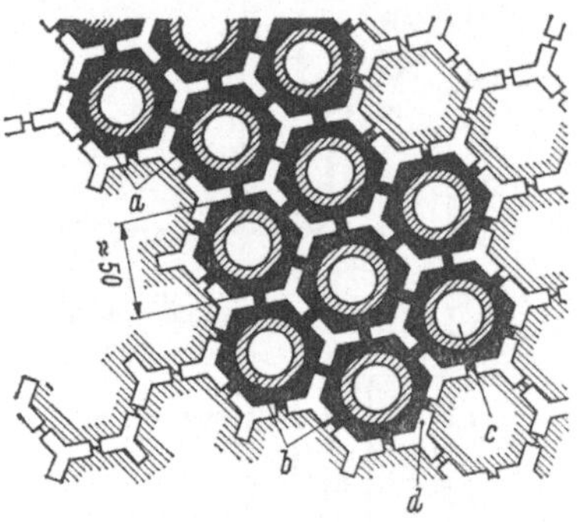
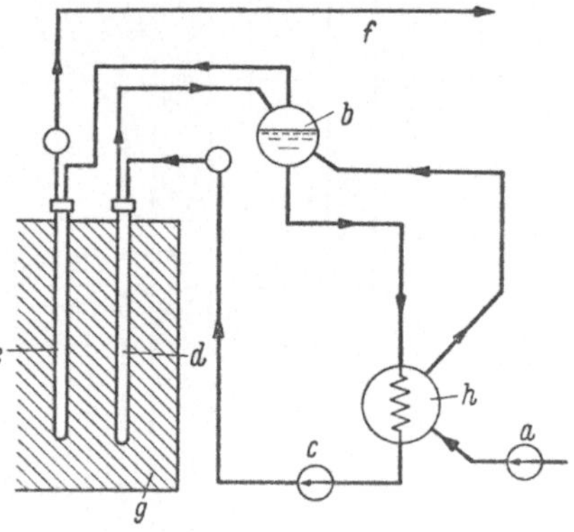

Abb. 144. Querschnitt durch Spaltstoffelemente d.'10 MW-Hochtemperaturreaktors in Abb. 142, 143, a Mantel aus gasdichtem Graphit, b ringförmige Seele (Mischung aus Graphit, 232 Th und 235 U), c Bohrung zum Abführen der Spaltprodukte, d Kühlkanäle zwischen einzelnen Spaltstoffstangen.

Abb. 145. Schema v. wassergekühlt. graphitmod. Überhitzungsreaktor.
a Speisewasserpumpe, b Ausdampftrommel, c Umwälzpumpe, d Verdampferrohre, e Überhitzerrohre, f Leitung zur Turbine, g Graphitblock, h Vorwärmer für Speisewasser.

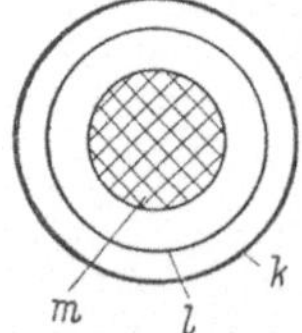

Abb. 146. Querschnitt durch ein Überhitzerrohr des Reaktors in Abb. 145.
k Zirkoniumrohr, l Stahlrohr, m Spaltstoff. Dampf strömt zwischen k u. l nach unten, zwischen l u. m nach oben.

graphitmoderierter Reaktoren ausgearbeitet worden, bei denen das als Speisewasser dienende Kühlwasser in engen, senkrechten, in den Graphitblock eingebetteten Rohren von ähnlicher Konstruktion wie in Abb. 124 verdampft und überhitzt wird, um dann direkt zur Turbine zu strömen. In Abb. 145 wird es durch Pumpe a in Trommel b gedrückt und durchströmt dann im Kreislauf die Verdampferrohre d. Der vom Umlaufwasser befreite Sattdampf wird in den Rohren e, Abb. 145, überhitzt. Man könnte auch daran denken, mit Zwangdurchlauf zu arbeiten. Der Graphitmoderator ist keinem nennenswerten Druck ausgesetzt. Bei einigen Vorschlägen sind die Spaltstoffelemente derart in den Überhitzerrohren untergebracht, daß der Dampf vom Eintrittssammler durch den Ringraum zwischen dem Zirkoniumrohr k und dem dünnwandigen Stahlrohr l nach unten gelangt und nach seiner Richtungsumkehr durch das Rohr l, in dem die Spaltstoffelemente m sitzen, nach oben zum Austrittssammler strömt, Abb. 146. Ein anderer Entwurf ordnet den Spaltstoff außerhalb der druckfesten Rohre an.

δ) Wassergekühlter und -moderierter Reaktor mit Überhitzung. Der überraschend einfache, mit Zwangsumlauf arbeitende,

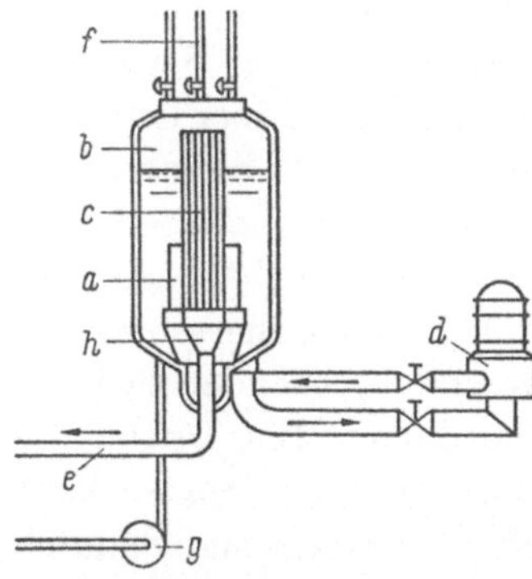

Abb. 147. H_2O-moderiert. u. gekühlt.
203 MW-Überhitzerreaktor
der Allis Chalmers Mfg. Co. für Northern States Power Co. (Sioux Falls, S. D.)
Power XI. 1958.
a Verdampferrohre, b Dampfraum, c Überhitzerteil, d Umwälzpumpe, e Leitung z. Turbine, f Regulierstangen, g Speisepumpe, h Separatoren.
Speisewassertemp. 150° C, Frischdampfzustand 50 at, 440° C; Spaltstoffgewicht: Verdampferteil 100 kg 235 U, Überhitzerteil 24 kg 235 U; Kraftbedarf d. Umwälzpumpe 620 kW. Abmessung. v. Reaktortank: 3,3 m Durchm., 7,9 m Höhe, 75 mm Wandstärke. Bruttoleistung 66000 kW, elektr. Nutzleistung 62000 kW, Wirkungsgrad 30,5%.

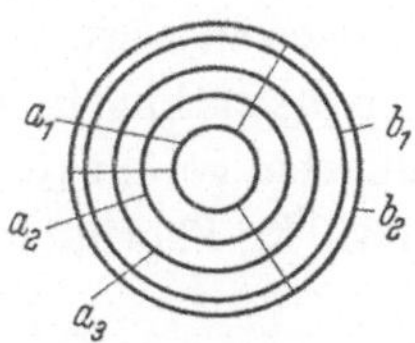

Abb. 148. Überhitzerelement zum Reaktor in Abb. 147.
a_1, a_2, a_3 Rohre aus angereichertem UO_2, b_1, b_2 Rohre aus dünnwandigem nichtrostendem Stahl. Zwischen b_1 u. b_2 stagniert Sattdampf.

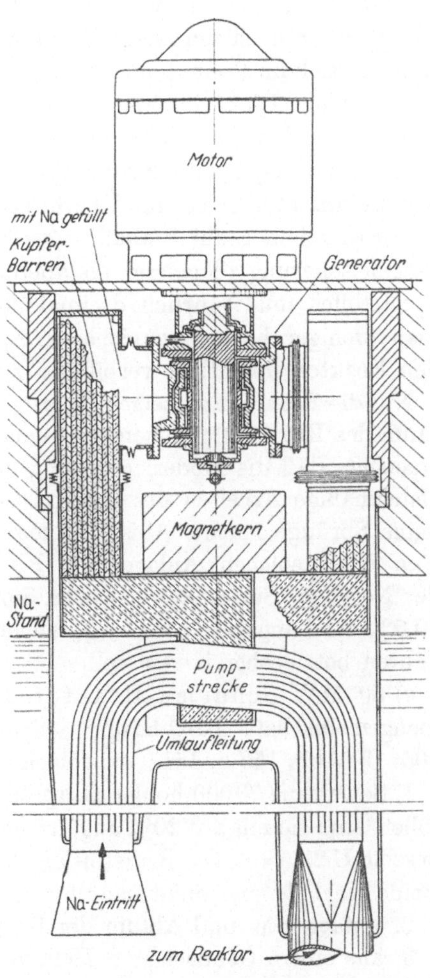

Abb. 149. Homopolare elektromagnetische Na-Umwälzpumpe.

von der Allis Chalmers Mfg. Co. gebaute 203 MW-Überhitzungsreaktor in Abb. 147 und 148 soll im Juni 1962 in Betrieb kommen. Die Anlagekosten des 66000 kW-Kraftwerkes werden einschl. der Kosten der Spaltstoffüllung auf 1850 DM/kW install. Leistung geschätzt. Veranschlagt man letztere zu 450 bis 550 DM/kW, so würden die Baukosten ohne Spaltstoffüllung 1300 bis 1400 DM/kW betragen, also so hoch wie bei H_2O-Preßwasserreaktoren ohne Überhitzer liegen, Tab. 63, Spalte I, Pos. 4. Die AEC und 11 Elektrizitätswerke übernehmen von den 120 Mio DM Anlagekosten etwa 22 Mio DM.

Der Reaktorkern besteht aus zwei konzentrischen Bündeln verschieden langer Elemente a und c, Abb. 147, 148, von denen das äußere kürzere der Verdampfung, das innere längere der Überhitzung dient. Auf den Verdampferrohren sitzen Zentrifugal-Wasserabscheider. Der Sattdampf sammelt sich im Raum b und strömt dann durch Bündel c über Leitung e zur Turbine. Die 3 inneren Rohre a_1, a_2, a_3, Abb. 148, bestehen aus UO_2, die beiden äußeren b_1 und b_2 aus sehr dünnwandigem rostfreiem Stahl. Das UO_2 ist im Sattdampfteil auf 1,6% angereichert und mit Aluminium umkleidet, im Überhitzer auf 20% angereichert und mit nichtrostendem Stahl umhüllt. Zwischen b_1 und b_2 befindet sich zur Wärmeisolierung dienender stagnierender Sattdampf. Ein Drittel des Spaltstoffes muß jährlich dreimal ausgetauscht werden. Später hofft man, weniger hoch angereicherten Spaltstoff verwenden und dadurch den Reaktor wesentlich verbilligen zu können.

Nur die Praxis kann zeigen, ob es gelingt, in dem sehr kleinen Dampfraum des Reaktors genügend trockenen Sattdampf auf solche Weise zu erzeugen, daß die Moderierwirkung des Wasserinhaltes und damit das gleichmäßige Arbeiten des Reaktors nicht leiden und die Überhitzung keine Sprünge macht. Allis Chalmers wollte im Sommer 1959 mit dem Bau einer solchen Anlage für das 62000 kW-Pathfinder-Kraftwerk der Northern States Power Co. in Sioux Falls beginnen (42 at, 440° C, 30,5% Wirkungsgrad, auf 1,7% angereichertes UO_2), das in etwa zwei Jahren betriebsbereit sein soll.

ε) 50 MW-Schulten-Reaktor. Bei dem interessanten von der Firmengemeinschaft BBC-Krupp gebauten Schulten-Reaktor (75 atü, 505° C), Abb. 150 u. 151, sind folgende Punkte bemerkenswert:

1. Soweit die 70000 hohlen Graphitkugeln als Spaltstoffkugeln wirken sollen, sind sie mit auf 20% angereichertem Urankarbid gefüllt (Gewicht des 235 U 23,5 kg). Die Brutstoffkugeln enthalten 340 kg Thoriumkarbid. Beide Karbide sind nicht metallumhüllt,

2. einfache Zu- und Abfuhr der Kugeln,

3. aus einem Gemisch von Helium und Neon von 10 ata Druck bestehendes Kühlgas, das in den Kugelhaufen von 1,5 m Durchm. mit 250° C ein- und mit 850° C aus ihm austritt,

4. der kompendiöse gasdichte Zusammenbau von Reaktor, Umwälzgebläsen und Heizflächen in einem Stahlmantel von 4 m Durchm. und 10 m Höhe,

5. die einfache Regelung. Wegen des negativen Temperaturkoeffizienten von $-4 \cdot 10^{-5}$ pro °C wird weitgehende Selbstregelung erwartet. Zum Abstellen dienen Stäbe aus Neutronen absorbierendem Material. Die Höchsttemperatur im Brennstoffeinsatz soll 1500° C, die mittlere Oberflächentemperatur der Kugeln 700° C, ihre mittlere Verweilzeit im Reaktor etwa 1 Jahr betragen; ein Zusammenbacken von Teilen der Kugelfüllung soll ungefährlich sein. Die Zwangdurchlauf-Heizfläche ist in 4 voneinander unabhängige Sektionen mit eigenen Regelanlagen unterteilt. Die Leistung des Reaktors wird lediglich durch Ändern der Drehzahl der Umwälzgebläse geregelt (Atomwirtschaft IX, 1959). Reaktor und erforderliche Nebenräume werden in einem gasdichten Stahlbehälter von 10 m Durchm. und 20 m Höhe untergebracht, den noch ein biologischer Panzer umgibt. Für die Entseuchung des Umwälzgases, zum Entfernen von Graphitstaub, Spaltprodukten und anderen unerwünschten Stoffen dienen etwas komplizierte Vorrichtungen. Wegen der zahlreichen Rohrdurchdringungen und einiger schlecht zugänglicher Schweißstel-

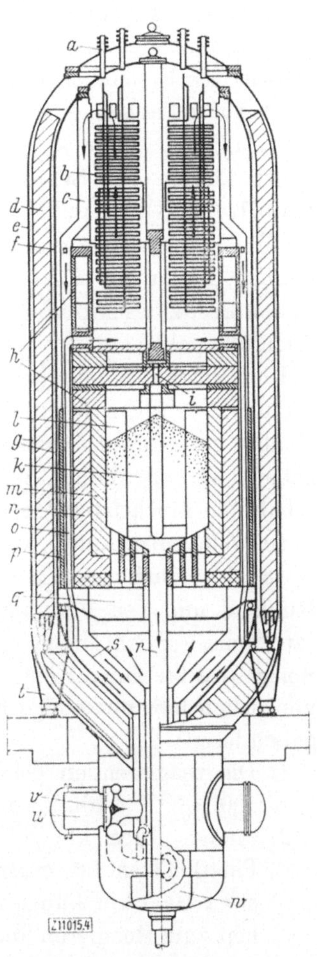

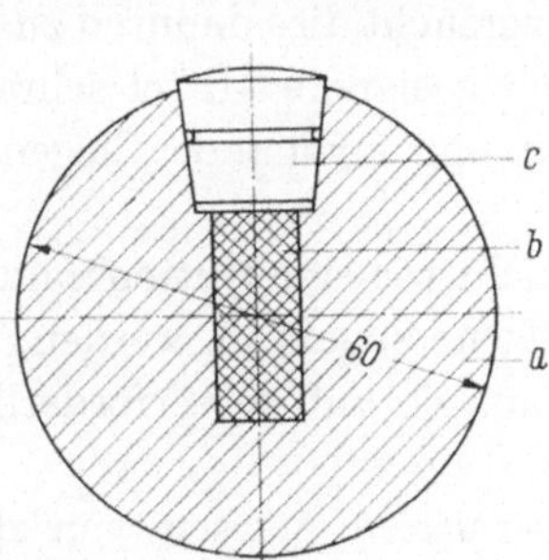

Abb. 151. Spaltstoffkugel zum Schulten-Reaktor.
a Graphitkugel, b Spaltstofffüllung, c Graphitverschluß.

Abb. 150. Graphitmoderierter, gasgekühlter 50 MW-Schulten-Reaktor von BBC-Krupp zum Erzeugen von Dampf von 75 atü u. 505° C Temperatur. Nach Z. VDI. 21. VII.1959. a Austritt des Heißdampfes, b Ekonomiser, Verdampfer u. Überhitzer, c Ableitung des abgekühlten Kühlgases, d biologischer Panzer, e äußerer Stahlmantel, f innerer Stahlmantel, g Sperraum, h Brücke aus Kohlensteinen, i Spaltstoffzufuhr, k Reaktorkern, l Raum für Abschaltstäbe, m Reflektor, n Mantel aus Kohlensteinen, o Kurzschlußrohre, p thermischer Panzer, q Tragrost, r Spaltstoffabfuhr, s Führungsbleche für Kühlgas, t Tragfüße, u Antriebsmotor, v Umwälzgebläse, w Gebläsedom.

len der Behälter e und f wird auch der von der 10 m-Schutzhülle umschlossene Raum der Sicherheit wegen entseucht.

Etwa folgende Punkte könnten Bedenken erwecken: Die Haltbarkeit der Spaltstoffkugeln; unzulässig ungleichmäßiger Abbrand der peripheren und der zentralen Spaltstoffkugeln; schwieriges Einstellen des Reaktors; schwieriges Feststellen und Beseitigen im Betrieb auftretender Schäden an den Heizflächen, den Gaskanälen usw. Ob diese Bedenken berechtigt sind, läßt sich wie bei anderen Reaktor-Neukonstruktionen nur an Prototypen klären. Ein Schulten-Reaktor wird von der Versuchs-Reaktor GmbH. (AVR), Düsseldorf, erstellt. Der Bund trägt die Hälfte der auf 40 Mio DM geschätzten Kosten. Mit dem Bau wird im April 1960 begonnen, die Bauzeit dürfte etwa 3 Jahre betragen. Später soll der Reaktor in den Besitz des Atomforschungszentrums des Landes Nordrhein-Westfalen übergehen.

Im übrigen darf man bei einigen Vorschlägen von Reaktoren mit Überhitzung, vor allem wenn Verdampfung und Überhitzung in getrennten Reaktoren erfolgen, bezweifeln, ob sie z. Zt. so billig und betriebssicher gebaut werden können wie Sattdampf-Reaktoren mit einem nachgeschalteten ölbeheizten Überhitzer.

10. Zukunftsträume. α) Allgemeines. Zum Durchführen der auf S. 18/22 beschriebenen Kernverschmelzung wurden in Großbritannien, Rußland und den Vereinigten Staaten von Amerika zahlreiche Laboratoriums-Vorrichtungen gebaut, wie z. B. Zetareaktor, Stellerator, Spiegelreaktor (mirror machine), Sceptre, Columbus, Perhapsatron usw., von denen hier nur einige beschrieben werden. Sie sollen folgende Aufgaben lösen:

1. Die reagierenden Gase müssen bei der D-D-Reaktion auf etwa 400.10^{6}° K erhitzt werden;
2. infolge ihres kleinen Wirkungsquerschnittes müssen die D-D-Partikelchen bei einer Gasdichte von 10^{15}n/cm³ einen Weg von etwa 1000 km Länge zurücklegen, damit sie ausreichend Gelegenheit zum Reagieren finden. Man versucht dies dadurch zu erreichen, daß man den Partikelchen durch geeignete Mittel schraubenähnliche Bahnen mit zahllosen sehr eng aneinander liegenden Windungen aufdrückt;
3. da die Kernverschmelzung sich nicht wie eine Kettenreaktion selbst erhält, muß den Gasen soviel Wärme zugeführt werden, wie ihnen durch Verluste entzogen wird, um sie auf der erforderlichen Reaktionstemperatur zu halten;
4. die hohen Verschmelzungstemperaturen müssen von den Wandungen des Reaktionsgefäßes ferngehalten werden, weil sonst untragbar große Wandungsverluste auftreten und sämtliche bekannten Baustoffe in kürzester Frist zerstört werden würden;

5. möglichst viel der bei der Verschmelzung frei werdenden Energie sollte direkt in elektrischen Strom verwandelbar sein;

6. zum Regulieren und Überwachen des Reaktors müssen Instrumente entwickelt werden, mit denen man die in ihm herrschenden Temperaturen und Drücke schnell und zuverlässig messen kann.

Die Hauptschwierigkeit besteht darin, das Plasma auf eine genügend hohe Temperatur zu bringen und es auf einen so kleinen Querschnitt zu komprimieren, daß es mit den Wandungen des Reaktionsgefäßes nicht in Berührung kommen kann. Zum Erreichen dieses gewissermaßen im freien Raum sich vollziehenden Zusammenhaltens (*containment*) bedient man sich magnetischer Felder. Gefäße, in denen es erfolgt, heißen *magnetische Flaschen* (*magnetic bottles, magnetic traps*). Die Felder können auf die verschiedenartigste Weise erzeugt werden. Bei einigen der beschriebenen Apparaturen geschieht es durch außerhalb der Flaschen angeordnete Magnetspulen, bei anderen durch sehr starke durch das Plasma geschickte Ströme. Unhomogene Magnetfelder, elektrische Felder und andere Mittel gestatten eine weitere Beeinflussung der Konfiguration des Plasma; es würde zu weit führen, auf alle diese sehr verwickelten Möglichkeiten einzugehen.

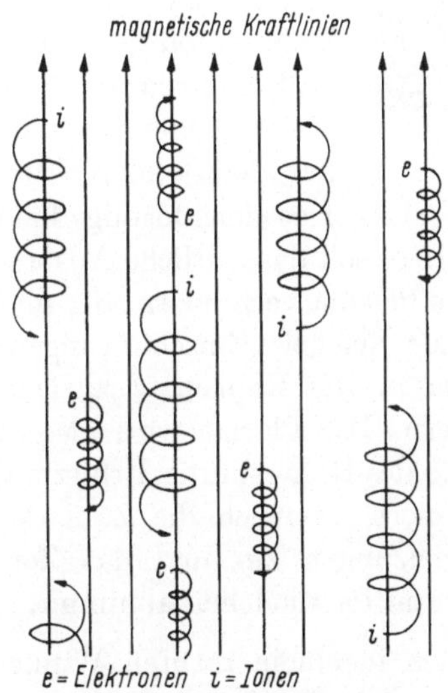

Abb. 152. Bewegung v. Ionen u. Elektronen entlang d. Kraftlinien eines Magnetfeldes. Engr. 10. X. 1958. e Elektronen, i Ionen.

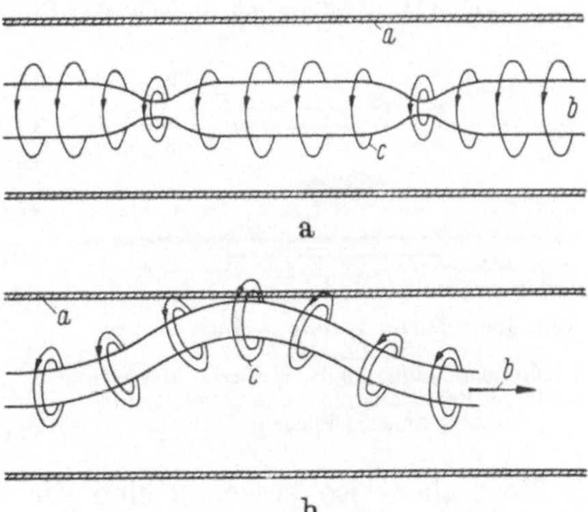

Abb. 153. Würstchen (sausage)-Unstabilität a und Schlenker-(kink)-Unstabilität b bei pinch-Entladungen. Engr. 10. X. 1958. a Toruswandung, b Plasma, c Magnetfeld.

Die Wirkung der Felder, die außerordentlich große Kräfte erzeugen können, beruht auf folgenden Vorgängen: Auf ein elektrisch geladenes, sich senkrecht zu einem Magnetfeld bewegendes Teilchen wird eine senkrecht zu seiner Bewegungsrichtung und zum Magnetfeld gerichtete Kraft ausgeübt. Infolgedessen durchlaufen Ionen und Elektronen, die sich in einer zu einem homogenen Magnetfeld senkrechten Ebene bewegen, um die Magnetlinien herum schraubenförmige Bahnen, Abb. 152. Die entstehende Plasmaströmung kann aber wegen ihrer großen Unstabilität „*Würstchenform*" a annehmen oder „*schlenkern*" (*kink effect, wriggling*), b in Abb. 153 u. 154, wodurch das Plasma gegen die Wandungen der Flasche geschleudert wird, was man auf geeignete Weise zu verhindern versucht.

β) **Magnetische Flaschen.** Es werden nunmehr einige magnetische Flaschen, die in Wirklichkeit sehr große und teure Maschinen sind und so dicht sein müssen, daß die Partikelchen in ihnen auf einer Strecke gleich dem halben Erdumfang umherzuschwirren vermögen, ohne entweichen zu können, ganz kurz geschildert.

Der „*Spiegelreaktor*" (*mirror-reactor*), auch *Pyrotron* genannt, Abb. 155, besteht in seiner einfachsten Form aus einem langen, geraden, von Stromspulen umgebenen Rohr, die in seinem Innern ein Magnet-Längsfeld erzeugen. An den beiden Enden des Rohres sind die Spulen und infolgedessen die Magnetfelder viel stärker als in seiner Mitte. Das gleichförmige Feld in der Mitte soll das seitliche Ausbrechen des Plasma verhindern, die magnetischen Spiegel (Einschnürungen) sollen es in die Rohrmitte zurückschleudern. Das Plasma wird also in der Mitte des Rohres unter Erhitzung komprimiert, wodurch die Zahl der Verschmelzungen zu- und das Zerstreuen von Partikelchen abnimmt.

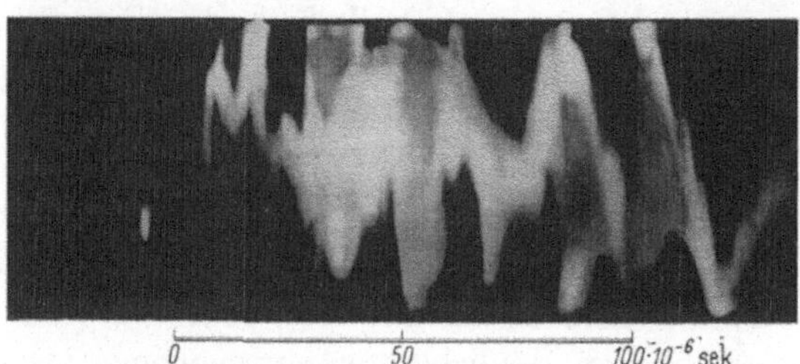

Abb. 154. Oszillogramm v. Schlenker-Unstabilität.

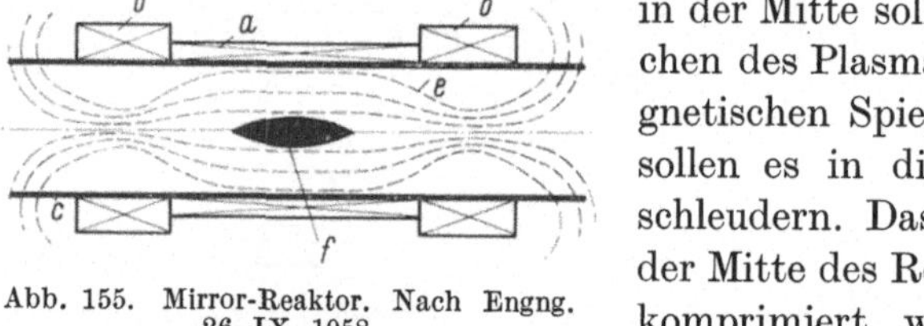

Abb. 155. Mirror-Reaktor. Nach Engng. 26. IX. 1958.
a schwache Magnetspule, b starke Magnetspule, c Reaktionsrohr, e magnet. Kraftlinien, f Plasma.

Normalerweise bewegen sich die Teilchen in einem rechten Winkel schraubenförmig entlang den Kraftlinien, einige aber beschreiben, weil sie miteinander kollidieren, keine Schraubenlinien und können sich dadurch der Spiegelwirkung entziehen, was man durch Verändern der Stärke des Magnetfeldes zu verhindern versucht. Man kann das Plasma auch in einem Rohrstück auf die angegebene Weise komprimieren, dann in achsial darauf folgende immer engere Rohrabschnitte überführen und dort denselben Vorgang wiederholen. Nach diesem Prinzip arbeitet der russische *Ogrä-Reaktor* (innerer Rohrdurchm. 1,4 m, Entfernung der „Korken" 12 m, Gesamtlänge 20 m, Feldstärke: zentraler Teil 5000 Gauß, in den Korken 8000 Gauß).

Der in Abb. 156 und 157 schematisch dargestellte amerikanische *Stellerator* hat einen achtförmigen Torus, weil sich dadurch ein homogeneres Magnetfeld erzeugen und ein Wandern des Plasma nach den Wandungen zu besser vermeiden läßt als bei einem ringförmigen Torus. Die Magnetfelder werden bei Stelleratoren ausschließlich durch äußere Stromspulen erzeugt. Nach Abb. 158 schließen sich die Kraftlinien nach einem Umlauf nicht mehr, sondern erfahren eine Rotationstransformation, infolge der die Kraftlinien sich schraubenartig verwinden, Abb. 159,

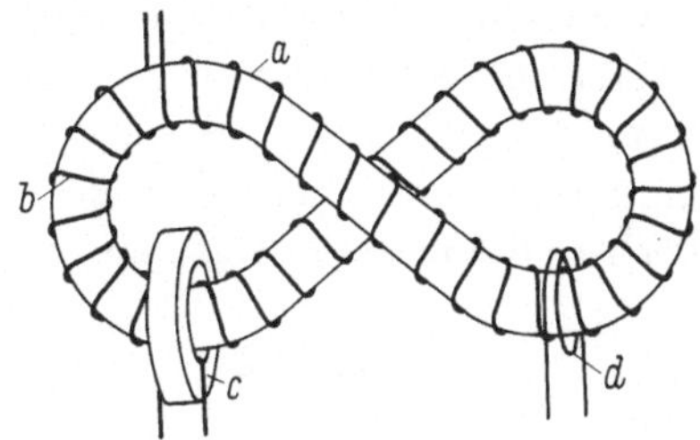

Abb. 156. Schema v. Stellerator. Aus Atomkernenergie XI. 1958.
a Torus, b zum Erzeugen von starkem magnetischen Feld dienende Wicklung, c Induktionsspule zur Ohm'schen Heizung, d Spule zum magnetischen „Pumpen".

und dadurch den Rohrquerschnitt homogener ausfüllen als bei einem ringförmigen Torus. In der ersten Stufe des Stellerators wird das Gas

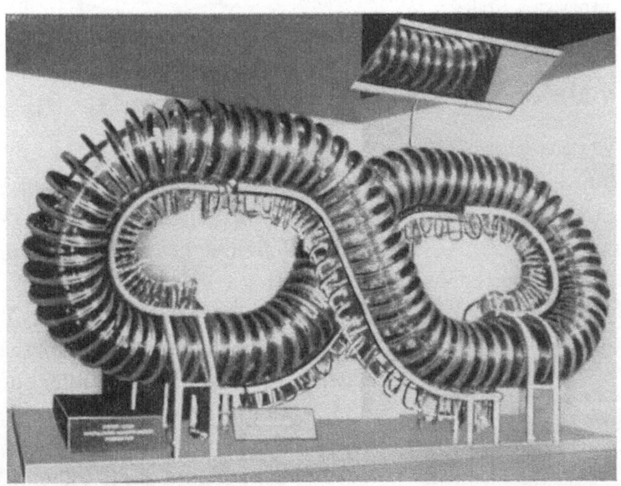

Abb. 157. Photo des Stellerators. Aus Energie v. XII. 1958.

durch einen elektrischen Strom mittels Induktion auf etwa 1 Million ° C erhitzt, so wie man einen Draht durch einen induzierten Strom erhitzen kann. Diesen Strom erzeugt ein mit einer Hilfswindung versehener das Rohr umschlingender Eisenring c, Abb. 156. Der Stellerator ist also gewissermaßen die Sekundärwindung eines Transformators. Die weitere Erhitzung auf 100 Millionen ° C soll durch

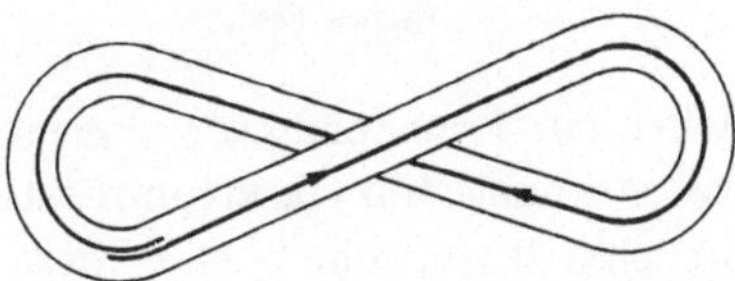

Abb. 158. Versetzen d. magnet. Kraftlinien (Rotationstransformation) in Stellerator nach Abb. 156. Atomkernenergie XI. 1958.

„*magnetisches Pumpen*" erfolgen. Zu diesem Zweck wird durch eine Spule d ein äußerst schnell pulsierendes Magnetfeld erzeugt, das die Kraftlinien abwechselnd verdünnt und verdichtet. Ein sogenannter *Diverter* (Abstreifer) entfernt die äußersten durch von der Rohrwandung abgesplitterte winzige Partikelchen verunreinigten Gasschichten, weil höchste Reinheit der Gase un-

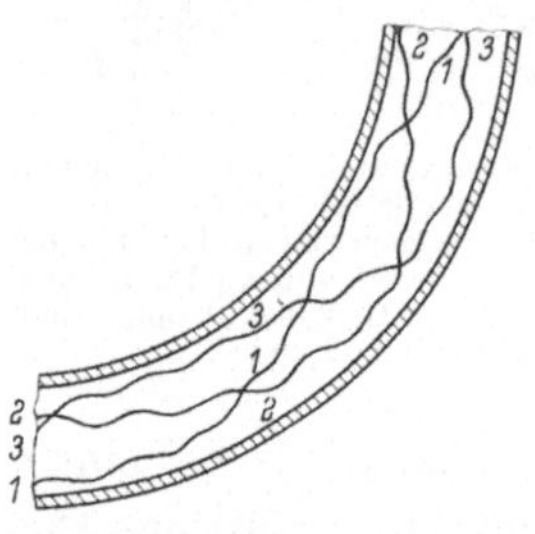

Abb. 159. Oszillieren u. schließliches Rotieren der magnet. Kraftlinien, verursacht durch schraubenförmige Stromwindungen um den Torus herum.
Nach H. HURWITZ.
General Electr. Rev. VII. 1958.

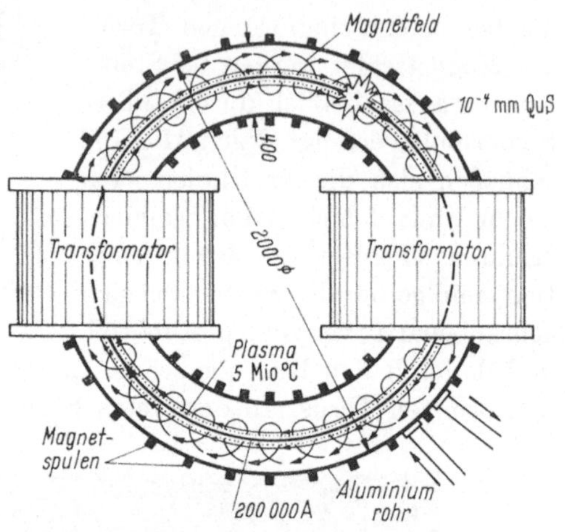

Abb. 160. Skizzenhafte Darstellung eines Zetareaktors.

erläßliche Voraussetzung für das Zustandekommen von Verschmelzungen ist. Welch teure Angelegenheit Fusionsversuche sind, zeigt der z. Zt. für Princeton, US, im Bau befindliche Stellerator, der 120 Mio DM kosten soll, obgleich es auch mit seiner Hilfe vielleicht noch nicht gelingen wird, nennenswerte Verschmelzungen zustande zu bringen.

Der *Zetareaktor* (Kosten 3 Mio DM), mit dem Ende 1957 Temperaturen von 5 bis 6 Millionen ° C erreicht wurden (das Wort Zeta besteht aus den Anfangsbuchstaben der Worte *Zero*-Energy-Thermonuclear-Reactor), erzeugt, wie sein Name sagt, gleichfalls keine nutzbare Energie. Das Magnetfeld wird ausschließlich von durch das Plasma fließenden Strömen erzeugt. Abb. 160 zeigt ihn stark vereinfacht und ohne sein umfangreiches Zubehör. Er ist im wesent-

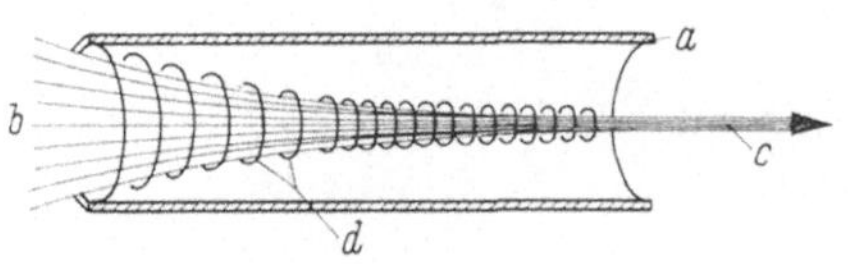

Abb. 161. Zusammendrücken des von starkem elektr. Strom durchfloss. Plasma zu dünnem Faden (pinch-effekt). Nach Brit. Engng. Internat., 1958.
a Rohr, b Plasmaquerschn. am Anfang, c Plasmaquerschn. am Ende d. Pincheffektes, d magnetisches Feld.

lichen ein Transformator, dessen geschlossener sekundärer Kreislauf aus einem ionisierten Gasstrom besteht, den der von der Primärwindung induzierte Strom sehr hoch erhitzt und auf einen schmalen Querschnitt zusammenpreßt (*pinch-effect*), Abb. 161. Der Reaktor besteht aus einem Aluminium-Ringrohr (Torus) von 25 mm Wandstärke und 1 m l. W., das

3 m mittleren Durchm. hat und in 2 Induktionsspulen steckt. Das Rohr ist mit Wasserstoff von 10^{-4} mm Q.S. Druck gefüllt, das bei hohen Temperaturen die auf S. 21 beschriebenen Eigenschaften eines Plasma annimmt. Den Primärstrom liefert eine Kondensatorbatterie, die alle 10 Sekunden entladen werden kann. Der Zetareaktor arbeitet im Gegensatz zum Stellerator intermittierend und ist erheblich komplizierter als in Abb. 160 zum Ausdruck kommt. Beispielsweise ist der Torus in 4 voneinander durch Isoliereinlagen getrennte Aluminiumsegmente unterteilt, weil das Ringrohr sonst eine kurzgeschlossene Sekundärwindung bilden würde. In seinem Innern ist der Torus zum Schutz vor dem heißen Plasma mit 3 mm starken, isolierten, sich überlappenden, wassergekühlten Aluminiumeinlagen ausgekleidet. Noch im Sommer 1959 hat kein Forscher behauptet, daß die bei Pinch-Vorgängen beobachteten Neutronen von nuklearen Reaktionen in einem Plasma herrühren, in dem die Partikelchen im thermischen Gleichgewicht sind. Nach Engr. 1. V. 1959 tritt aber stets ein großer Energieverlust auf, dessen Ursachen noch nicht ganz geklärt sind. Trotzdem haben die bisherigen Versuche gezeigt, daß die Unstabilität der Entladung, die man bisher als das Haupthindernis angesehen hatte, überwunden werden kann. Man versucht jetzt, auf eine Temperatur von 10 Millionen ° C zu kommen. Zu den zum Verschmelzen theoretisch benötigten 300 bis 400 Millionen ° C soll man nach A. CHARLESBY statt der bisher benutzten 200000 Amp. Stromstärken von etwa 10 Millionen Amp. brauchen. Es läßt sich zeigen, daß das Verhältnis zwischen der durch die Fusion erzeugten Energie zu der für das Erhitzen des Plasma benötigten proportional dem Produkt aus dem Gasdruck mal der Plasmatemperatur ist und daß bei der D-D-Reaktion das Gas bei Verdichtung auf 100 at Druck und 500 Millionen ° C Temperatur ungefähr 10 Sekunden zusammengepfercht bleiben muß (bei der D-T-Reaktion nur etwa 0,1 sek), damit die durch Verschmelzung frei gewordene Energie auch nur gleich der für das Inganghalten aufgewendeten Energie ist. Bisher wurden aber nur $^2/_{1000}$ bis $^5/_{1000}$ sek erreicht. Die noch zu überwindenden Schwierigkeiten sind also außerordentlich groß.

γ) **Wirtschaftliche Aussichten von Verschmelzungsreaktoren.** Wenngleich noch niemand sagen kann, bis wann die Kernverschmelzung gelingen wird, so ist der Kraftwerksbau doch um so mehr daran interessiert, wenigstens den ganz ungefähren zu erwartenden Umwandlungswirkungsgrad kennenzulernen, weil der Umstand, daß ein Teil der in Fusionsreaktoren erzeugten Energie voraussichtlich direkt in Strom verwandelt werden kann, etwas überspannte Hoffnungen erzeugt hat.

Die direkte Umwandlung der in einem Fusionsreaktor, z. B. einem Zetareaktor, erzeugten gewaltigen Hitze in nutzbaren Strom stellt man sich folgendermaßen vor: Die durch periodische, sehr kurzzeitige und schnell aufeinander folgende Entladungen starker Kondensatorbatterien eingeleiteten Kernverschmelzungen erteilen den positiv geladenen Protonen (p) eine so hohe kinetische Energie, daß sie die Gegenkraft magnetischer Felder überwinden und durch Induktion Strom in das Versorgungsnetz liefern können. Die den Neutronen und den übrigen Fusionsprodukten übertragene Wärme müßte ähnlich wie bei Spaltungsreaktoren in Strom verwandelt werden. Mit welchem Umwandlungswirkungsgrad ist nun etwa zu rechnen?

Tabelle 45. *Übersicht über die Erzeugung von Protonen (p) und von Neutronen (n) bei 4 verschiedenen Verschmelzungsprozessen.* Nach Nuclear Engng., III. 1958

$$1. \quad DD \to (T + 1,0\ \text{MeV}) \quad + (p + 3,0\ \text{MeV})$$
$$2. \quad DD \to (He^3 + 0,8\ \text{MeV}) + (n + 2,45\ \text{MeV})$$
$$3. \quad DT \to (He^4 + 3,6\ \text{MeV}) + (n + 14,1\ \text{MeV})$$
$$4. \quad 5D \to He^3 + He^4 + p + 2n$$

Tab. 45, die auf den Tab. 4 und 7 beruht, besagt, daß bei den beiden sich gleichzeitig abspielenden D-D-Reaktionen (1) und (2) etwa 66% der Reaktionsenergie an die geladenen Teilchen übertragen werden können, während bei der D-T-Reaktion (3) 80% an die Neutronen (n) und nur 20% an die geladenen Teilchen übergehen. Wenn man dem Zustandekommen von Reaktion (1) und (2) gleiche Wahrscheinlichkeit beimißt und das bei Reaktion (1) gebildete T mit berücksichtigt, kommt man zu Reaktion (4) und zu nur 33% an die geladenen Teile übertragener Energie, wobei freilich die Seitenreaktionen des gebildeten He^3 und andere eventuell mögliche Reaktionen nicht berücksichtigt sind. Selbst im allergünstigsten Fall sind also bei der D-D-Reaktion nur 33% direkt in Strom umwandelbar.

Nun muß aber, wie schon eingangs erwähnt wurde, das Plasma durch Zufuhr von Wärme auf eine bestimmte (sehr hohe) Mindesttemperatur gebracht und eine Zeitlang auf ihr gehalten werden. Dies kann auf thermische oder sonstige Weise, z. B. durch elektrischen Strom geschehen, wie es bei den vorgeführten Reaktortypen der Fall ist. Dieser Strom muß aber auf dem Umwege über Kraftmaschinen erzeugt werden, wobei man mit einem Wirkungsgrad von nicht mehr als etwa 30% rechnen darf. Der Einfluß von Stromstärken von vielen Millionen Ampere auf den Eigenkraftbedarf wäre prohibitiv. Ende 1958 tauchte daher der Vorschlag auf, die Windungen der Stromspulen hohl auszuführen und mit flüssigem Wasserstoff von einer nur wenig über — 273° C liegenden Temperatur zu kühlen. Sie sollen dadurch den sehr kleinen Stromwiderstand von Supraleitern erhalten. Eine derartige Kühlanlage würde aber einen sehr hohen Kraftbedarf haben und die Gesamtanlage sehr komplizieren. Außerdem wäre der flüssige Wasserstoff eine sehr beträchtliche

Gefahrenquelle. Für Wissenschaftler mag diese Möglichkeit Interesse haben. Kraftwerksbauer werden dagegen in den nächsten 20 oder 30 Jahren wenig Neigung verspüren, dafür nennenswerte Geldbeträge zu opfern. Abb. 162 zeigt, welcher auf die nutzbare elektr. Leistung bezogene Wirkungsgrad unter sehr günstigen Annahmen je nach dem prozentualen Anteil des „Direkt-Stromes" bestenfalls erreicht werden kann. Wahrscheinlich werden in absehbarer Zeit diese Werte auch nicht annähernd realisierbar sein.

Der Vollständigkeit wegen sei noch erwähnt, daß im Herbst 1958 Westinghouse die Entdeckung eines thermoelektrischen Materials bekanntgab, das Temperaturen von 1100 bis 1700°C verträgt. Der plattenförmig geformte Spaltstoff soll mit rostfreiem Stahl umkleidet werden, der seinerseits von dem Material umhüllt wird, das an beiden Enden einen Stromanschluß hat.

Verschmelzungsreaktoren hätten auch deshalb z. Z. etwas fragwürdige Aussichten, weil der Zetareaktor nach A. Gibson gegenüber einer marktfähigen Ausführung nicht viel mehr als ein kleines Spielzeug sein würde. Da zu den Vorrichtungen zum Gewinnen des „Direkt-Stromes" noch die konventionellen Wärmeaustauscher, Dampf- oder Gasturbinen samt Zubehör hinzukämen, würden Fusionsreaktoren wahrscheinlich wesentlich kostspieliger als Spaltungsreaktoren werden. Zu teure Anlagekosten und nicht zu teure Spaltstoffe sind aber z. Z. das Haupt-Handicap von Atomkraftwerken. *Wir sollten daher vorläufig dem Bau von Kernverschmelzungsreaktoren nicht mehr Zeit widmen als es die schnelle Entwicklung konkurrenzfähiger Spaltungsreaktoren verträgt.*

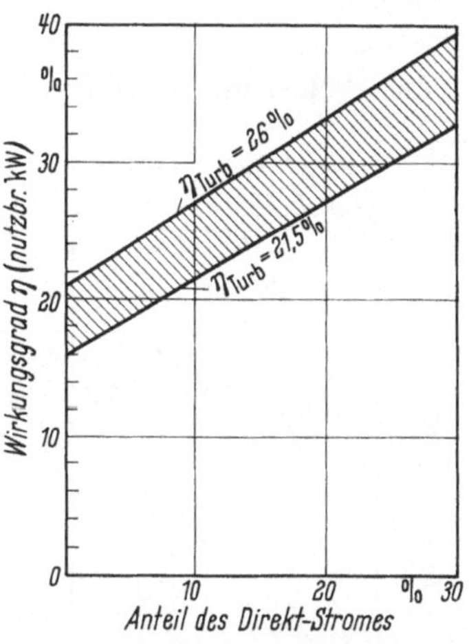

Abb. 162. Schemat. Darstellung d. Wirkungsgrades eines mit Verschmelzungsreaktoren ausgestatt. Atomkraftwerkes abhängig vom Anteil d. „Direkt-Stromes".

d) Thermischer und biologischer Panzer

Nach S. 39 benötigen Reaktoren zum Schutz ihrer Umgebung vor radioaktiven Strahlen einen thermischen und einen biologischen Panzer. In Calder Hall entsprechen die maximalen auf seinen zylindrischen Teil auftreffenden Strahlungen folgenden Wärmebelastungen in kcal/m²h: Reaktortank 335, thermischer (Stahl-) Panzer 90, biologischer (Beton-) Panzer 22. Senkrecht nach oben gerichtet sind die Maximalwerte bis dreimal so groß. Da hierzu noch die Wärmestrahlung und -leitung des heißen Reaktorkernes kommt, würden in dem 2,1 m dicken Betonpanzer gefährliche Risse auftreten, wenn der Reaktortank nicht wärme-

isoliert und kein thermischer Panzer vorgeschaltet wäre. Die höchste
Temperatur tritt etwa 300 mm von der Innenseite entfernt auf. Der
Temperaturabfall im biologischen Panzer wird bei vollbelastetem Reak-
tor mit $\Delta t = 16{,}7°$ C angegeben. J. A. LANE gibt als zulässige Wärme-
belastung der Innenseite vom Betonpanzer 270 kcal/m²h entsprechend
$\Delta t = 28°$ C an. Nach Abb. 163 würde schon bei nur 50 kcal/m²h
Wärmebelastung eines 2 m starken Panzers aus Spezialbeton ($\lambda = 3{,}0$

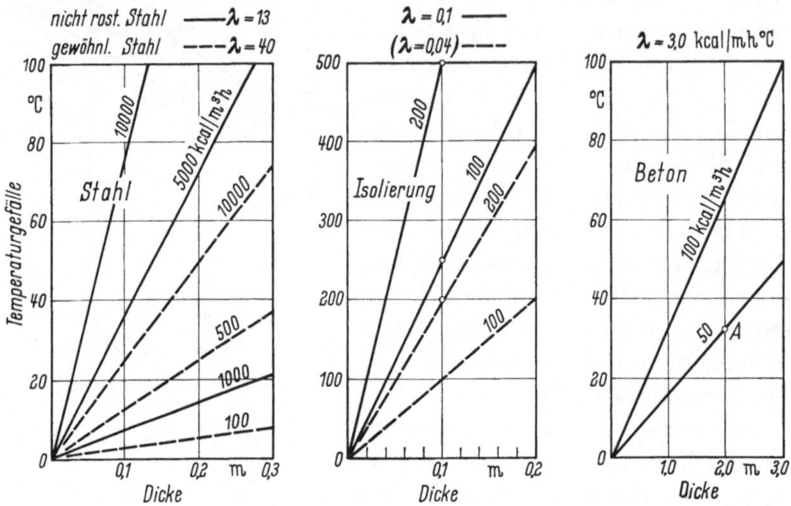

Abb. 163. Temperaturverlauf in verschiedenen Baustoffen. (Ersetze m³ durch m².).

kcal/mh°C) $\Delta t = 33°$ C betragen, ein Widerspruch, der nicht geklärt
werden konnte. Beim CHR-Reaktor wird daher die Innenseite des
Reaktortankes, der außen 100 mm stark wärmeisoliert ist, durch eine
Blechhaut vor der Berührung durch die heiße CO_2 geschützt. Ferner
strömt durch einen 150 mm breiten Schlitz zwischen thermischem und
biologischem Panzer Kühlluft von hoher Geschwindigkeit. Bei neueren
Ausführungen scheint auch dem Raum zwischen Reaktortank und
Stahlpanzer Kühlluft zugeführt zu werden. Rechnet man mit einer
Außentemperatur des Betons von 40° C und 20° C der Raumluft, so
würde der Betonpanzer 200 kcal/m²h abgeben, ein Wert, der zu den
Angaben von LANE paßt.

Auf 1 m² Oberfläche des kugelförmigen Tanks des 540 MW-Reaktors
in Bradwell entfällt eine Leistung von etwa 0,4 MW, während bei dem
natriumgekühlten 250 MW-Reaktor in Abb. 131 2,7 MW, also sieben-
mal soviel kommen. Die Innenseite des dünnwandigen Reaktortanks
wird durch einen engen Spaltraum und den auf ihn folgenden gekühlten
Moderator vor der Berührung durch das heiße Natrium geschützt. Die
Innenseite des Betonpanzers hat eine etwa 300 mm starke Wärme-

isolierung. Den 2,4 m dicken Betondeckel des Reaktors schützt eine tetralingekühlte Bleiplatte vor radioaktiven und Wärmestrahlen. Nach Abb. 163 läßt sich die zulässige Innentemperatur des Betonpanzers leicht erreichen. Da der Reaktor in Abb. 131 aber im Erdreich eingebettet ist, das im Laufe der Zeit als starker Wärmestauer wirkt, dürfen schon aus diesem Grunde nur verhältnismäßig kleine Wärmemengen in den Betonpanzer gelangen.

Abb. 163 zeigt auch, welch hohe Temperaturdifferenzen und entsprechend hohe Spannungen in den dicken Wandungen der Tanks großer Preßwasserreaktoren auftreten können, wenn sie einer hohen spezifischen Wärmebelastung ausgesetzt sind. Ihre Außenseite muß daher gut wärmeisoliert, ihre Innenseite gegen eine hohe Wärmeaufnahme geschützt sein. Ein Mittel hierzu zeigt der 420 MW-Reaktor in Abb. 125, bei dem das „kalte" Preßwasser an der Reaktorwand mit mäßiger Geschwindigkeit entlanggeführt wird.

e) Regelung von Reaktoren (Teil II[1]))

Bei Reaktoren kann die Wärmeentwicklung (Leistung) bei versagender Regelung oder infolge eines Zufalles sehr viel schneller ein gefährliches Ausmaß erreichen als bei brennstoffgefeuerten Dampfkesseln. Versuchsergebnisse an einem kleinen homogenen Preßwasser-Reaktor für 70 at Druck, Abb. 164 u. 165, und einem kleinen heterogenen Siedewasserreaktor für 20 at, Abb. 166, zeigen ihr Verhalten bei plötzlicher Lastzunahme. Nach Abb. 165 stellte sich unabhängig von der Größe der Ausgangsleistung die neue, lediglich von der Wärmeabfuhr im Wärmeaustauscher abhängige Leistung sehr schnell ein. Der negative Temperaturkoeffizient rührt von der Wärmeausdehnung der wäßrigen Spaltstofflösung her, Abb. 167, infolge welcher die Dichte des Moderators verringert und ein Teil des Spaltstoffes in den Druckhalter, Abb. 164, hinein verdrängt und dadurch inaktiviert wird. Auch der Siedewasserreaktor kam selbsttätig und schnell, wenn auch unter starken Oszillationen, auf die neue weit größere Leistung, Abb. 166.

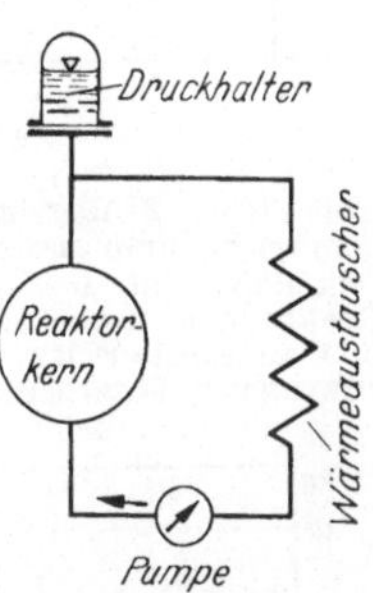

Abb. 164. Schaltschema für den Versuch in Abb. 165.

Erheblich anders ist das Zeitverhalten eines großen Na-gekühlten Reaktors, dessen zylindrische Uranstäbe von 3 cm Durchm. in Bohrungen von 3,8 cm Durchm. des Graphitmoderators stecken, die vom Natrium durchströmt werden. Die voll ausgezogenen Kurven in Abb. 168 zeigen, wie seine Reaktivität bei verschiedenen Spaltstofftemperaturen mit der Moderatortemperatur zunimmt, wobei bemerkenswert ist, daß bei gleicher Moderatortemperatur die Reaktivität um so kleiner wird, je heißer der Spaltstoff ist. Kurve a gilt für t_S -$t_M = 0°$ C, Kurve b für $t_M = 100°$ C. Einige Zeit nach dem Anstellen des Reaktors möge die Temperatur des Spaltstoffes auf $t = 247°$ C gestiegen sein, während der Moderator erst $100°$ C erreicht

---

[1]) Teil I s. S. 34.

hat, dann beträgt die Reaktivität etwa 0,001, Punkt A; im Beharrungszustand möge t_S auf 487° C, t_M auf 400° C angewachsen sein, dann beträgt sie 0,0035, Punkt B. Würde der Spaltstoff sich weiter bis auf 727° C und der Moderator auf 550° C erhitzen, dann ginge die Reaktivität auf 0 zurück, Punkt C. Man sieht, von wieviel Faktoren die Frage, ob ein Reaktor dazu neigt, „durchzugehen" oder zum Stillstand

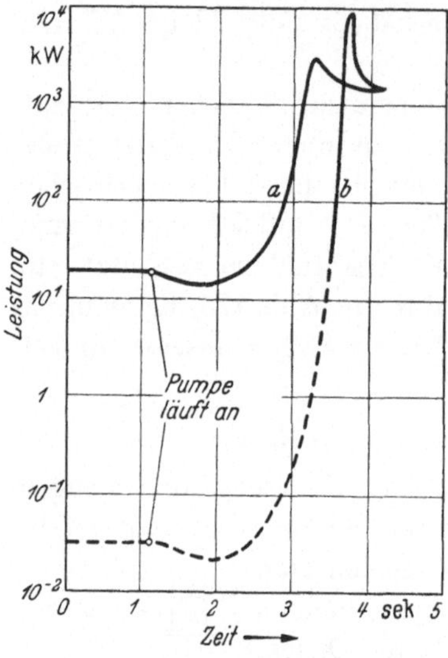

Abb. 165. 2 Regulierversuche an einem homogenen Preßwasser-Versuchsreaktor des Oak Ridge Nat. Lab. von 50 lit. Inhalt des Reaktorkerns und einem Druck im Reaktor u. Wärmeaustauscher von 70 at. Nach J. R. DIETRICH u. Mitarbeitern. A/Conf. 8/P/481.

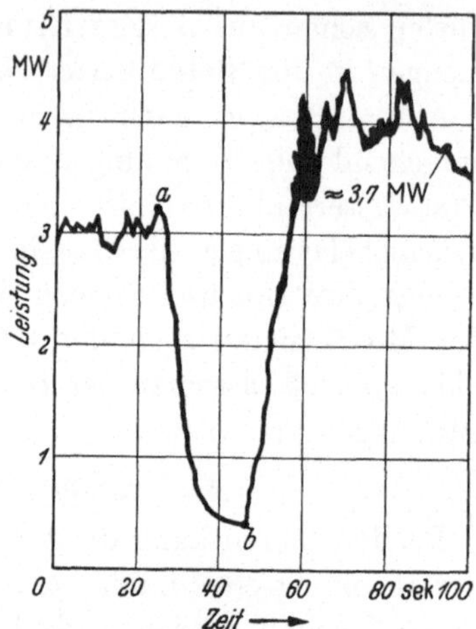

Abb. 166. Regulierversuch an einem 5 MW-Versuchs-Siedewasserreaktor im Argonne Nat. Lab. Nach DIETRICH, LICHTENBERGER u. ZINN. A/Conf. 8/P/851. Leistung und Dampfdruck im Reaktor vor Öffnen des Sicherheitsventils (kurz vor Punkt a) rd. 3 MW u. 18,5 at, vor Schließen des Sicherheitsventils (Punkt b) rd. 0,4 MW u. 13,3 at, nach Erreichen des neuen Gleichgewichtszustandes rd. 3,7 MW.

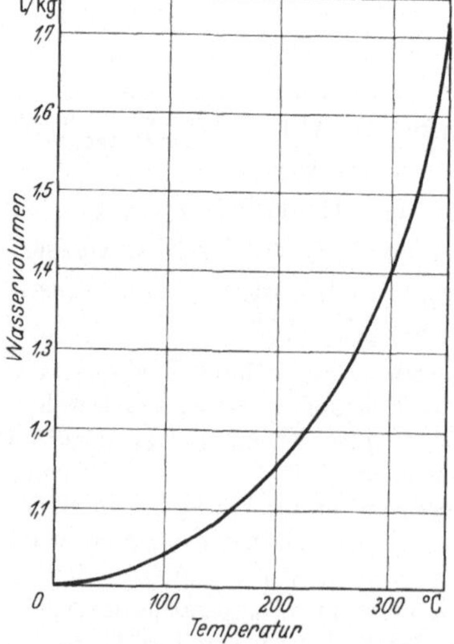

Abb. 167. Spezifisches Volumen von Wasser in Abhängigkeit von der Wassertemperatur.

zu kommen, abhängt. Insbesondere beim Anfahren aus dem kalten Zustand kann die Reaktivität unter Umständen sehr klein werden.

Wegen der schnell verlaufenden Vorgänge in manchen Reaktoren

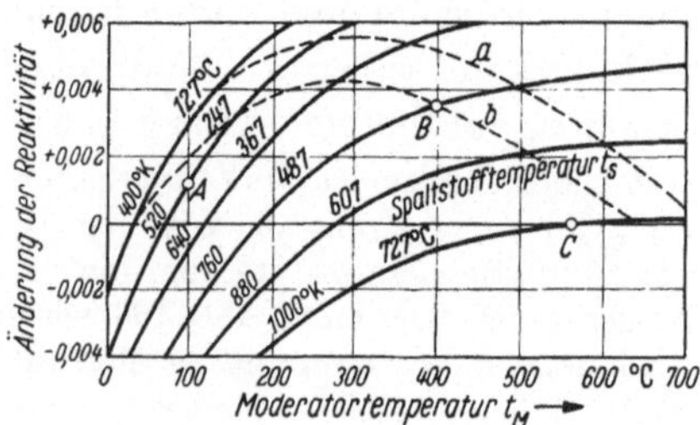

Abb. 168. Zusammenhang zwischen den Temperaturen des Moderators t_M, des Spaltstoffs t_S und der Reaktor-Reaktivität bei einem großen Na-gekühlten Reaktor. Nach R. C. HOWARD. Trans. ASME. Januar 1956.

muß ihre Automatik viel rascher arbeiten als bei Dampfkesseln. Als Impuls für ihre Betätigung benutzt man den momentan ansprechenden Neutronenfluß. Im normalen Betrieb werden die Regulierstangen durch die jeweilige Kraftwerksbelastung verstellt. Für die laufende Betriebsüberwachung müssen der Kühlwasser- bzw. Kühlgasstrom, die entwickelte Wärmemenge, die Vorgänge beim Anfahren, die Leitfähigkeit bzw. die Radioaktivität des Kühlwassers, des Reaktors und seiner näheren und ferneren Umgebung laufend gemessen bzw. registriert werden.

Gasgekühlte graphitmoderierte Natururan-Reaktoren brauchen bei 500 MW Leistung bis zu 100 Regulier- (und Abstell-)stangen. Mehrere Stangen erhalten öf-

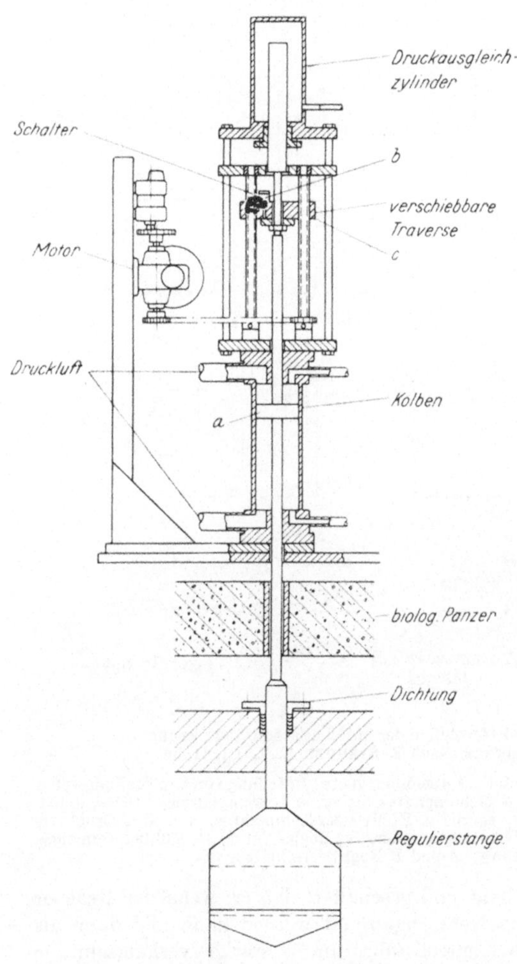

Abb. 169. Antrieb der Regulierstange eines 15 MW-Versuchs-Siedewasserreaktors. 8/E/851.

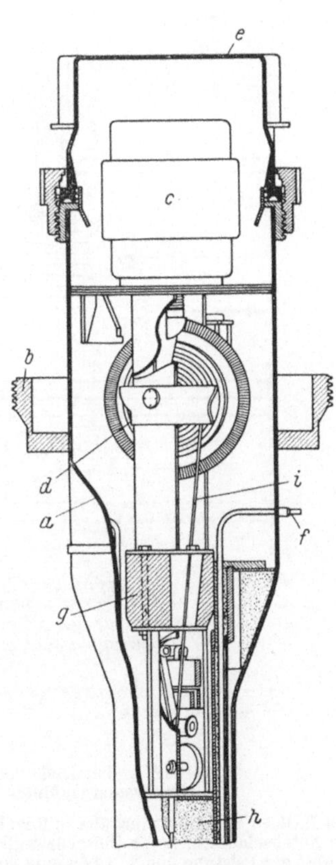

Abb. 170. GEC-Antrieb für Regulierstangen. Electr. Rev. 24. I. 1958. a Hülle d. Antriebes, b Verschraubung, c Motor, d Seilscheibe, e abnehmbare Kappe, f Röhrchen zur Entnahme v. Gasproben, g gußeis. Strahlungsschutz, h Betonstrahlungsschutz, i Aufhängeseil für Regulierstange.

ter einen gemeinsamen Antrieb. Die Antriebe sollen einfach, zuverlässig, anspruchs-
los in der Wartung, preiswert und sowohl für die Regulier- als auch für die Abstellstangen geeignet sein, Abb. 169 und 170. Bei Abb. 169 drückt Preßluft im normalen
Betriebe auf die untere Seite des Kolbens a und hält dadurch den Regulierstab
ständig in Kontakt mit der durch den Motorantrieb über Getriebe und Spindeln
verschiebbaren Traverse c. Soll der Reaktor schnell stillgelegt werden, so wird die
Preßluft auf die obere Seite von a umgeschaltet und schiebt den Regulierstab schnell
und mit großer Kraft in den Kern hinein. Bei Abb. 170 wird das Standrohr a
mittels Mutter b auf dem Reaktordeckel festgeschraubt. Synchronmotor c ist mit
der konischen Seilscheibe d gekuppelt, mit der man die etwa 45 kg schweren und
6 m langen Regelstäbe mit Drahtseil i mehr oder weniger tief niederlassen kann.
Das Einfahren erfolgt um so langsamer, je mehr das Seil i von der konischen Trom-

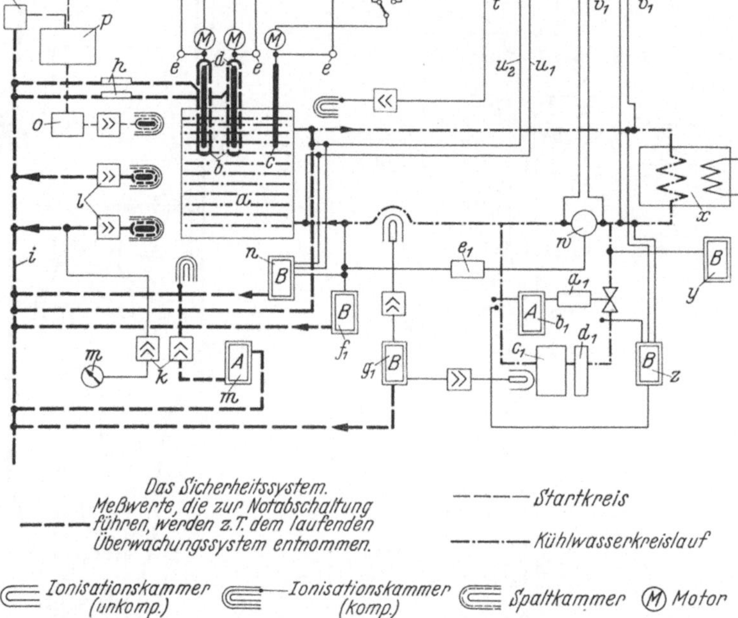

Abb. 171.　Schaltschema und Meßstellen der automatischen Regulierung
eines wassergekühlten Reaktors. Nach E. Steudel. Z. VDI 1. II. 56.

a Reaktor, b Sicherheitsstäbe, c Regulierstab, d Auslösemagnete, f Stellung von b, g Stellung von c,
i Notabschaltschiene, k Differenzierglied, l Sicherheitsverstärker, n Leistungsanzeiger für w, s Soll-
wert der Leistung von a, t Leistung von a, u_1 und u_2 Kühlwasser-Temperatur, v_1 und v_2 Druckverlust in w und x, w Umwälzpumpe, x Wärmeaustauscher, a_1 Regler für w, f_1 Kühlwassermenge,
g_1 Radioaktivität von f, A und B Registrierschreiber.

mel abläuft. Motor c ist derart gebaut und geschaltet, daß er, wenn der Reaktor
schnell abgestellt werden soll, vom Netz abgetrennt werden kann und dann als
elektrische Bremse das Fallen des Kontrollstabes um so stärker verlangsamt, je
mehr er sich seiner tiefsten Stelle nähert. Da die Antriebe aller Regulierstangen durch
eine „elektrische Achse" ihrer Motoren miteinander verbunden sind, verstellt derselbe Impuls sämtliche Stangen um denselben Betrag.

In Abb. 171, die eine elektrische Automatik zeigt, erkennt man den Sicherheits-, den Wasserumlauf- und den Startkreis, die größtenteils unter dem Einfluß derselben Meßinstrumente stehen. Die Regulier- und Sicherheitsstangen müssen voneinander völlig unabhängig sein und von verschiedenen, gleichfalls voneinander unabhängigen Kraftquellen betätigt werden, die ihrerseits wieder so weit unterteilt sein sollten, daß die Anlage auch bei Ausfallen einer von ihnen noch zuverlässig arbeitet. Die Automatik und Instrumentation von Reaktoren wird erheblich teurer als bei Dampfkesseln. Besonders für Reaktoren mit kleinem negativen Temperaturkoeffizienten wird an der Entwicklung eines einfachen Sicherheitsorgans gearbeitet, das man mit den Schmelzpfropfen von Flammrohrkesseln vergleichen könnte (automatic fuse). Es soll von anderen Instrumenten unabhängig sein, keiner Wartung bedürfen und bei Überschreiten eines bestimmten Neutronenflusses die Reaktivität eines Reaktors in Bruchteilen einer Sekunde automatisch auf einen ungefährlichen Betrag verringern.

f) Unfallgefahr bei Reaktoren

Außer durch eine versagende Automatik und Fehler beim Anfahren aus dem kalten Zustand können schwere Unfälle sich beim Abstellen von Reaktoren ereignen, weil dann nach Abb. 172 im Reaktor noch während längerer Zeit eine beträchtliche Wärmemenge selbst bei völlig eingefahrenen Kontroll- und Regulierstangen entwickelt wird, die zu seiner Zerstörung führen könnte, wenn man sie nicht in Kühlern abführen oder wenn die Kühlvorrichtung versagen würde. Schuld

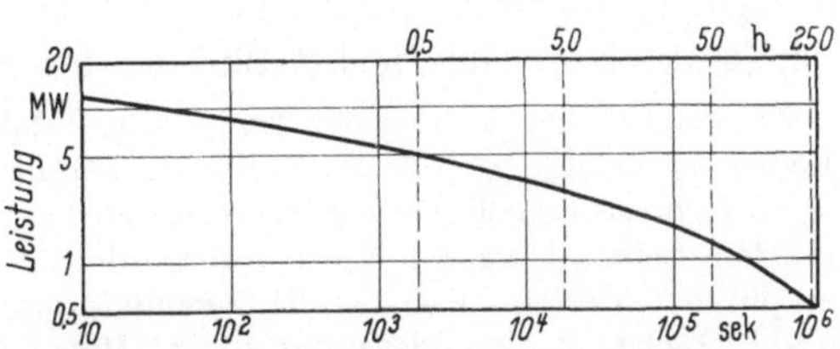

Abb. 172. Wärmeentwicklung in MW v. bestrahltem Natururan. Nach einem Laboratoriumsversuch. Nach S. UNTERMEYER u. J. T. WEILLS. Journ. Brit. Nucl. En. Conf. IV. 1957.

hieran sind die im Spaltstoff während der Kettenreaktion angesammelten Spaltprodukte, infolge derer die Wärmeentwicklung auch nach Aufhören der Kettenreaktion noch eine gewisse Zeit fordauert.

An einem heterogenen wassermoderierten Reaktor, dessen Reaktivität man absichtlich momentan um 4% von k_{eff} erhöhte, wurde bei einem Versuch die zu seiner beabsichtigten Zerstörung führende Spitzenleistung schon nach weniger als 0,2 Sekunden erreicht, bevor die zum Herbeiführen des Durchgehens betätigte Regulierstange überhaupt ganz herausgezogen werden konnte. Nach J. R. DIETRICH (8/P/481) betrug die schon in einem frühen Stadium der „Explosion" entbundene Wärme 135 MW-Sekunden. Viele Spaltstoffplatten waren völlig geschmolzen, aber fast aller in die Luft gelangte Spaltstoff fand sich innerhalb eines

Kreises von 100 m Halbmesser wieder und die gesamte bei 800 m Entfernung abgegebene Strahlungsdose war kleiner als 10 mr.

In einem D_2O-moderierten, H_2O-gekühlten kanadischen Versuchsreaktor liefen infolge einer Leckage rd. 4000 m³ hochradioaktives Kühlwasser und schweres Wasser in den Raum unterhalb des Reaktors aus und mußten auf Ödland gepumpt werden, wo man sie versickern ließ. Die ausgetretene Wassermenge war deshalb so groß, weil man das Kühlwasser noch erhebliche Zeit nach Eintreten des Schadens weiterlaufen lassen mußte, da sonst die Uranstäbe aus den eben erörterten Gründen geschmolzen wären. Ferner mußten mehrere 100 m³ Beton in sehr umständlicher Weise entgiftet und entfernt werden. Es vergingen darüber acht Monate und es läßt sich unschwer vorstellen, welch schweren finanziellen Schaden ein Elektrizitätswerk durch einen ähnlichen Ausfall erleiden könnte. Ein weiterer Unfall trug sich im November 1955 an dem 1,4 MW-Versuchs-Brutreaktor Nr. 1 in *Arco-Idaho* zu. Um ähnliche Versuche, wie die auf S. 172 besprochenen, durchführen zu können, war die automatische Regelung ausgeschaltet und ein Techniker beauftragt worden, auf ein Signal des den Versuch leitenden Wissenschaftlers hin sofort den Schnell-Ausschalteknopf zu drücken. Da er aber versehentlich den falschen Knopf betätigte, schmolz der Reaktorkern teilweise zusammen. Menschen wurden nicht verletzt, doch konnte infolge der nur unter großen Vorsichtsmaßnahmen möglichen Reparatur der Reaktor erst im Herbst 1957 wieder in Betrieb genommen werden.

Ein gefährlicher Anstieg der Temperatur infolge eines Zufalls oder fehlerhafter Bedienung erfolgt nach T. W. F. BROWN bei spezifisch schwach belasteten Reaktoren nicht so schnell wie bei hochbelasteten und um so langsamer, je größer die mittlere Lebensdauer der Neutronen bei dem betreffenden System ist. Da sie bei graphitmoderierten und bei D_2O-moderierten Reaktoren 10^{-3} sek gegenüber $6,3 \cdot 10^{-5}$ sek bei H_2O-moderierten, also rd. 15mal größer sein soll, wären Preßwasserreaktoren in dieser Beziehung gefährdeter.

Da die Reaktivität beim Anlassen eines Reaktors durch falsche Maßnahmen besonders leicht einen gefährlichen Betrag erreichen kann, sollten sich die Regulierstangen nur ziemlich langsam aus ihm herausziehen, aber sehr schnell in ihn einführen lassen. Bei wassermoderierten, mit angereichertem Uran arbeitenden Reaktoren sollte man durch enge Berührung zwischen Spaltstoff und Wasser dafür sorgen, daß bei einem Durchgehen das Wasser so schnell verdampft, daß es den Neutronenfluß stark abstoppt, bevor ernstlicher Schaden entstanden ist.

Wenngleich Reaktoren im allgemeinen nur infolge schwerer Irrtümer bei ihrer Konstruktion oder Bedienung durchgehen werden, so ist, wie bei fast allen Kraftmaschinen, eine absolute Betriebssicherheit doch nicht erreichbar. Man muß Reaktoren daher so bauen, daß der Schaden bei einem Unfall womöglich auf das Kraftwerksgrundstück beschränkt bleibt. Im Gegensatz zu Dampfkesseln liegt, von dem oben erwähnten

Zusammenschmelzen des Spaltstoffes abgesehen, die größte Gefahr bei dem einer Kesselexplosion entsprechenden „Durchgehen" eines Reaktors weniger in seiner Zertrümmerung an sich, als darin, daß hochradioaktive Stoffe ihren Weg ins Freie finden und entweder mit der Luft weggetragen werden oder in Wasserläufe bzw. ins Grundwasser geraten und um so leichter Unheil anrichten können, als unsere Sinne die durch sie bewirkte Vergiftung nicht wahrzunehmen vermögen. Während also die Gefahr bei einer Kesselexplosion in einer visuell eindrucksvollen, aber auf eine verhältnismäßig kleine Fläche beschränkten Zertrümmerung von Maschinen und Gebäuden besteht, hat ein Reaktorschaden u. U. nur einen kleinen sichtbaren Effekt, kann sich aber auf ein sehr großes Gebiet unheilvoll auswirken.

Abb. 173 zeigt die in Curie gemessene γ-Aktivität eines 1000 MW-Reaktors und diejenige einer Atombombe, die dieselbe Explosionswirkung wie 20000 t Trinitrotoluol hat, in Abhängigkeit von der in Sekunden gemessenen Zeit. Sie sind nach etwa sieben Stunden gleich groß. Bei ungünstigen atmosphärischen Bedingungen

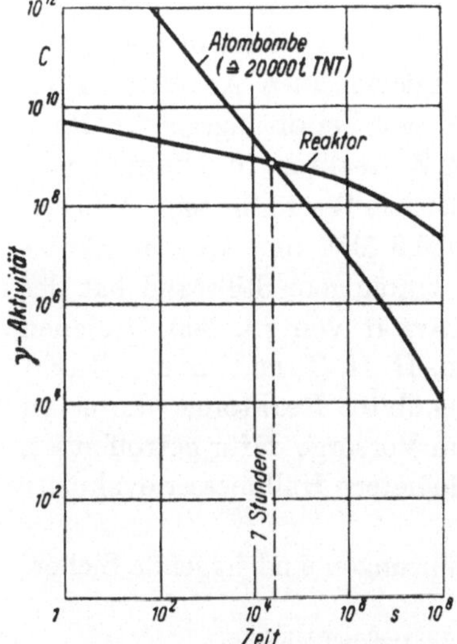

Abb. 173. In Curie gemessene Gamma-Aktivität eines 1000 MW-Reaktors und einer Atombombe mit der Explosionswirkung von 20000 t Trinitrotoluol. Nach Hurwitz.

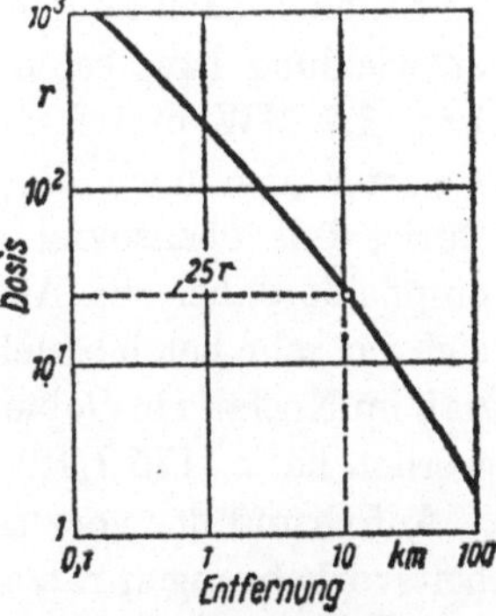

Abb. 174. Gamma-Strahlungsbereich eines 1000 MW-Reaktors. Nach Hurwitz. (Annahme: 1% der Reaktorstrahlung entweicht, die atmosphärischen Bedingungen sind ungünstig.)

würde die γ-Aktivität bei Entweichen von nur 1% der Gammastrahlung des Reaktors in einem Umkreis von 10 km den einmal ohne Schaden zu ertragenden Höchstbetrag von 25 Röntgen übersteigen, Abb. 174. Bei einem 1 MW-Reaktor soll diese Maximaltoleranz bei Entweichen von 50% der Strahlung eine Sekunde nach Eintreten des Schadens überschritten werden, was zeigt, welch große Fläche selbst durch eine kleine ins Freie entwichene Strahlungsenergie vergiftet werden kann.

Radioaktive Gifte sind nach Tab. 46 1 bis 1000 Millionen mal so gefährlich wie chemische. Nach McCullough erzeugt ein 250 MW-Reaktor in einem Jahre etwa 100 kg Spaltprodukte, die populär gesprochen ein Luftvolumen von 10^6 km^3 (1 km hoch, 1000 km lang, 1000 km breit) auf die Toleranzdosis bringen könnten. Nun ist es wohl ausgeschlossen,

Tabelle 46. *Vergleich der Gefährlichkeit verschiedener toxischer in der Luft suspendierter Substanzen.* Nach C. R. McCullough u. Mitarbeitern (8/P/853)

		Toleranzdose[1] mg/m³	Fatale Dose[2] mg/m³	Fatale Dose Toleranzdose
Chemische Gifte:	Chlor	2,9	290	100
	Arsen	0,16	800	5000
	Beryllium	$1,5 \cdot 10^{-5}$	—	—
Radioaktive Gifte:	233 U	$1690 \cdot 10^{-9}$	$1690 \cdot 10^{-5}$	10000
	239 Pu	$32 \cdot 10^{-9}$	$32 \cdot 10^{-5}$	10000
	90 Sr	$1,3 \cdot 10^{-9}$	$1,3 \cdot 10^{-5}$	10000

daß jemals ein so großes Gewicht innerhalb kurzer Zeit in die Atmosphäre gelangt, immerhin gibt dieser Vergleich einen Anhalt von der Größe der schon bei kleinen Mengen möglichen Vergiftungsgefahr. Nach McCullough betragen bei einem 250 MW-Reaktor 16 Minuten und 28 Stunden nach seinem normalen Abstellen die Werte für seine Wärmeentwicklung bzw. seine Reaktivität noch 6,8 MW und $1,1 \cdot 10^9$ Curies bzw. 1,7 MW und $2,8 \cdot 10^8$ Curie. Nach eintägigem Stillstand hat der Reaktor also noch die enorme Radioaktivität von rd. 300 Millionen Curie, d. h. ebensoviel wie 300 t Radium. H. H. Gott von der BAEA empfiehlt daher die Aufstellung wassergekühlter Reaktoren, die er an sich für sehr betriebssicher hält, nur, wenn Vorsorge dafür getroffen ist, daß im Notfall ein Gebiet von ein paar Kilometern Halbmesser evakuiert werden kann (175 J/12).

Auf Grund der vorausgegangenen Ausführungen sind folgende Sicherheitsvorkehrungen ratsam:

1. Wahl von Reaktoren mit negativem Temperaturkoeffizienten;

2. Beschränkung des Inhaltes eines Reaktors auf einen tunlichst kleinen Betrag hochradioaktiver Stoffe, wozu bei homogenen Reaktoren die kontinuierliche Entgiftung des Spaltstoffes bzw. seines Suspensionsmittels ein geeignetes Mittel ist;

3. Einbau automatischer Sicherheitsvorrichtungen, die den Reaktor in kürzester Zeit abstellen oder seine Reaktivität auf einen ungefährlichen Betrag herabsetzen können;

---

[1] Toleranzdose ist bei chemischen Giften die bei einer Einwirkungsdauer von 8 h/Tag noch zulässige Menge; bei radioaktiven Giften die bei einer Einwirkungsdauer von 8 h/Tag einer Menge von 0,043 rem/Tag entsprechende Menge.

[2] Fatale Dose bedeutet bei chemischen Giften den rapide wirkenden Betrag, wenn er 30 bis 60 Minuten lang eingeatmet wird. Bei radioaktiven Giften bedeutet sie 50% Aussicht auf Überleben, wenn sie sehr schnell, z. B. eine Minute lang oder allmählich während 8 h/Tag aufgenommen wird.

4. Ummantelung des Reaktors bzw. des ganzen Kraftwerkes mit einer gasdichten Stahlkugel, die den bei einem Reaktorschaden möglichen Höchstdruck aushält und das Austreten radioaktiver Stoffe oder giftiger Gase ins Freie verhindert;

5. Umgebung des Kraftwerkes mit „Bannland", das betriebsfremde Personen in gehörigem Abstand vom Werk hält;

6. Errichtung des Kraftwerkes in schwach besiedelten Gegenden;

7. Errichtung des Kraftwerkes in einiger Entfernung von größeren Wasserläufen oder Grundwasserströmen.

Eine Frage von großer praktischer Bedeutung ist die *Versicherung gegen Atomschäden*. Obgleich bei dem heutigen Mangel an Erfahrung und der stürmischen Entwicklung dem Versicherer fast jede Möglichkeit fehlt, die Größe des Risikos einigermaßen zuverlässig abzuschätzen, so steht doch fest, daß das Strahlungsrisiko alle von Versicherungsgesellschaften bisher übernommenen Risiken weit übertrifft. Schon die Abgrenzung der Versicherungspflicht stößt auf außerordentliche Schwierigkeiten. Andererseits kann der Besitzer eines Atomkraftwerkes allein unmöglich das volle Risiko für Schäden an Leib und Gut Dritter übernehmen, das u. U. weit über seine Leistungsfähigkeit hinausgeht. Die Versicherung müßte sich auch auf die mit der Gewinnung, der Herstellung, dem Verkauf und Transport von Spaltstoffen und die mit der Beseitigung des „Atommülls" verbundenen Risiken erstrecken. Zu den noch wenig erforschten Schäden gehören die Materialschäden infolge von Korrosionen und radioaktiver Strahlung; die Schäden infolge von unvorsichtigem oder ungeschicktem Umgehen mit radioaktiven Stoffen; die durch Betriebsunterbrechungen verursachten Schäden und die eigentlichen Katastrophenschäden. Aber auch wenn diese Dinge so weit geklärt sind, daß die Versicherungsgesellschaften sich ein ausreichendes Bild von der Art, der maximalen Größe und dem Umfang des für sie tragbaren Schutzes machen können, wird es ohne zwei wichtige Voraussetzungen schwerlich abgehen. Die erste ist die Mithilfe des Staates und des Gesetzgebers, die zweite die Schaffung eines nationalen und eines internationalen Versicherungspools. Die direkte Versicherung wäre dann Sache des nationalen, die Rückversicherung des internationalen Pools, beide zusammen würden bewirken, daß das auf die einzelne Gesellschaft entfallende Risiko den Rahmen der normalen Risiken des übrigen Versicherungsgeschäftes nicht wesentlich überschreitet.

g) Beseitigung des Atommülls

Ein noch nicht befriedigend gelöstes Problem ist die Unschädlichmachung von Spaltprodukten und anderen hochradioaktiven, aber nicht mehr weiter verwendbaren in Atomkraftwerken anfallenden Stoffen, zu denen auch vergiftete unbrauchbar gewordene Maschinenteile gehören. Sie alle sollen hier unter dem Sammelbegriff *Atommüll* zusammengefaßt werden.

Radioaktive Flüssigkeiten stapelt man im Kraftwerk viele Monate lang in unterirdischen Betonbehältern, bis ihre Radioaktivität so stark abgenommen hat, daß man sie im Boden versickern lassen kann. Beim Stapeln können sich infolge von β- und γ-Strahlen unerwünscht hohe Temperaturen einstellen. Damit die Flüssigkeiten weniger Raum einnehmen, kann man sie durch Ausdampfen eindicken. Der Nachteil dieses Verfahrens ist die Gefahr von Leckagen der Behälter. Flüssigkeiten von geringer Radioaktivität kann man direkt in tiefen Bohrlöchern oder in offenen Gruben versickern lassen.

Radioaktive Gase, wie Stickstoff, Xenon und Krypton schickt man nach einer geeigneten chemischen Behandlung durch hohe Schornsteine über Dach.

Festen Atommüll bewahrt man vor seinem Abtransport am besten eine Zeitlang in einem gleichzeitig als Strahlungsschutz dienenden 3 bis 6 m hohen Wasserbad auf, in dem er abkühlt und einen Teil seiner Radioaktivität verliert. Alle solche radioaktive Substanzen enthaltende Behälter und Leitungen müssen sehr sorgfältig hergestellt und durch starke Betonwandungen abgeschirmt werden.

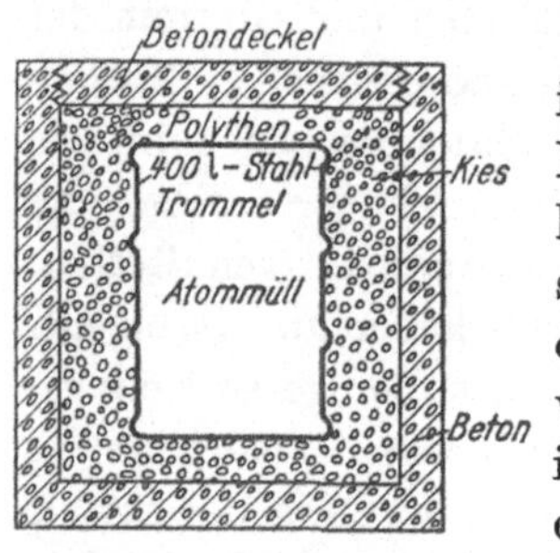

Abb. 175. Behälter für den Transport von Spaltprodukten und ihre Versenkung ins Meer.

Die Vorrichtungen zum Abtransport des Mülls innerhalb eines Kraftwerkes können entweder Nah- oder Fernbedienung haben. Bei letzterer lassen sich Reparaturen und das Auswechseln schadhafter Teile leichter vornehmen, doch werden sie wesentlich teurer. Abb. 175 zeigt einen von der BAEA zum Versenken von Atommüll ins Meer benutzten Behälter. Er besteht aus einem inneren mit Polythen bekleideten Stahlgefäß, das in einem schweren Betonbehälter untergebracht ist, den ein kräftiger Stahlmantel umhüllt.

Derartige Behälter wurden schon in ziemlich großer Zahl ein paar hundert Seemeilen von der Küste entfernt an Stellen versenkt, die mindestens 3500 m tief sind und an denen kein Fischfang betrieben wird. Meistens wird dieser Müll vor seinem Abtransport durch Wärmebehandlung verdichtet. Ihrer hohen Kosten wegen werden Bleibehälter nur verwendet, wo es auf ein tunlichst kleines Volumen ankommt. Die Amerikaner haben über die Versenkung im Meer eingehende Untersuchungen angestellt (8/P/569), sind aber noch zu keinem abschließenden Ergebnis gelangt. Hierbei hat sich herausgestellt, daß die Verhältnisse in den Mündungsgebieten großer Ströme und in großen Meerestiefen oft ungünstiger sind als bisher angenommen worden ist.

Nach CH. E. RENN kostet die Abfuhr und Versenkung von Spaltprodukten mittelstarker Radioaktivität etwa 1500 DM/m³.

GERMAN u. MCCALLUM geben folgende Unkosten an: Stapeln von hochradioaktiven flüssigen Abfallprodukten auf dem Kraftwerksgelände in Tanks aus nichtrostendem Stahl mit bzw. ohne eingebauten Kühlschlangen 2 bis 8 bzw. 0,4 bis

5 DM/l; Überlandtransport von Atommüll 0,17 DM/kg, Vergraben 0,2 bis 30 DM/m³, Versenken im Meer 1480 DM/m³.

Die Versenkung kann nur mit Spezialschiffen und von besonders geschulten Leuten durchgeführt werden. Wegen der auch mit dem Landtransport verbundenen Gefahren ist es erwünscht, daß die Transportstrecke so kurz wie möglich ist. Im großen und ganzen ist die Beseitigung des Atommülls ebenso ein technisches wie ein wirtschaftliches

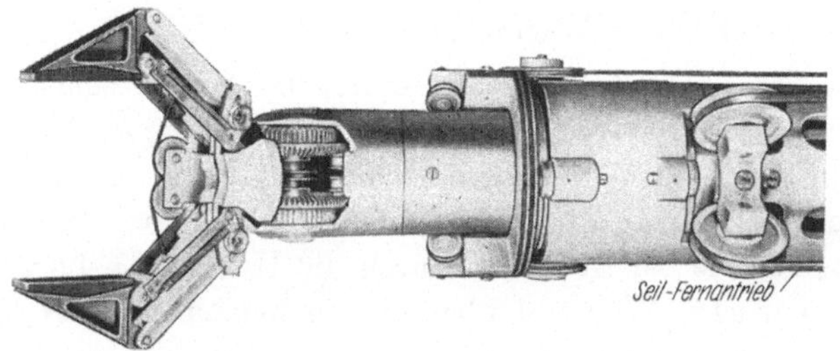

Abb. 176. Mechanische Hand mit Fernbetätigung (Manipulator) der
American Machine a. Foundry Co. (AMF-Atomics Inc.).

Problem. Abb. 176 zeigt eine zum ungefährlichen Umgehen mit „heißen" Materialien dienende, sehr leistungsfähige mechanische Hand.

Daß auch besonders dafür ausgebildete Leute beim Abtransport von Atommüll versagen können, zeigen die fieberhaften Anstrengungen, die im Sommer 1957 nötig waren, um einen mit Atommüll gefüllten Behälter wieder aufzufinden, der statt in nächtlicher Stunde im Meer zu versinken, in belebtem Fahrwasser vor der amerikanischen Ostküste umherschwamm. Im übrigen sind Zweifel darüber aufgetaucht, ob die Versenkung größerer Mengen von Atommüll im Meer überhaupt zulässig ist. Heute neigt man der Auffassung zu, daß eine Lagerung unter Kontrolle (z. B. in sehr tiefen Bohrlöchern, in Wüstengebieten) besser ist als eine unkontrollierte (z. B. im Meer). Entscheidend ist, daß die Spaltprodukte in keinen natürlichen Wasserlauf gelangen können, bevor sie zerfallen sind. Ferner wird ihre Verfestigung in wasserunlösliche Form vorgeschlagen, indem man sie mit Zement vermischt und zu Betonsteinen erstarren läßt, zu Keramiksteinen brennt oder zu Glassteinen verschmilzt. Seit neuestem denkt man an die Lagerung des Atommülls in der Arktis, wo er durch seine Eigenwärme tief in das Polareis einschmelzen und vor frühestens 90 000 Jahren nicht wieder ans Tageslicht gelangen soll, was eine vielleicht sichere aber zweifellos sehr teure und etwas hazardöse Prozedur wäre.

h) Wärmeaustauscher und Umwälzpumpen

Je nachdem, ob Gas, Wasser oder flüssiges Metall als Kühlmittel dienen, sehen die Wärmeaustauscher zum Erzeugen von Arbeitsdampf für Dampfturbinen oder von Arbeitsgas für Gasturbinen sehr verschieden aus. Leitet man den in Siedewasserreaktoren erzeugten Dampf oder das in gasgekühlten Reaktoren erzeugte heiße Preßgas direkt in die Kraftmaschinen, so entfallen Wärmeaustauscher überhaupt, wodurch der thermische Wirkungsgrad höher und die Anlagekosten niedriger werden.

Die größten Heizflächen benötigen Wärmeaustauscher für gasgekühlte Reaktoren, Abb. 84 und 85. Da aber das sie beheizende Gas im Gegensatz zu Rauchgasen sehr rein ist, kann man wesentlich engere Rohrteilungen und höhere Gasgeschwindigkeiten als bei Dampfkesseln nehmen und dadurch den ungünstigen Einfluß des notwendigerweise kleinen Temperaturgefälles zwischen heizendem Gas und beheiztem Medium wenigstens teilweise ausgleichen. Trotzdem brauchen die Wärmeaustauscher sehr viel Raum und haben eine sehr große Mantelfläche mit entsprechend hohen Wärmeverlusten an die Umgebung.

Abb. 107, 116, 117 und 177 zeigen durch heißes Wasser beheizte Wärmeaustauscher. Bei Abb. 107 umspült das zu verdampfende Wasser die senkrechten Rohre des Wärmeaustauschers a, in denen der vom Reaktor kommende Heizdampf kondensiert; in Abb. 177 wird das beheizende Wasser ebenso wie bei Abb. 116 durch die U-förmig gebogenen Heizschlangen gedrückt. Während aber in den beiden ersteren Fällen der Arbeitsdampf unmittelbar dem Raum entnommen wird, in dem die Heizschlangen untergebracht sind, wird er in Abb. 116 durch Steigrohre c aus Raum a nach Abscheidetrommel b geführt, in der er aus dem Dampf-Wassergemisch ausgeschieden wird. Das übrigbleibende Wasser fließt durch Fallrohre d nach Raum a zurück, der Dampf strömt bei e zur

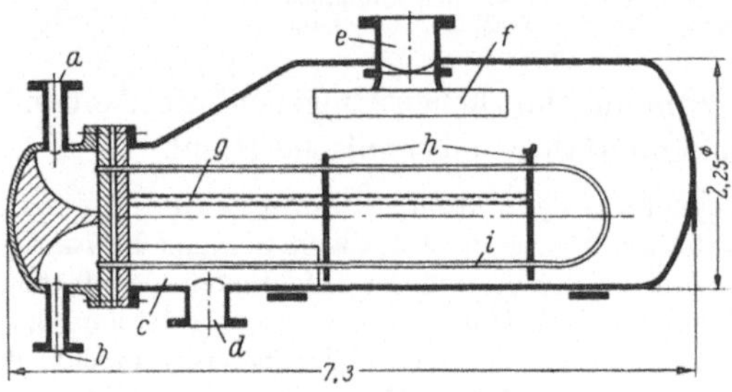

Abb. 177. Wärmeaustauscher für Preßwasserreaktor.
a u. b D$_2$O-Ein- u. -Austritt, c Wasserraum, d H$_2$O-Eintritt, e H$_2$O-Austritt, f Dampfsieb, g Distanzstück, h Bleche, i Rohrschlangen.

Turbine. Eine Ausführung nach Abb. 116 eignet sich für große Leistungen an sich besser als eine nach Abb. 177, bei der man mehrere solche Apparate auf einen großen Reaktor schalten muß.

Bei Abb. 117 strömt das vom Preßwasserreaktor kommende heiße Wasser am oberen Ende der Rohre bei a in den Wärmeaustauscher ein und kehrt bei b zum Reaktor zurück. Das Speisewasser strömt bei c zu und mischt sich in dem zylindrischen Mantelgefäß mit dem Kesselwasser, das aus der Trommel d durch die Fallrohre f nach unten fließt und im Naturumlauf dampfbeladen durch die Steigrohre e nach d zurückkehrt. Der blasebalgähnliche Teil g des Mantelgefäßes nimmt die verschiedene Dehnung der Rohre und des Mantels auf.

Die Schaltung von 3 bis 4 absperrbaren Apparaten nach Abb. 177 auf einen Reaktor hat den Vorzug, daß man einen Apparat reparieren kann, ohne die ganze Anlage stillsetzen zu müssen.

Erheblich anders sehen die Verhältnisse bei natriumbeheizten Wärmeaustauschern aus, da Natrium bei Berührung mit Wasser, wie sie durch Leckagen erfolgen könnte, chemisch sehr heftig reagiert. Man hat daher mehrere Lösungen vorgeschlagen, die eine Undichtheit so zeitig anzeigen sollen, daß man noch geeignete Maßnahmen treffen kann, bevor größerer Schaden entstanden ist. Eine solche Lösung ist die Verwendung eigenartiger Doppelrohre (Sicherheitsrohre). Das äußere Rohr wird vom Kesselwasser umspült, durch das innere Rohr strömt Na, Abb. 178. Der Raum zwischen beiden Rohren ist mit Quecksilber unter 15 at Druck gefüllt, damit bei Leckagen Natrium und Wasser nicht miteinander in Berührung kommen. Jede bei einer Leckage erfolgende

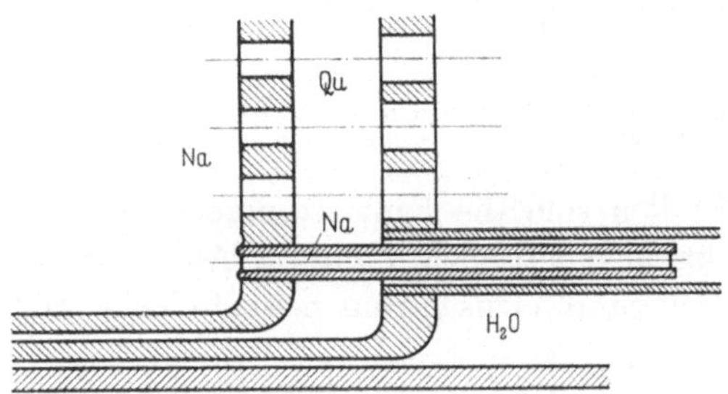

Abb. 178. Sicherheits-Doppelrohr für natriumbeheizten Wärmeaustauscher zum Verdampfen von Wasser.

Änderung des Quecksilberdruckes löst ein Alarmsignal aus.

Abb. 179 zeigt einen Wärmeaustauscher zwischen Na und Na K. Die Doppelrohre sind in zwei Rohrböden eingeschweißt. Elastische Membranen a sorgen für genügende Ausdehnungsmöglichkeit und Dichtheit. Der die Rohre enthaltende Behälter ist mit flüssigem Na gefüllt. An einer Versuchsanlage wurden die Wärmedurchgangszahlen von Na an Na K bei Vollast zu 5000 bis 10000 kcal/m²h° C, diejenigen im Verdampfer zu 2000 und diejenigen im Überhitzer zu 1000 kcal/m²h° C festgestellt.

Abb. 180 zeigt ein Doppelrohr, bei dem auf das Innenrohr ein strammsitzender Kupferstreifen schraubenförmig aufgewickelt ist, über den man das Außenrohr schiebt. In den Hohlräumen zwischen den Windungen befindet sich ein neutrales Gas unter einem Druck, der um mehrere Atmosphären höher ist als der Druck im Verdampferrohr. Wird das innere oder äußere undicht, so kommt noch

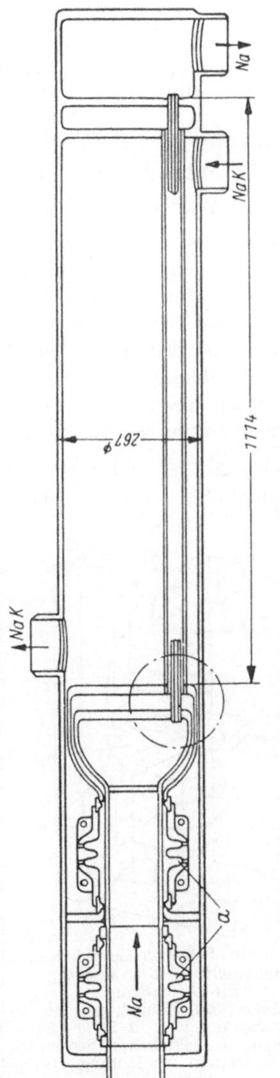

Abb. 179. Wärmeaustauscher zwischen Natrium und Natrium-Kalium. a Metallmembran-Dichtung. Aus BWK.

immer keine Berührung zwischen Natrium und Wasser zustande, der fallende Gasdruck zeigt aber beizeiten an, daß etwas in Unordnung ist. Der Dounreay-Reaktor scheint solche Rohre zu haben.

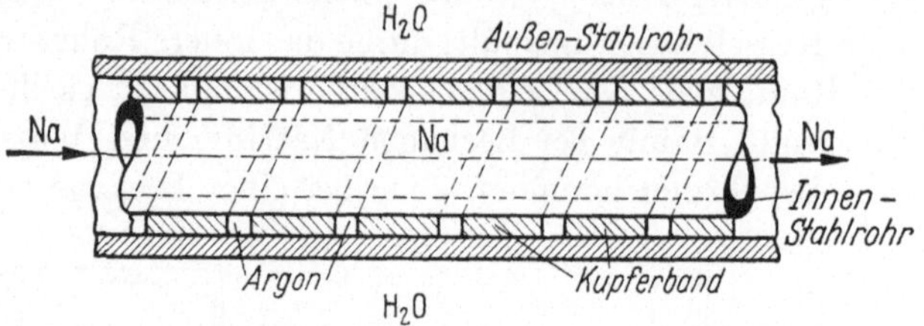

Abb. 180. Aus nichtrostendem Stahl bestehendes Sicherheitsdoppelrohr, bei dem das Seelenrohr von einem stramm aufgewickelten Kupferstreifen schraubenförmig umhüllt ist.

Besonders bei flüssigen Metallen sind die Umwälzpumpen eine unerwünschte Beigabe. Bei elektromagnetischen Pumpen, Abb. 149, die keiner Wartung bedürfen, fallen Stopfbüchsen und bewegte Teile weg.

Ihr Arbeitsschema zeigt Abb. 181. Das Metall strömt durch ein zwischen den Schenkeln eines Magneten angeordnetes, im Interesse eines hohen Stromwiderstandes sehr dünnwandiges, mit 2 seitlichen Flossen versehenes Nickel-Rohrstück g. Der Strom tritt an der einen Flosse bei e ein und an der entgegengesetzten Flosse wieder aus. Das Magnetfeld übt infolgedessen auf den schmalen stromdurchflossenen Teil des flüssigen Metalles, der die Rolle eines festen Leiters spielt, eine Kraft senkrecht zur Ebene der Strom- und Magnetfeldrichtung aus, d. h. es drückt das Metall wie eine Pumpe durch die Leitung.

Es gibt verschiedene Arten derartiger Pumpen, von denen die einen sich mehr für einen etwas höheren Druck und kleine Leistung, die anderen mehr für hohe Leistung bei geringem Druck eignen. Ihr Wirkungsgrad beträgt nur 15% gegenüber 75% von Zentrifugalpumpen, und ihr infolgedessen fast fünfmal so hoher Kraftbedarf fällt, da große Metallmengen umgewälzt werden müssen, ziemlich ins Gewicht. Er verteuert nicht nur die laufenden Kosten für den Eigenkraftbedarf, sondern auch die Baukosten für das ganze Atomkraftwerk (größere benötigte Leistung des Reaktors, der Turbinen und der elektrischen Eigenkraftbedarfsanlage).

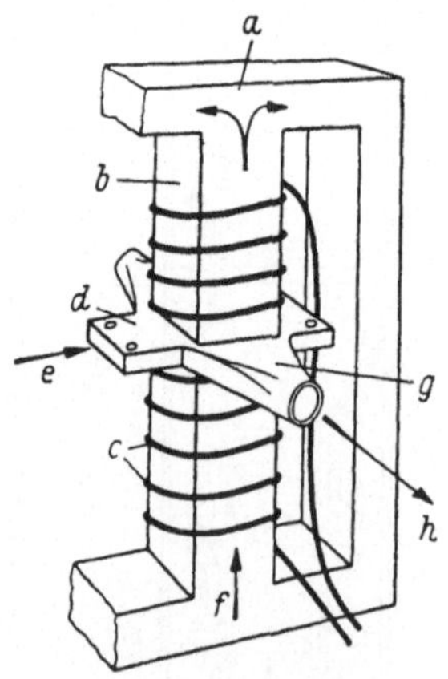

Abb. 181. Schema einer elektromagnetischen Umwälzpumpe für Gleichstrom
a Magnetkern, b Polschuhe, c Erregerwicklungen, d Stromanschluß, e elektrischer Strom, f Magnetfeld, g Leitung für flüssiges Natrium, h Strömrichtung des flüssigen Natriums. Aus BWK.

Es gibt elektromagnetische Pumpen für Gleich- und für Wechselstrom, letztere für eine Temperatur des flüssigen Metalls bis zu 530° C. Bei Umwälzpumpen für homogene mit Uransalzen betriebene Reaktoren ist die Gefahr äußerst heftiger Korrosionen groß. Aus Herstellungs- und Sicherheitsgründen ist der Trend nicht auf die Aufstellung von wenigen besonders großen Pumpen sondern auf eine größere Zahl von Pumpen mäßiger Leistung gerichtet.

II. Wärmekraftmaschinen für Reaktoren

a) Allgemeines

Nach Abb. 182 erreichen die modernsten thermischen Kraftwerke einen auf die nutzbar abgegebene kWh bezogenen Wärmeverbrauch von 2100 kcal/kWh, d. h. 40,9% Wirkungsgrad, der sich in zehn Jahren vielleicht noch auf 43,3% erhöhen lassen wird. Ähnliche Werte wären auch bei Atomkraftwerken nicht nur der Spaltstofferersparnis wegen, sondern deshalb erwünscht, weil sich dadurch die erforderliche Reaktorleistung und damit die Baukosten bzw. der Kapitaldienst des Kraftwerkes stark vermindern ließen, Abb. 210/211. Hängt schon der *wirtschaftlich* günstigste Frischdampfzustand thermischer Kraftwerke von sehr vielen oft zufälligen Umständen ab, weshalb er häufig mit dem *thermisch* günstigsten nicht identisch ist, so gilt dies erst recht für Atomkraftwerke, bei denen ein hoher Wirkungsgrad

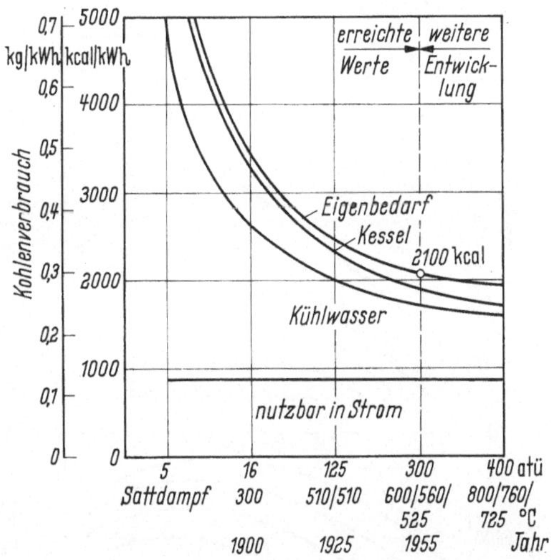

Abb. 182. Entwicklung d. Kohlenverbrauches in kg/kWh und d. Wärmeverbrauches in kcal/kWh großer kohlebeheizter Dampfkraftwerke. Nach K. SCHRÖDER: VGB-Mitt. XII. 1955.

noch kein Beweis für die wirtschaftlich vorteilhafteste Lösung zu sein braucht, wie folgende von W. R. WOOTTON für Calder Hall durchgeführte Berechnungen zeigen.

b) Gasgekühlte Reaktoren in Verbindung mit Dampfturbinen (Calder Hall)

In Calder Hall wurde eine höchste Spaltstofftemperatur von 425° C und eine tunlichst hohe Produktion von Plutonium verlangt. Rechnungen hatten ergeben, daß bei einem Gefälle $\Delta t = 5,5$ bis 39° C zwischen der CO_2-Temperatur am Austritt aus dem Verdampferteil der Wärmeaustauscher und der Temperatur des erzeugten Dampfes der Druckverlust Δp der CO_2 und ihr sekundlich umgewälztes Gewicht um so größer werden, mit je höherer Temperatur t_e die CO_2 in den Reaktor eintritt. Bei $t_e = 177°$ C und 250 MW bzw. 100 MW Reaktorleistung betrug $\Delta p = 0,56$ bzw. 0,02 at und der Massenfluß 1500 bzw. 500 kg/s, d. h. der Kraftbedarf der Umwälzgebläse wächst mit steigender Reaktorleistung sehr stark an. Nach Kurvenschar a und b in Abb. 183 fallen bei Eindruckbetrieb größte elektrische Nutzleistung und bester thermischer Wirkungsgrad (bei $\Delta t = 17°$ C) nicht bei allen Reaktorleistungen zusammen. Letzterer steigt bei Leistungen zwischen 100 und 200 MW mit t_e stark an, während nach Kurvenschar c bei 200 MW Leistung und Werten von t_e bis zu 205° C die Größe Δt die nutzbare elektrische Leistung sehr beeinflußt. Da aber die spezifischen Baukosten des ganzen Werkes in DM/kW bei $\Delta t = 17°$ C einen Mindestwert erreichen und nach Kurvenschar c in Abb. 183 die nutzbare elektrische Leistung nur wenig kleiner ist als bei $\Delta t = 5,5°$ C, wurde für die weiteren Ermittlungen $\Delta t = 17°$ C gewählt. Nach Abb. 184 erreichen bei Eindruckbetrieb die Baukosten des Werkes bei 200 bis 250 MW Reaktorleistung und $t_e = $ rd. 180° C ihren Mindestwert. Die zugehörigen Werte für den thermischen Wirkungsgrad und die elektrische Nutzleistung betragen 22 bzw. 20% und 44000 bzw. 50000 kW.

In Abb. 185 wurde angenommen, daß die vom Reaktor kommende Kohlensäure mit 343° C in die Wärmeaustauscher eintritt und sie mit 177° C verläßt und daß das Speisewasser eine Temperatur von 104° C hat, Punkte x_1, x_2 und b. Bei einem Werte von $\Delta t = 12°$ C könnte man unter obigen

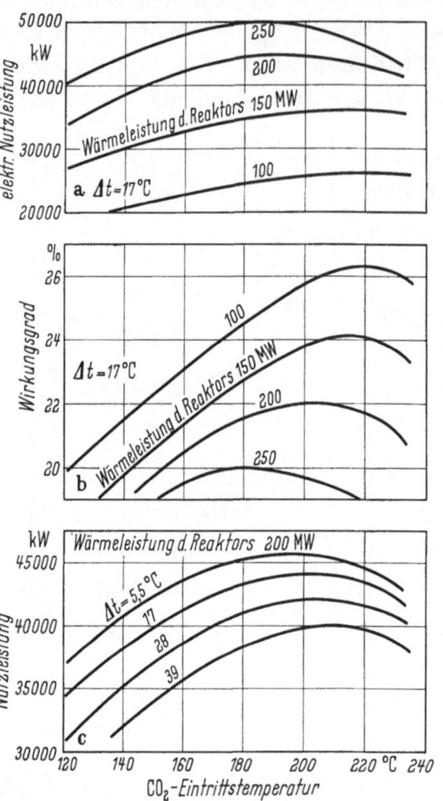

Abb. 183. Verhalten des Calder Hall-Reaktors bei verschied. Eintrittstemp. d. CO_2. Nach R. W. WOTTON: Journ. Brit. Nucl. Energy Conf., IV. 1957.

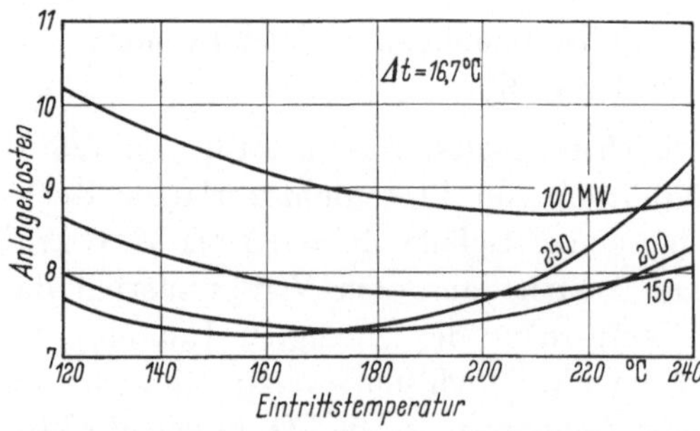

Abb. 184. Verhältnismäß. Anlagekosten eines mit CHR-Reaktoren ausgestatteten Atomkraftwerkes bei verschiedener Eintrittstemperatur d. kühlend. CO_2 u. 4 verschied. Reaktorleistungen bei 16,5° C Temperaturdifferenz zwischen Spaltstoffpatronen u. CO_2. Nach R. W. WOTTON: Journ. Brit. Nucl. Energy Conf,. IV. 1957.

Annahmen nur einen Sattdampfdruck von 14 ata erreichen, Punkte i und k. Die für die Verdampfung von 1 kg Wasser aufgewendete Wärme (Fläche $fkde$) würde dann der Abkühlung einer gewissen CO_2-Menge von x_1 auf Punkt i, die für seine Vorwärmung von 104° C auf 194° C erforderliche Wärme (Fläche $abkf$) der CO_2-Abkühlung von Punkt i auf Punkt x_2 entsprechen. Hierbei ließen sich mit einem 100 MW-Reaktor 153 t/h Sattdampf von 14 ata erzeugen.

Mit demselben Gewicht und derselben Abkühlung der CO_2 läßt sich aber mehr Leistung und ein höherer thermischer Wirkungsgrad erzielen, wenn man die CO_2 zuerst in einer ersten Verdampferstufe mit einem Teil des gesamten Speisewassers auf eine passende Zwischentemperatur und dann in einer zweiten unter kleinerem Druck stehenden Verdampferstufe mit der gesamten Speisewassermenge vollends auf ihre End-

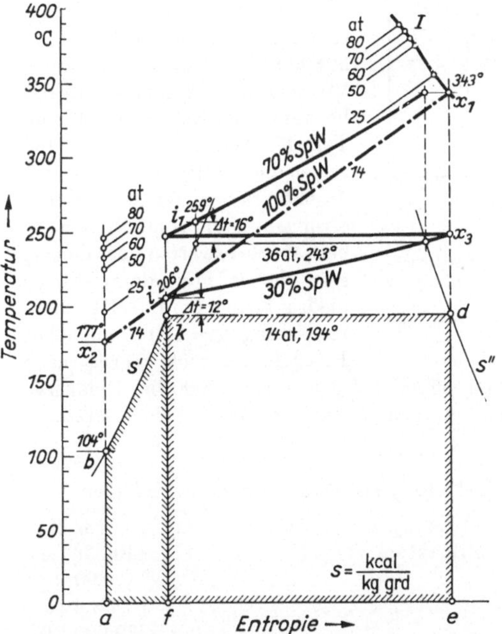

Abb. 185. Entropie-Diagramm für Zweidruckbetrieb bei 36 und bei 14 at Druck des Naßdampfes.

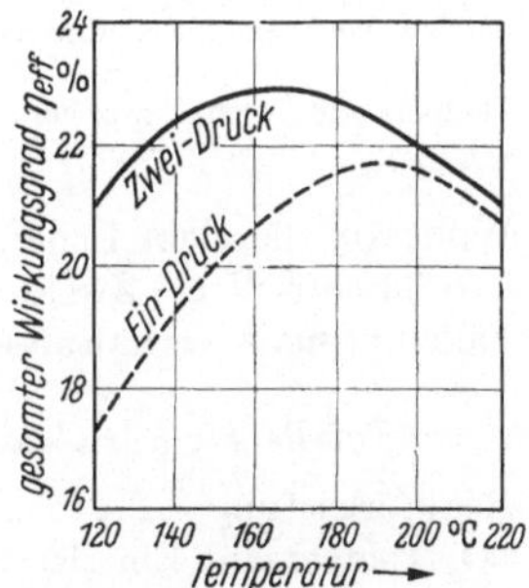

Abb. 186. Wirkungsgrad eines Atom-Kraftwerkes (Calder Hall) bei Ein-Druck und Zwei-Druck-Sattdampfbetrieb abhängig von der Eintrittstemperatur der CO_2 in den Reaktor.

temperatur abkühlt. Dieser Vorgang wurde unter der Voraussetzung entworfen, daß in Stufe I 70%, in Stufe II 30% des gesamten Dampfes erzeugt werden, bei welchem Verhältnis sich nach MORRIS und WOOTTON die besten thermischen Verhältnisse ergeben. Dadurch, daß in Stufe I dem Gas weniger Wärme entzogen wird, kühlt es sich weniger stark ab, so daß bei der gewählten Zwischentemperatur der CO_2 von 259° C (Punkt i_1) und einem $\Delta t = 16°$ C in Stufe I 45,7 t/h Dampf von 36 ata und in Stufe II (Punkt x_6, x_2) 106,6 t/h Dampf von 14,0 ata erzeugt werden können. Die Schaltung der Heizflächen zeigt Abb. 85. Nach Abb. 186 verbessert der Zweidruck-Betrieb den Wirkungsgrad des Kraftwerkes vor allem bei Temperaturen der CO_2 am Eintritt in den Reaktor unter 165° C beträchtlich. Kurve I in Abb. 185 zeigt, welche Eintrittstemperaturen der CO_2 bei Eindruckbetrieb und einem konstanten $\Delta t = 12°$ C zum Erzeugen von Sattdampf von 50, 60, 70 und 80 ata Druck nötig wären.

Weitere für ein Verhältnis HD-Dampf : ND-Dampf $= 70 : 30$ sprechende Gründe sind mäßige Dampfnässe in der letzten Turbinenstufe, einfache Turbinenregelung und Fernhalten größerer Temperaturschwankungen vom Reaktorsystem bei Belastungsschwankungen. Trotz der um 30 bis 40% größeren Wärmeaustauscher und des höheren Kraftbedarfs der CO_2-Gebläse werden bei Zweidruckbetrieb die spezifischen Baukosten des Werkes beträchtlich kleiner. Bei 14 at Frischdampfdruck, $t_e = 140°$ C und 4,2 at Druck des ND-Dampfes beträgt die elektrische Nutzleistung bei Zweidruck 39800 kW gegenüber nur 35000 kW bei Eindruck. Man wählte daher für Calder Hall die Werte von Tab. 47. Auch Abb. 186 und 187 zeigen die Überlegenheit des Zweidruckbetriebes. Weitere Verbesserungen sind vom Dreidruckbetrieb zu erwarten, bei dem t_e trotz hoher Frischdampfdrücke niedrig bleibt. Bei 150 MW Reaktorleistung, $t_e = 120°$ C und 32 at Frischdampfdruck würde nach

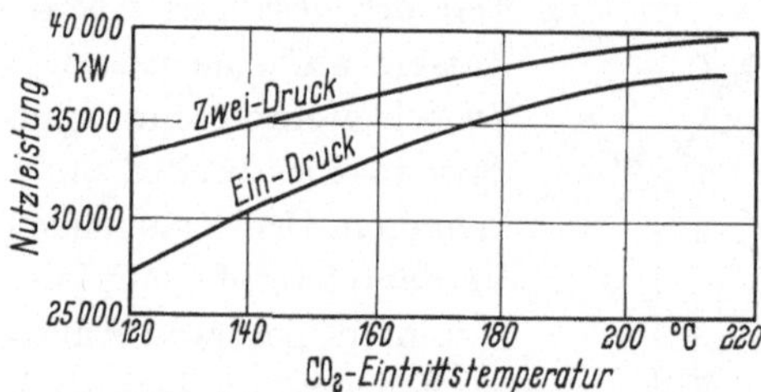

Abb. 187. Optimale elektr. Nutzleistung e. Atomkraftwerkes mit CHR-Reaktor bei Ein-Druck- u. Zwei-Druckbetrieb bei verschied. Eintrittstemp. d. CO_2. Nach R. W. WOTTON. Temperaturdifferenz zwischen Spaltstoffpatronen und $CO_2 = 16{,}5°$ C.

WOOTTON die elektrische Nutzleistung 35000 kW gegenüber 27000 bei Eindruck- und 32000 kW bei Zweidruckbetrieb betragen, wenn man für die beiden letzteren Fälle optimale Verhältnisse wählt.

Tabelle 47. Für Calder Hall (I. Ausbau) endgültig gewählte Verhältnisse

Reaktorleistung	182 MW
CO_2-Temperatur Eintritt/Austritt des Reaktors	140/336 ° C
CO_2-Massenfluß	890 kg/s
Dampfdrücke: HD/ND	14,7/4,4 at
nutzbare elektrische Leistung	39 000 kW
nutzbarer thermischer Wirkungsgrad	21,5 %

c) Wassergekühlte Reaktoren in Verbindung mit Dampfturbinen

1. Preßwasser- und Siedewasserreaktoren. In Tab. 48 sind von KAY und HUTCHINSON für verschiedene Preßwasser- und Siedewasserreaktoren errechnete Wirkungsgrade der Anlage zusammengestellt, Pos. 13. η_{eff} ist bei Siedewasserreaktoren (Fall IV u. V) um etwa 4 Punkte (15%) höher als bei Preßwasserreaktoren, obgleich der höchste Druck bei ihnen um rd. 40 at (63 at statt 105 at) niedriger liegt. Überhitzung des Sattdampfes auf 483° C in ölgefeuerten Überhitzern verbessert η_{eff} bei beiden Systemen um rd. 4 bis 5 Punkte (rd. 15%). Die in Pos. 13 angegebenen auf die elektrische Nutzleistung des Kraftwerkes bezogenen

Tabelle 48. *Vergleich verschiedener Kreisprozesse bei Preßwasserreaktoren und bei Siedewasserreaktoren von 500 MW-Leistung*

Nach J. M. KAY und F. J. HUTCHINSON. Engng. 20. I. 1956

Druck im Kondensator = 0,053 ata; Zahl der Regenerativ-Vorwärmer = 4; Wassererwärmung im Preßwasserreaktor 20°C; Auslaßverlust der Turbine = 11 kcal/kg; mechanische und elektrische Verluste = 3%; Wirkungsgrad des ölgefeuerten Überhitzers = 88%; Durchm. der Uranstäbe = 12,5 mm; höchste Temperatur im Uranium = 420°C.

		I	II	III	IV	V	VI	VII
1.	Fall	I	II	III	IV	V	VI	VII
2.	Reaktorbauart	Preßwasserreaktoren			Siedewasserreaktoren			
3.	Art der Erzeugung des Arbeitsdampfes	Dampferzeugung in Wärmeaustauschern			Im Reaktor erzeugter Dampf geht direkt in die Turbine			
3a.	Sonderbauart	—	—	—	Entspannungs-reaktoren (flash type)		—	—
3b.	Umgewälzte Wassermenge . . . . kg/s	—	—	—	2380	5100	—	—
4.	Arbeitsweise des Kreisprozesses: Zahl der Wasserabscheider	1	0	0	0	0	2	—
	Art der Überhitzung	ohne Überhitzung	Zwischen-überhitzung durch gesättigten Frisch-dampf v. 29,5 ata	Frisch-dampf-überhitzung in öl-gefeuertem Überhitzer	ohne Überhitzung	ohne Überhitzung	ohne Überhitzung	Frisch-dampf-überhitzung in öl-gefeuertem Überhitzer
5.	Druck im Reaktor . . . . ata	105	105	105	63	63	63	63
6.	Arbeitsdampf: Druck/Temperatur . . . . . ata/° C	29,5/232	29,5/232	27,8/483	35,1/241	49,2/261	63/277	59,7/483
7.	Speisewassertemperatur . . . . ° C	157	157	157	165	183	189	189
8.	Wassergehalt d. Auspuffdampfes . %	15	12	8	13,5	12,0	—	—
9.	Zwischenüberhitzer: Dampftemperatur . . . . ° C	—	204	—	—	—	—	—
10.	Im Frischdampfüberhitzer zugeführte Wärme (η Über. = 88%) . . . MW	—	—	163	—	—	—	150
11.	Generatornettoleistung . . . . . kW	139 000	125 500	196 000	147 500	152 500	149 600	218 500
12.	Anlagenwirkungsgrad (ohne Berück-sichtigung d. Eigenbedarfs) . . . %	27,8	27,3	32,3	32,0	33,2	31,5	35,4
13.	**Gesamtwirkungsgrad des Kraft-werkes** ηeff . . . . %	**25,6**	**25,1**	**29,6**	**29,5**	**30,5**	**29,9**	**33,6**
14.	Eigenkraftbedarf des Werkes (Reaktor, Kondensation, Speisung) %	8	8	8	8,5	8,8	5	5

Wirkungsgrade η_{eff} sind Cirka-Werte, da der Eigenkraftbedarf des Werkes in einigen Fällen nur angenähert ermittelt werden konnte. KAY und HUTCHINSON haben unter der Annahme, daß 1 kW Kraftwerksleistung bei 500 MW-Preßwasserreaktoren 1200 DM, bei 500 MW-Siedewasserreaktoren oder Entspannungsreaktoren 1080 DM, d. h. 10% weniger kostet, die in Tab. 49 angegebenen ungefähren Stromerzeugungskosten errechnet. Demnach würden die Stromerzeugungskosten bei Preßwasserreaktoren um rd. 10% höher sein. Man sollte aber aus Tab. 49 keine zu weitgehenden Schlußfolgerungen ziehen, weil sie eine Reihe zahlenmäßig nicht erfaßbarer Punkte nicht zum Ausdruck bringt. Letzten Endes ist das Entscheidende für die Brauchbarkeit eines Systems seine Zuverlässigkeit und sein einfacher Betrieb und nicht sein Wirkungsgrad und seine Anlagekosten.

Tabelle 49. Vergleich der Stromerzeugungskosten bei 500 MW-Preßwasser- und 500 MW-Siedewasserreaktoren (150000 kW elektr. Leistung). Jahr 1955.

		Bauart des Reaktors			
		Preßwasser		Siedewasserreaktor	
Anlagekosten d. Werkes	DM/kW	1200		1080	
Ausnutzungsfaktor	%	50	80	50	80
Kapitalkosten	Pfg/kWh	2,10	1,31	1,89	1,18
Spaltstoffkosten . . .	Pfg/kWh	0,70	0,70	0,60	0,60
Betriebskosten	Pfg/kWh	0,50	0,50	0,50	0,50
	Pfg/kWh	3,30	2,51	2,99	2,28

Wie viele und was für verschiedenartige Gesichtspunkte beachtet werden müssen, zeigen folgende bei der Diskussion eines Vortrages erhobenen Einwände:

Von einer gewissen Größe des Reaktors an sei die mit einer bestimmten Menge Spaltstoff erzielbare Wärme bzw. Arbeit bei Siedewasserreaktoren viel kleiner als bei Preßwasserreaktoren;

der höhere thermische Wirkungsgrad bei Siedewasserreaktoren werde teilweise oder ganz durch die kleinere mit dem eingebauten Spaltstoffgewicht erzielbare Ausbeute wieder aufgehoben;

Wasser von sehr hohem Druck (Temperatur) wirke auf die meisten für Reaktoren benötigten Materialien sehr korrosiv und es lasse sich noch nicht übersehen, ob die dadurch und durch andere Ursachen entstehenden Probleme befriedigend gelöst werden können;

das wichtigste Kriterium für die Brauchbarkeit eines Reaktorsystems seien die durchschnittlichen Stromerzeugungskosten von 1 kWh während der voraussichtlichen Lebensdauer eines Atomkraftwerkes.

Verfasser ist der Meinung, daß sich ein Elektrizitätswerk in Anbetracht des ihm möglicherweise entstehenden direkten und indirekten Schadens schwerlich zum Aufstellen eines Reaktors entschließen wird, solange seine Betriebssicherheit nicht sehr hohen Ansprüchen genügt und daß ein großes und gesundes Geschäft mit Atomkraftwerken nicht zu erwarten steht, solange ihre Stromerzeugungskosten wesentlich höher als bei thermischen Kraftwerken liegen.

2. Dampfturbinen mit Wasserabscheidern. N. A. BELDECOS und A. K. SMITH der *General Electric Co.* haben Untersuchungen über das Verhalten von Sattdampfturbinen von 100000 kW und mehr Leistung unter Umrechnung der an vielen großen normalen Turbinen gewonnenen Werte angestellt, ASME-Paper 54-SA-65. Jahr 1955.

Der Austrittsverlust der Turbine wurde konstant zu 11 kcal/kg (300 m/s Dampfgeschwindigkeit), die Generator- und Lagerverluste zu 1,0 bis 1,2%, der Druckverlust der Wasserabscheider zu 5% ihres Eintrittsdruckes, die Temperaturdifferenz in den Speisewasservorwärmstufen zu 2,8° C angenommen. Der Kraftbedarf der Speisepumpe blieb unberücksichtigt.

Es wurde ermittelt, wie der Wassergehalt des aus der Turbine austretenden Dampfes und ihr thermischer Wirkungsgrad bei Einbau von ein bis drei Wasserabscheidern und ein bis drei Stufen für die Regenerativvorwärmung des Speisewassers werden. Die Abbildungen gelten für 95% Vakuum, für eine Entwässerung des Dampfes in den Abscheidern auf 1% und die Schaltschemata A und B in Abb. 188, 189. Bei Anordnung A und B ist zwischen die HD- und die ND-Stufe der Turbine ein Wasserabscheider eingebaut, dessen Kondensat dem Speisewasser beigemischt wird. Bei B wird das Speisewasser außerdem noch durch Anzapfdampf vorgewärmt. 12% Endfeuchtigkeit sollten mit Rücksicht auf eine befriedigende Lebensdauer der letzten Turbinenstufen (etwa 10 Jahre) nicht überschritten werden. Schon bei 10 atü Frischdampfdruck hätte der Auspuffdampf ohne Abscheider einen Wassergehalt von rd. 15% und selbst bei 110° C Überhitzung könnte man auf höchstens 28 atü gehen, ohne 12% Wassergehalt zu überschreiten.

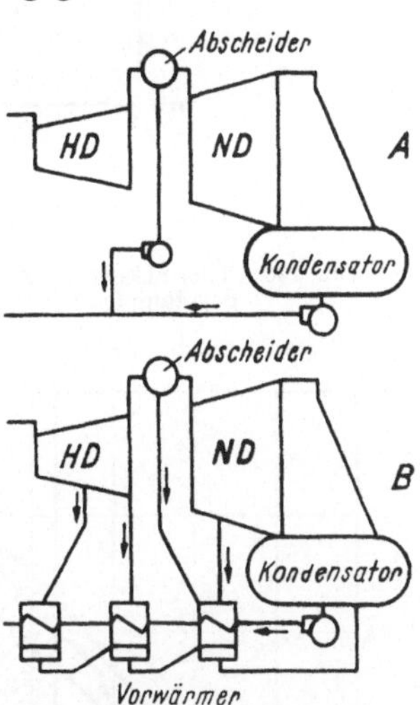

Abb. 188 u. 189. Schema einer Dampfturbine mit einem zwischen die *HD-* und die *ND*-Stufe geschalteten Wasserabscheider. *A* ohne Regenerativ-Speisewasservorwärmung, *B* mit 3 Regenerativ-Vorwärmern. Nach BELDECOS u. SMITH.

Baut man dagegen einen den Dampf auf 1% Wassergehalt trocknenden Abscheider gemäß Abb. 188, 189 ein, so würde die 12%-Grenze im ND-Teil der Turbine bei Sattdampf von 42 bzw. 10,5 atü überschritten, wenn der Dampf in den Abscheider bei etwa 8 bzw. 28% des Frischdampfdruckes eintritt und der Druck im Kondensator 37 mm Qu.S. beträgt. Am Austritt aus dem HD-Teil enthielte der Dampf in beiden Fällen weniger als 12% Wasser.

Die folgenden Ausführungen beschränken sich auf Abscheider, die den Dampf auf 1% Wassergehalt trocknen. Abb. 190 zeigt für ein bis drei Wasserabscheider die bei vier verschiedenen Frischdampfdrücken erreichbaren Wirkungsgrade. Die

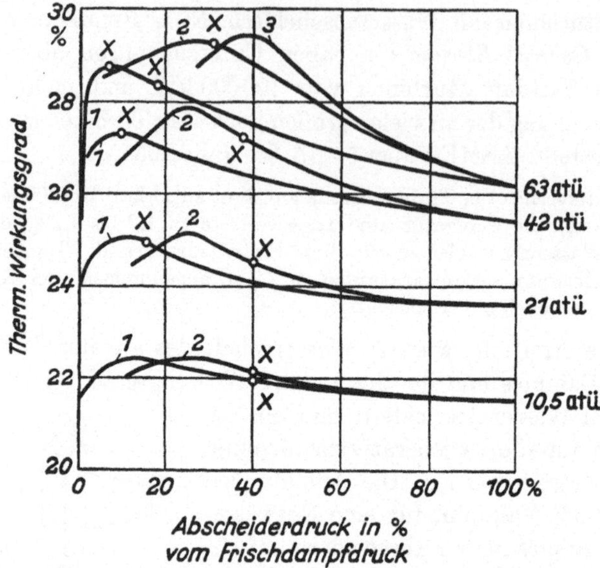

Abb. 190. Thermischer Wirkungsgrad einer Turbinenanlage bei 4 verschiedenen Drücken des Sattdampfes und 1 bis 3 Wasserabscheidern. Nach BELDECOS u. SMITH.

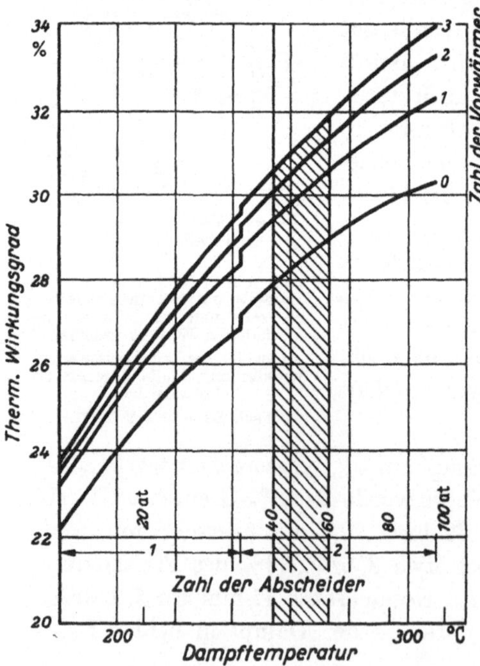

Abb. 191. Mit Sattdampf von 200 bis 300° C Temperatur bei Einbau von 1 und 2 Abscheidern und 0 bis 3 Regenerativ-Speisewasservorwärmern erreichbare thermische Anlagenwirkungsgrade bei 37 mm Qu. S. Kondensatordruck. Nach BELDECOS u. SMITH.

Punkte X geben an, wo 12% Wassergehalt erreicht werden. Die günstigste Stelle für den Einbau des HD-Wasserabscheiders liegt zwischen 10 und 40% des Frischdampfdruckes. Am wirtschaftlichsten dürften zwei Abscheider sein, mit denen man bei 63 bzw. 42 atü Frischdampfdruck auf 29,5 bzw. 27,8% Wirkungsgrad kommen kann. Im übrigen erreicht man die günstigsten Verhältnisse, wenn man die Anordnung so trifft, daß der Dampf in sämtliche Abscheider mit derselben Feuchtigkeit eintritt. Nach Abb. 191 lassen sich mit zwei Abscheidern und drei Vorwärmstufen zwischen 40 und 60 atü Frischdampfdruck etwa 30,4 bis rd. 32% Wirkungsgrad bei 12% Wassergehalt des Auspuffdampfes und 37 mm Qu.S Kondensatordruck erzielen.

Für Sattdampfkondensationsturbinen ergeben sich somit nachstehende Folgerungen:

a) Wenn der Dampf in der letzten Turbinenstufe 12% Wassergehalt nicht überschreiten soll, muß man ihn während seiner Expansion ein- bis zweimal trocknen;

b) Wasserabscheider sind hierzu empfehlenswerter als Zwischenüberhitzer;

c) die höchsten thermischen Wirkungsgrade erhält man, wenn der Dampf in alle Wasserabscheider mit demselben Wassergehalt eintritt;

d) nur bei einer Überhitzung um mindestens 60° C könnten Frischdampfüberhitzer wirtschaftlicher als Wasserabscheider sein;

e) zwei- bis dreistufige Regenerativ-Speisewasservorwärmung in Verbindung mit zwei Wasserabscheidern ermöglicht bei Frischdampfdrücken von 40 bis 60 atü und einem Temperaturgefälle zwischen Kühlmittel und Wasser von rd. 30° C Turbinenwirkungsgrade von rd. 30,5 bis 32%, wenn das Kühlmittel im Reaktor auf 280 bis 300° C erhitzt wird.

Sollte man aus Furcht vor Korrosionsangriff bei sehr heißem Wasser bei Sattdampfturbinen zunächst nicht über einen Dampfdruck von 40 at (250° C) gehen wollen, so könnte man bei Verwendung von Siedewasserreaktoren mit einer verhältnismäßig einfachen Gesamtanlage und einem auf die nutzbar erzeugte Leistung des Kraftwerkes bezogenen Wirkungsgrad $\eta_{eff} = 28,5\%$ rechnen. Jahr 1955.

d) Reaktoren in Verbindung mit ölbeheizten Überhitzern

Zum Erzielen eines höheren thermischen Wirkungsgrades kann man den Sattdampf in einem ölgefeuerten Überhitzer überhitzen, wie es z.B. in dem 236000/275000 kW-Kraftwerk *Indian Point* der *Consolidated Edison Co., New York*, geschieht, das den Betrieb im Dezember 1960 aufnehmen soll, Abb. 192 und Tab. 36. Der Druck der Preßwasser-Reaktoren beträgt 105 at. Die Wärmeaustauscher erzeugen Sattdampf, der nach seiner Überhitzung mit 23,6 ata, 535° C in die mit vier Regene-

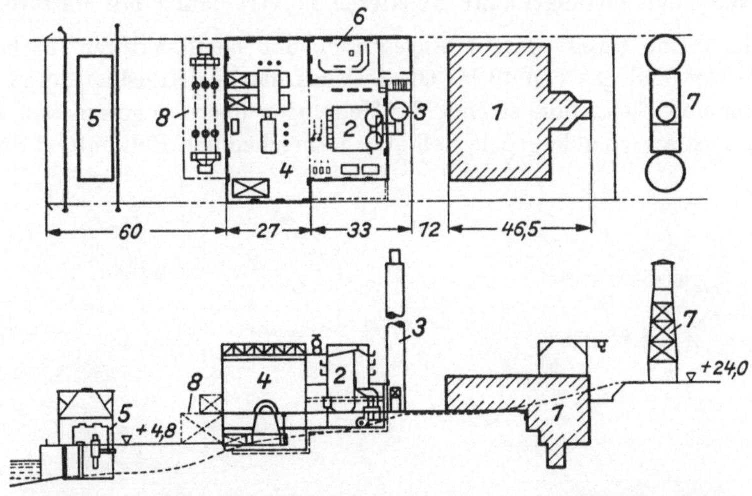

Abb. 192. 236000/275000 kW-Atomkraftwerk Indian Point mit ölbeheiztem Frischdampfüberhitzer der Consolidated Edison Co. of New York. *1* Preßwasser-Reaktor, *2* ölbeheizter Überhitzer, *3* Schornstein, *4* Turbinenraum, *5* Kühlwasserversorgung, *6* Warte, *7* Speisewasseraufbereitung, *8* elektrische Hochspannungsanlage.

rativ-Speisewasservorwärmern ausgestattete Turbine eintritt. Auf die vom Reaktor gelieferte Wärmemenge entfallen 140000/163000 kW, auf die vom Überhitzer gelieferte 96000/112000 kW Leistung. Die Anlagekosten wurden im September 1957 mit 990, im Oktober 1958 mit 1370 DM/kW, der Wärmeverbrauch des Werkes mit 2700 kcal/kWh (η_{eff} = 32,2%) angegeben. Statt der ursprünglichen 236000 kW rechnet man jetzt mit 275000 kW Kraftwerksleistung. Da der Wärmeverlust des Überhitzers (heiße Abgase und Ausstrahlung) von rd. 12% sich nur auf den kleineren Teil der gesamten stündlichen Wärmeerzeugung erstreckt, wird er infolge des durch die hohe Dampfüberhitzung erheblich verbesserten inneren Wirkungsgrades der Turbine und den höheren thermischen Wirkungsgrad des Kreisprozesses weit mehr als ausgeglichen. Nach Tab. 48, Fall I, III, VI und VII, erhöhte die dort angegebene Überhitzung den thermischen Wirkungsgrad der Anlage um Beträge in der Größenordnung von 12 bis 15%. Bei der in *Indian Point* gewählten Dampftemperatur von 535° C beträgt die spezifische Wärmeersparnis sogar 21%.

Auch wenn die vorstehenden und die in Tab. 36 gemachten Angaben nicht ganz stimmen sollten, so zeigen sie doch, wie sehr bei PWR- und BWR-Reaktoren Wärmeverbrauch und Anlagekosten durch ölbeheizte Überhitzer herabgesetzt werden können. Sie sind erprobt, einfach bedienbar und betriebssicher. Da es nach S. 169 besonders auf eine Herabsetzung der Anlagekosten ankommt, verdienen Reaktoren mit nachgeschalteten ölbeheizten Überhitzern alle Beachtung, wenngleich sie auf lange Sicht betrachtet wohl keine Endlösung sind.

e) Gas- und metallgekühlte Reaktoren in Verbindung mit Gasturbinen

Es wurde bereits darauf hingewiesen, daß bei Reaktoren für hocherhitztes Kühlgas von 40 bis 60 at Druck, das im Kreislauf durch Reaktor und Gasturbine strömt, die Meinungen über die geeignetste Gasart noch auseinandergehen, daß aber wahrscheinlich Helium und Stick-

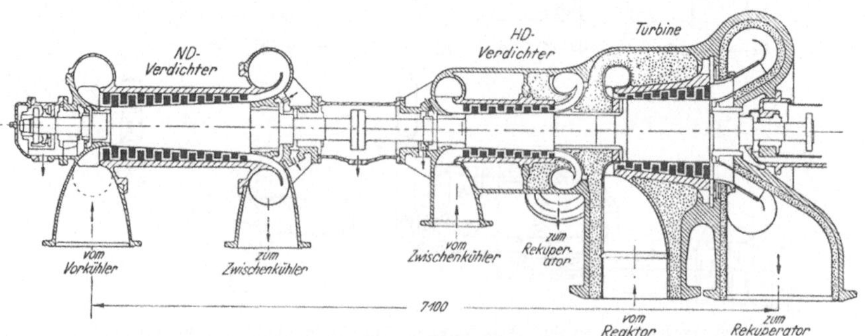

Abb. 193. Geschlossene 20000 kW-AK-Gasturbine für Betrieb mit Stickstoff der Escher Wyss AG. in Zürich.

stoff in engere Wahl kommen. Nun hängt der thermische Wirkungsgrad geschlossener Gasturbinen davon ab, ob sie mit einem ein- oder einem zweiatomigen Gas arbeiten und wie reichlich ihre Vorkühler und Wärmeaustauscher bemessen sind. Zweistufige geschlossene Gasturbinen haben bei Berücksichtigung aller Verluste einen so geringen spezifischen Minderwärmeverbrauch, daß einstufige Turbinen alles in allem den Vorzug verdienen, Abb. 193. Abb. 102 zeigt das Schaltschema einer mit Stickstoff betriebenen Anlage, Abb. 194, den je nach der Temperatur des Gases am Eintritt in die Gasturbine zu erwartenden Wirkungsgrad η_{eff} des Werkes.

Die drei in Abb. 98, 99 und 100 dargestellten, für Gasturbinen bestimmten Reaktoren wurden auf S. 110 miteinander verglichen. Sehr erwünscht wäre es aus finanziellen und technischen Gründen, wenn die durch den

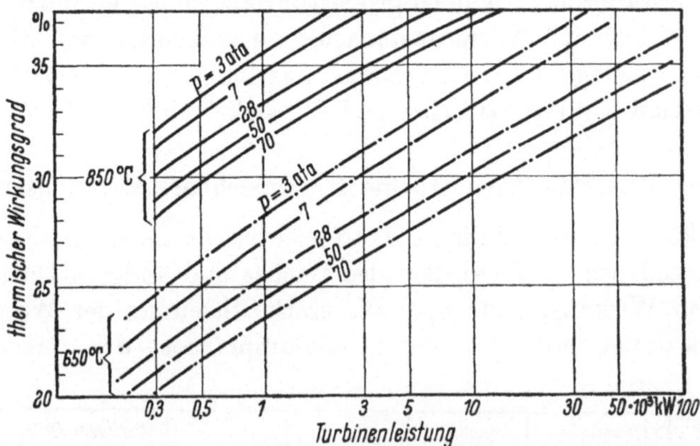

Abb. 194. Therm. Wirkungsgrad geschloss., heliumbetrieb. Gasturbinen bei 650 u. 815° C Temperatur u. versch. Anfangsdrücken d. Heliums, abhängig v. Turbinenleistung. Nach F. G. HAMMITT u. H. A. OHLGREN. Paper 57-NESC-79.

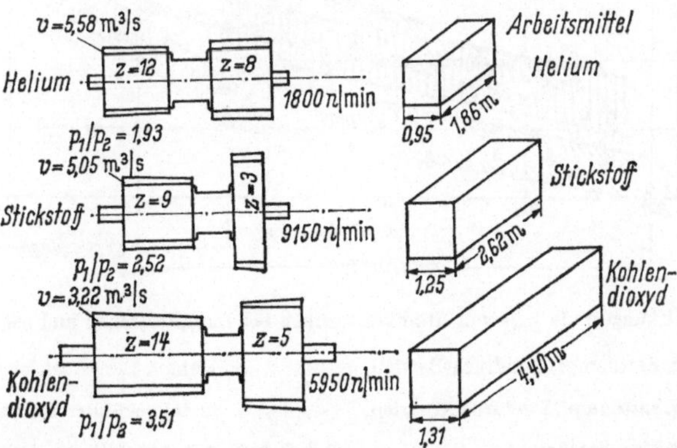

Abb. 195. Einfluß v. Gasart auf d. verhältnismäß. Abmessungen d. Maschinen (links) u. d. Wärmeaustauscher (rechts); nach C. KELLER. Nach Atomkernenergie, 1958, S. 310.
Z Stufenzahl v. Kompressor u. Turbine, v sekundl. Gasmenge, p_1/p_2 Verhältnis zwischen Eintritts- u. Austrittsdruck d. Gases, n/min minutl. Drehzahl.

hohen Druck des Arbeitsmittels ermöglichte hohe Wärmeübergangszahl ausgenutzt werden könnte, indem man das in den Turbinen arbeitende Gas direkt zur Kühlung des Reaktors verwendet und Wärmeaustauscher erspart.

Nach C. KELLER brauchen mit Helium betriebene geschlossene Gasturbinen entgegen einer weitverbreiteten Meinung weder übermäßig viel Stufen, noch verlangt ihr Bau eine besondere Technik. Der linke Teil von Abb. 195 zeigt den Einfluß der Gasart auf die Maschinenabmessungen, der rechte Teil, daß bei Helium die Wärmeaustauscher wesentlich kleiner werden als bei Stickstoff oder Kohlensäure. Die Heliumfüllung einer 15000 kW-AK-Turbine soll nur etwa 100 kg betragen.

Aber selbst wenn man im Gegensatz zu Abb. 102 das im Reaktor erhitzte Gas nicht direkt zur Gasturbine schicken würde, müßte es durch das dann erforderliche ziemlich große Umwälzgebläse strömen. KELLER empfiehlt daher, auf Wärmeaustauscher zu verzichten und die Wellen der Turbinenanlage mit einer besonders wirkungsvollen Spezialdichtung (Kombination von mechanischer und Flüssigkeitsdichtung) zu versehen.

f) Bei den Kombinationen IIb bis IIe erreichbare Wirkungsgrade η_{eff}

Abb. 196 zeigt die auf die nutzbare elektrische Leistung eines Kraftwerkes bezogenen, den Tabellen des Buches und anderen Quellen entnommenen Wirkungsgrade η_{eff}. Die starke Streuung der Werte rührt zum Teil davon her, daß der Frischdampfdruck, der veranschlagte

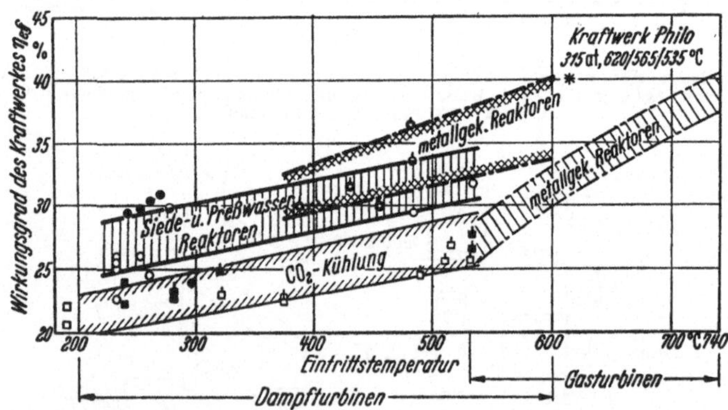

Abb. 196. Wirkungsgrade η_{eff} von Atomkraftwerken bei Dampfturbinen und bei Gasturbinen

□ CO₂-Kühlung, Sattdampf, Eindruck-Betrieb,

■ CO₂-Kühlung, Sattdampf, Zweidruck-Betrieb,

○ Preßwasserreaktor, Sattdampf,

◓ Siedewasserreaktor, Sattdampf,

● Entspannungsreaktor (flash type),

◉ metallgekühlter Reaktor

◻ ◼ ◇ ◆ ◈ mit überhitztem Dampf arbeitende Anlagen

∗ Kohlegefeuertes Höchstdruck-Dampfkraftwerk

Eigenkraftbedarf, die Zahl der Regenerativstufen, die Speisewasser-temperatur, die Zahl der Wasserabscheider usw. verschieden sind. Tab. 50 zeigt kurz zusammengefaßt die mit verschiedenen Reaktorsystemen voraussichtlich erreichbaren Wirkungsgrade η_{eff} von Atomkraftwerken.

Tabelle 50. Voraussichtlich erreichbare Wirkungsgrade η_{eff} von Atomkraftwerken bei verschiedenen Reaktorsystemen. Stand Anfang 1960

	Ohne ölbeheizten Überhitzer	Mit ölbeheiztem Überhitzer oder Überhitzungsreaktor	Höchste Temperatur im Spaltstoff
	%	%	°C
CO_2-gekühlt, graphit-moderiert . . .	22÷24	25÷28	
Preßwasserreaktoren (PWR)	25÷27	32	350÷420
Siedewasserreaktoren (BWR)	27÷31	34	bis 600
Na-gekühlt und Dampfturbinen . .	36÷40	—	> 600
Na-gekühlt und Gasturbinen	35÷41	—	

Bei Spaltstofftemperaturen über 700 bis 750° C kann man mit Dampfturbinen bei einmaliger Zwischenüberhitzung auf etwa dieselben Wirkungsgrade wie bei thermischen Dampfkraftwerken für überkritischen Druck, 620° C Frischdampftemperatur und zweifache Zwischenüberhitzung auf 560/535° C kommen ($\eta_{eff} \cong 40\%$), weil die Wärmeverluste eines Reaktors nur rd. 2% gegenüber 8 bis 10% eines brennstoffbeheizten Dampfkessels ausmachen. Bei geschlossenen Gasturbinen ist bei Gastemperaturen von 700 bis 750° C je nach der Natur des Gases (ein- oder mehratomig) und der Durchbildung der Anlage ein η_{eff} von 35 bis 41% zu erwarten. Nach Abb. 194 und 196 haben Gasturbinen nur bei Gastemperaturen über 600° C gute Aussichten.

Auf Grund von Abb. 196 und von Tab. 50 könnte man annehmen, daß Reaktoren, die mit CO_2 gekühlt und mit Graphit moderiert werden, wegen des niedrigeren, zur Zeit mit ihnen erreichbaren thermischen Wirkungsgrades anderen Systemen weit unterlegen seien. Hierauf und auf den derzeitigen Stand der Wettbewerbsfähigkeit graphitmoderierter, durch hochgespannte Gase gekühlter Reaktoren in Verbindung mit Gasturbinen wird später näher eingegangen.

Wie sehr andere Punkte als der thermische Wirkungsgrad η die Wirtschaftlichkeit von Atomkraftwerken beeinflussen können, zeigt u. a. die Feststellung von P. R. Kasten und W. Rosenthal, daß bei einem Preis des spaltbaren Materials von 70 DM/g und einem $\eta = 26\%$ eine Verringerung des Brutfaktors um 0,1 die Spaltstoffkosten um 0,13 Pf/kWh erhöht und daß bei 0,84 Pf/kWh Spaltstoffkosten η um 4% größer sein muß, um einen um 0,1 kleineren Brutfaktor ausgleichen zu können, ASME-Paper 57-A-234.

III. Spaltstoff- und Baustoffbedarf von Reaktoren

a) Zulässige Höchsttemperatur des Arbeitsmittels

1. Allgemeines. Nunmehr werden die bei der Wärmeübertragung vom Kühlmittel an das Arbeitsmittel in den Rohren der Wärmeaustauscher sich abspielenden Vorgänge wenigstens der Größenordnung nach gezeigt. Zu diesem Zwecke wurden untersucht:

Fall I. Wärmeaustauscher zwischen zwei Natrium-Kreisläufen, Abb. 197, bei denen das heizende Natrium die Rohre umspült, durch die das beheizte Natrium fließt.

Fall II. Wärmeaustauscher für mit Helium von 50 at Druck betriebene, geschlossene Gasturbinen (AK-Turbinen), bei denen das heizende Natrium Rohre umspült, durch die Helium mit der absichtlich hoch gewählten Geschwindigkeit von 50 m/s fließt, Abb. 198.

Fall III. Durch Na beheizte Überhitzer für Dampfturbinen, bei denen zum Unterschied von Fall II Wasserdampf an Stelle von Helium tritt, Abb. 199.

Fall IV. Durch Na beheizte Wasserverdampfer, sonst wie in Fall III, Abb. 200.

Fall V. Durch Rauchgase von 800° C Temperatur und 6 m/s Geschwindigkeit beheizte Überhitzer für Dampf von 125 atü, 550° C und 15 m/s Geschwindigkeit, Abb. 201.

In allen Fällen beschränken sich die Ermittlungen und die aus ihnen gezogenen Folgerungen nur auf den Teil der Rohre, in denen das beheizte Mittel seine höchste Temperatur erreicht hat, die in Fall I und II zu 600° C, in Fall III und V zu 550° C und in Fall IV zu 327° C gewählt wurde. Es wurden solche Baustoffe, Durchmesser und Wandstärken der Rohre vorausgesetzt, daß die Sicherheit gegen inneren Überdruck und Wärmespannungen etwa 1,5 beträgt.

2. Der Wärmeübergang. In Tab. 51 fällt zunächst auf, daß trotz der in ihr gewählten hohen Wärmeübergangszahl des Natriums von 70000 kcal/m²h°C, die aber nach Abb. 47 weit größere Werte (150000 und 180000 kcal/m²h°C) erreichen kann, die für die erforderliche Heizfläche von Wärmeaustauschern maßgebende Wärmedurchgangszahl k in keinem Fall 12000 kcal/m²h°C übersteigt, aber trotzdem ein Vielfaches des bei der Wärmeübertragung von Rauchgasen an Dampfüberhitzer gültigen Wertes ist, Pos. 7. Trotz der gewählten hohen Werte für die Geschwindigkeit (50 m/s) und für den Druck (50 at bei Helium und 125 at bei Wasserdampf) kommt man bei ihnen nur auf ein k von 1485 bzw. 2950 kcal/m²h°C. Bemerkenswert ist in Fall I, daß die nur 1 mm dicke Rohrwand 66% des Temperaturgefälles zwischen Heizmittel und beheiztem Mittel verzehrt, Pos. 10, während ihr Widerstand bei rauchgasbeheizten Heizflächen, wie Ekonomisern, Verdampfern und Überhitzern prozentual

kaum ins Gewicht fällt, Fall V. Infolgedessen muß man bei Wärmebelastungen von vielen 100000 kcal/m²h, wie sie heute von Natrium-
Wärmeaustauschern verlangt werden, enge Rohre wählen, um wegen
der sonst zu groß werdenden Wärmespannungen mit kleinen Wandstärken auszukommen, Fall I.

Tab. 51 zeigt, daß man bei kleinem Überdruck in den Rohren (10 at)
und 600° C Temperatur des beheizten Mittels bei austenitischen Rohren
von 18/16 mm Durchm. und einem Sicherheitsfaktor von 1,5 ohne
weiteres auf die hohe Heizflächenleistung von 370000 kcal/m²h gehen
kann. Bei Temperaturen des beheizten Mittels von nur 400 bis 500° C
könnten noch höhere Werte zugelassen werden. Die Heizflächen von

Tabelle 51. Wärmeübergang und zulässige Heizflächenbelastung von natriumbeheizten Wärmeaustauschern zum Erhitzen von Natrium, Helium, Wasser und Wasserdampf auf 600, 600, 327 u. 550° C und von rauchgasbeheizten Dampfüberhitzern bei einem Sicherheitsfaktor der Rohre von 1,5

Kombination	Na-Rohr-Na	Na-Rohr-He	Na-Rohr-Wasser-dampf	Na-Rohr-Wasser	Normaler rauchgas-beheizter Überhitzer
Fall	I	II	III	IV	V
1 Art der Bespülung .	Heizendes Na umspült die Rohre				800° C Rauchgas-temperatur w = 6 m/s
2 Stahlsorte	Austenitisch			Ferritisch[1])	Austenitisch
3 Arbeitsmittel:	Na	He	Wasser-dampf	Wasser	Wasser-dampf
Druck . . atü	10	50	125	125	125
Temperatur ° C	600	600	550	327	550
Geschwin-digkeit . m/s	—	50	50	5	15
4 Rohrdurchm. mm	18/16	12/10	18/15	18/14,5	32/27
5 Wanddicke . mm	1,0	1,0	1,5	1,75	2,5
6 Durchfluß-menge . . . kg/h	2715	38,2	1123	1863	1090
do. m³/h	3,6	14,1	32,0	3,0	30,9
7 Wärmeüber-gangszahlen					
α_a . kcal/m²h°C	70 000	70 000	70 000	70 000	76
α_i ,,	70 000	1 978	5 000	~12 200	1770
k ,,	~12 000	~1 485	~2 950	~7 000	72

Tabelle 51 (Fortsetzung)

Kombination	Na-Rohr-Na	Na-Rohr-He	Na-Rohr-Wasserdampf	Na-Rohr-Wasser	Normaler rauchgasbeheizter Überhitzer
Fall	I	II	III	IV	V
8 Temperaturverlauf .	Abb. 197	Abb. 198	Abb. 199	Abb. 200	Abb. 201
9 Wärmebelastung der Rohrwand kcal / (S=1,5) m²h	370 000	115 000	45 000	325 000	18 100

10 Temperaturgefälle:										
Heizmittel-Wand . . . °C %	5,28	16	1,64	2	0,64	9	4,64	9	237,5	95
in Rohrwand °C %	22,00	66	6,00	8	3,86	25	15,56	29	2,3	1
Wand-Kühlmittel . . . °C %	5,95	18	69,80	90	10,80	71	33,05	62	10,2	4
Gesamt . . °C %	33,23	100	77,44	100	15,30	100	53,25	100	250,0	100

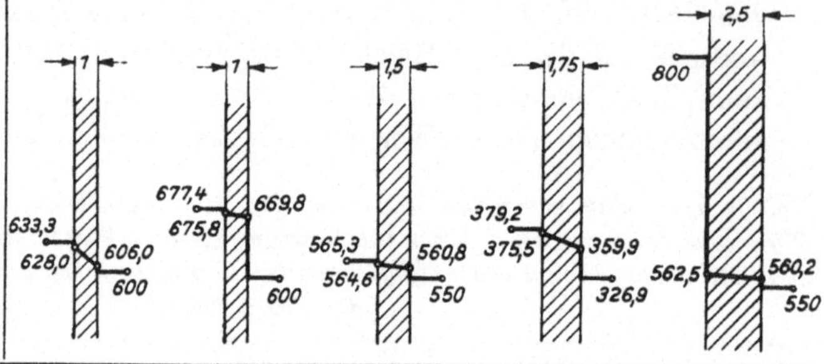

[1]) Wahrscheinlich müßte auch in diesem Fall austenitischer Stahl genommen werden.

Natrium-Natrium-Wärmeaustauschern werden also ebenso wie diejenigen von Na-Wasser-Wärmeaustauschern verhältnismäßig klein. Bei Na-He-Wärmeaustauschern sind bei Rohren von 12/10 mm Durchm. Belastungen bis etwa 120000 kcal/m²h zulässig, d. h. man kommt auch bei ihnen mit Apparaten mäßiger Größe aus. Na-beheizte Wasserdampfüberhitzer für hohen Druck lassen bei den gewählten Rohrabmessungen Heizflächenbelastungen bis etwa 50000 kcal/m²h zu.

Laboratoriumsversuche haben gezeigt, daß thermisch hochbelastete Stahlrohre viel stärker oxydieren, wenn nicht trockener Sattdampf oder Heißdampf, sondern wasserhaltiger Dampf durch sie strömt. Wahrscheinlich rührt dies davon her, daß zwischen der Oxyd-Schutzschicht der Rohre und der an ihr vorbeiströmenden Flüssigkeit sich ein wärmeisolierender Dampffilm bildet, den aufprallende Wassertropfen aufreißen. Dadurch wird die Schutzschicht abgeschreckt und reißt auf oder löst sich ab, wodurch das Wasser nackten Stahl schnell zerstören kann.

Da bei natriumgekühlten Reaktoren eine Wärmebelastung von 325000 kcal/m²h heute weit überschritten wird, wird man bei mit

Zwangsumlauf und Zwangsdurchlauf arbeitenden natriumbeheizten Wärmeaustauschern vielleicht gut daran tun, wenn man einen bestimmten Teil ihrer Heizfläche nicht mit dem heißesten Natrium beheizt. Interessant ist ein Vergleich von Fall II, wo der größte Temperatursturz auf der Innenseite der Rohre und von Fall V, wo er auf ihrer Außenseite erfolgt, weil in letzterem Fall eine höhere Materialbeanspruchung der Rohre zulässig ist.

Bei Erhitzung des Natriums durch Spaltstoffpatronen wäre nach Tab. 51 ihre Oberfläche selbst bei der sehr hohen Wärmeabgabe von 500000 kcal/m²h nur um etwa 7° C heißer als das an ihr vorbeiströmende Natrium. Da Na bei 865° C verdampft, wird man es wohl nicht über 800° C zu erwärmen wagen. Mit der Oberflächentemperatur der Patronen wird man aber nicht über 750 bis 850° C gehen, damit ihr Kern nicht unzulässig heiß wird. Bei Wärmeaustauschern von Natrium an Natrium bliebe man selbst bei 500000 kcal/m²h Oberflächenbelastung und 600° C Kühlmitteltemperatur noch immer rd. 100° C unter dieser Temperatur. Die Höhe der zulässigen Belastung hängt bei ihnen von der unter den gegebenen Druck- und Temperaturverhältnissen in der Rohrwand auftretenden gesamten Materialbeanspruchung ab.

Bei Kühlung der Spaltstoffpatronen durch Helium von 50 at Druck und der allerdings sehr hohen Geschwindigkeit von 50 m/s könnte man es bei rd. 200000 kcal/m²h Wärmebelastung auf etwa 730⁰ C erhitzen. Nach Fall II in Tab. 51 wäre in natriumbeheizten Wärmeaustauschern rein wärmetechnisch gleichfalls eine He-Temperatur von 730° C erreichbar. Roh geschätzt wird man annehmen dürfen, daß in natriumbeheizten Wärmeaustauschern eine He-Temperatur von höchstens 670 bis 700° C und bei seiner direkten Verwendung als Kühlmittel von höchstens 730° C zulässig ist, wobei viel davon abhängt, wie hoch man die Oberfläche des Spaltstoffes bzw. die Rohre des Wärmeaustauschers belastet und ob nicht schon die Natur des Spaltstoffes, radioaktive Einflüsse und Korrosionen zu tieferen Temperaturen zwingen.

3. Ergebnis der Ermittlungen. Der vorausgegangene Abschnitt zeigte die überragende Bedeutung der Spaltstoffkühlung für Leistung und Kosten von Reaktoren. Der Spaltstoffbedarf S_p bezogen auf die elektrische Leistung kW_{el} eines Atomkraftwerkes ist

$$S_p = \frac{430 \cdot r_0 \cdot \gamma_s}{\mathfrak{B} \cdot \eta} \ kg/kW_{el} \tag{61}$$

Hierin bedeuten

r_0 = Halbmesser bzw. Dicke des Spaltstoffes in m,

γ_s = spezifisches Gewicht des Spaltstoffes in kg/m³,

$\mathfrak{B}$ = spezifische Wärmebelastung der Oberfläche des Spaltstoffes in kcal/m²h,

η = auf die elektr. Leistung kW_{el} eines Kraftwerkes bezogener Wirkungsgrad.

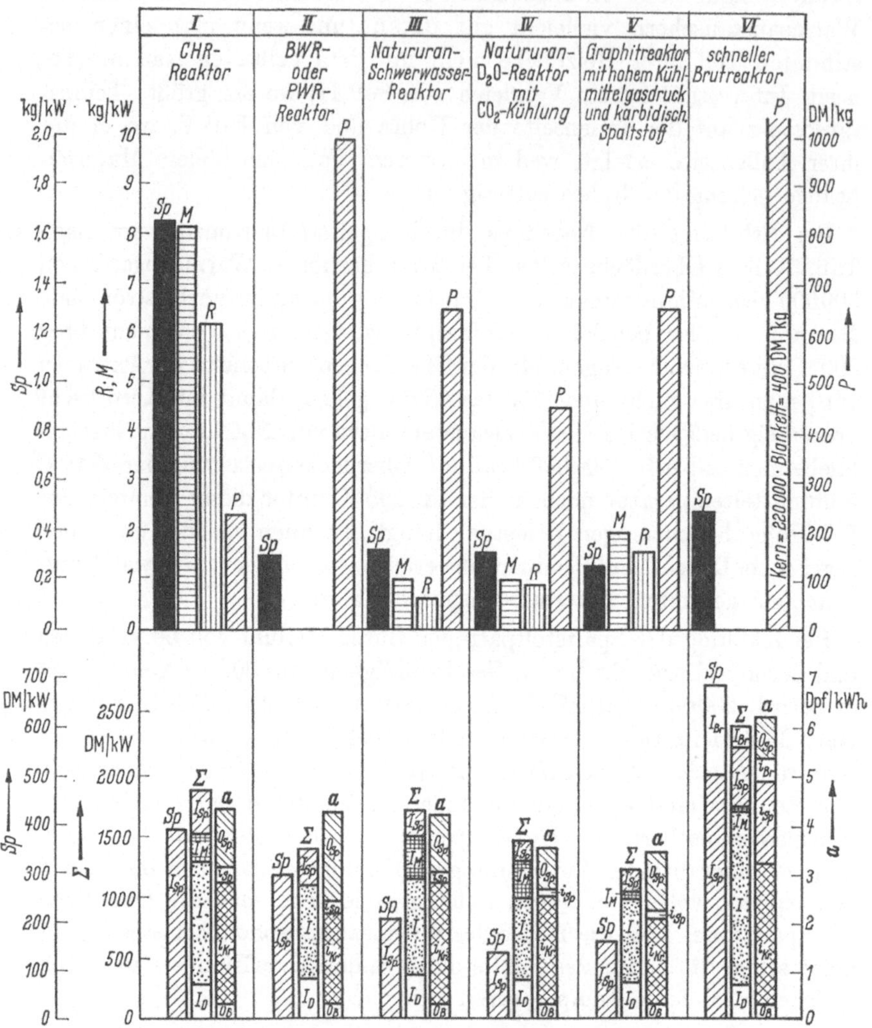

Abb. 202. Materialbedarf Sp, M u. R in kg/kW elektr. Leistung u. Kosten P von 1 kg Spaltstoff in DM/kg (oberer Teil); Anlagekosten für Spaltstoff allein Sp in DM/kW u. für ganzes Atomkraftwerk Σ in DM/kW u. deren Zusammensetzung (unterer Teil); Stromerzeugungskosten a in Pf/kWh u. deren Zusammensetzung (unterer Teil) für 6 Reaktorsysteme. Nach H. KORNBICHLER. Nach AEG-Mitt. I. 1958.

Sp Spaltstoff-, M Moderator-, R Reflektorbedarf; J_{Sp} Spaltstoff, J_M Moderator u. Reflektor, J Reaktor ohne Moderator u. Reflektor, J_D konventioneller Dampfteil, J_{Br} Brutmantel; O_{Sp} Spaltstoffabbrand; i_{Sp} Kapitaldienst f. Spaltstoff, i_{Kr} f. Kraftwerk, i_{Br} f. Brutmantel; O_B Kosten f. Bedienung u. Sonstiges.

Annahmen: Preis v. Natururan 170 DM/kg; Kraftwerksleist. 100000 kW; Wirkungsgrad bei therm. Reakt. η = 28 bis 29%, bei schnellem Brutreakt. η = 33,5%; Moderatorpreis bei Graphit 14 DM/kg, bei D_2O 300 DM/kg; Kühlmittelpreis bei D_2O rd. 30 DM/kW_{el}, bei schnellen Reaktoren rd. 10 DM/kW_{el}; Anlagekosten des konvent. Teiles d. Kraftw. 300 bis 350 DM/kW_{el}; Benutzungsdauer 7000 h/Jahr; Abbrand O_{Sp} = 3000 MW-Tag/t b. CHR-Reakt., sonst 7500 MW-Tag/t. Kraftw.-Kapitaldienst i_{Kr} = 12%, Spaltstoff-Kapitaldienst i_{Sp} = 8%, Betriebskosten O_B = 0,3 Pf/kWh_{el}.

Sp hängt von der Natur des Spaltstoffes (spezifisches Gewicht, chemische Zusammensetzung, Anreicherung, zulässige Höchsttemperatur), der Art seiner Kühlung, dem Wirkungsgrad des Kraftwerkes und dem Stand der technischen Entwicklung ab. Das Verhältnis Moderatorvolumen : Spaltstoffvolumen liegt je nach dem Reaktorsystem innerhalb enger, durch das Reaktorsystem bedingter Grenzen. H. KORNBICHLER hat die erforderlichen Spaltstoffgewichte Sp, Moderatorgewichte M und Reflektorgewichte R für sechs verschiedene Fälle berechnet, Abb. 202. Sp, M und R sind für orientierende Rechnungen und Vergleiche recht brauchbare Werte. Die im unteren Teil von Abb. 202 angegebenen Anlage- und Stromerzeugungskosten, die später ausführlich behandelt werden, mußten mit in der Natur der Sache liegenden, z. T. etwas unsicheren Annahmen errechnet werden.

IV. Bau ganzer Atomkraftwerke

a) Einführung

Atomkraftwerke werden nach ähnlichen Grundsätzen gebaut wie thermische Kraftwerke. Die Vereinfachung und Verbilligung, die sie durch den Wegfall der Kohlenzu- und der Schlacken- und Aschenabfuhr, der Kohlenbunker, der Feuerungen, der Vorrichtungen für die Versorgung mit Verbrennungsluft und die Abfuhr und Reinigung der Rauchgase erfahren, werden weitgehend durch die infolge der gefährlichen Spaltstoffe und Spaltprodukte erforderlichen Vorsichtsmaßnahmen aufgehoben, die zwar im allgemeinen nicht so in die Augen fallen, aber relativ teuer sind. Die Kosten für die Kühlwasserversorgung werden eher größer als kleiner; zu ihnen können noch beträchtliche Kosten für Bannland kommen, und in der Wahl des Aufstellungsortes hat man nach dem heutigen Stand unserer Erkenntnis meistens weniger freie Wahl als bei thermischen Kraftwerken. In welchem Maße diese Vor- und Nachteile sich ausgleichen, läßt sich noch nicht völlig übersehen, was aber die Ausgaben für Löhne und Gehälter betrifft, wird sich wahrscheinlich die bei vielen technischen Fortschritten gemachte Erfahrung von neuem bestätigen, daß zwar weniger, aber hochwertigeres und entsprechend teureres Bedienungspersonal benötigt wird. Ferner müssen die ersten Atomkraftwerke schon deshalb teurer ausfallen als spätere Ausführungen, weil man aus verständlicher Vorsicht bei ihnen in bezug auf Sicherheitsmaßnahmen eher etwas zuviel als zuwenig zu tun geneigt bzw. gezwungen sein wird, da größtmögliche Betriebssicherheit die wichtigste Forderung sein muß.

b) Aufbau von Atomkraftwerken

Letztere Überlegung beeinflußt die Gesamtanordnung von Atomkraftwerken insofern, als von ihr die Unterbringung des Reaktors und anderer radioaktiver Teile abhängt, bei deren Schadhaftwerden das Kraftwerk selber und seine Umgebung durch ins Freie gelangende radioaktive Stoffe schwer gefährdet werden könnten. Man trifft daher folgende Anordnungen:

1. Aufstellung des Reaktors und anderer radioaktiver Teile in Räumen, die von starken, oft mit einem gasdichten Stahlmantel gefütterten Betonwänden umschlossen und unterhalb des Erdbodens untergebracht sind; Abb. 107, 192, 203, 204.

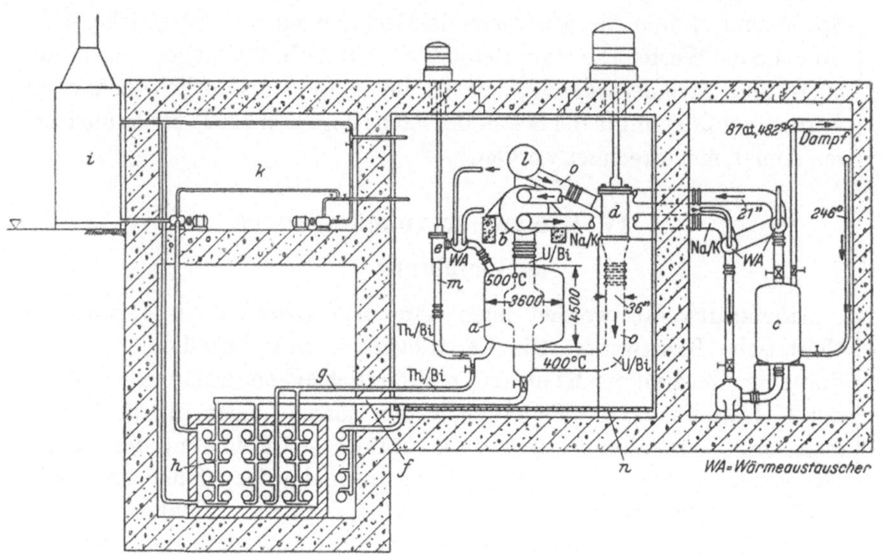

Abb. 203. Gesamtanordnung des 550 MW-Brutreaktors samt Zubehör in Abb. 136.
8/P/494 (Abb. 136, 137, 138)
a 550 MW-Reaktor, *b* U/Bi-Wärmeaustauscher, *c* Verdampfer, *d* U/Bi-Umwälzpumpe, *e* Th/Bi-Umwälzpumpe, *f* 12" U/Bi-Leitung, *g* Th/Bi-Leitung, *h* Th/Bi- u. U/Bi-Kühler und -Erhitzer, *i* Na/K-Erhitzer, *k* Umwälzpumpen zum Kühlen und Erhitzen von Na/K, *l* Entgaser, *n* abwaschbarer beheizter Stahlfußboden, *o* U/Bi-Umwälzleitung.

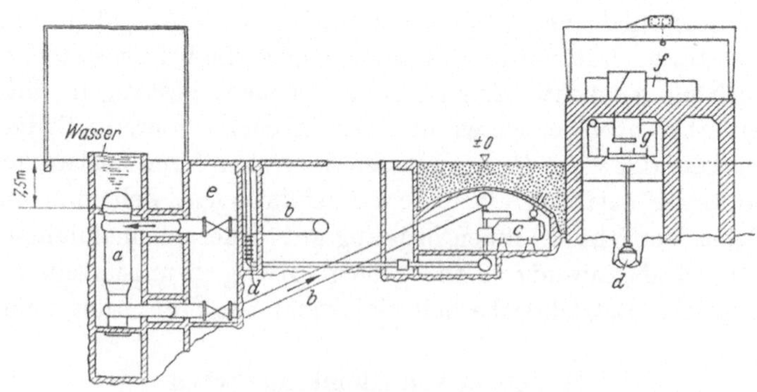

Abb. 204. Vorschlag für ein Atomkraftwerk billiger Bauweise. Nach CRONMEYER
a Reaktor, *b* Rohrleitungen zwischen dem Reaktor a und dem Wärmeaustauscher *c*, *d* Pumpe, *e* Raum zum Stapeln von verbrauchtem Spaltstoff, *f* Turbine, *g* Kondensator.

2. Einhüllung des Reaktors und anderer radioaktiver Teile in oft mehreren, voneinander getrennten, gas- und druckdichten, über dem Gelände aufgestellten Stahlmänteln, wie z. B. im Kraftwerk *Shippingport*. Dadurch kommt man mit einem wesentlich kleineren Stahlgewicht als in Fall 4 und 5 aus.

3. Aufstellung des Reaktors in einer tiefen wassergefüllten Grube derart, daß sein oberes Ende noch etwa 7,5 m hoch von Wasser überflutet wird und alle Räume, die für die Instandhaltung der Apparate zugänglich sein müssen, vor dem Betreten überflutet, ausgewaschen und entgiftet werden können, Abb. 204.

4. Aufstellung des Reaktors und anderer radioaktiver Gegenstände im unteren von starken Betonwänden umgebenen Teil eines großen zylindrischen druckfesten Stahlbehälters, wobei der Reaktorraum vom übrigen Kraftwerk völlig getrennt ist, Abb. 205, 206, 207.

5. Wie unter 4, mit dem Unterschied, daß Reaktor, Turbine und alle übrigen Teile des Kraftwerkes in einer gewaltigen druckfesten Stahlkugel (60 m Durchm.) stehen, indem man außer dem Reaktor auch die Turbine und den Kondensator mit Betonpanzern umgibt, Abb. 208.

Die Wandungen der druckfesten Stahlhüllen werden so dick ausgeführt, daß sie dem bei einem Unfall schlimmstenfalls entstehenden Überdruck standhalten und das Austreten radioaktiver Stoffe ins Freie sicher verhindern können. Die Stahlhüllen in Abb. 206, 207, 208, wer-

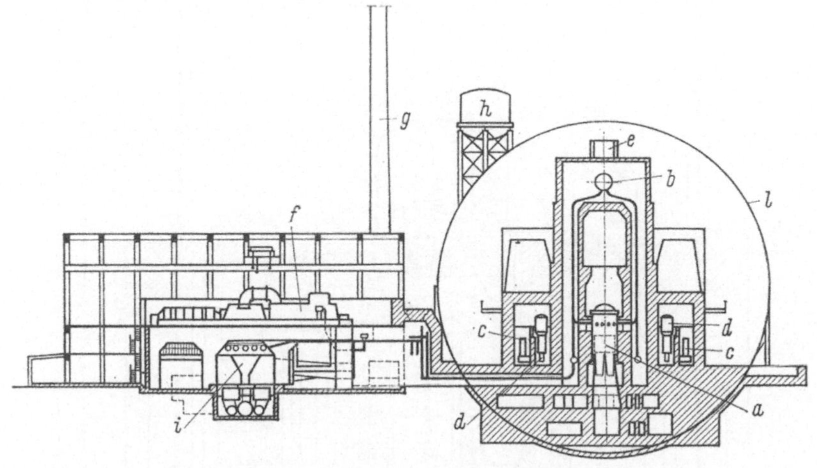

Abb. 205. Schnitt durch 180000 kW-Kraftwerk Dresden.
a Reaktor, *b* HD-Kesseltrommel, *c* Pumpen, *d* ND-Dampferzeuger, *e* Sicherheitswassertank, *f* Turbogenerator, *g* Ventilationsschornstein, *h* Wasserbehälter, *i* Kondensator, *l* Stahlkugel.

den durch Schornsteine ventiliert, die man bei einem Schaden gasdicht absperren kann. Ferner läßt sich Wasser in die gasdichten Räume einspritzen, um einen unzulässigen Temperaturanstieg in ihrem Innern zu vermeiden.

Da bei graphitmoderierten heterogenen gasgekühlten Reaktoren mit dem Austreten nennenswerter Mengen radioaktiver Substanzen auch bei einem schweren Schaden kaum zu rechnen ist, begnügt man sich wie in

Calder Hall, Abb. 84, mit einer kräftigen Betonpanzerung und einer dünnen Stahlhaut und stellt den Reaktor über Gelände auf.

In Abb. 208 sind auch Turbine, Kondensator und andere Speisewasser und Arbeitsdampf führende Teile von Betonwänden umgeben, um Schädigungen des Personals zu verhüten, falls einmal radioaktiv gewordener Dampf in die Turbine gelangen sollte. Der Wassersumpf k dient zum Lagern von Spaltstoff; mit Wasser aus dem Hochbehälter wird der Reaktor beim Stillsetzen oder dann gekühlt, wenn die Turbine ausfällt.

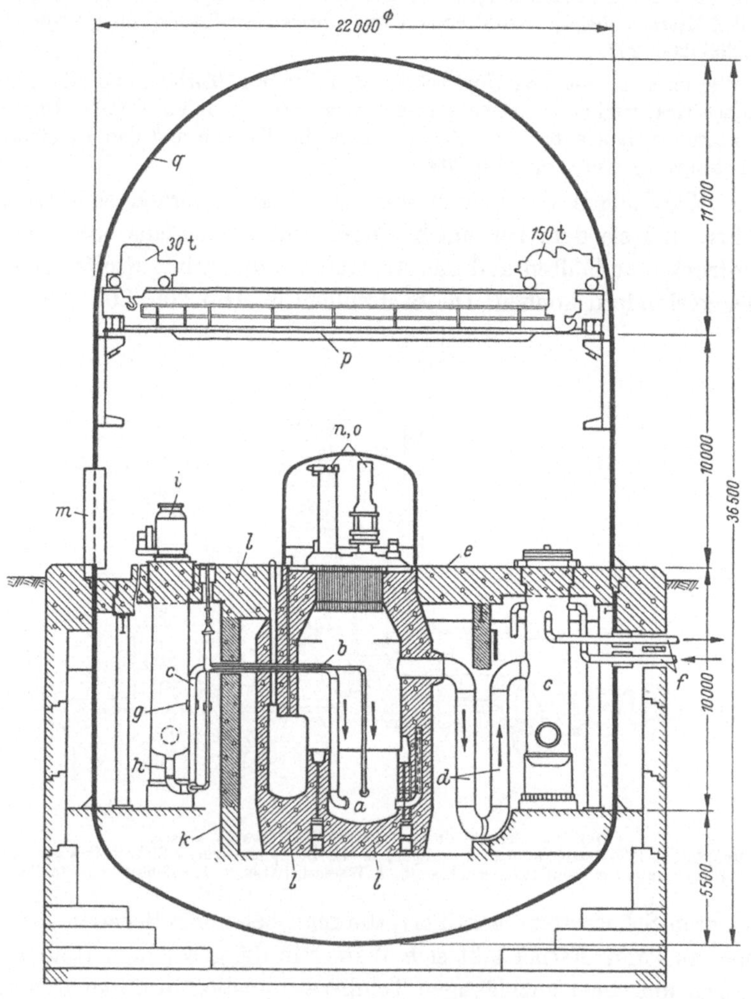

Abb. 206. Reaktorraum mit Na-gekühlt. 300/400 MW-Reaktor d. Enrico Fermi-Kraftwerkes d. Detroit Edison Co. Aus Nucleonics XI. 1958.
a Reaktorkern, b Umwälzleitungen (14″ u. 6″ Durchm.) für Na, c Primärwärmeaustauscher, d 30″-Umwälzleitung für Na, e Bedienungsflur, f Na-Leitungen zum Verdampfer u. Überhitzer, g u. h Na-Umwälzleitungen, i Na-Umwälzpumpe, k Strahlungsschutzpanzer, l Reaktorpanzerung, m Zugangstür, n u. o Chargiermaschinen, p Drehkran, q druckdichte Stahlhülle, r Betonpanzer, s Überlaufgefäß für Na, t Entgiftungstank.

In Abb. 203 kann der aus Stahlplatten bestehende Boden des Raumes, in dem Reaktor a untergebracht ist, beheizt werden, damit man ins Freie geratenes und erstarrtes Bi oder U/Bi erweichen und entfernen kann. In Apparat i wird die Na/K-Legierung, die als Wärmeträger zwischen Wärmeaustauscher und Verdampfer c dient, erhitzt, wenn die stillstehende Anlage warm gehalten oder wieder angefahren werden soll. In Abb. 206, 207 ist der Reaktor mit drei abschaltbaren Wärmeaustauschern c ausgestattet, von denen zwei für Vollastbetrieb ausreichen.

Welche der fünf beschriebenen Aufstellungsmöglichkeiten der Reaktoren sich durchsetzen wird, läßt sich generell nicht sagen, weil auch das Reaktorsystem und der Aufstellungsort des Kraftwerkes (in der Nähe von Städten oder fern von ihnen) eine Rolle spielen. Die An-

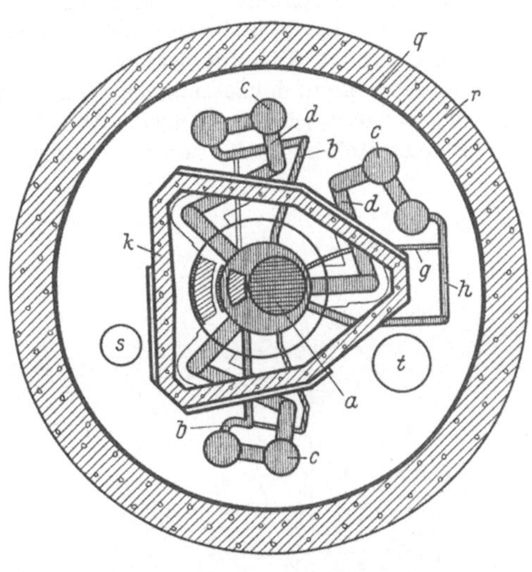

Abb. 207. Schnitt durch den Reaktor und die Wärmeaustauscher c in Abb. 206. (Größerer Maßstab.)

ordnung nach Abb. 208 gibt der Umgebung des Kraftwerkes wohl einen sichereren Schutz als diejenige nach Abb. 206, 207. Trotzdem sollte man, wenn nicht triftige Gründe dagegen sprechen, den Reaktorraum vom übrigen Kraftwerk tunlichst trennen und die Zahl der in ihm dauernd Beschäftigten auf ein Mindestmaß verringern. Beim Bruch einer Dampf- oder Speisewasserleitung könnte sich nämlich die Kugel in Abb. 208 sehr schnell mit Dampf füllen.

Die Frage, um wieviel die Unterbringung von Reaktor und Turbine in einer Stahlkugel statt in gemauerten Gebäuden die Gesamtanlagekosten eines Kraftwerkes verteuert, wurde für ein in einer Stahlkugel von 60 m Durchm. untergebrachtes 60000 kW-Atomkraftwerk Mitte 1956 untersucht. Eine dem im Katastrophenfall möglichen Überdruck gewachsene Stahlkugel, die gegen ihr Eigengewicht, Schneelast und andere äußere Kräfte genügend formfest ist, wiegt 1700 bis 1800 t. Sie erhält zum Wärme- und Kälteschutz eine etwa 9 cm starke Außenisolierung, die durch einen Blechmantel gegen das Eindringen von Feuchtigkeit geschützt wird. Auf eine an sich erwünschte dünne Innen-Wärmeisolierung muß möglicherweise verzichtet werden, damit die Kugel im Bedarfsfall von radioaktiven Ablagerungen gründlich gereinigt werden kann. Ferner dürften sich Schalldämpfeinbauten empfehlen. Eine solche Kugel kostet einschließlich der Kosten für das Röntgen der Schweißnähte, die Fundamente und Gerüste, den Anstrich, die Stahlkonstruktion zum Auflagern des Reaktors, der Turbine und anderer Zubehörteile, 5,6 bis 6,8 Millionen DM. Jahr 1956.

Die entsprechenden Kosten für das der Stahlkugel entsprechende Kesselhaus und Maschinenhaus eines thermischen 60000 kW-Kraftwerkes liegen zwischen 4,8 und 5,6 Millionen DM. Der Mittelwert beträgt somit bei der Stahlkugel 104 DM/kW,

beim thermischen Kraftwerk 86 DM/kW, d. h. die Stahlkugel verteuert unter
deutschen Verhältnissen die Baukosten um etwa 18 DM/kW oder die Gesamtanlagekosten eines Kraftwerkes um 3 bis 5%[1]).

Kugelförmige Stahlhüllen brauchen am wenigsten Stahl, haben die am gleichmäßigsten verteilte Materialbeanspruchung, werden aber je kg Stahlgewicht teurer
als zylinderförmige. Die Entwicklung scheint bei geeigneter Beschaffenheit des
Untergrundes darauf hinauszulaufen, daß man einen Teil der Kugel unterhalb
Erdboden aufstellt. Die 60 m-Kugel in Abb. 208 ruht auf 24 rings um ihren Äquator
angeordneten Stahlsäulen, ihr tiefster Punkt liegt 17 m unter Gelände. Der Zwischen-

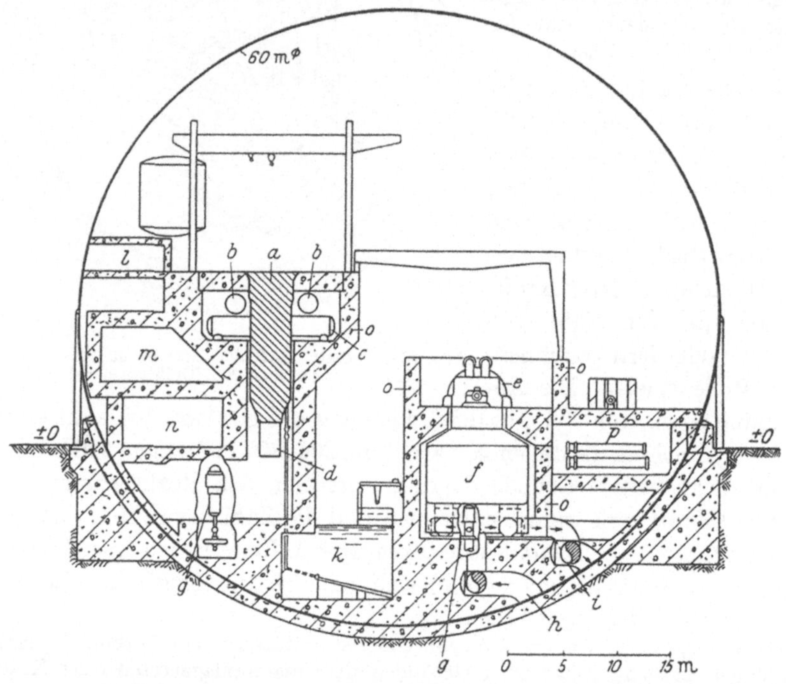

Abb. 208. Schnitt durch 180 000 kW-Kraftwerk Dresden d. Commonwealth Edison Co., Chicago
a Reaktor, *b* Dampftrommeln, *c* Entspannungsgefäß, *d* Antrieb der Regulierstangen, *e* Dampfturbine,
f Kondensator, *g* Kondensatpumpe, *h* Kühlwasserzufluß, *i* Kühlwasserabfluß, *k* Sammelbehälter für
Spaltstoffe, *l* zentrale Warte, *m* Speisewasseraufbereitung, *n* elektrische Anlagen, *o* biologische Schutz-
panzer, *p* Speisewasservorwärmer, *q* Wasserumwälzpumpe.

raum zwischen ihr und dem Erdreich wird nach ihrer Fertigstellung mit Beton aus-
gegossen, damit das Gewicht der in ihr untergebrachten Lasten direkt auf dem ge-
wachsenen Boden ruht. 3 Schleusen mit je 2 Türen, von denen eine immer geschlossen
ist, gestatten den Zutritt. Power Engng. X. 1958 gibt die Kosten einer nackten
Stahlkugel von 48 m Durchm. und 7/8" Wandstärke ohne Verstärkungen, Unterstützung, Ausschachtung usw. mit 6 Millionen DM, einschl. Fundamente, Unter-
stützungen, Verstärkungen, Ventilation und Kühlsystem mit 15,5 Millionen DM an.

---

[1]) Nach GERMAN und McCALLUM verteuert in den USA eine Stahlkugel bei
großen Reaktoren "the cost of construction", womit offenbar die Gebäudekosten
gemeint sind, um 10 bis 15%.

c) Allgemeines

Die Stahl- und Betonpanzer von Reaktoren sollten so ausgeführt und angeordnet werden, daß sich die Reaktorkerne bequem demontieren und wieder zusammenbauen lassen. Bei Reaktoren, die durch Wasser gekühlt und/oder moderiert werden, sollte man Meßinstrumente an die Decke hängen und nicht auf dem Fußboden aufstellen, damit er tunlichst frei bleibt. Ein bequem entwässerbarer Sumpf sollte die im ungünstigsten Fall austretende radioaktiv gewordene Wassermenge einige Zeit hindurch aufzunehmen imstande sein. Alle im Reaktorgebäude befindlichen Wandungen und Oberflächen von Bauteilen, auch die Dachbinder, die Krane usw. sollte man mit einem glatten wasserdichten Überzug versehen, damit sie sich bequem entgiften lassen, wenn sie mit radioaktiven Stoffen verseucht worden sind.

Stehen in einem Werk mehrere Reaktoren, so sollten sie ebenso wie ihre zugehörigen Wärmeaustauscher derart voneinander getrennt werden, daß ein Unfall an einem von ihnen die übrigen Reaktoren nicht in Mitleidenschaft ziehen kann.

Auch die vom Reaktor-Kühlmittel durchströmten Rohrleitungen, Pumpen, Wärmeaustauscher und Gebläse — gegebenenfalls sogar die Turbinen — sollten gleichfalls durch Betonwände gegeneinander abgeschirmt werden, die erhebliche Kosten verursachen können und bei metallischen Reaktorkühlmitteln stärker als bei Wasser sein müssen. Bei Umspülung der Reaktoren durch Luft wird die Luft vor und hinter Reaktor sorgfältig gefiltert und durch hohe Schornsteine ins Freie geschickt. Wird ein Werk in der Nähe von Siedlungen errichtet, so wird nach den zur Zeit gültigen amerikanischen Vorschriften ein gewisses „*Bannland*" verlangt, das, wenn die Anlage z. B. im Versorgungsgebiet der *Detroit Edison Co.* läge, infolge der hohen Grundstückspreise etwa doppelt soviel wie ein vollständiges thermisches Dampfkraftwerk kosten würde.

Um die erforderlichen Leitungen zwischen Reaktor und Wärmeaustauscher unterbringen und Reparaturen bequemer durchführen zu können, nimmt man je Turbine bzw. Reaktor öfter mehrere Wärmeaustauscher, Abb. 177, 207, und stellt sie samt den zugehörigen Umwälzpumpen und Hilfsorganen in voneinander getrennten Betonkammern auf.

Sämtliche Leitungen müssen auf das sorgfältigste geschweißt und alle Ventil- und Schieberspindeln mit Bälgen oder ähnlichen Dichtungen ausgestattet werden, die das Entweichen von Kühlmitteln unmöglich machen. Die Entfernungen zwischen Reaktoren, Wärmeaustauschern und Turbinen sollten möglichst klein sein.

Blockschaltung einer Turbine auf einem Reaktor kommt im allgemeinen wohl nur für Turbinen von mindestens 100 000 kW Leistung in Betracht, weil sonst die spezifischen Anlagekosten der Reaktoren zu hoch ausfielen. Bei einigen Entwürfen stehen die Turbinen im Freien. Ob man sich bei der Ausführung wirklich für Freiluftturbinen entschließen würde, muß bezweifelt werden, da die erzielbaren Ersparnisse an Anlagekosten die Schwächen dieser Anordnung in unserem Klima nicht aufwiegen. Atomkraftwerke brauchen an sich und weil das Kohlenlager wegfällt, weniger Platz als brennstoffbeheizte Dampfkraftwerke, wieviel weniger, hängt von der Reaktorbauart und anderen Punkten ab. Solange aber Banngebiet verlangt oder falls der Reaktor mit einer kontinuierlich arbeitenden Entgiftungs- und Regenerierungsanlage ausgestattet wird, kann möglicherweise aus einem Minder- ein beträchtlicher Mehrplatzbedarf werden. Die Überwachung und Betätigung der ganzen Anlage von einer zentralen Warte aus unter weitgehender Benutzung von Fernsehapparaten läßt sich bei Atomkraftwerken noch besser durchführen als bei thermischen Kraftwerken. An Meß- und Kontrollinstrumenten und an automatischen Sicherheitsvorrichtungen sollte man nicht sparen. Andererseits vermindert eine überflüssig reiche Ausstattung die Betriebssicherheit oft mehr als sie sie erhöht, weil besonders diejenigen automatischen Vorrichtungen, die nur selten in Tätigkeit treten, im Bedarfsfall erfahrungsgemäß leicht versagen. Auch verläßt sich die Bedienung dann allzusehr auf Instrumente und Automatik und weiß sich deshalb bei Störungen oft nicht zu helfen. Manche Besucher, die sich durch eine sehr weitgehende Automatisierung und Instrumentation imponieren lassen, sollten bedenken, daß dieser übergroße Aufwand nicht immer als ein Zeichen besonderer Fortschrittlichkeit angesehen werden darf.

C. Wirtschaftlicher Teil

I. Wettbewerbsfähigkeit von Atomkraftwerken

a) Allgemeines

Atomkraftwerke sind gegenüber brennstoffbeheizten Kraftwerken insofern in einer ungünstigen Wettbewerbslage, als letztere eine über zehnmal so lange Entwicklung hinter sich haben und daher auf das äußerste vervollkommnet werden konnten, während der Bau von Atomwerken völliges Neuland ist. Der seit 1945 in der friedlichen Ausnützung der Kernspaltung erzielte Fortschritt ist zwar erstaunlich groß, doch ist wahrscheinlich noch eine Reihe von Jahren nötig, bevor man aus den Kinderkrankheiten wirklich ganz heraus ist.

Beim Beurteilen der wirtschaftlichen Aussichten von Atomkraftwerken muß man die Kosten einer in ihnen nutzbar erzeugten kWh mit den Erzeugungskosten von thermischem Strom vergleichen, die nach Tab. 52 in verschiedenen Gegenden desselben Landes sehr verschieden sein können.

Tabelle 52. Stromerzeugungskosten in 3 modernen amerikanischen Dampfkraft-Elektrizitätswerken bei 80% Ausnutzungsfaktor. (Nach ASME-Paper 57-SA-25)

Stadt	New York Pf/kWh	Chicago Pf/kWh	Dallas Pf/kWh
Brennstoffkosten	1,39	1,23	0,42
Bedienung und Instandhaltung	0,38	0,21	0,38
Verzinsung, Abschreibung, Steuern	1,34	1,51	1,35
Gesamte Stromerzeugungskosten	3,11	2,95	2,15

Für Deutschland, wo die Kohlenpreise frei Kraftwerk z. T. viel höher (60 bis 100 DM/t), Löhne und Baukosten aber wesentlich niedriger liegen, kann man bei 12% Kapitaldienst (Verzinsung und Abschreibung) mit 2,8 bis 5,0 Pf/kWh Stromerzeugungskosten rechnen.

Sämtliche drei Kraftwerke in Tab. 52 haben einen sehr ähnlichen Aufbau, einen nur wenig voneinander verschiedenen Wirkungsgrad und der Unterschied zwischen den höchsten und niedersten Stromerzeugungskosten im Betrag von rd. 1 Pf/kWh ist fast ebenso groß wie derjenige zwischen den größten und kleinsten Brennstoffkosten. Nach Tab. 53 liegen die Verhältnisse bei Atomkraftwerken ganz anders, indem bei demselben Reaktorsystem die Stromerzeugungskosten in Amerika doppelt so hoch sind wie in Großbritannien und ihr Unterschied beim CHR- und beim PWR-Reaktor in Großbritannien viel mehr ausmacht als im anderen Lande. Schuld hieran sind großenteils rein zufällige Gründe. In Großbritannien wird nämlich bei Atomkraftwerken mit 4% Zinsfuß bei einer Abschreibungszeit von zwanzig Jahren entsprechend einem „mittleren Kapitaldienst" von 7,36%, Abb. 209, gerechnet. In den US beträgt der Zinsfuß bei von privaten Elektrizitätsgesellschaften gebauten Atomkraftwerken 9,9% (bei von der Regierung gebauten Werken rd. 2,5%). Auch die Arbeitslöhne sind in US beträchtlich höher als in Europa. Die Stromerzeugungskosten sind daher bei beiden Systemen in Großbritannien erheblich kleiner. Dasselbe Reak-

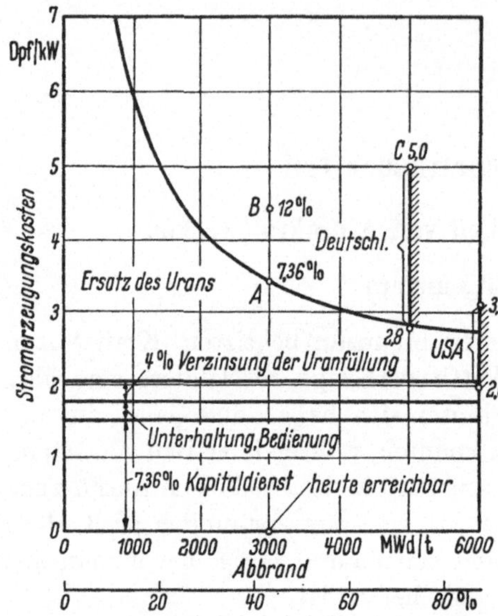

Abb. 209. Abhängigkeit d. Stromerzeugungskosten v. Abbrand bei CHR-Reaktor, falls Wert d. erschöpften Urans u. Einnahmen aus erbrütetem Pu gleich Null gesetzt werden. Nach R. V. MOORE. Anlagekosten d. Werkes 1500 DM/kW; Preis d. Spaltstoffpatronen 240 DM/kg; Zinsfuß 4%; Zinsfuß u. Abschreibung 7,36%; Wirkungsgrad 25%; Benutzungsdauer 7000 h/Jahr.

Tabelle 53. Ungefähre Stromerzeugungskosten bei CHR-Reaktoren und bei Preßwasserreaktoren bei Aufstellung in einem privaten amerikanischen und in einem englischen Kraftwerk. Nach D. P. HERRON u. A. PUISHES (Nucleonics, VI. 1957)

Reaktortyp	USA		Großbritannien	
	CHR Pf/kWh	PWR Pf/kWh	CHR Pf/kWh	PWR Pf/kWh
Kapitaldienst	6,05	3,92	2,06	1,34
Spaltstoffkosten (abzüglich erbrütetem Pu)	0,0	0,63	0,0	0,63
Herstellung der Patronen und Spaltstoffmiete	0,88	3,87	0,88	3,87
Bedienung	0,63	0,42	0,42	0,29
Gesamte Stromerzeugungskosten	7,56	8,84	3,36	6,13

torsystem kann also in einem Lande wettbewerbsfähig sein, in einem anderen nicht. (In Deutschland wird im allgemeinen mit 12% Kapitaldienst [Zinsen und Abschreibung] gerechnet.)

b) Anlage- und Stromerzeugungskosten

1. Ausgangswerte. Es werden nunmehr einige projektierte oder bereits im Betrieb befindliche Atomkraftwerke analysiert. Für solche Berechnungen werden besonders in den USA häufig die Werte von Tab. 54 benutzt. Da sie und manche andere Angaben den verschiedensten Quellen entnommen sind, nicht aus demselben Jahr stammen und nicht immer

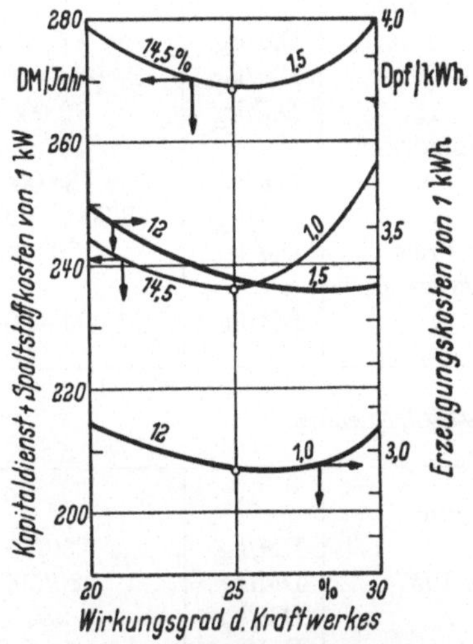

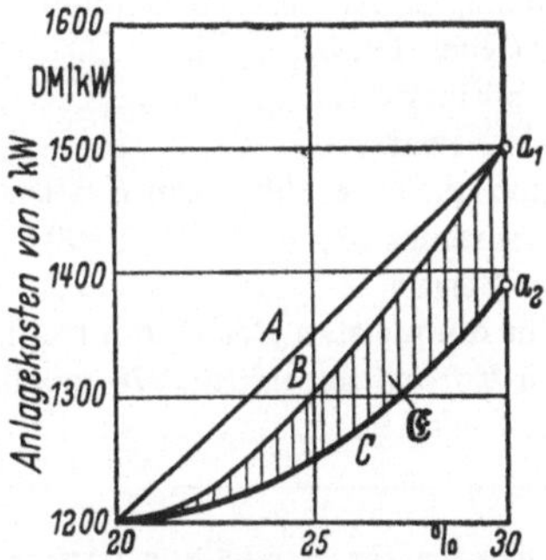

Abb. 210, 211. Einfluß d. Wirkungsgrades η eines Atomkraftwerkes auf Anlagekosten und Stromerzeugungskosten bei zwei verschiedenen Spaltstoffpreisen (1,0 u. 1,5),

10,0 u. 12,5% Kapitaldienst u. 2 Dpf./kWh allgem. Unkosten.

Annahmen für Anlagekosten: A sie nehmen proportional η zu; B sie nehmen zunächst langsam, dann schneller auf denselben Endwert wie in Fall A zu; C sie nehmen, da die Reaktoren für dieselbe Leistung des Werkes kleiner werden, langsamer als nach Kurve B zu; E Kostenersparnis infolge des zunehmenden η.

für genau dieselben Voraussetzungen gelten, müssen sie mit einer gewissen Vorsicht verwendet werden.

Wir haben bereits gesehen, von wie vielen Einflüssen die Anlage- und Stromerzeugungskosten von Atomkraftwerken abhängen. Nun ist es schon aus Zeitmangel nicht immer möglich, für jeden Bedarfsfall eine „genaue" Berechnung durchzuführen. Die wirtschaftlichen Aussichten eines Reaktorsystems oder der Einfluß gewisser Maßnahmen lassen sich aber häufig schnell auf Grund von ein paar allgemeinen Feststellungen genügend zuverlässig ermitteln, wozu die stark vereinfachten Tab. 55 bis 57 und Abb. 210, 211 dienen sollen.

Tabelle 54. Anhaltswerte für Wirtschaftlichkeitsberechnungen aus den Jahren 1956 bis 1958 (1 $ = 4,20 DM, 1 £ = 12 DM). (Nucleonics I. 1958 und andere Quellen)

A. Preise von Spalt- u. Brutstoffen

Urankonzentrat[1]) mit 70—80% U_3O_8 (yellow cake)		
1957 von AEC gezahlter Preis	DM/kg	88
1962 von AEC gezahlter Preis	DM/kg	74
Natururan U	DM/kg	160÷180
Desgl. offizieller US-Preis (Ende 1957)	DM/kg	170
Auf 1% Gehalt an 235 U (oder 239 Pu) angereichert	DM/kg	300÷380
Auf 2% Gehalt an 235 U (oder 239 Pu) angereichert	DM/kg	850÷1500
Auf 90/95% Gehalt an 235 U (oder 239 Pu) angereichert (Nucl. IV. 57)	DM/kg	64 000/68 000
235 U als Fluorid	DM/kg	24 000÷70 000
233 U als Nitrat	DM/kg	70 000
Plutonium: AEC bezahlt für in Kraftwerksreaktoren erbrütetes reines 239 Pu (1962/1963)	DM/kg	125 000
Desgl. in Barren	DM/kg	48 000÷180 000
Desgl. für die meisten Reaktoren tragbarer Preis	DM/kg	100 000
Desgl. in Europa im Jahre 1975 möglicherweise erzielbarer Preis	DM/kg	35 000÷60 000

B. Nebenkosten für Herstellung fertiger Spaltstoffpatronen

Preis von hochgradigem Zirkoniumschwamm (1953/1957)	DM/kg	200/70
Desgl. von metallischem Zirkonium (1954÷1957)	DM/kg	280/560
Preis von Zircaloy 2 (1954÷1957)	DM/kg	230
Preis von reinem Aluminium	DM/kg	5,5÷9,0
Verarbeitung von metallischem Uran U zu Platten, Stangen usw.	DM/kg	35÷50
Verkleidung des Spaltstoffes mit Aluminium oder nichtrostendem Stahl	DM/kg	30÷70÷150
Euratom-Preise für die Herstellungskosten per 1 kg Uranium (IX. 1959):		
bei Umhüllung mit nichtrostendem Stahl und 6000/12 000 MWd/t Abbrand	DM/kg	420/540
bei Umhüllung mit Zircaloy und 6000/12 000 Mwd/t Abbrand	DM/kg	600/740
Preis fertiger Spaltstoffelemente je nach 235 U-Gehalt und Hüllmaterial	DM/kg U	240÷500÷20 000
Desgl. nach Paper 57-SA-25	DM/kg	460÷1850
Regenerieren von erschöpftem Spaltstoff	DM/kg	40÷80
Desgl. nach O. LÖBL (Kerntechnik 1958)	DM/kg	Vielfaches von 80
Wertminderung durch burnup von Natururan U bei CHR-Reaktoren u. 3000 MWd/t burnup	DM/kg U	120÷180

[1]) Dieses Konzentrat wird häufig inkorrekterweise Uranoxyd genannt.

Tabelle 54 (Fortsetzung)

B. Nebenkosten für Herstellung fertiger Spaltstoffpatronen

Desgl. bei angereichertem Spaltstoff	DM/kg U	230÷500÷1000
Kosten der Spaltstofffüllung eines Reaktors K_{sp} je kW elektr. Leistung bei 0,714 bis 2,5% 235 U-Gehalt	DM/kW$_{el}$	350÷450
Zu erwartende Jahresbenutzungsdauer von Atomkraftwerken nach HINTON: 1970/1980/1990	h/a	6130/5700/5250
Desgl. nach O. LÖBL (Kerntechnik 1958) bezogen auf installierte Leistung	h/a	6000
Tatsächl. erforderl. Spaltstoffinventar S_{eff} als Vielfaches des im Reaktor eingebauten Spaltstoffgewichtes S bei Bezug aus US/England	fach	2,0/1,3

C. Sonstige Stoffe für Reaktoren

Schweres Wasser D_2O	DM/kg	280÷350
Graphit	DM/kg	15
Beryllium	DM/kg	45÷90
Helium	DM/m³	115÷145
Natrium	DM/kg	1,85
Hafnium	DM/kg	260
Baryt- und Magnetitbeton	DM/m³	300÷450
Stahlputzen für Stahlbeton	DM/m³	440÷550
Beton, gewöhnliche Qualität, unvergossen	DM/m³	75
Fertig vergossener gewöhnlicher Beton	DM/m³	275÷550
Fertig vergossener hochwertiger Beton	DM/m³	550÷7000
Polyphenyl als Pulver	DM/kg	1,4÷12,5

D. Allgemeine Werte

Vergraben von Atommüll	DM/m³	0,2÷30,0
Desgl. Versenken im Meer	DM/m³	1500
Abbrand (burnup) z. Z. erreichbar bei Natururan .	MWd/t	3000
Desgl. bei Anreicherung auf 2,9% 235 U-Gehalt . . .	MWd/t	8000
Desgl. voraussichtl. später erreichbar bei Natururan	MWd/t	5000÷6000
Desgl. in einem russischen PWR-Reaktor im Jahre 1958 erreichter Wert	MWd/t	25 000
Jährl. Leihgebühr von Spaltstoff in % seines Preises (US)	%	4
Übliche Abschreibungsdauer von Reaktoren	Jahre	20
Amerik. Zinsfuß bei Regierungs-/privaten Elektrizitätswerken	%	2,9/9,9
Erforderliches Bannland für Atomkraftwerke	ha/kW	0÷0,4
Stromerzeugungskosten großer modern. therm. US-Kraftwerke bei 80% Ausnutzungsfaktor je nach geographischer Lage	Pf/kWh	2,0÷3,1
Desgl. in Deutschland	Pf/kWh	2,8÷5,0

Tabelle 54 (Fortsetzung)

E. Anlage- und Betriebskosten

Jährl. Betriebskosten großer deutscher Steinkohle-Elektrizitätswerke (Personal, Wartung, Reparaturen) bezogen auf Anlagekapital	%/a	6÷8
Jährl. Kosten für Steuern, Versicherungen, Verwaltung	%/a	3÷4
Bauzinsen	%/a	13÷15
Anlagekosten großer amerik. therm. Kraftwerke im Jahre 1957/58	DM/kW	600÷730
Kosten großer amerik. Turbinenanlagen bei 200 bis 500° C Dampftemp. (ohne Dampfkessel bzw. Reaktoren) im Jahre 1955 (8/P/476)...............	DM/kW	500÷400
Kosten deutscher Turbogeneratoren für hohe Dampfdr. u. -temperaturen betriebsfertig aufgestellt Anfang 1958 bei 80 000 kW Leistung	DM/kW	90÷100
150 000 kW Leistung	DM/kW	70÷80
Kosten großer staubgefeuerter Dampfkessel ohne/ mit Zubehör (1957)...........................	DM/kW	100÷120/130÷150
Deutsche Pumpspeicherwerke samt Rohrleitungen	DM/kW	600/750[1])
Selbstkosten einer Firma für Ausarbeiten von Angeboten auf große Atomkraftwerke (Engng. 21. III. 58)	Millionen DM	rd. 1,2

[1]) 1 kW Leistung des 1958 in Betrieb gekommenen Pumpspeicherwerkes Geesthacht der Hamburger Elektrizitätswerke (HEW) kostet im ersten Ausbau 720 DM/kW (H = 80 m; V = 3,3 Millionen m³, [580000 kWh]; 3 Maschinensätze von je 35000 kW; Maschinenleistung der HEW = 845000 kW, davon 105000 kW in Geesthacht. Nach späterer Erweiterung für rd. 40 Millionen DM Leistung rd. 200000 kW).

Ferner werden folgende Werte angegeben: Für 1 kW elektr. Leistung benötigte Spaltstoffüllung von mit Natururan betriebenen CHR-Reaktoren 1,6 bis 1,8 kg/kW, für andere mit Spaltstoff von 1,5 bis 4,2% 235 U-Gehalt betriebene Systeme 0,2 bis 0,3 kg/kW,
bezogen auf das im Spaltstoff enthaltene Isotop 235 U 11,9 bis 12,5 g/kW bzw. 3,0 und 5,0 (10,5) g/kW,
Abbrand bei CHR-Reaktoren 3000 MWd/t, bei einigen anderen Systemen 8000 bis 10 000 (18 000) MWd/t. Abb. 212 gibt einen Anhalt über die Spaltstoffkosten.

In Tab. 55, Pos. 1 bis 6, kommt man zu Stromerzeugungskosten von 2,76 Pf/kWh bei „Atomstrom" und von 4,38 Pf/kWh bei „Kohlenstrom". Die Differenz von 1,62 Pf/kWh wird aber viel kleiner, falls nur 25% burnup erreichbar sein sollten. Bei importiertem Natururan würde nach Pos. 7 je kWh eine Devisen-Mehrausgabe von rd. $+0{,}90$ Pf/kWh bzw. eine Devisenersparnis von rd. $-0{,}1$ Pf/kWh und, wenn man den Erlös aus dem erbrüteten Plutonium berücksichtigt, von rd. $+0{,}45$ Pf/kWh bzw. von rd. $-0{,}48$ Pf/kWh entstehen.

Nach Tab. 56 erniedrigen sich die Stromerzeugungskosten bei Verbilligung des Reaktors von 600 auf 300 DM/kW um rd. 0,52 Pf/kWh. Nach Tab. 57 werden die Stromerzeugungskosten bei einer Verbesserung von η von 25 auf 35% um 0,47 Pf/kWh niedriger, wobei rd. ein Drittel der Ersparnis auf den kleineren Kapitaldienst entfällt.

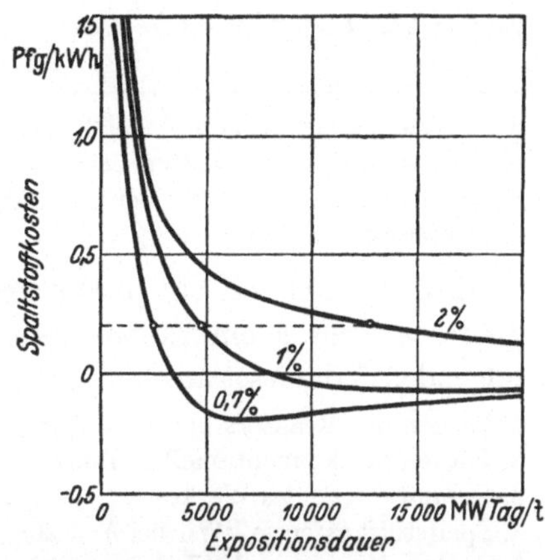

Abb. 212. Spaltstoffkosten von 1 kWh bei D_2O-moderierten Brutreaktoren mit Regenerierungsvorrichtung bei Spaltstoff von 0,7; 1,0 und 2% Gehalt an 235 U bei verschiedenem Abbrand in MWd/t bei einem anfänglichen Brutfaktor von 1,0, einem Preis des natürlichen Urans von 170 DM/kg und des erbrüteten 239 Pu von 63 DM/Gramm, 25% Wirkungsgrad der Anlage, falls die Spaltstofffüllung des Reaktors nicht verzinst zu werden braucht. Nach J. A. LANE (8 P/476),

Tabelle 55. *Stromerzeugungskosten bei Atomkraftwerken (1000 DM/kW) und bei Kohlenkraftwerken (500 DM/kW) bei 7000 Jahresbenutzungsstunden*

Pos. 1 Spaltstoffkosten (235 DM/kg; $\eta = 25\%$; burnup $= 50\%$)	Pf/kWh	rd. 1,04
„ 2 Kapitalkosten (12%)	Pf/kWh	1,72
Pos. 3 Stromerzeugungskosten bei Natururan	Pf/kWh	2,76
„ 4 Kohlenkosten (100 DM/t; $\eta = 35\%$)	Pf/kWh	3,52
„ 5 Kapitalkosten (12%)	Pf/kWh	0,86
Pos. 6 Stromerzeugungskosten bei Kohle	Pf/kWh	4,38
„ 7 Mehr- bzw. Minderaufwand für Devisen bei $\eta = 25/35\%$ und 10/20% burnup von Atomkraftwerken bei Reaktoren vom CHR-Typ:		
ohne Berücksichtigung der Pu-Ausbeute ...	Pf/kWh	rd. $+0{,}9/-0{,}1$
mit Berücksichtigung der Pu-Ausbeute	Pf/kWh	rd. $+0{,}45/-0{,}48$
(+ bedeutet Mehr-, — Minderaufwand)		

Tabelle 56. *Ungefähre Verbilligung der Stromerzeugungskosten bei Verbilligung des Reaktors um 50% (7000 Jahresbenutzungsstunden)*

Kosten des Reaktors	DM/kW	600/300
Kosten des übrigen Werkes	DM/kW	400
Gesamtkosten des Werkes bei 600/300 DM/kW Reaktorkosten	DM/kW	1000/700
Ersparnis an Kapitaldienst bei 300 DM/kW (12%) ...	Pf/kWh	0,52

Tabelle 57. Ungefähre Verbilligung der Stromerzeugungskosten bei Erhöhung von $\eta = 25\%$ auf $\eta = 35\%$

Stromerzeugungskosten bei $\eta = 25\%$	Pf/kWh	3,18
Ersparnis an Spaltstoffkosten bei $\eta = 35\%$	Pf/kWh	0,30
Ersparnis an Kapitalkosten bei $\eta = 35\%$	Pf/kWh	0,17
Gesamtersparnis bei $\eta = 35\%$	Pf/kWh	0,47

Abb. 210, 211 soll ein plastischeres Bild vom Einfluß des Wirkungsgrades η eines Atomkraftwerkes auf die Stromerzeugungskosten unter folgenden Voraussetzungen geben:

1. Kosten des Reaktors bei $\eta = 20/30\%$	DM/kW	600/900
2. Kosten des konventionellen Teiles	DM/kW	600
3. Gesamtkosten des Werkes	DM/kW	1200/1500
4. Spaltstoffkosten je kWh bei $\eta = 20\%$	Pf/kWh	1,0/1,5
5. Spaltstoffkosten je kWh bei $\eta = 30\%$	Pf/kWh	0,66/1,00
6. Jahresbenutzungsdauer	h/Jahr	7000
7. Kosten für Bedienung in % von 3.	%	2/2
8. Kapitaldienst (Verzinsung und Abschreibung)	%	10,0/12,5

Tabelle 58. Kosten der Bestandteile amerikanischer thermischer und nuklearer Kraftwerke von 100000 kW install. Leistung ohne Gebäude, Fundamente, Nebenanlagen, Kühlwasserversorgung usw. (Nach Paper 57-SA-25 und anderen Quellen)

Art des Kraftwerkes Mittlere ungefähre Kosten von 1 kW install. Leistung		thermisch	nuklear
Turbogenerator	DM/kW	125	170
Dampfkessel bzw. Reaktor	DM/kW	170	420
Kondensator	DM/kW	15	25
Panzerung u. Ummantelung radioaktiver Teile	DM/kW	–	105
Summe	DM/kW	310	720
Mittlerer ungefährer Preis einer Kessel bzw. Reaktoranlage	DM/kW	250	$\lessgtr$ 530

Abb. 210 zeigt die Anlagekosten des Werkes. Sie wachsen mit η nicht stetig nach Kurve A, sondern etwa nach Kurve B. Da bei $\eta > 20\%$ die benötigte Reaktorleistung kleiner wird, ist aber auch nicht Kurve B, sondern etwa Kurve C maßgebend. Man sieht, daß unter den getroffenen Annahmen der wirtschaftlich günstigste Wirkungsgrad des Werkes etwa bei $\eta = 25\%$ liegt. Diesen Wert würde man, soweit nur rein wirtschaftliche Erwägungen maßgebend sind, um so mehr wählen, als man dann mit einem um rd. 11% kleineren Anlagekapital auskäme als bei $\eta = 30\%$. Auch Abb. 210, 211 gibt die wichtige Lehre, daß der maximal erreichbare Wirkungsgrad nicht der wirtschaftlich vorteilhafteste zu sein braucht.

2. Anlagekosten von Atomkraftwerken. Abb. 213 zeigt die aus vielen Veröffentlichungen und brieflichen Mitteilungen entnommenen, auf die installierte Leistung des betriebsfertigen Kraftwerkes bezogenen Baukosten in DM/kW (1 \$ = 4,2 DM). Nicht in sämtlichen Werten sind die Kosten für Grunderwerb, Planierung des Geländes, Bauzinsen und Inbetriebsetzung enthalten. Die aus der I. Auflage des Buches stammenden Werte sind durch die Jahreszahl 1952 gekennzeichnet, alle übrigen Werte von Abb. 213 wurden im Jahre 1955 oder 1956 bekanntgegeben, neuere Werte finden sich im folgenden Text.

Soweit die Kosten für die Spaltstoffüllung in den Baukosten enthalten sind, ist dies durch eine unten am Symbol des betreffenden Wertes angebrachte Tilde kenntlich gemacht. Das System der betreffenden Reaktoren ist durch verschiedene Markierung angegeben; Siedewasserreaktoren sind außerdem durch den Buchstaben S, Preßwasserreaktoren durch P und Brutreaktoren (Konverter) durch B hervorgehoben. Punkt B_1 (2280 DM/kW) kann aus der Betrachtung ausscheiden, da die Turbine eine Leistung von 150 000 kW hat, an seine Stelle tritt Punkt B_2 (1530 DM/kW). Die Punkte B_3 und B_4 geben an, auf welchen Betrag die Werte von 2280 bzw. 1530 DM/kW in etwa fünf Jahren voraussichtlich gefallen sein werden.

Nach Abb. 213 liegen die Anlagekosten thermischer Werke zwischen 580 und 930 DM/kW, im Mittel bei etwa 750 DM/kW, diejenigen von Atomkraftwerken zwischen 800 und 1900 DM/kW, weichen also sehr

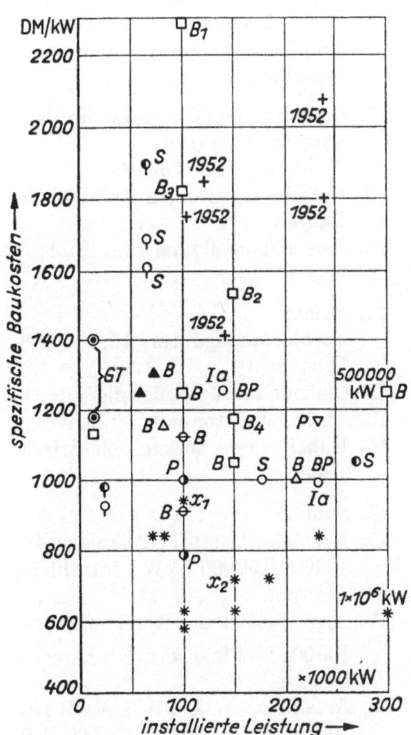

Abb. 213. Auf 1 kW install. Leistung bezogene spezifische Anlagekosten von Atomkraftwerken und von thermischen Kraftwerken.
(Punkt B_2 muß 1758 DM/kW heißen.)

Legende:

o H_2O-moderiert und gekühlt

◑ D_2O-moderiert und gekühlt

◐ D_2O-moderiert und H_2O-gekühlt

⊖ homogener Reaktor

□ schneller Brutreaktor

▽ graphit-moderiert, H_2O-gekühlt

▲ graphit-moderiert, gasgekühlt

△ graphit-moderiert, Na-gekühlt

⍭ gasgekühlt, beryllium-moderiert (mit Gasturbinen) einschl. Spaltstoff-Füllung

+ Werte aus dem Jahre 1952

B Brutreaktor bzw. Konverter

P Preßwasserreaktor

S Siedewasserreaktor

◯ Ia H_2O-moderierter und gekühlter Reaktor ohne bzw. und mit ölgefeuertem Überhitzer

* thermische Kraftwerke

B_1 Detroit Edison Co.; 1956; 100 000 kW-Leistung

B_2 Detroit Edison Co.; 1956; 150 000 kW-Leistung

B_3 Detroit Edison Co.; 1962; 100 000 kW-Leistung

B_4 Detroit Edison Co.; 1962; 150 000 kW-Leistung

X_1 Die Leistung der Turbine beträgt 150 000 kW

stark voneinander ab. Läßt man die Werke unter 75000 kW install. Leistung außer Betracht, so betragen die Grenzwerte 1530 und 800 DM/kW. Ihr gewogener Mittelwert beträgt etwa 1100 DM/kW.

Besondere Beachtung verdienen die von der *Detroit Edison Co.* (*D. E. Co.*), der *Commonwealth Edison Co., Chicago,* (*Com. E. Co.*) und der *Consolidated Edison Co., New York,* (*Cons. E. Co.*) angegebenen Baukosten, weil sie zu Anlagen gehören, deren Pläne weitgehend durchgearbeitet sind.

Tabelle 59. Anlagekosten (ohne Spaltstoffkosten) des mit einem heterogenen 300 MW-Brutreaktor ausgestatteten 100000/150000 kW Atomkraftwerkes der Detroit Edison Co. Nach CISLER, GRISWOLD u. CAMPBELL (270/J/18). Jahr 1955

	I	II	III
1. Fall			
2. Art des Kraftwerkes	Atomkraftwerk		Thermisches
		(Vom Verfasser geschätzt)	Kraftwerk
3. Zustand im Jahre	1956	1962	1956
Baukosten	10^6 DM	10^6 DM	10^6 DM
Reaktoranlage:			
4. Reaktor ohne Spaltstoffüllung .	97,8	87,8	—
5. Zinsverlust während der Bauzeit	5,9	4,5	—
6. Unkosten während der Bauzeit, Verschiedenes	17,4	15,0	—
7. Gesamtkosten der Reaktoranlage	121,1	107,3	—
Sonstige Kosten:			
8. Planierung des Geländes	1,7	1,7	—
9. Entwicklungskosten während der Bauzeit	37,8	7,8	—
10. Personalausbildung und Einlaufkosten	9,5	2,0	—
11. Summe	49,0	11,5	—
Turbinenanlage für 150000 kW-Leistung:			
12. Gelände samt Planierung	3,9	3,9	3,9
13. Turbogenerator samt Zubehör .	51,3	50,0	49,0
14. Kabel und andere elektrische Teile	3,9	3,9	3,9
15. Summe	59,1	57,8	—
16. Normale Dampfkesselanlage für 100000/150000 kW installierte Leistung	—	—	35,6/41,3
17. Anlagekosten des Kraftwerkes bei 100000/150000 kW-Kraftwerksleistung	229,2/229,2	176,6/176,6	92,4/98,1
18. Anlagekosten je kW install. Leistung bei 100000/150000 kW Kraftwerksleistung . . DM/kW	2292/1528	1766/1177	924/654
19. Entsprechende Punkte in Abb. 213	B_1/B_2	B_3/B_4	X_1/X_2

Fall I in Tab. 59 gibt die Originalwerte, Fall II die von mir für das Jahr 1962 als erreichbar geschätzten Werte, Fall III die Werte eines thermischen Kraftwerkes, je nachdem, ob seine Kesselanlage für 100000 oder 150000 kW installierter Leistung bemessen wird. Die *D. E. Co.* hofft nämlich, daß der Reaktor nach eventuellen Verbesserungen auch für 150000 kW elektr. Leistung ausreichen wird, und stellt daher von Anfang an eine 150000 kW-Turbine auf. Bemerkenswert sind die sehr hohen, aber verständlichen Entwicklungskosten in Fall I, die rd. 20% der Baukosten des betriebsfertigen Atomkraftwerkes ausmachen.

Tab. 60 enthält die in den Jahren 1954/55 veranschlagten und die drei Jahre später tatsächlich aufgelaufenen, weit höheren Anlagekosten einiger Atomkraftwerke. Die großen Mehrkosten rühren von den wider Erwarten hohen Entwicklungskosten und der allzu optimistischen ersten Kostenschätzung her. Deshalb ist hinter den aus den Jahren 1954 bis 1956 stammenden, in diesem Buch angegebenen Anlagekosten jeweils ein Fragezeichen gesetzt. Tab. 61 gibt eine Analyse der tatsächlich aufgelaufenen Anlagekosten von Shippingport.

Tabelle 60. Gegenüberstellung der vor Baubeginn veranschlagten und der tatsächlich aufgelaufenen Anlagekosten einiger amerikanischer Atomkraftwerke.
Nach Electr. World 9. XII. 1957; Nucleonics I. 1958; Power Engng. VIII. 1958

Name und Bauherr des Kraftwerkes	Reaktor-system	Elektr. Leistung	Anlagekosten	
			Vor Baubeginn veranschlagt	Nach Fertigstellung ermittelt
		kW	DM/kW	DM/kW
Dresden: Com. Ed. Co. in Chicago, Inbetriebnahme 1960[c]	DCBR	180 000	1050	1900
Shippingport: Dusquesne Light Co., Inbetriebnahme Ende 1957	PWR	60 000 (90 000)	2750	8400 (5700)
Indian Point: Cons. Ed. Co. in New York (Status vom 5. IX. 1957. Betriebsbeginn XII. 1960)	PWR	275 000	1000	1200[a] 1370[b]

[a] Die Anlage ist noch in der Errichtung begriffen. Der Reaktorkern soll erst im Herbst 1960 eingebaut werden.

[b] Nach Angaben vom Oktober 1959.

[c] Da 6% d. Spaltstoffhüllen Risse hatten u. 3 Regulierstangen mangelhaft waren, mußte die für X. 1959 geplante Inbetriebsetzung etwas verschoben worden.

Fast alle Autoren sind sich darin einig, daß in den nächsten zehn Jahren mit erheblich billigeren als den heutigen Anlagekosten gerechnet werden darf. Beim Vergleich der Anlagekosten von thermischen und von Atomkraftwerken muß man außerdem beachten, daß erstere durchweg

für große Anlagen mit drei oder mehr Maschinensätzen, letztere aber
meist unter der Voraussetzung gelten, daß in einem Werk nur ein einziger
Maschinensatz (1 Reaktor und 1 oder 2 Turbinen) aufgestellt sind, andernfalls könnten sich ihre Baukosten um 10 bis 15% erniedrigen.

*Tabelle 61. In Kraftwerk Shippingport tatsächlich aufgelaufene Anlage- und
Stromerzeugungskosten.* Power Engng. VIII. 1958 (s. S. 83).

Baukosten des nuklearen Teiles:		
Beitrag der Regierung	$10^6 \cdot$ DM	208
Beitrag des Kraftwerkes	$10^6 \cdot$ DM	21
Beitrag der Westinghouse Electric Corp.	$10^6 \cdot$ DM	2
Baukosten des Dampfturbinenteils:		
Beitrag des Kraftwerkes	$10^6 \cdot$ DM	73
Gesamte Anlagekosten	$10^6 \cdot$ DM	304
Forschungs- u. Entwicklungskosten (Beitrag d. Regierung)	$10^6 \cdot$ DM	205
Gesamtkosten des betriebsfertigen Kraftwerkes..........	$10^6 \cdot$ DM	509
Desgleichen je kW install. Leistung	DM/kW	8500
Kosten des Spalt- und Brutmaterials:		
Spaltbares Material (182 kg hochangereich. Uran 67 000 DM/kg)	$10^6 \cdot$ DM	18,5
Brutmaterial (14,6 t natürl. UO_2, 170 DM/kg und Herstellung der Spalt- und Brutstoffelemente	$10^6 \cdot$ DM	62
Kapitalkosten	$10^6 \cdot$ DM	8
Summe	$10^6 \cdot$ DM	88,5
Lebensdauer der Füllung bei 60 000 kW Leistung	h	8000
Spalt- und Brutmaterialkosten	Pf/kWh	18,2
Kapitaldienst	Pf/kWh	9,5
Bedienung	Pf/kWh	1,4
Gutschrift für erschöpftes Material	Pf/kWh	−2,1
Gesamte Stromerzeugungskosten	Pf/kWh	27,0

S. 230 enthält die Anlagekosten, mit denen heute in Deutschland gerechnet werden
muß.

3. Stromerzeugungskosten. Es wäre Raumverschwendung, wenn man
für die vielen heute zur Diskussion stehenden Reaktorsysteme und die
vielen möglichen Kombinationen zwischen Spaltstoffkosten, Regenerierungskosten, Gehalte des Spaltstoffes an 235 U, Anreicherungskosten,
usw. usw. die voraussichtlichen Stromerzeugungskosten mitteilte. Statt
dessen soll eine Untersuchung von J. A. LANE (8/P/476) vom Jahre 1955
wiedergegeben werden, weil sie einen guten Einblick in die verwickelten Verhältnisse bei (homogenen D_2O-moderierten) Brutreaktoren gestattet. LANE vergleicht ein thermisches Kraftwerk mit einem Frischdampfzustand von 100 at, 535° C und 600 DM/kW Anlagekosten mit
einem Atomkraftwerk für Sattdampf von 250 bis 270° C Temperatur
und einem Wirkungsgrad η_{eff} von etwa 26%. Die Anlagekosten des
thermischen Kraftwerkes wählte LANE zu 600 DM/kW, diejenigen des
Atomkraftwerkes zu 1000 DM/kW, Abb. 214, und untersuchte, wieviel

der verbrauchte Spaltstoff des Atomwerkes (und andere Ausgaben) je kWh kosten dürften, damit bei 1,2 Pf/kWh Brennstoffkosten des thermischen Kraftwerkes (Kohlenpreis 30,00 DM/t; 7 $/t) die Stromerzeugungskosten in beiden Fällen 2,81 Pf/kWh (rd. 7 mills/kWh) betragen.

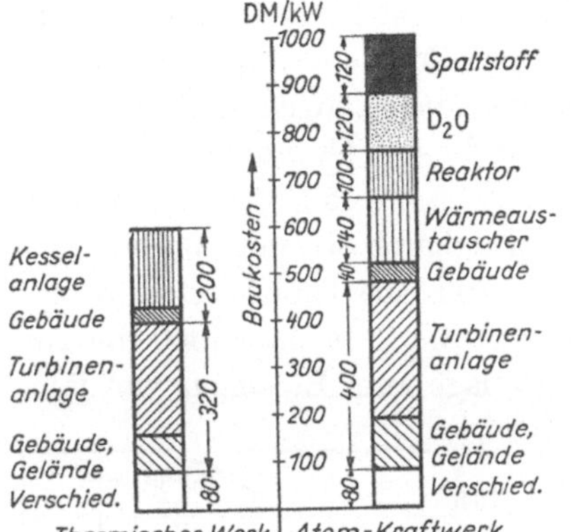

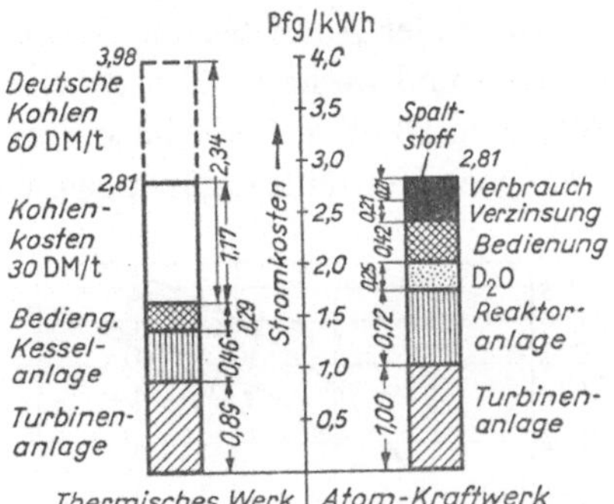

Abb. 214. Zusammensetzung der Anlagekosten eines modernen thermischen Kraftwerkes für Dampf von 100 at, 535° C (600 DM/kW Baukosten) und eines mit einem D₂O-moderierten Brutreaktor ausgestatteten Atomkraftwerkes für Sattdampf von 250 bis 270° C (1000 DM/kW Baukosten) derselben installierten elektrischen Leistung. Nach J. A. Lane (8 P/476).

Abb. 215. Zusammensetzung der Stromerzeugungskosten je kWh eines Atomkraftwerkes (rechts) mit einem D₂O-moderierten Reaktor von rd. 1000 DM/kW Baukosten, falls der Strom so teuer sein soll (2,91 Pfg/kWh) wie bei einem gleich starken therm. Kraftwerk von rd. 600 DM/kW Baukosten, Abb. 214, Ausnutzungsfaktor der Anlage 90%. Nach J. A. Lane (8 P/476).

Nach Abb. 215 dürfte dann das Atomkraftwerk kein Bannland benötigen, das nach Lane unter amerikanischen Verhältnissen bis zu 400 DM/kW verschlingen kann. Ferner dürfte das verbrauchte D_2O nicht mehr als 0,25 Pf/kWh und der verbrauchte Spaltstoff gleichfalls nicht mehr als 0,21 Pf/kWh kosten. Dieser Betrag läßt sich aber nach Abb. 212 bei Verwendung von natürlichem Uran als Spaltstoff schon bei weniger als 5000 MWd/t Abbrand erreichen (bei Uran mit einem 235 U-Gehalt von 1,0 bzw. 2,0% wäre dazu 5000 bzw. 13000 MWd/t erforderlich). Für das gewählte Beispiel ist also Natururan am vorteilhaftesten. Die Aufwendungen für Sicherheitsmaßnahmen dürften 40 DM/kW, die Regenerierungskosten des erschöpften Spaltstoffes 4 bis 8 DM/Gramm, die Baukosten des Reaktorteils 420 DM/kW und die Kosten der Spaltstoffe einen angemessenen Betrag nicht überschreiten. Der Ausnutzungsfaktor des Werkes müßte etwa 90% (!) und der Abbrand etwa 10000 MWd/t (!) betragen. Dagegen käme es nach Lane auf die Anwendung hoher Temperaturen zum Erzielen eines hohen thermischen Wirkungsgrades der Turbinen nicht entscheidend an, da ja nach Abb. 215 der verbrauchte Spaltstoff nur etwa 7% der Stromerzeugungskosten ausmacht. Diese Ansicht ist m. E. insofern nicht ganz schlüssig, als nach Tab. 57 ein höherer thermischer Wirkungsgrad die Stromerzeugungskosten indirekt beträchtlich verringern kann.

4. Spaltstoffanreicherung und Stromerzeugungskosten. Zu den folgenden Ausführungen ist zu bemerken, daß die einen D_2O-moderierten Reaktor betreffenden Abb. 208, 214, 215, 216 und 218 zum Teil mit etwas anderen Ausgangswerten berechnet wurden als Abb. 217. Nach Abb. 216, die für Uranhexafluorid (UF_6), nach Abb. 217, die für metallischen Spaltstoff gilt, und nach Tab. 54, A nimmt der Preis eines Spaltstoffes mit zunehmender Anreicherung wegen der sehr kostspieligen Aufbereitungsanlagen und deshalb sehr schnell zu, weil die zur Gewinnung von etwa 90%igem 235 U erforderliche Strommenge 25 bis 45% der mit dem gewonnenen Konzentrat günstigstenfalls erzeugbaren Strommenge betragen soll. Die Thor-Westcliffe Inc., US, will im Jahr 1960 eine Anlage zum Erzeugen von jähr-

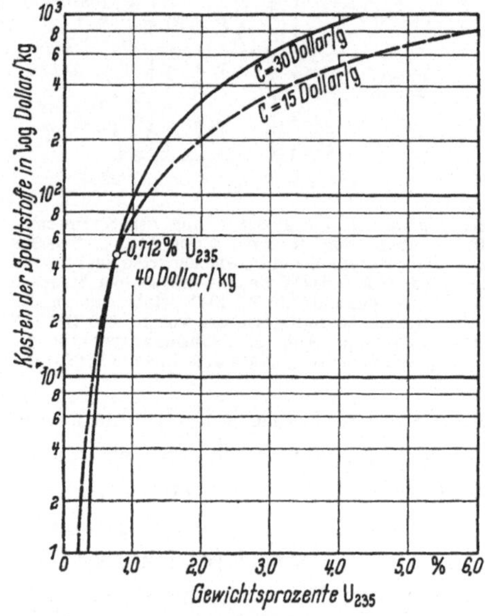

Abb. 216. Ungefährer Wert v. 1 kg leicht angereichert. Spaltstoff in d. Form von UF₆. Nach J. A. LANE. Paper A/Conf. 8/P/476. Preis v. Natururan 40 $/kg, Preis v. Spaltstoff mit 90% Gehalt an 235 U 15 u. 30 $/Gramm, Brutfaktor 1,0.

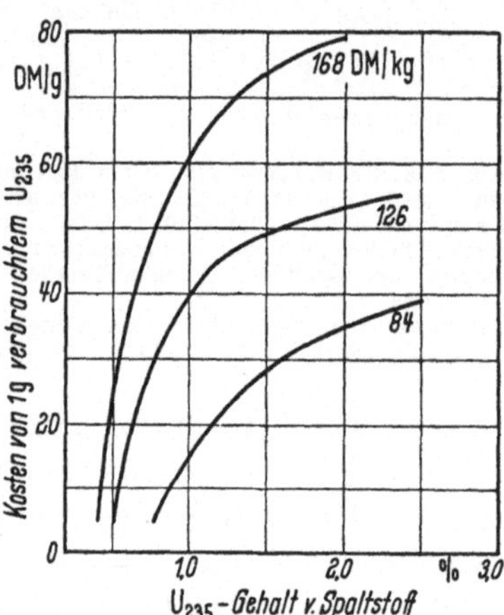

Abb. 217. Kosten von 1 Gramm verbrauchtem 235 U in DM (ohne Kosten für Umhüllung d. Spaltstoffes) bei verschied. Anreicherung d. Spaltstoffes und drei verschied. Preisen v. Natururan. Nach D. P. HERRON u. A. PUISHES. ASME-Paper 57-SA-25.

lich 50 000 kg auf 2,1 bis 2,5 % Gehalt an 235 U angereichertem Spaltstoff bauen, die nicht nach dem Diffusionsverfahren, sondern mit Zentrifugen nach Professor W. GROTH, Bonn, arbeitet; sie hofft, solchen Spaltstoff unter den bisherigen Preisen der AEC herstellen zu können. Die AEC scheint eine baldige Preissenkung von angereichertem Spaltstoff von etwa 25% zu beabsichtigen.

Die amerikanischen Isotopentrennanlagen verbrauchen jährlich rd. 60 Milliarden kWh, d. h. rd. zwei Drittel des derzeitigen Jahresstromverbrauches der Deutschen Bundesrepublik, wobei freilich zu beachten ist, daß sie vorwiegend für militärische Zwecke arbeiten (zum Regenerieren erschöpfter Spaltoffe wurde von 12 europäischen Staaten, darunter der Bundesrepublik, die *Eurochemie* gegründet, die jährlich 100 t

Uranspaltstoff verarbeiten soll. In Großbritannien soll Ende 1957 hochprozentiges 235 U dreimal soviel gekostet haben wie in den US).

Hoch angereicherter Spaltstoff ist daher energiewirtschaftlich betrachtet nicht vorteilhaft. Abb. 218 gibt für drei verschiedene 235 U-Gehalte an, wieviel Gramm Plutonium aus 1 kg eingesetztem Spaltstoff je nach der Größe des Abbrandes bei einem anfänglichen Brutfaktor C = 1,0 gewonnen werden können (voll ausgezogene Kurven) und wie der 235 U-Gehalt des Spaltstoffes (gestrichelte Kurven) hierbei abnimmt. Mit diesen Werten kommt man zu Abb. 219, wonach die Spaltstoffkosten je kWh bei Natururan und

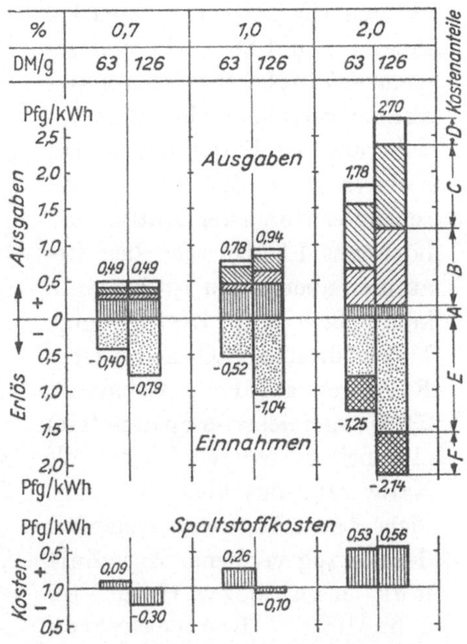

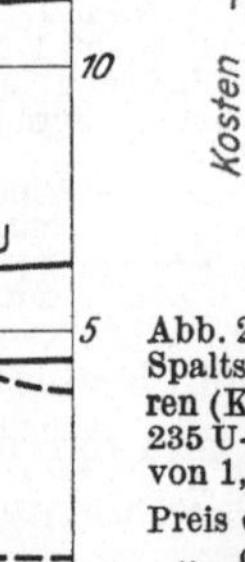

Abb. 218. Auf 1 kg eingesetztes Uran erbrütetes Material (Pu) u. Abbrand bei verschieden hoch angereichertem Uran (1% u. 2%) bei einem anfänglichen Brutfaktor von 1,0 in Abhängigkeit von der Expositionszeit in MWd/t. Nach J. A. LANE (8/P/476).
———— Pu-Gehalt ―――― 235 U-Gehalt.

Abb. 219. Zusammensetzung und Gesamtbetrag der Spaltstoffkosten in Pfg/kWh bei thermischen Reaktoren (Konvertern) bei Verwendung von Uran mit einem 235 U-Gehalt von 0,7; 1,0 und 2,0%, einem Brutfaktor von 1,0 und 10000 MWd/t Abbrand. Nach J. A. LANE.
Preis des Plutoniums 63 DM/g bzw. 126 DM/g
„ des D₂O 260 DM/kg
„ des Natururans 170 DM/kg
D₂O-Füllung 1 MW/100 lit; Ausnutzungsfaktor 80%, Verzinsung für Spaltstoffüllung 4%
A = Spaltstoffabrikation und -verkleidung, Regenerierung des erschöpften Spaltstoffes
B = Anreicherung des Spaltstoffes samt chemischer Behandlung
C = Natürliches Uran
D = Pacht für die Spaltstoffüllung des Reaktors
E = Erlös für das erbrütete Plutonium
F = Wert des erschöpften Urans.

einem Erlös für das erbrütete Plutonium von 126 DM/Gramm mit −0,30 Pf/kWh am niedersten werden. Bei einem D₂O-moderierten Reaktor wäre daher bei obigen Plutoniumpreisen Natururan wirtschaftlicher als angereichertes Uran. Abb. 220 zeigt die „Netto-Spaltstoffkosten" für 1 kWh für schnelle mit metallischem, angereichertem Spaltstoff arbeitende Brutreaktoren (voll ausgezogene Kurven) und für thermische D₂O-moderierte Brutreaktoren, die sich aus den Kosten für die Bearbeitung,

Umhüllung und Regenerierung des verbrauchten Spaltstoffes ergeben. Da der Brutfaktor 1,0 oder größer als 1,0 ist, entstehen eigentliche Spaltstoffkosten nicht, wohl aber bei den derzeitigen hohen Preisen beträchtliche Einnahmen für das erbrütete Plutonium. Die „Netto-Spaltstoffkosten" steigen bei schnellen Reaktoren viel stärker an, weil bei ihnen nur mit 20% Abbrand gegenüber 75% bei thermischen Reaktoren gerechnet wird. Eine Annäherung der Werte findet aber dadurch statt, daß bei thermischen Reaktoren der Brutfaktor C höchstens 1,2, bei schnellen Reaktoren aber bis zu 1,6 betragen kann. Nach W. H. ZINN (Engng. 11. VI. 58) ist bei D_2O-moderierten Reaktoren auf 1,4% Gehalt an 235 U angereicherter Spaltstoff im allgemeinen wirtschaftlicher als Natururan, das aber auf lange Sicht betrachtet wahrscheinlich den Vorzug verdiene. Zur Zeit muß man bezweifeln, ob schnelle Brutreaktoren überhaupt günstigere Aussichten als normale Reaktoren haben. In Deutschland soll beabsichtigt sein, eine Versuchs-Isotopentrennanlage zu errichten, mit der das spaltbare 235 U-Isotop durch Fliehkraft und nicht durch Diffusion ausgeschieden wird und deren Kraftbedarf nur ein Achtel derjenigen von Diffusionsanlagen betragen soll. Eine nennenswerte Verbilligung wenigstens von niedrigen Konzentraten (1 bis 4%) würde den Bau großer Reaktoren sehr erleichtern.

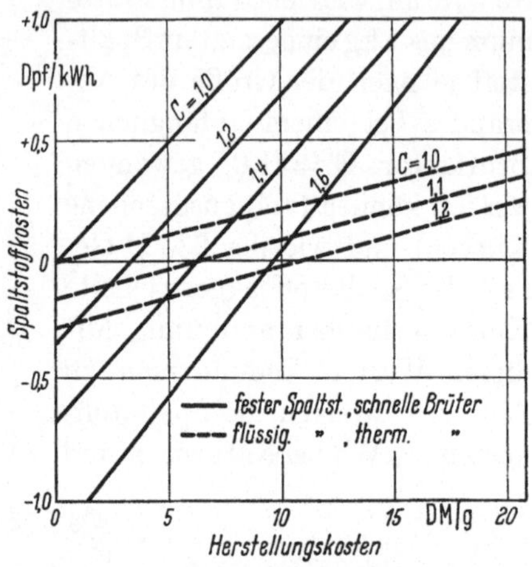

Abb. 220. Ungefähre Spaltstoffkosten für 1 kWh bei schnellen u. therm. Brutreaktoren bei verschied. Herstellungskosten (Bearbeitung, Umhüllung, Regenerierung) d. Spaltstoffes. Nach J. A. LANE. Paper A/Conf. 8/P/476. C = auf 1 Gramm im Reaktorkern verbraucht. Spaltstoff im Reaktorblankett erbrütetes Plutonium. Burnup: bei schnellen R. = 20%, bei therm. R. = 75%.
—— Schnelle Brutreaktoren mit festem Spaltstoff,
----- Therm. Brutreaktoren mit flüssigem Spaltstoff.

5. Wirtschaftlichkeit von Atomstrom in Deutschland. Nach Tab. 62 betragen die Kohlenkosten in der Bundesrepublik das 2,5- bis 3fache derjenigen in den US, während dort die Anlagekosten von Steinkohlenkraftwerken 1,4- bis 1,9mal höher als bei uns sind. Das Verhältnis der Baukosten von 1 kW zu den Kosten von 1 t Kohle ist in den US rund viermal so groß wie bei uns. Die englischen Werte liegen dazwischen. Die Kohlenkosten spielen also in der Bundesrepublik eine weit größere Rolle als in den beiden anderen Ländern, beträgt doch nach Pos. 8 ihr Anteil an den Stromerzeugungskosten bei uns rd. 70% gegenüber nur 40% in den US. Pos. 11 in Tab. 62 gibt an, wie hoch bei einem spezifischen Wärmeverbrauch von 2700 kcal/kWh die äquivalenten Baukosten von Atomkraftwerken in einem Lande bei den dort gültigen mittleren Kohlenpreisen frei Werk (in Deutschland rd. 75 DM/t) höchstens sein dürften, wenn ihre Stromerzeugungskosten ebenso hoch wie bei thermischen Kraftwerken sein sollen, wobei die vereinfachende Voraussetzung gemacht wurde, daß der Spaltstoff nichts kostet. Man kommt bei dieser ganz rohen Überschlagrechnung bei uns auf 1630, in Großbritannien auf 1330 und in den US auf 1260 DM/kW. Nun trifft die Voraussetzung, daß der Spaltstoff nichts kostet, natürlich nicht zu. Trotzdem zeigt Tab. 62 deutlich, daß Atomkraftwerke in Ländern mit so hohen Kohlenkosten wie in der Bundesrepublik gute wirtschaftliche Aussichten haben werden, sobald sie billiger und ähnlich betriebssicher wie Kohlenkraftwerke sind. Wieviel freiere Hand man in den zulässigen Baukosten von Atomkraftwerken, in den zulässigen Spaltstoff-, Regenerierungs- und ähnlichen Kosten je erzeugte kWh bei den deutschen Kohlenpreisen hätte, zeigt Abb. 215, auf deren linker Seite die Stromerzeugungskosten eines thermischen Kraftwerkes für den für Deutschland mindestens in Betracht kommenden Kohlenpreis von 60 DM/t (statt des amerikanischen Preises von rd. 30 DM/t) eingetragen sind.

Tabelle 62. Kohlenkosten und Anlagekosten von brennstoffbeheizten Dampfkraftwerken in drei großen Industrieländern (1955)

Land	Bundesrepublik	Großbritannien	US
1. Anlagekosten von Steinkohlenkraftwerken . . . . . DM/kW	430÷480	620÷670	600÷900
2. Dasselbe im Mittel . . DM/kW	450	650	750
3. Kohlenkosten . . . . . DM/t	52÷100	32÷40	18÷33
4. $\dfrac{\text{Anlagekosten von 1 kW}}{\text{Kohlenkosten von 1 t}}$	5÷9	17÷19	27÷33
5. Dasselbe im Mittel . . rd.	7	18	30
6. Dasselbe in . . . . . . %	100	250	400
7. Kapitaldienst (Verzinsung, Abschreibung, Wartung) 16% . . . . DM/kW	72	104	120
Stromerzeugungskosten:			
8. Kohlenkosten im Mitttel Pfg/kWh	2,7 72%	1,55 51%	1,16 40%
9. Kapitaldienst . . . . Pfg/kWh (7000 h/Jahr)	1,03 28%	1,49 49%	1,72 60%
10. Gesamtkosten . . . . Pfg/kWh	3,73 100%	3,04 100%	2,88 100%
11. Höchstzulässige äquivalente Anlagekosten von Atomkraftwerken bei einem Wärmeverbrauch von 2700 kcal/kWh . . . . DM/kW	1630	1330	1260

Die oberste Kurve in Abb. 209 gilt für den in Großbritannien in Frage kommenden Kapitaldienst von 7,36%, 1500 DM/kW Anlagekosten und 7000 h Jahresbenutzungsdauer, wobei sich für 3000 MWd/t Abbrand 3,4 Pf/kWh Stromerzeugungskosten ergeben, Punkt A. Bei 12% Kapitaldienst würde man auf 4,4 Pf/kWh kommen, Punkt B. Aber auch wenn man korrekterweise mit nur 6000 h und bei den ersten deutschen Anlagen mit 1650 bis 1800 DM/kW Anlagekosten rechnete, bliebe man noch immer etwas unter 5 Pf/kWh. Mindestens in einigen Gegenden Deutschlands kann also Atomstrom schon jetzt mit etwa denselben Kosten erzeugt werden wie thermischer. Unter der zur Zeit optimistischen Voraussetzung, daß es bei 600 DM/kW Anlagekosten eines thermischen Kraftwerkes gelingen werde, ein Atomkraftwerk derselben Nutzleistung und mit denselben Stromerzeugungskosten für 1200 DM/kW zu bauen, könnte ersteres mit einem halb so hohen Kapitalaufwand dieselbe Strommenge liefern. Zum Herausholen derselben „Rendite" müßte Atomstrom um mindestens 1,0 bis 1,4 Pf/kWh billiger erzeugt

Fall	I	II	III
Art des Kraftwerkes	thermisch	nuklear	nuklear
Anlagekosten des Kraftwerkes DM/kW$_{el}$	600	1200	1200
relative Rendite der Anlagekosten %	100	**50**	100
Kohlen- bzw. Spaltstoffkosten Dpf/kWh	4,1	2,3	**1,1**
gesamte Stromerzeugungskosten Dpf/kWh	6,2	6,2	**5,0**

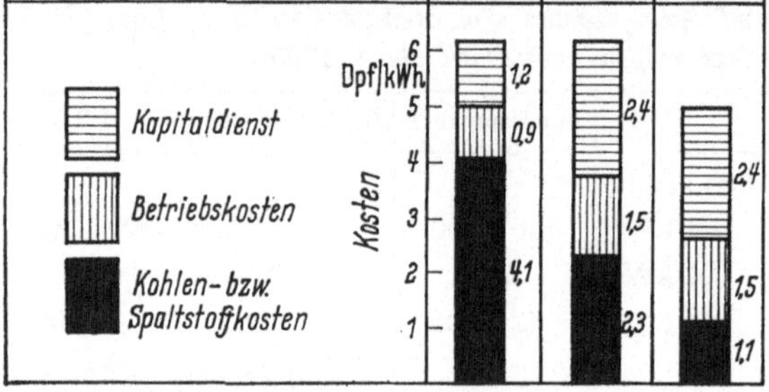

Abb. 221. Unter besonders günstigen Voraussetzungen zulässige Spaltstoffkosten je kWh, wenn die gesamten Stromerzeugungskosten bei Atomkraftwerken so hoch sein sollen wie bei thermischen Kraftwerken (Fall I u. II) u. wenn die „Rendite" aus den Anlagekosten in beiden Fällen dieselbe sein soll.
Anlagekosten: Atomkraftwerk 1200 DM/kW, therm. Kraftwerk 600 DM/kW; Kohlenkosten 100 DM/t; Benutzungsdauer 6000 h/Jahr; Kapitaldienst 12%; Betriebskosten u. Steuern je kW: 9% bei therm. Werk; 7,5% beim Atomkraftwerk.

werden können als thermischer Strom, was häufig nicht möglich sein wird, Abb. 221. Alles in allem sind daher die wirtschaftlichen Aussichten von Atomkraftwerken in Deutschland mindestens für die nächsten 5 bis 10 Jahre nicht so günstig wie vielfach geglaubt wird.

6. Reaktoren für deutsche Atomkraftwerke

a) Anlagekosten. Fast alle in der Literatur bis Anfang 1958 angegebenen Anlagekosten stammen nicht von fertiggestellten Werken, enthalten oft nicht dieselben Beträge für Unvorhergesehenes und gelten für Erstausführungen. Die Wettbewerbsfähigkeit eines Systems kann aber frühestens auf Grund der Kosten von Zweit- oder Drittausführungen einigermaßen sicher beurteilt werden. Der erste Bauabschnitt von Calder Hall hat ausschließlich bzw. einschließlich Spaltstoffüllung 1740 bzw. 2100 DM/kW gekostet. D. H. HILL von der BAEA gab im April 1959 die Anlagekosten für die drei zur Zeit im Bau befindlichen Kraftwerke Bradwell, Berkeley und Hunterston (275000 bis 320000 kW Leistung) mit 1700 DM/kW, die Kosten eines für später geplanten 500000 kW-Werkes mit 1450 DM/kW an, wenn ein thermisches Kraftwerk 600 bis 720 DM/kW kostet und rechnet damit, daß sie sich im Laufe der Zeit auf etwa 1200 DM/kW senken lassen werden. Hierzu müssen 5 bis 10% für die Herrichtung des Geländes, d. h. 120 bis 150 DM/kW, zugeschlagen werden, da dieser Betrag in den Anlagekosten deutscher thermischer Kraftwerke üblicherweise enthalten ist. Damit kommt man auf 1300 bis 1600 DM/kW. Für ein amerikanisches 200000 kW-Kraftwerk mit einem D_2O-moderierten, mit Natururan betriebenen 800 MW-Reaktor wurden im Jahre 1958 ohne Entwicklungskosten ausschließlich (bzw. einschl.) Spaltstoffüllung 1160 bzw. 1310 DM/kW, für große Werke mit Siedewasserreaktoren ohne Spaltstoff rd. 1050 DM/kW, mit Preßwasserreaktoren rd. 1100 DM/kW genannt. Die General Electric. Co. hofft, im Laufe der Jahre auf Grund des heutigen Geldwertes Atomkraftwerke für 750 bis 950 DM/kW bauen zu können. Im Juni 1959 wurden von einer anderen Firma die Baukosten großer Kraftwerke mit Diphenyl-gekühlten aber noch nicht gebauten Reaktoren mit nur 970 DM/kW angegeben. Man wird, da die vorerwähnten Werke noch nicht fertiggestellt sind, gut daran tun, für Unvorhergesehenes 15 bis 20% zuzuschlagen, womit man bei H_2O-Reaktoren auf 1200 bis 1300 DM/kW, bei D_2O-Reaktoren auf rd. 1400 DM/kW kommt. Deutsche Elektrizitätswerke werden mindestens die maschinelle Ausstattung und Teile der Reaktoren wahrscheinlich in Deutschland bestellen. Da aber Turbogeneratoren sehr lohnintensiv und infolge der hohen amerikanischen Löhne bis zu 50% teurer als bei uns sind, die Reaktoren aber etwa die Hälfte der gesamten Anlage kosten, kann für die ersten deutschen Anlagen mit den Werten in Spalte I und für die zwischen 1965 und 1975 zur Bestellung kommenden mit Spalte II von Tab. 63 gerechnet werden.

Bei Werken unter 100000 kW muß man 10 bis 20%, bei deutschen Neukonstruktionen u. U. noch mehr zuschlagen, wenn man sie mit den ganzen Entwicklungskosten belasten will. Die Kosten für die Spaltstofffüllung werden zweckmäßigerweise schon deshalb nicht in die Anlagekosten eingeschlossen, weil sie die Stromerzeugungskosten anders beeinflussen. Die D_2O-Füllung dagegen gehört ebenso zu den Reaktoren wie Graphitmoderatoren. Die Anlagekosten von Atomkraftwerken, die noch vor wenigen Jahren etwa 3,5mal so hoch wie von thermischen Kraftwerken waren, sind also heute auf den dreifachen Betrag gesunken

Tabelle 63. Voraussichtliche Anlagekosten von 1 kW install. Leistung großer Atomkraftwerke in Deutschland (ohne Spaltstofffüllung) [1])

Spalte Baujahr	I bis 1965 DM/kW	II 1965÷1975 DM/kW
1. Na-gekühlter Reaktor mit Primär- und Sekundär-Wärmeaustauscher und Spaltstoff-Regenerierung	$\geqq$ 1800	—
2. CHR-Reaktor (verbesserter Typ)	1400	1200
3. D_2O-Siedewasserreaktor mit 1 Wärmeaustauscher samt D_2O-Füllung[1])	1350	1200
4. H_2O-Preßwasserreaktor mit 1 Wärmeaustauscher[1])	1300	1100
5. H_2O-Siedewasser-Zweidruckreaktor mit Wärmeaustauscher	1250	1050
6. H_2O-Siedewasser-Eindruckreaktor ohne Wärmeaustauscher	1200	1000

[1]) Nach W. H. ZINN (Engng. 11. VII. 1958) kostet ein 100000/200000 kW-Kraftwerk mit Siedewasserreaktoren 1220/1000 DM/kW, ein 100000/2000000 kW-Kraftwerk mit Preßwasserreaktoren 1500/1220 DM/kW.

Ende 1959 wurden die Baukosten von mit OMCR-Reaktoren ausgestatteten Kraftwerken mit 925 DM/kW angegeben. Es ist aber nicht zu ersehen, ob es sich um einen realen oder einen temporären, nur für Deutschland gültigen Kampfpreis handelt.

und man darf hoffen, daß sie nach 1965 auf den etwa zweifachen zurückgehen werden. Der Übergang von thermischem zu Atomstrom beeinflußt eine nationale Wirtschaft in technischer, finanzieller und wirtschaftlicher Beziehung. Er darf bzw. muß daher nicht nur unter dem Gesichtswinkel der Elektrizitätswirtschaft, sondern der gesamten Volkswirtschaft eines Landes betrachtet werden.

b) Die Aussichten der verschiedenen Reaktorsysteme. Die Anlagekosten eines Kraftwerkes sind nur einer der vielen seine Wettbewerbsfähigkeit bestimmenden Faktoren. Ende 1958 hatte die Betriebssicherheit der verschiedenen Reaktorsysteme etwa folgende Reihenfolge: Pos. 2, 5, 6, 3, 4 in Tab. 63. Die Unterschiede in dieser Rangordnung sind aber nicht groß. Tab. 64 zeigt, wie J. V. DUNWORTH (UKAEA) die Aussichten verschiedener Reaktorsysteme Anfang 1958 beurteilte.

Tabelle 64. Aussichten verschiedener thermischer Reaktorsysteme Anfang 1958. Nach J. V. DUNWORTH, Engng. 6. XII. 1957

Kühlmittel	Moderator-Baustoff			
	Be	C	D_2O	H_2O
Gas	c	a	b	d
Schweres Wasser (D_2O)	d	d	c	d
Leichtes Wasser (H_2O)	d	d	d	b
Natrium (Na)	c	b	c	d

a sofort ausführbar, b ausgesprochen mögliches System, c zur Zeit keine guten Aussichten, d keine Aussichten

Nach Ansicht von Sir John Cockcroft (Sommer 1958) werden in Großbritannien bei 500 000 kW-Atomkraftwerken die Spaltstoffkosten ab 1962 nicht mehr höher sein als die Brennstoffkosten thermischer Kraftwerke, Ende der sechziger Jahre sogar darunter liegen und in vielen anderen Ländern wird die Parität 1963 und 1973 erreicht werden. Bei graphitmoderierten Reaktoren werde man auf etwa 1%, bei H_2O-moderierten auf etwa 3% Anreicherung gehen, eine große Bedeutung schneller Reaktoren sei dagegen vor 1970 nicht zu erwarten.

Schon der hohen spezifischen Anlagekosten bei kleiner Leistung wegen müssen Atomkraftwerke eine Mindestleistung von etwa 100 000 kW und eine Mindestbenutzungsdauer von etwa 5000 h/Jahr haben. Während nämlich nach Abb. 222 bei 7500 h/Jahr der Kapitaldienst eines nuklearen Kraftwerkes um 1,4 Pf/kWh größer ist als bei einem thermischen, steigt dieser Betrag bei 3750 Stunden auf etwa 2,7 Pf/kWh. Dezentralisation der Stromerzeugung mittels örtlicher Atomkraftwerke ist infolgedessen nicht überall so verlockend, wie es zunächst scheint.

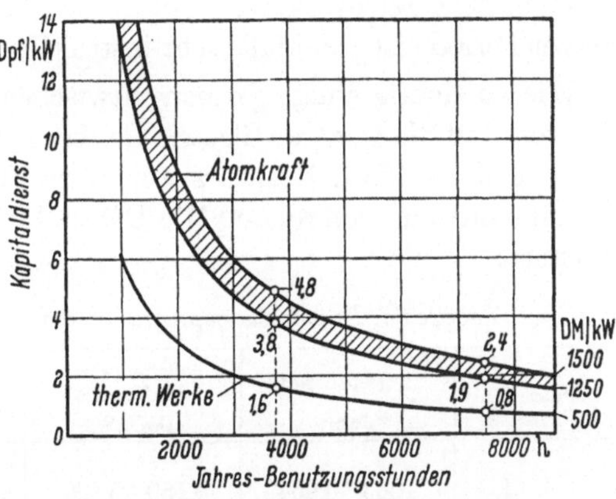

Abb. 222. Kapitaldienst in Pf/kWh in Abhängigkeit von Jahresbenutzungsstunden bei Atomkraftwerken (1250 u. 1500 DM/kW Anlagekosten) und bei therm. Kraftwerken (500 DM/kW Anlagekosten) bei 12% Kapitaldienst.

Da in einem Verbundnetz die festen Kosten (Kapitaldienst usw.) eine von der Belastung unabhängige Größe sind, werden die gesamten Stromerzeugungskosten am niedrigsten, wenn man die Grundlast durch die Kraftwerke mit den niedrigsten reinen Betriebskosten, also z. B. beim Versorgungsnetz des größten deutschen Elektrizitätswerkes, dem RWE, durch die Wasserkraft- und Braunkohlenwerke deckt, dann die Atomkraft und zuletzt zur Spitzendeckung die Steinkohlenkraftwerke einsetzt, wie es Abb. 222a an einer „geordneten Belastungskurve" zeigt. Man sieht, daß der Ausnutzungsfaktor der Atomkraft nur noch etwa 75% beträgt. Da eine gewisse Reserve vorhanden sein, die gesamte Kraftwerksleistung daher

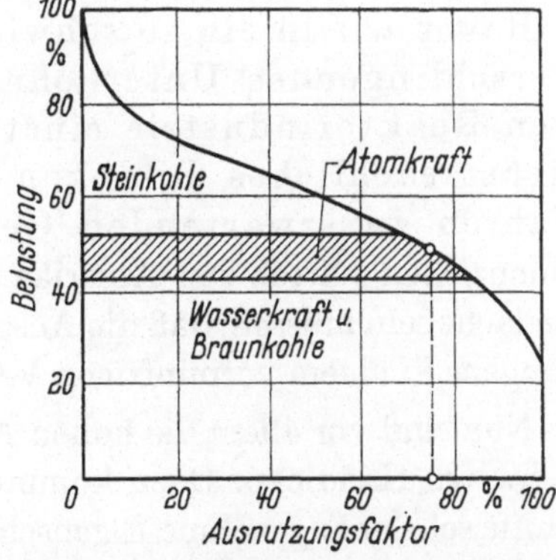

Abb. 222a. Vorteilhafteste Art des Einsatzes der verschiedenen Kraftwerksarten eines Verbundnetzes (Wasserkraft, Braunkohle, Atomkraft, Steinkohle) in Abhängigkeit vom Ausnutzungsfaktor. Nach O. Löbl. Energiewirtsch. Tagesfr. 31. X. 59.

mehr als die Leistungsspitze im Netz betragen muß, kommt man auf eine Jahresbenutzungsdauer der Atomkraft von nur etwa 6000 h/a. Ein höherer Wert wird sich sehr häufig nicht erzielen lassen.

c) Durchführung des deutschen Reaktorbaues. Der Reaktorbau ist in erster Linie eine Angelegenheit des Geschäftes und nicht der Wissenschaft, d. h. die Reaktor-Firmen haben ein durchaus verständliches Interesse daran, ihre Fabrikate auch publizistisch in einem tunlichst günstigen Licht erscheinen zu lassen. Es ist daher nicht verwunderlich, wenn in dem noch vor einigen Jahren herrschenden Überschwang der Gefühle eine geschäftige Propaganda manchmal etwas zuviel des Guten tat und übertriebene Hoffnungen erweckte, die auch bei uns Gläubige fanden. Eine retrospektive Lektüre der Fach- und Tageszeitungen aus dieser Periode ist jedenfalls sehr instruktiv.

Wie vorsichtig einige Firmen inzwischen geworden sind, geht daraus hervor, daß die General Electric Co. bis zum Erreichen einer optimalen Lösung ihres BWR-Reaktors mit einer Frist von zehn Jahren, einem Kapitalaufwand von rd. 550 Mio DM und folgenden Entwicklungsphasen rechnet:

Tabelle 65. Entwicklungsprogramm der General Electric Co., 1959[2])

Phase	Betriebsbereit Jahr	Anlagekosten des Werkes DM/kW	Stromerzeugungs- kosten Pf/kWh[1])	Reaktorleistung MW
I	1963÷1964	1150÷1400	—	50÷100
II	1965÷1967	950÷1150	3,6	50÷300
III	1969÷1971	730÷ 950	2,7	≧ 450

[1]) 14% Kapitaldienst, 70% Ausnutzungsfaktor
[2]) Die Westinghouse Corp. hat ein ähnliches Programm veröffentlicht.

Bevor wir in ein so schwieriges und gewaltige Kapitalien verschlingendes Unternehmen wie den Aufbau einer eigenen Reaktorindustrie einsteigen, sollten wir uns ein möglichst sachliches Bild von dem in den nächsten 5 bis 10 Jahren zu erwartenden Geschäft machen, weil wir nicht die finanziellen Mittel von Amerika oder Rußland haben, sondern darauf bedacht sein müssen, daß die Ausgaben und Einnahmen des neuen Unterfangens in einem vernünftigen Verhältnis zueinander stehen.

Nun sind vor allem die hohen Anlagekosten von Atomkraftwerken ein schweres Handicap. Dazu kommt, daß einige ihrer Bau- und Betriebsstoffe sehr unangenehme Eigenschaften haben, daß über Atomkraftwerke sehr wenig Betriebserfahrungen vorliegen, daß Unfälle in ihnen ihre Umgebung schwer gefährden können, daß der Staat mit Rücksicht hierauf schwerwiegende finanzielle Verpflichtungen auf sich nehmen muß und Atomkraftwerke selber erheblich weitergehende Bindungen eingehen müssen als thermische Kraftwerke. (Die Folgen ihrer Zerstörung bei kriegerischen Verwicklungen mögen hier außer Betracht bleiben.) Ihrer zu erwartenden Verbilligung und Vervollkommnung steht das mögliche weitere Vordringen von Erdöl und Erdgas gegenüber, hinter dem mächtige finanzielle Interessen stehen. Da auch trotz anders lautender Zeitungsmeldungen unterentwickelte Länder vorläufig kein wesentlicher Markt für Atomkraftwerke werden dürften, s. S. 243 u. 261, ist in den nächsten 5 Jahren das Geschäft in ortsfesten Reaktoren wahrscheinlich nicht groß. Auf Schiffsreaktoren wird später eingegangen.

Beim Aufbau unserer Reaktorindustrie müssen wir dieser Sachlage Rechnung tragen und vor allem sorgsam prüfen,

1. welche Reaktorsysteme mit Vorrang bearbeitet werden sollten,
2. worauf es beim Entwickeln neuartiger Reaktortypen in technischer und geschäftlicher Beziehung besonders ankommt,
3. welche ergänzenden Maßnahmen nötig sind.

Zu 1. Es muß vorausgeschickt werden, daß zum Beurteilen der Chancen eines Systems außer soliden wissenschaftlichen und technischen Kenntnissen große geschäftliche Erfahrungen und enges Vertrautsein mit dem Stand der in- und ausländischen Entwicklung auf atomarem Gebiet unerläßlich sind, d. h. Eigenschaften, die nur selten in einer Person vereinigt sind. Es wird daher manches behauptet und gedruckt, was besser nicht veröffentlicht worden wäre. Schon weil, wie noch gezeigt wird, das Herausbringen eines neuartigen Systems ein sehr langwieriges, auf umfassende Vorversuche angewiesenes teures Unterfangen ist, kommen für die nächsten 5 Jahre, bzw. die ersten deutschen Atomkraftwerke nur erprobte ausländische Reaktoren in Betracht, d. h. gasgekühlte graphitmoderierte Reaktoren (CHR), wassergekühlte und -moderierte Reaktoren (BWR u. PWR), nicht aber homogene[1]), metallgekühlte und mit hochgespannten Gasen gekühlte Reaktoren in Verbindung mit Gasturbinen. Vor 1965 werden sich wahrscheinlich nicht ein oder zwei bestimmte Systeme allen anderen als wesentlich überlegen erweisen, weil die Überlegenheit auch davon abhängt, wie teuer das Geld und die Löhne im Produktionsland sind; über welche fabrikatorischen Hilfsmittel es verfügt; wie die Transportverhältnisse bis zum Aufstellungsort liegen; ob dort mit Erdbeben zu rechnen ist usw.

Zu 2. Größtmögliche Betriebssicherheit ist die primäre Forderung, dann erst kommen wirtschaftliche und sonstige Rücksichten. Das Herausbringen eines neuartigen Systems hat nur Sinn, wenn man mit ihm den Strom *vorteilhafter*, aber nicht, wie manche „Erfinder" und Ge-

---

[1]) Ende 1959 war ein homogener mit Uranylsulphat, schwerem Wasser und Umwälzpumpen arbeitender Versuchsreaktor (HRE-2) von kugelförmiger Gestalt 1600 Stunden lang in ununterbrochenem Betrieb.

schäftemacher meinen, lediglich *„anders"* als mit bekannten Reaktoren erzeugen kann. Eine Beschränkung auf wenige Reaktorsysteme ist für uns schon deshalb ein Gebot der Wirtschaftlichkeit, weil der zum Bau bzw. Betrieb von Reaktoren erforderliche Apparat weit über ein individuelles Atomkraftwerk hinausgeht. Zu ihm gehören die Vorrichtungen zum Erzeugen von Spaltstoff und anderen seltenen Metallen, zum Herstellen von Spaltstoffelementen, von Regel- und Beschickungsvorrichtungen, zum Regenerieren von Spaltstoffen usw. Da alle diese Dinge ohne eine gewisse Minimalproduktion viel zu teuer arbeiten, kann das Herausbringen eines neuartigen, an sich vielleicht brauchbaren Reaktortyps schon deshalb verfehlt sein, weil er zu diesem Apparat nicht paßt. Was dies für unsere Reaktorindustrie bedeuten kann, soll an Spaltstoffpatronen gezeigt werden, die einer der teuersten und die sorgfältigste Fabrikation verlangenden modernen Massenartikel sind. Für ihre Umhüllung kommen u. a. Zircaloy und nichtrostender Stahl in Betracht. Nach Tab. 54, Abschnitt B, wird sie bei Zircaloy erheblich teurer. Außerdem braucht man zum Gewinnen von Zirkonium besondere Anlagen und die bei ihrer Verarbeitung und später im Reaktor möglicherweise auftretenden technischen Unsicherheiten sind entschieden größer als bei NR-Stahl, dessen Festigkeit mit der Temperatur überdies weniger stark abnimmt. Da sich zeigen läßt, daß trotz der bei NR-Stahl erforderlichen etwas stärkeren Anreicherung der Spaltstoffpatronen ihre Kosten je kWh in beiden Fällen etwa gleich hoch sind, gebührt — mindestens für deutsche Verhältnisse — NR-Stahl alles in allem wahrscheinlich der Vorzug. Dieses ad hoc gewählte Beispiel lehrt, daß wir, solange die Entwicklung noch im vollen Fluß begriffen ist, uns das Investieren größerer Mittel für neuartige Fertigungsverfahren oder das Gewinnen neuartiger Rohstoffe sorgsam überlegen sollten, wenn sich mit bekannten Rohstoffen und erprobten Fabrikationsmethoden etwa Gleichwertiges erreichen läßt. Der außerordentlich hohe Preis mancher Reaktor-Baustoffe zwingt manchmal zu ungewöhnlichen Bauformen oder Herstellungsverfahren, die für den normalen Maschinenbau zu teuer wären, Abb. 81 und 82. Da eine Maschine im allgemeinen um so betriebssicherer ist, je einfacher sie ist, wird man von mehreren annähernd gleichwertigen Systemen oft das einfachere wählen.

Bei in England gekauften Reaktoren muß man schon bei ihrer Aufstellung das Geld für eine für mehrere Jahre ausreichende Spaltstofffüllung investieren, die je kW elektr. Leistung 350 bis 550 DM kostet. Einschließlich der benötigten Reserve- und Ersatzelemente kann sich nach O. Löbl dieser Betrag um 100 bzw. 30%, d. h. auf 450 bis 900 DM/kW erhöhen, die verzinst werden müssen. Wie sehr aber Bruchteile eines Pfennigs die Bilanz eines Elektrizitätswerkes beeinflussen können, zeigt der Umstand, daß nach demselben Autor beim RWE mit einem

Aktienkapital von 450 Millionen DM die Verteuerung der Stromerzeugung um 0,5 Dpf/kWh jährlich mehr als 100 Millionen DM ausmachen würde. Es kommt also nicht nur auf einen kleinen spezifischen Spaltstoffverbrauch und billig herstellbare Spaltstoffpatronen, sondern auch auf eine tunlichst kleine benötigte *Spaltstoffüllung* an.

Zu 3. Für das Entwickeln neuartiger Reaktoren sind Vorversuche an bereits vorhandenen, in deutschen Atomkraftwerken aufgestellten Leistungsreaktoren unentbehrlich. Ihre Ergebnisse könnten aber frühestens im Jahre 1966 vorliegen. Deshalb müssen schnellstens ein paar kleine Pilotanlagen (10000 bis 20000 kW elektr. Leistung) erstellt werden[1]), an denen man auch Pumpen, Ventile und andere Zubehörteile ausprobieren kann, weil die konventionellen Erzeugnisse selbst erstklassiger Firmen den hohen Ansprüchen von Atomkraftwerken häufig nicht genügten. Solange wir aber über solche Pilotkraftwerke nicht verfügen, sollten wir große Reaktoren *nach*bauen und nicht *neu* bauen.

Ob wir jetzt fünf oder nur beispielsweise zwei oder drei 100000 kW-Atomwerke errichten, ist nicht so wichtig, wie daß wir die erforderliche Zahl von Prototypanlagen aufstellen[2]), denn wir haben gesehen, welch hohe Kosten entstehen können, wenn man einen noch unerprobten großen Reaktor ohne gründliche Vorversuche baut. Manchmal wird der Bau von Pumpspeicherwerken und die Ausstattung der mit Atomanlagen parallel arbeitenden thermischen Kraftwerke mit Verdrängungs- und Gefällespeichern erforderlich sein, Abb. 223.

Unter den gegebenen Umständen sollten wir unser Hauptaugenmerk auf die wissenschaftliche Seite des Reaktorbaues richten. Es wäre sinnlos, wenn wir Dinge, die im Ausland bereits geklärt worden sind, nun unsererseits nochmals zu klären versuchten. Dagegen sollten unsere Wissenschaftler und Ingenieure alle ausländischen Neuerungen und Fortschritte sorgfältig verfolgen und verwerten. Immer aber müssen wir beachten, daß der Reaktorbau keine Gelegenheit zum risikolosen Geldverdienen ist und auf die Dauer nur von Firmen mit dem nötigen finanziellen und personellen Rückgrat mit Erfolg betrieben werden kann.

---

[1]) Die Rheinisch-Westfälische Elektrizitätswerk AG (RWE) in Essen hat der Allgemeinen Elektricitäts-Gesellschaft (AEG) in Gemeinschaft mit der General Electric Co. (GE) im Juni 1958 den Auftrag auf die Errichtung eines bei Kahl/Main gelegenen 15000 kW-Kraftwerkes mit einem Siedewasserreaktor (leicht angereichertes Uran) in Auftrag gegeben, das Ende 1960 in Betrieb gehen soll.

[2]) Eine ganz ähnliche Auffassung vertrat Mr. McCone von der AEC dem amerikanischen Kongreß gegenüber. Er empfiehlt den Bau von Prototyp-Anlagen mehr als den großer Atom-Elektrizitätswerke, weil sie schneller gebaut werden können, viel weniger kosten und sich an ihnen erheblich besser im Interesse der Forschung und des technischen Fortschrittes liegende Änderungen ausprobieren lassen.

Viele unserer Landsleute stehen, wie ihre Reaktion auf die Erstellung einiger atomarer Forschungsinstitute zeigte, nuklearen Anlagen argwöhnischer gegenüber als beispielsweise die Amerikaner. Nun ereigneten sich im Ausland ein paar Zwischenfälle, die deshalb so beunruhigten, weil sachverständige Personen und nicht Laien sie verschuldet haben. Z. B. mußten im Herbst 1957 fieberhafte Anstrengungen gemacht werden, um einen Behälter mit hochradioaktivem Atommüll wieder auf-

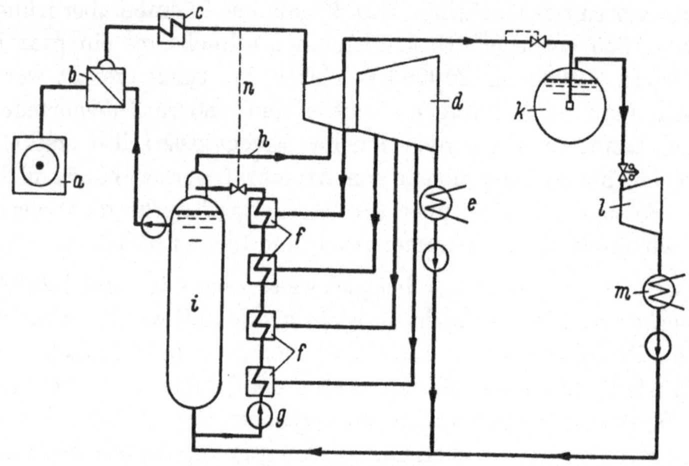

Abb. 223. Gleichzeitiger Einbau von Verdrängungs- u. Gefällespeicher zur Spitzendeckung. Nach F. MARGUERRE. Atom u. Strom, I. 1958.
a Reaktor, b Wärmetauscher, c Überhitzer, d Hauptturbine, e Kondensator, f Regenerativvorwärmer, g Kondensatpumpe, i Speisewasser-Verdrängungsspeicher, k Gefällespeicher, l Speicherturbine, m Kondensator

zufinden, der beim Abtransport nicht im Meer versank, sondern im belebten Fahrwasser vor der amerikanischen Ostküste trieb; im selben Jahr wurde die Umgebung von Windscale, das seit 1953 unfallfrei gearbeitet hatte, mit radioaktivem Staub überstreut und Anfang 1959 verstarb binnen weniger Stunden ein Ingenieur in Los Alamos an den Folgen einer nur wenige Minuten dauernden übergroßen Bestrahlung, der er sich versehentlich ausgesetzt hatte. Bis Ende 1957 hatte sich in den US, Großbritannien, UdSSR, Kanada und Frankreich mindestens je ein schwerer Unfall ereignet. Wir sollten daher nicht die Illusion aufkommen lassen, daß der Bau von Atomkraftwerken eine Art technischer Sonntagsnachmittags-Spaziergang sei, sondern dem Publikum klarmachen, daß Atomkraftwerke ebenso wie alle großen technischen Neuerungen ohne ein gewisses Opfer an Gesundheit und Leben nun einmal nicht zustande kommen können. Auch sollte man sich vor Prophezeiungen hüten wie der, daß die Atomkraft das Los des kleinen Mannes bald in unerhörter Weise erleichtern werde, weil sie durch Sachkenntnis nicht getrübte Flunkereien sind. Da nämlich bei Atomkraftwerken nur die Kessel samt Zubehör wegfallen, nicht aber die sehr teuren Stromfernleitungs- und Stromverteilungsanlagen sowie die beträchtlichen Kosten für Verwaltung, Steuern und andere Lasten, ist selbst unter für Atomkraftwerke sehr günstigen Voraussetzungen nicht zu erwarten, daß Atomstrom in absehbarer Zeit dem durchschnittlichen Strombezieher wesentlich weniger als Kohlenstrom kosten wird.

II. Deutscher Atomkraftwerkbau

a) Stromverbrauch und Brennstoffmarkt

Die Errichtung großer Atomkraftwerke drängt in Deutschland schon deshalb nicht sehr, weil die Kohlennot für uns kein so brennendes Problem ist wie es vor ein paar Jahren für Großbritannien war.

Für die folgenden Betrachtungen spielt es eine erhebliche Rolle, wie groß die jährliche Zuwachsrate des Stromverbrauchs für die nächsten zehn bis zwanzig Jahre geschätzt wird. Nach Schult (X. 1952) stieg der Stromverbrauch in fast allen größeren Ländern während der letzten dreißig Jahre jährlich um 7,2%, verdoppelt sich also etwa alle zehn Jahre. Mit diesem Wert wird heute fast allgemein gerechnet[1]). Er hängt natürlich von vielen zufälligen Umständen ab, die sich nicht voraussehen lassen und der ungeheure Nachholbedarf nach dem zweiten Weltkrieg konnte daher leicht zu erheblichen Fehlschätzungen führen. Wenn man mit 7,5% rechnet, wird der Stromverbrauch in der Deutschen Bundesrepublik von $65 \cdot 10^9$ kWh im Jahre 1954 auf $200 \cdot 10^9$ kWh im Jahre 1975 angestiegen sein (Dolzmann nimmt hierfür $286 \cdot 10^9$ kWh an), entsprechend einer Zunahme der install. Maschinenleistung der öffentlichen Elektrizitätswerke von 14 Mio. kW auf etwa 50 Mio. kW[2]). Für Großbritannien und die US werden für die Jahre 1952 und 1975 62 bzw. $223 \cdot 10^9$ kWh und 463 bzw. $1600 \cdot 10^9$ kWh genannt. Die Stromerzeugung in der UdSSR hat schon im Jahre 1952 $117 \cdot 10^9$ kWh betragen.

Nach F. Baade werden zur Zeit vom Energiebedarf der ganzen Erde 50% durch Steinkohle, 5% durch Braunkohle, 32% durch Erdöl, 10% durch Erdgas und nur 1,7% durch Wasserkraft gedeckt und von dem (auf Nutzenergien umgerechneten) Energieverbrauch Deutschlands entfallen 88% auf Wärme (Stahlwerke, Großchemie, Zement- und Ziegelfabriken, Hausbrand usw.) einschl. Elektrolyse, 9% auf Kraft und noch nicht ganz 3% auf Licht.

---

[1]) Baade hält die Behauptung, der Energieverbrauch der Menschheit verdopple sich alle 10 Jahre, für weit übertrieben. Nach seiner Meinung kann die bis zum Jahre 2000 voraussichtlich auf etwa 5 Milliarden Menschen angewachsene Bevölkerung der Erde mit Nahrungsmitteln und Energie überreichlich versorgt und das Sozialprodukt je Erdbewohner mit Hilfe der Atomkraft auf das Fünf- oder Sechsfache gesteigert werden.

[2]) Die installierte Leistung der öffentlichen Kraftwerke der Deutschen Bundesrepublik betrug Ende 1958 insgesamt 14,3 Mio. kW, auf Steinkohle entfallen 7,7 Mio kW.

Tabelle 66.   Energieverbrauch von Westeuropa und der USA im Jahre 1956.
Elektr.-Wirtsch. VI. 1958

	Westeuropa %	USA %
Kohle	70	27
Erdöl	18	**43**
Erdgas	1	25
Wasserkraft	11	5

Der auf Steinkohlen-Einheiten (1 SKE = 7000 kcal/kg) umgerechnete
Bedarf an Steinkohle für Stromerzeugung würde bei 7,5% Zuwachsrate
im Jahre 1975 etwa betragen:

Bundesrepublik .... 85÷ 95 Mio. t
Großbritannien .... 83÷ 93 Mio. t
US .... 600÷670 Mio. t

Die starken Unterschiede in der Stromerzeugung der drei Länder erklären sich
daraus, daß je Kopf der Bevölkerung im Jahre 1951 in der Bundesrepublik 1070,
in Großbritannien 1190, in den US aber 2790 kWh verbraucht worden sind. In
Deutschland liegt also ein erheblicher Nachholbedarf vor, weshalb es in den nächsten
Jahren mit einem stärkeren prozentualen Anwachsen des Strombedarfs rechnen
muß als die US.

Tabelle 67.   Steinkohlenförderung in verschiedenen großen Industriestaaten
in Millionen t (10^6 . t) zwischen 1939 und 1970

Jahr		1939	1945	1955	1965	1970
Bundesrepublik	10^6 . t	140	36	131	150	160
Großbritannien	10^6 . t	235	186	225	—	—
US	10^6 . t	400	570	441	—	—
UdSSR	10^6 . t	124	230[1])	300	—	—

[1]) Im Jahre 1952.

Tabelle 68.   Die deutsche Braunkohlenförderung in Millionen t

		In den Jahren			
		1936	1954	1961	1970
Gefördertes Gewicht	10^6 . t	56,7	87,8	105	110
In Steinkohleneinheiten umgerechnet...........	10^6 . t	rd. 19	rd. 29	rd. 35	rd. 37

Die Braunkohle spielt somit eine erhebliche Rolle in der deutschen
Stromerzeugung, Tab. 68.

Im Jahre 1955 verbrauchten unsere öffentlichen Kraftwerke 9,78 Mio. t,
im Jahre 1958 11,06 Mio. t Steinkohle bei einer Bruttostromerzeugung
von 57,7 Mrd. kWh. Dazu kam der Verbrauch der Industriekraftwerke
mit einer Stromerzeugung von 25,7 Mrd. kWh. (Jahr 1957.)

Die Steinkohlenförderung in Mio. t zeigt Tab. 67. Der Kohlenbedarf für die Stromversorgung würde also schon im Jahre 1975 in der Bundesrepublik rd. 70%, in Großbritannien rd. 38%, in den US mehr als ihre Förderung im Jahre 1954 verschlingen.

Seit dem Ende des zweiten Weltkrieges herrschte in Deutschland ein akuter Kohlenmangel, weshalb 1956 11,6 Mio. t, 1957 16 Mio. t, 1958 rd. 13 Mio. t amerikanische Steinkohle importiert werden mußten. Zwei milde Winter, die unerwartete Stagnation der deutschen Wirtschaft Anfang 1958 und einige andere Umstände haben die Kohlenknappheit in einen derartigen Kohlenüberschuß verwandelt, daß im Sommer 1959 16,4 Mio. t Kohle auf Halde lagen[1]). Infolge der Verringerung des Wärmeverbrauches je kWh in den letzten 35 Jahren um rd. 40%, Abb. 182, haben die Kraftwerke ohnehin nicht um soviel mehr Steinkohle verbraucht wie ihrer größeren Stromlieferung entsprochen hätte. Die Absatzkrise wurde durch das stürmische Eindringen des Öles in den paar letzten Jahren noch verschlimmert, weil die Kohlenpreise dauernd anstiegen, die Ölpreise seit 1954 aber immer tiefer sanken, Abb. 224, und heute in gewissen Gegenden unter den Steinkohlepreisen liegen. Nach Abb. 225 hat die Erdölförderung der Welt in den letzten 40 Jahren so stark zugenommen, daß sie dem Heizwert nach schon im Jahre 1955 die Kohlenförderung beinahe erreicht hatte. Wegen seiner vielen Vorteile wurden in den USA bereits im Jahre 1956 43% des Energieverbrauches mit Öl gedeckt. Auch für den Hausbrand fand Öl eine schnell zunehmende Verbreitung. Schließlich hat

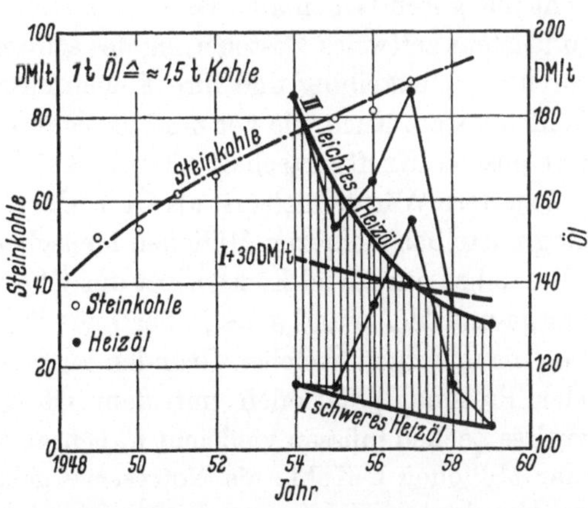

Abb. 224. Ungefähre Steinkohlen- und Öl-Preise in DM/t in einem großen deutschen etwa 400 km von den Kohlenzechen entfernten Elektrizitätswerk.

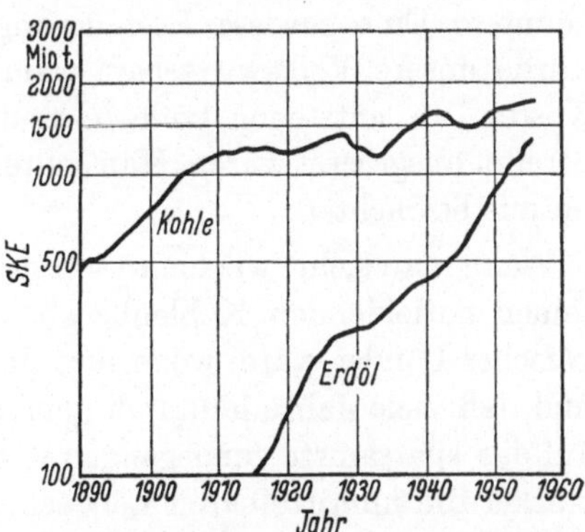

Abb. 225. Weltförderung von Kohle u. Erdöl in 10⁶ t SKE. Nach Elektr.-Wirtsch. VI. 1958.

---

[1]) Dazu kommen 1 Mio. t für Rechnung Dritter und etwa 10,5 Mio. t bei den Verbrauchern; insgesamt müssen also rd. 28 Mio. t Steinkohle und Koks dem Verbrauch zugeführt werden.

die Kohlenchemie in der Petrochemie einen mächtigen Konkurrenten gefunden. Infolgedessen stieg der Heizölverbrauch in der Bundesrepublik von 2,5 Mio. t im Jahre 1955 auf 6,7 Mio. t im Jahre 1958, die Rohöleinfuhr von 11,6 Mio. t im Jahre 1956 auf 16,0 Mio. t im Jahre 1957. Die Steinkohle hat also ihre Monopolstellung verloren. Im Jahre 1955 verbrauchten die öffentlichen Kraftwerke 9,78 Mio. t, im Jahre 1958 11,06 Mio. t Steinkohle bei einer Bruttostromerzeugung von 57,7 Mrd. kWh (1958), die Industriekraftwerke erzeugten 25,7 Mrd. kWh (1957) aus Steinkohle. Der Steinkohlenbergbau muß nun durch Stillegen unrentabler Zechen und andere Rationalisierungsmaßnahmen die heutige Krise zu überwinden versuchen und die Kohlenpreise herabsetzen, was viel Einsicht und guten Willen aller Beteiligten verlangt[1]). Hierbei wird sich eine mindestens zeitweise Besteuerung des schweren Heizöls zur Deckung der durch die Umstellung und ihre Folgen entstehenden Kosten nicht vermeiden lassen. Nach wie vor muß die Steinkohle auch deshalb das Rückgrat unserer Kraftwirtschaft bleiben, weil Kohle im eigenen Lande eine gesichertere Wärmequelle ist als Öl in Übersee und weil die Kohlenförderung mittelbar mehreren Millionen Menschen Lebensunterhalt gibt. Man sollte daher nur soviel Elektrizität aus Öl erzeugen, daß der Kohlenbergbau gesund bleibt und stets in der Lage ist, wenigstens ein paar Monate lang die aus irgendwelchen Gründen ausfallenden Ölimporte zu ersetzen oder Preismanipulationen mit dem Öl erfolgreich entgegenzutreten: gewisse Zechen müssen vielleicht in Einsatzbereitschaft gehalten und ein paar Millionen t Kohle als Notreserve gelagert werden. Die derzeitige Hochkonjunktur kann unverhofft einen schweren Rückschlag erleiden, in welchem Falle es dringend erwünscht wäre, wenn in anderen Berufszweigen freiwerdende Arbeiter wieder im Kohlenbergbau unterkommen könnten. Eine gewisse Besteuerung des Öls für vorgenannte Zwecke würde unsere Volkswirtschaft wahrscheinlich weniger belasten als die Kosten, die entstehen können, wenn wir diesen Zwischenfällen unvorbereitet ausgesetzt wären. Man sollte sie daher als eine Art Versicherungsprämie betrachten.

Wenn man sieht, wie heute selbst ein Land wie Amerika sich Sorge um seinen notleidenden Kohlenbergbau macht, wie froh eine Reihe europäischer Länder wäre, wenn ihre Zechen mehr Kohle absetzen könnten und daß viele Jahre hindurch gepredigt worden ist, daß mit der Kohle auf das sparsamste umgegangen werden müsse, so erkennt man wieviel stärker die unmittelbaren Lebensnotwendigkeiten eines Volkes sind als noch so ausgeklügelte aber rein technisch orientierte Überlegungen.

---

[1]) Was dem deutschem Steinkohlenbergbau passierte, ist jetzt dem Uranbergbau in Kanada zugestoßen, der wegen ungenügenden Absatzes unrentabel gewordene Urangruben mit etwa 7500 Arbeitern stillzulegen gezwungen ist.

b) Brennstoffvorräte

Die bis zu einer Teufe von 1200 m reichenden Vorräte der Erde an Steinkohle gibt Tab. 69 an.

Tabelle 69. Bis zu einer Teufe von 1200 m Anfang 1950 geschätzte Steinkohlenvorräte in einigen großen Industriestaaten

	Milliarden t 10^9 t	Anteil am Vorrat der ganzen Erde %
Bundesrepublik	68	1,9
Großbritannien	135	3,8
US	1609	44,8
UdSSR	947	26,4
Erde insgesamt	3591	100,0

Der Steinkohlenvorrat Großbritanniens ist also rund doppelt so groß wie derjenige der Bundesrepublik. Nach Tab. 70 ist die Steinkohlenförderung zwischen 1913 und 1952 in Großbritannien erstaunlich konstant geblieben; in den UdSSR hat sie gewaltig zugenommen, in den US ist sie infolge der Ausnutzung der Erdöl- und Naturgasquellen und des Baues riesiger Wasserkraftwerke eine Zeitlang beträchtlich zurückgegangen, hatte aber im Jahre 1956 wieder eine steigende Tendenz.

Tabelle 70. Steinkohlenförderung in einigen großen Industriestaaten zwischen 1913 und 1952 in Millionen t ($10 \cdot {}^6$t).

Jahr		1913	1938	1952
Bundesrepublik	$10^6 \cdot$t	119	137	123
Großbritannien	$10^6 \cdot$t	220	230	230
US	$10^6 \cdot$t	517	355	456
UdSSR	$10^6 \cdot$t	30	114	230

Die Förderung an Steinkohle je Mann und Schicht unter und über Tage betrug im Jahre 1951 in der Bundesrepublik 1102 kg, in Großbritannien 1229 kg, in den USA 6350 kg. Daß sie trotz der Einführung der Mechanisierung in Deutschland und Großbritannien nicht größer ist, ist u. a. darauf zurückzuführen, daß die besten Kohlen früher bevorzugt abgebaut worden sind. In Deutschland kommt noch die sehr große Teufe vieler Bergwerke hinzu.

Die verschiedenen Schätzungen der Weltvorräte an fossilen Brennstoffen, Spaltstoffen und ähnlicher Werte weichen stark voneinander ab. Nach Tab. 71 ist der gesamte potentielle Energievorrat der Welt an Spaltstoffen etwa 20mal so groß wie an fossilen Brennstoffen; nach J. Cockcroft (Engng. v. 19. IX. 58) enthält die Weltreserve an hochwertigen Erzen etwa $10 \cdot 10^6$ t Uran und $0,5 \cdot 10^6$ t Thorium und die Uranreserven sind etwa dreimal so groß wie die Brennstoffreserven; nach Engng. v. 31. I. 1958 sollen die Weltvorräte an fossilen Brennstoffen und an Spaltstoffen bei einer Fortdauer des heutigen Strom-

Tabelle 71. *Voraussichtliche Weltvorräte an fossilen Brennstoffen und an Spaltstoffen.* (Nach ECCLES)

	Mengen bzw. Gewichte	× 10^18 kcal
Rohöl	$97 \cdot 10^9$ m³	0,88
Naturbenzin (Motorenöl)	$1,8 \cdot 19^9$ m³	0,02
Schieferöl	$99 \cdot 10^9$ m³	1,01
Naturgas	$16 \cdot 10^{12}$ m³	0,15
Kohle	$3520 \cdot 10^9$ t	18,2
Gesamtvorrat an fossilen Brennstoffen . . . . . . 10^{18} kcal		rd. 21,0
Uranium	$25,4 \cdot 10^6$ t¹)	429¹)
Thorium	$1,02 \cdot 10^6$ t¹)	97,9
Gesamtvorrat an Spaltstoffen 10^{18} kcal		rd. 450

¹) bei einem Brutfaktor von 1 : 1.

verbrauches nicht länger als 500 Jahre ausreichen. GUYOL (Atompraxis 1956, H. 5/6) gibt die Weltförderung von fossilen Brennstoffen im Jahre 1953 mit $26 \cdot 10^{15}$ kcal, Abb. 226, PH. SPORN den prozentualen Anteil

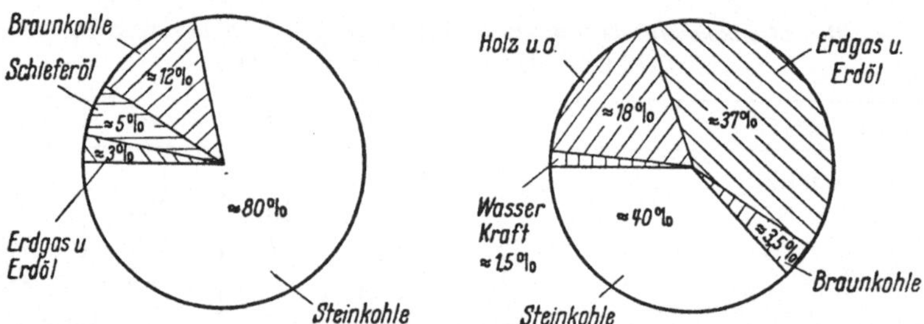

Abb. 226, 227. Anteile der Weltvorräte an verschiedenen fossilen Brennstoffen (links nach SPORN und an d. Weltförderung 1953 (rechts nach GUYOL). Atompraxis, V./VI. 1956.

der verschiedenen Brennstoffarten am gesamten Weltvorrat im Jahre 1953 gemäß Abb. 227 an. Nach S. BALKE stellen die zur Zeit projektierten Anlagen jährlich 30000 t U_3O_8 zur Verfügung, entsprechend 26000 t Uranmetall, die 187 t spaltbares 235 U enthalten.

c) Mehrjahrespläne

Die geistige Verwirrung, unter der die Welt seit Jahren schwer leidet, macht es verständlich, daß sie eine Zeitlang eine Art Atomkraftpsychose ergriffen hatte; z. B. verlangten selbst ganz kleine „unterentwickelte" Länder, in denen Öl beinahe billiger als Wasser ist, stürmisch den schleunigen Bau von Atomkraftwerken, obgleich andere Dinge und andere

Kraftmaschinen für sie sehr häufig notwendiger und zweckmäßiger wären (s. S. 233 u. 261).

Mehrere Staaten stellten Mehrjahrespläne auf, deren Zweck es ist, mit gewaltigen finanziellen Mitteln die Entwicklung von Atomkraftwerken unter staatlicher Förderung schnell voranzutreiben.

Tabelle 72. Übersicht über den ersten englischen Zehnjahresplan

Baustufe	I	II	III
Beginn der Konstruktion der Werke	1957	1958÷1959	1960
Voraussichtliche Inbetriebsetzung der Werke	1960÷1961	1963	1963÷1965
Zahl der Werke	2	2	2 × 4
Reaktoren je Werk	2	2	1
Bauart der Reaktoren	Gaskühlung, Graphit-Moderatoren	ähnlich wie in Fall I Reaktoren aber höher belastet	die ersten Reakt. sind wahrscheinl. verbesserte gasgekühlte Reakt. mit Graphit-Moderatoren, die letzten sind flüssigkeitsgekühlt und viel höher belastet als in Fall I
Leistung eines Reaktors . 10^3 kW	50÷100	50÷100	> 1000
Leistung aller Kraftwerke der betr. Baustufe . . . . . × 1000 kW	400÷800		
Voraussichtl. Baukosten der betr. Baustufe . . . . . Mill. DM	360÷420	380÷450	1500
Leistung aller 12 Kraftwerke Millionen kW	—	—	1,5÷2,0
Baukosten sämtl. 12 Werke 10^9 DM			2,2÷2,4
Baukosten der zugehörigen Hilfsanlagen . . . . 10^9 DM			0,48
Kosten der ersten Spaltstofffüllung 10^9 DM			0,36
Kosten der 12 Werke samt Hilfsanl. u. Spaltstofffüllung. 10^9 DM			3,0÷3,2
Spezifische Kosten je kW Nutzleistung:			
Werke ohne Hilfsanlagen DM/kW			1150÷1530
Werke mit Hilfsanlagen und Spaltstofffüllung . . . . . DM/kW			1550÷2060
Kosten der ersten Spaltstofffüllung DM/kW			180÷240

1. Englischer Plan. Das am 15. II. 1955 dem englischen Parlament vorgelegte Weißbuch „*A Programme of Nuclear Power*" sah für die nächsten zehn Jahre die in Tab. 72 angegebenen drei Baustufen vor. Bis etwa 1965 sollten zwölf Atomkraftwerke errichtet werden mit einer Leistung von 1,5 bis 2,0 Mio. kW und einem Kapitalbedarf von rd. 3 Mrd. DM. Während die ersten Werke gasgekühlte Reaktoren erhalten, sollen in den vier letzten Anlagen flüssigkeitsgekühlte thermisch hochbelastete Reaktoren aufgestellt werden, von denen man etwa dieselben Stromerzeugungskosten wie bei brennstoffbeheizten Dampfkraftwerken erhoffte. Sämtliche Werke baut und finanziert der Staat. Von 1964 an glaubt man jährlich mehrere 100 kg Plutonium in den Brutreaktoren der Kraftwerke erzeugen zu können.

Die englischen Kraftwerke hatten im Jahre 1954 eine Leistung von 20 Mio. kW, die nach dem Weißbuch im Jahre 1965 auf 35 bis 40 Mio. kW, im Jahre 1975 auf 55 bis 60 Mio. kW angestiegen sein dürfte. Ihr Kohlenverbrauch betrug 1954 rd. 40 Mio. t Steinkohle und wird auf 65 Mio. t im Jahre 1965 und auf 100 Mio. t in den siebziger Jahren geschätzt. Im Jahre 1975 rechnet man mit einer Leistung der englischen Atomkraftwerke von 10 bis 15 Mio kW. Ohne sie würde der voraussichtliche jährliche Kohlenverbrauch der Elektrizitätswerke im Jahre 1965 etwa 65 Mio. t, in den siebziger Jahren etwa 100 Mio. t betragen.

Der englische Zehnjahresplan hat bis Anfang 1958 etwa folgende Abänderungen erfahren. Bis 1965 sollen Atomkraftwerke mit 6 Mio. kW Leistung in Betrieb sein, deren Anlagekosten ohne bzw. mit Spaltstofffüllung auf 8 bzw. 11 Milliarden DM veranschlagt wurden. Zwischen 1961 und 1965 soll auf Atomkraftwerke die halbe Leistung der insgesamt zur Aufstellung gelangenden Kraftwerke entfallen. Jede der neuen Anlagen soll eine Leistung von nicht weniger als 150000 kW, sowie je Turbine 2 Reaktoren haben. Die Werke werden durch private Firmen für die CEA gebaut, wobei die UKAEA die technische Beratung übernimmt. Die z. Z. in der Aufstellung befindlichen Werke, darunter Hinkley Point (500000 kW elektr. Nutzleistung, 6 Turbinen von je 93000 kW, Dampf von 47 atü, 315° C) werden nach dem Vorbild von Calder Hall aber mit verbesserten Reaktoren gebaut, spätere Anlagen sollen eventuell mit BWR- oder PWR-Reaktoren ausgerüstet werden. Mitte 1958 besorgten 5 große, jeweils aus mehreren Firmen bestehende englische Konzerne Entwurf und Ausführung von ganzen Atomkraftwerken und von Forschungsreaktoren. Ihre Zahl scheint Ende 1959 auf 3 Konzerne zurückgegangen zu sein: GEC/Simon Carves-Gruppe und Atomic Power Construction-Gruppe, Nuclear Power Plant Co. (C. A. Parsons) u. John Thompson Nucl. Energy Co., English Electric u. Babcok-Wilcox.

Nach Tab. 73 würden im Jahre 1975 die Elektrizitätswerke in Großbritannien 35 bis 40% der heutigen Kohlenförderung verschlingen. Aus der Kohlenknappheit müßte daher eine Kohlenkatastrophe werden, wenn es nicht gelänge, die Kohlenförderung ganz beträchtlich zu steigern, was z. Z. zweifelhaft erscheint. Anfang Juli 1955 sah sich der englische Staatskohlenrat gezwungen, die inländischen Kohlenpreise durch Erhöhung um etwa 19% erheblich näher an den Weltmarktpreis

Tabelle 73. Vergleich des im Jahre 1975 voraussichtlich zu erwartenden jährlichen Kohlenverbrauchs von Elektrizitätswerken und der jährlichen Kohlenförderung im Jahre 1954 in drei großen Industriestaaten (1955)

	Jährlicher Kohlenverbrauch 1975 Millionen t	Jährliche Kohlenförderung 1954 Millionen t
Bundesrepublik	85÷95	128
Großbritannien	83÷93	230
US	600÷670	455

heranzuführen und England dachte daran, die Kohleneinfuhr beträchtlich einzuschränken.

Tabelle 74[1]. Übersicht zum amerikanischen Fünfjahresplan (Jahr 1955)

Fertigstellung	Elektrizitätswerke und projektierende Firmen	Technische Einzelheiten des Reaktors	Elektr. Nutzleistung kW	Baukosten des Werkes Insgesamt Millionen DM	Spezifisch DM/kW	Zahl der beteiligten Elektrizitätswerke
Ende 1957	Boston, Massachusetts	Festes Uranium Durch H_2O gekühlter und moderierter Brutreaktor	100 000		1380	12
Frühestens 1960	Detroit Edison Co. arbeitet die Entwürfe mit eigenen 55 Wissenschaftlern und Ingenieuren aus	Feste Uranlegierung Schneller Brutreaktor Na-Kühlung	100 000	630	1900 einschl. umfangreicher Vorarbeiten	25
Ende 1959	Pacific Gas a. Electric Co. Nebraska Bechtel Corp.	Fester Spaltstoff Graphit-Moderator Na-Kühlung Brutreaktor	75 000			
1960	Commonwealth Edison Co. u. Public Service Co. Chicago General Electric Co. u. Bechtel Corp.	Durch D_2O gekühlter und moderierter Brutreaktor	180 000			4
Ende 1959	Consolidated EdisonCo.New York General Electric Co. u. Babcock a. Wilcox Co.	Festes Uran u. Thorium. Durch H_2O gekühlt. Brutreaktor Besonderer ölgefeuerter Überhitzer 28 at, 540° C	236 000	230	970	1
Summe			691 000	860	1240	—

[1] Die Tabelle mußte aus mehreren nicht überall miteinander übereinstimmenden Quellen zusammengestellt werden.

2. Amerikanischer Plan. In Amerika bauen die wiederholt genannten Arbeitsgruppen die in Tab. 74 angegebenen Atomkraftwerke, die als Versuchsanlagen im großen betrachtet werden. Die installierte Leistung der amerikanischen Elektrizitätswerke wird für das Jahr 1956 zu 100 Mio. kW angegeben. Bis zum Frühjahr 1956 sollen sich 58 Firmen für den Bau von Atomkraftwerken mit einer Leistung von 1,2 Mio. kW bei einem Kapitalaufwand von 1,25 Mrd. (1,25 · 10⁹) DM stark gemacht haben, von denen aber Ende 1958 viele als lebensunfähig wieder ausgeschieden waren. L. STRAUSS, der jenesmalige Präsident der AEC, erwiderte im Jahre 1956 auf den Vorwurf, der Bau von Atomkraftwerken schreite in den US zu langsam voran, es komme für Amerika nicht auf das vergängliche Prestige, schnellstens Atomkraftwerke zu bauen, sondern darauf an, in einem wohlüberlegten Bauprogramm diejenigen Reaktorsysteme herauszufinden, die wirtschaftlich wettbewerbsfähig und nicht schon bei ihrer Fertigstellung veraltet sind, eine nach Ansicht des Verfassers durchaus richtige Auffassung.

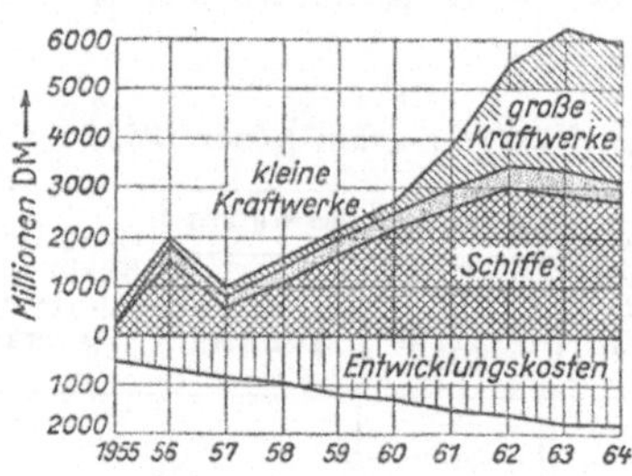

Abb. 228. Schätzwerte für das in den Jahren 1955 bis 1963 in den USA erwartete Geschäft in Atomkraftwerken. Nach NUCLEONICS, VI. 1955.

Der amerikanische Fünfjahresplan sollte außerdem die Aufstellung von fünf verschiedenen Versuchsreaktoren mit einer Wärmeleistung von 3 bis 75 MW und einer elektrischen Leistung von 0 bis 16000 kW umfassen. Mit welch gewaltigem Geschäft in Atomkraftwerken die Amerikaner schon im Jahre 1955 gerechnet haben, zeigt Abb. 228.

Dieser Plan, der schon 1957 wesentlich erweitert worden ist, weicht vom englischen vor allem in folgendem ab:

1. Er ist nicht so umfassend (gesamte Baukosten nach dem Stande von Anfang 1955 nur 860 gegenüber 3000 Mio. DM).

2. Er ist insofern kühner, als schon die ersten Werke mit verschiedenen Reaktor-Bauarten ausgestattet werden.

3. Die Anlagen werden z. T. auf Kosten der Elektrizitätswerke gebaut, die sie auch betreiben und im wesentlichen das Risiko tragen sollen.

4. Die AEC beschränkt sich auf die Beratung sowie auf die Durchführung von erforderlich werdenden Versuchen in ihren Laboratorien und übernimmt das Regenerieren von erschöpftem Spaltstoff. Der benötigte frische Spaltstoff wird den Elektrizitätswerken nur pachtweise überlassen. Die amerikanische Regierung verpflichtete sich im Jahre 1954, in den Elektrizitätswerken erzeugtes Plutonium zu einem auf sieben Jahre festgelegten Preis zu übernehmen, S. Tab. 54.

Ein wesentlicher Unterschied zwischen dem englischen und dem amerikanischen Plan besteht darin, daß der erstere mehr auf Sicherheit, Vermeiden unliebsamer Überraschungen und schnellen Bau großer Atomwerke, der letztere mehr auf schnelle Klärung grundsätzlich wichtiger Fragen bedacht ist, und daß der amerikanische Plan privater Initiative mehr Freiheit einräumt.

Neun Elektrizitätswerke haben im Jahre 1956 außerdem um die Genehmigung zum Bau eines gemeinsamen Brutreaktors für Versuchszwecke nachgesucht, der 190 Mio. DM kosten soll, zu denen noch 38 Mio. DM für die elektrische Ausstattung hinzukommen. Bis Ende 1953 sollen in amerikanischen Atomanlagen (nicht Atomkraftwerken) rd. 20 Milliarden DM investiert worden sein, die durchschnittlichen monatlichen Investierungen für weitere Anlagen wurden mit 400 Mio. DM angegeben.

Im Jahre 1955 verbrauchten die Anlagen der AEC mit 6,5 Mio. kW Turbinenleistung mehr Strom als die in den nächsten zehn Jahren voraussichtlich zur Aufstellung kommenden amerikanischen und englischen Atomkraftwerke zusammen werden liefern können.

3. Russischer Plan. Tab. 75 enthält die heute wahrscheinlich überholten Hauptdaten der im Jahr 1956 für die nächsten Jahre von der UdSSR geplanten Atomkraftwerke.

Tabelle 75. Bauplan der UdSSR.
Nach Engng. 30. VIII. 1957.

Zahl der Kraftwerke		2	1	4
Reaktortyp		H_2O-Preß- wasser	Graphitmoder. H_2O-gekühlt	Siedewasser H_2O-gekühlt und H_2O-moder.
Reaktorleistung	MW	1530	1150	5÷70
Install. Kraftwerksleistung	kW	420 000	400 000	—
Spaltstoff:				
Füllung je Reaktor	t	40	185	—
Anreicherung	%	1,0	1,2	—
Druck u. Temp. des H_2O				Reaktordampf
am Reaktoraustritt	at/°C	100/275	160/540	geht direkt
desgl. d. Arbeitsdampf. ...	at	30/Sattd.	90/500	in Turbine
Brutfaktor		0,8	—	—
Zahl u. Leistung. d. Turbinen				
je Reaktor	kW	3×70 000	4×100 000	—

Außerdem soll an einem D_2O-moderierten homogenen BWR-Reaktor mit natürlichem Wasserumlauf vor allem der Kreislauf 232 Th — 233 U ausprobiert und ein schneller Brutreaktor für Untersuchungen bei extrem hohen Wärmebelastungen gebaut werden. Rußland soll ebenso wie die US über große Diffusionsanlagen zum Gewinnen von angereichertem Spaltstoff verfügen und scheint sich besonders mit der Verwendung von auf 5% Gehalt an 235 U angereichertem Spaltstoff intensiv zu beschäftigen.

4. Französischer Plan. Auch Frankreich hat auf dem Gebiete der Stromgewinnung aus Kernenergie in theoretischer und praktischer Beziehung Hervorragendes geleistet. Es ist emsig bemüht, den Anschluß an die großen Atommächte zu gewinnen. Anfang 1959 wurde in Marcoule der erste „Atomstrom" (9000 kW) in das öffentliche Verteilungsnetz geliefert. Die Anlagen in Saclay und Marcoule gehören zu den größten und am besten eingerichteten Forschungs- und Entwicklungslaboratorien der Welt. Bis 1965 sollen Atomkraftwerke mit insgesamt 800000 kW Leistung errichtet werden, Anfang 1958 sprach man aber bereits von 2,5 Mio. kW im Jahre 1965 und von 4 Mio. kW Leistung im Jahre 1967.

5. Deutscher Plan. In der Deutschen Bundesrepublik wurde schon im Jahre 1956 der schleunige Bau mehrerer großer Atomkraftwerke gefordert, ohne daß die Betreffenden sich darüber klar zu sein schienen, daß der Rückstand Deutschlands auf atomphysikalischem Gebiete und sein völliger Mangel an den zu einem schnellen Bauen erforderlichen Wissenschaftlern, Ingenieuren und fabrikatorischen Einrichtungen dies gar nicht gestattet hätte. Unerläßliche Voraussetzung für eine von Rückschlägen möglichst freie Errichtung großer deutscher Atomkraftwerke und für die Entwicklung eigenständiger deutscher Reaktorkonstruktionen ist aber die tunlichst schnelle Errichtung von ein paar Pilotanlagen.

Am 9. XII. 1957 beschloß die deutsche Atomkommission die Aufstellung von

1 fortgeschrittenen mit Graphit moderierten gasgekühlten Reaktor für Natururan,

1 mit D_2O moderierten und gekühlten Reaktor für Natururan,

1 mit H_2O moderierten und gekühlten Reaktor für schwach angereichertes Uran,

1 fortgeschrittenen Hochtemperaturreaktor mit Gaskühlung für angereichertes Uran,

1 Anlage zum Herstellen von Spaltstoffen und gewissen Baustoffen,

Von dem für dieses Vorhaben benötigten Kapital von 2,2 bis 2,4 Mrd. DM, in denen 800 Mio. DM für das Errichten der Atomkraftwerke enthalten sind, sollte der Staat 75%, die Wirtschaft 25% aufbringen. Im Frühjahr 1959 war die Errichtung von vier oder fünf Kraftwerken mit etwa 500000 kW Gesamtleistung in Aussicht genommen, Abb. 229.

Unsere Hauptanstrengungen müssen daher auf das schleunige Schaffen der Voraussetzungen gerichtet sein, ohne die sich eine Atomindustrie nicht aufbauen

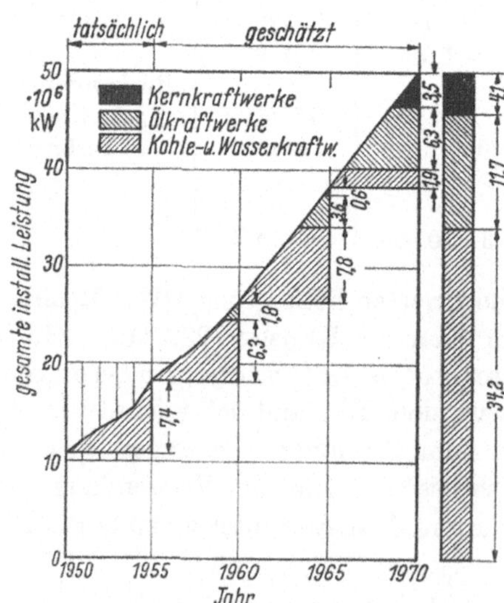

Abb. 229. Vermutlicher Zuwachs d. install. Leistung d. öffentlichen westdeutschen Elektrizitätswerke an thermischen u. atomaren Anlagen zwischen 1950 u. 1970 auf Grund der Sachlage im Jahre 1956. Nach R. WISSELL.

läßt. Hierzu gehören die schnelle Errichtung von Instituten für atomphysikalische Forschungen und für die Ausbildung von Atomphysikern und -ingenieuren sowie das baldige Erlassen gewisser Gesetze und behördlicher Vorschriften, ohne die nichts Entscheidendes unternommen werden kann. Das *Bundesatomprogramm* umfaßte für das am 31. III. 1957 endende Haushaltsjahr folgende drei Stufen:

Stufe I: Förderung der Forschung und Entwicklung auf dem Gebiete der Atomenergie an den einschlägigen wissenschaftlichen Instituten, soweit sie ohne den Besitz von Kernreaktoren möglich sind.

Stufe II: Errichtung von fünf *Hochschulreaktoren*, eines *Mehrzweckforschungsreaktors* und einer Großanlage für Teilchen-Beschleuniger. (In der Ostzone kam Ende 1957 an der Technischen Hochschule in Dresden ein mit angereichertem Uran arbeitender 2 MW-Forschungsreaktor in Betrieb.)

Stufe III: Durchführung von Maßnahmen zur Förderung des Abbaues deutscher Uranvorkommen, Errichtung mindestens eines *Materialprüfungsreaktors*, eines Versuchskraftwerkes und eines Reaktors für Schiffsantrieb.

Auf Bundesebene wurde die *Deutsche Atomkommission* (*DAK*) errichtet, dazu kommen Atomkommissionen in einigen Bundesländern. Das deutsche *Atomgesetz* sieht sowohl staatliches als auch privates Eigentum bei Erzeugung und Nutzung der Kernenergie, staatliche Verwahrung aller Spaltstoffe und strenge Beschränkungen bei der Verfügung über Spaltstoffe vor.

6. Vergleich des amerikanischen Vorgehens mit dem englischen. Ein Vergleich des amerikanischen mit dem englischen Vorgehen hat für Deutschland, das eine eigene Atomindustrie aufzubauen im Begriffe ist, hohes Interesse. Wie wir gesehen haben, war Großbritannien gezwungen, möglichst schnell ein paar große Atomkraftwerke zu erstellen. Es konzentrierte daher seine ganze Energie auf die Weiterentwicklung des im Jahre 1948 in Betrieb gekommenen gasgekühlten graphitmoderierten Bepo-Reaktors (British Experimental Pile) und konnte schon im Jahre 1956 mit dem CHR-Reaktor in Kraftwerk Calder Hall Strom liefern. Mit diesem Typ stattete es auch seine sämtlichen weiteren Atomanlagen aus.

Da die Amerikaner gleichzeitig mit mehreren Reaktorsystemen experimentierten, kam ihr erstes Atomkraftwerk erst ein paar Jahre später in Betrieb, weshalb sie noch nicht mit soviel Betriebserfahrungen aufwarten können wie die Engländer. Verleitet durch überoptimistisches Einschätzen der bald zu erwartenden Nachfrage nach Atomkraftwerken errichteten sie zahlreiche teure Spezialfabriken und -laboratorien, die eine schwere finanzielle Bürde wurden und deren hohe Kosten eine Reihe von Firmen zwangen, aus dem Geschäft wieder auszusteigen, als die erwarteten Bestellungen ausblieben. Offenbar war in England der Einfluß der Ingenieure größer als der der Geschäftemacher und infolge der zweckmäßigen Koordinierung von Forschung, Entwicklung und Ausführung und dem harmonischen Zusammenarbeiten von Wissenschaftlern und Ingenieuren konnten sie schneller praktische Ergebnisse erzielen.

Jedenfalls machte sich in den US allmählich eine zunehmende Malaise geltend, die dazu führte, daß das Publikum einerseits der AEC ungenügende Unterstützung der Industrie und der Elektrizitätswerke (utilities) vorwarf und daß andererseits die utilities befürchteten, staatliche Subventionen könnten sich als Beginn einer kalten Sozialisierung erweisen. Es wurden auch Stimmen laut wie: Die Anstrengungen auf dem zivilen Gebiet der Atomenergie seien fast hoffnungslos verwirrt und viele der bisherigen Reaktorentwürfe seien „overdesigned".

Hiermit und mit Differenzen mit der JCAE hängt es zusammen, daß im Juli 1958 der Leiter der AEC, LEWIS L. STRAUSS, zurücktrat. Er befürwortete ein von Jahr zu Jahr neu festzulegendes Programm, war gegen eine mit staatlichen Geldern geförderte überstürzte Entwicklung und für eine tunlichst große Selbsthilfe der Industrie. Sein Nachfolger J. C. McCONE erklärte im Februar 1959 vor dem JCAE, die Anstrengungen der AEC in den letzten fünf Jahren hätten sich sehr bezahlt gemacht, und Amerika werde imstande sein, wettbewerbsfähige Atomkraftwerke fremden Ländern mit hohen Brennstoffpreisen ab 1964, entsprechenden Gebieten der US ab 1969 zu liefern. Nach Ansicht des Verfassers wären manche Kritiker von STRAUSS mit ihren Vorwürfen zurückhaltender gewesen, wenn sie beachtet hätten, daß der Bau wettbewerbsfähiger Atomkraftwerke nur auf Grund von Erfahrungen möglich ist, die sich nur in jahrelanger Arbeit erwerben lassen, aber nicht durch kostspielige „Schnellverfahren" in ein paar Monaten. Wer anders verfährt, wird auf die Dauer meistens keinen großen Erfolg haben.

Wenn es aber zur Zeit so aussieht, als ob die Engländer alles in allem vorteilhafter operiert hätten, so darf man nicht übersehen, daß die Amerikaner ihrem Vorgehen den Besitz der ersten Atom-Unterseeboote verdanken, die, wie an anderer Stelle gezeigt wird, sich auch für den Bau ortsfester Atomkraftwerke als eine große Hilfe erweisen werden.

d) Was tut nun not?

1. Ausbildung von Atomphysikern und -ingenieuren. Weiter vorn wurde gesagt, daß im Jahre 1957 die sofortige Errichtung großer deutscher Atomkraftwerke schon am Fehlen des erforderlichen technisch-wissenschaftlichen Personals gescheitert wäre. Einen Begriff von dem außerordentlich großen Personalbedarf, mit dem in den US gerechnet wird, gibt Tab. 76, und es scheint, als ob die UdSSR noch größere Anstrengungen gemacht habe, da nach L. BRANDT die Zahl der je Million Einwohner auf Universitäten ausgebildeten Ingenieure in der UdSSR

280, in den US 136, in Großbritannien 57 und in der ganzen übrigen westlichen Welt nur 67 betrug (BWK XII. 1957).

Wenngleich die amerikanischen Verhältnisse nicht ohne weiteres auf Deutschland übertragen werden dürfen, so zeigen sie doch, wieviel auf unseren Universitäten, technischen Hochschulen und anderen Anstalten geschehen muß, um den Vorsprung des Auslandes in angemessener Zeit einholen zu können.

2. **Zusammenarbeit von Lehre, Forschung und Industrie.** Für Lehr- und Forschungszwecke können *Hochschulreaktoren, Forschungsreaktoren* und *Mehrzweckreaktoren* in Betracht kommen.

Tabelle 76. Übersicht über den voraussichtlichen amerikanischen Bedarf an Personal zum Bau und Betrieb von Reaktoren in den Jahren 1960 und 1975 (Jahr 1956)

Art des Personals	Wissenschaftler und Ingenieure		Sonstiges Personal		Insgesamt	
	1960	1975	1960	1975	1960	1975
Betrieb und Wartung der Reaktoren . . . . 10^3 .	0,03	1,1	0,47	20,0	0,5	21,1
Chemische Aufbereitungsanlagen 10^3 .	0,05	0,8	0,15	7,2	0,2	8,0
Herstellung von Spaltstoffen . . 10^3 .	0,2	3,3	0,6	29,9	0,8	33,2
Entwicklung, Entwurf, Bau von Reaktoren . . . . 10^3 .	2,0	11,0	6,0	109	8,0	120
Summe: . . . . 10^3 .	2,28	16,2	7,22	166,1	9,5	182,3
Zahl der 1956 in den amerikanischen „Kontrakt-Unternehmen" Beschäftigten[1] rd.	22 100		5 200		27 300	
Zahl der im Jahre 1956 bei der AEC Beschäftigten rd.	900		1 200		2 100	
Geschätzter amerikanischer Jahresbedarf an Atomphysikern und -ingenieuren zwischen 1955 und 1965	1 500		—		—	
Geschätzte Zahl der z. Z. in Deutschland vorhandenen Atomphysiker rd.	120÷150		—		—	
Desgleichen der Atomchemiker z. Z. rd.	20		—		—	
Desgleichen der jährlich neu hinzukommenden Atomphysiker rd.	50		—		—	

[1] Kontrakt-Unternehmen sind Institute und Firmen, die im Auftrag der AEC Arbeiten und gewisse Lieferungen ausführen.

Hauptzweck der Hochschulreaktoren ist ihre Verwendung zur Heranbildung von Physikern und Ingenieuren für die Bedürfnisse von Industrie und Wissenschaft;

Forschungsreaktoren sollen der reinen Forschung und der Weiterbildung atomphysikalisch besonders befähigter Absolventen von wissenschaftlichen Lehranstalten dienen;

Hauptaufgabe der Mehrzweckreaktoren, zu denen die weiter vorn empfohlenen Pilotanlagen gehören, ist neben der Grundlagenforschung die Ermöglichung bestimmter, vor allem von der Industrie benötigter Untersuchungen.

Zu diesen Reaktoren kommen noch den speziellen Bedürfnissen industrieller Firmen angepaßte Reaktoren. Diese verschiedenen Stellen können durch planmäßiges gemeinsames Vorgehen weit mehr leisten, als die Summe der Leistungen der einzelnen, nur ihr Eigenleben führenden Institute ausmachen würde. Der Reaktorbau ist mehr als andere Zweige der Technik auf das gute Zusammenarbeiten von Menschen angewiesen, die sich nicht nur durch die Art ihrer beruflichen Betätigung, sondern auch dadurch erheblich unterscheiden, wie sie denken, fühlen und handeln. Dem ausgesprochenen Wissenschaftler ist Erkennen um des Erkennens willen, dem ausgesprochenen Ingenieur um des industriellen Erfolges willen Hauptmotiv seiner Betätigung.

Damit ein Ingenieur eine neue Idee in „eine konkurrenzfähige Maschine" verwandeln kann, muß er „praktisch" veranlagt sein. Dies sind aber selbst hochbedeutende Wissenschaftler oft nicht. Infolge dieser Wesensunterschiede nicht immer vermeidbare Spannungen müssen schon im Entstehen durch zielbewußte Zusammenarbeit aller beteiligten staatlichen und industriellen Stellen, unserer wissenschaftlichen Institute und Gelehrten ebenso wie unserer Fabriken und durch die Konzipierung einer klaren Atompolitik überwunden werden. Es hieße Zeit und Geld verschwenden, wenn mehrere Stellen unabhängig voneinander dieselben Dinge bearbeiten würden oder Maschineningenieure den Ehrgeiz hätten, atomphysikalische Grundlagenforschung zu betreiben. Die Ingenieure sollten den Atomphysikern nicht ins Handwerk pfuschen (für die Atomphysiker gilt im umgekehrten Sinne dasselbe), und letztere müssen neben ihrer für die Konstruktion von Reaktoren unerläßlichen Wissenschaft für die sehr realen Forderungen, wie kleine Baukosten, Einfachheit, Einhaltung von Terminen usw., Verständnis haben, die die Ingenieure berücksichtigen müssen und deren Erzielung zuweilen Mittel und Wege verlangt, die reinen Wissenschaftlern nicht liegen. In dieser Beziehung sollte folgende Bemerkung von **J. A. Lane**, einem s. Z. führenden Mitglied des *Oak Ridge National Laboratory*, eine Warnung sein: „Es sind so viel Studien der verschiedensten Stellen über die verschiedenen Reaktoren durchgeführt worden, daß ein angesehener Ingenieur sagte, die dumme Geschichte mit dem Reaktorgeschäft ist, daß viel zuviel Physiker die Wirtschaftlichkeit von Reaktoren berechnen und viel zuviel Wirtschaftler Reaktoren entwerfen." Die für die Entwicklung einer deutschen Atomtechnik Verantwortlichen müssen gegen hektische Propaganda immun sein, hervorragende Kenntnisse und Erfahrungen, gesunden Menschenverstand, Initiative und den **Mut** haben, bei der Stange zu bleiben und nein zu sagen, wenn sie sich nach gründlichem Überlegen einmal für ein bestimmtes Vorgehen entschieden haben. Auch sollten sie ihre Kraft nicht durch gleichzeitiges Verfolgen aller möglichen Projekte oder die Mitarbeit in überflüssigen Organisationen verzetteln.

Im übrigen darf man bezweifeln, ob die europäischen Staaten, die nicht ohne eigene Schuld soviel von dem Prestige und Einfluß verloren haben, die sie noch vor 50 Jahren besaßen, sich auf atomarem Gebiete würden behaupten können, wenn sie sich nicht wenigstens bei denjenigen Entwicklungsarbeiten zu gemeinsamer von wirtschaftlicher Vernunft geleiteter Arbeit zusammenschließen würden, die über die Kraft eines jeden dieser Staaten hinausgehen.

3. Konzentrierung der Kräfte. SIR EDWIN PLOWDEN von der UKAEA gab im Jahre 1958 den zum Entwickeln eines neuen Reaktorsystems erforderlichen Aufwand an Wissenschaftlern und Ingenieuren (W. u. I.) mit 1000 Mann-Jahren (ohne Hilfskräfte), die auflaufenden Kosten (ohne Kapitaldienst) mit 120 bis 240 Mio. DM an, die aber bei einer Anlage wie derjenigen in Dounreay noch beträchtlich überschritten werden können (Engr., 25. IV. 58). Die Entwicklung umfaßt folgende Etappen:

1. physikalische Vorversuche an Nullenergie-Reaktoren (Dauer 1 Jahr, 50 bis 100 W. u. I.),
2. Ausarbeitung eines ersten Konstruktionsentwurfes (Dauer 1 Jahr, 100 bis 150 W. u. I.),
3. Bau eines kleinen Versuchsreaktors (Dauer 2 Jahre, 150 W. u. I.),
4. Bau eines Prototyp-Reaktors (Dauer 3 Jahre, 200 W. u. I.).

Erst jetzt könne man mit dem Bau des endgültigen Reaktors beginnen (Mindestdauer 2 Jahre). Auch Abb. 230 zeigt, was für ein sehr viel Zeit und Mittel verlangendes Unterfangen die Schaffung eines neuen Reaktorsystems ist. Selbst leistungsfähige Staaten müssen daher die Systeme, für deren Entwicklung sie größere Mittel aufwenden wollen, sorgfältig auswählen. Für Deutschland empfehlen sich bei Leistungsreaktoren folgende Maßnahmen:

a) Vorläufig *Nach*bauen und nicht *Neu*bauen,
b) Konzentrieren auf wenige Typen,
c) haushälterisches Umgehen mit den verfügbaren Mitteln,
d) Fernhalten von „Erfindern", „Projektemachern" und von Stellen ohne die erforderlichen finanziellen und personellen Mittel aus dem Reaktorgeschäft,
e) reichliche Subventionierung der Grundlagenforschung,
f) Schaffung eines Organs für die Koordinierung und das planvolle Verteilen der Forschungsarbeiten auf die einschlägigen Institute,
g) Schaffung einer Stelle für schnellen und großzügigen Austausch der an den verschiedensten Stellen gewonnenen Forschungsergebnisse und Erfahrungen,

h) schnelle Information aller Interessenten über wertvolle ausländische Arbeiten.

Welche Riesensummen heute in die atomare Entwicklung gesteckt werden, zeigen folgende zwei Beispiele: Der Stab der UKAEA betrug im Jahre 1958 35600 Personen, ihr Budget 1,125 Milliarden DM (Engr.

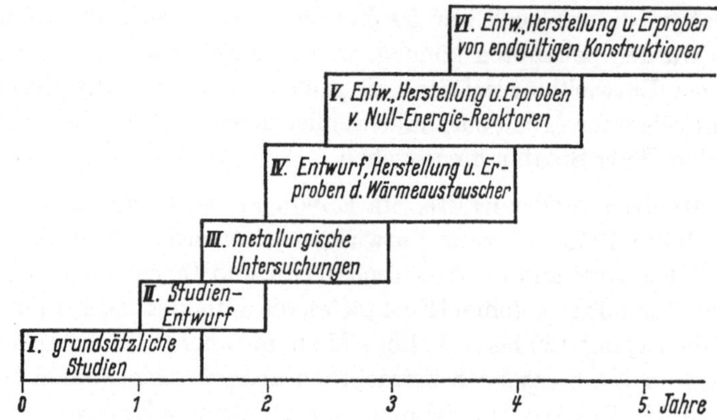

Abb. 230. Ungefährer Zeitbedarf für die Entwicklung eines gasgekühlten Reaktors. Nach Engng., 7. III. 1958.

Kernphysikalische Aufgaben:	Metallurgische Aufgaben:	Ingenieuraufgaben:
Versuche mit Reaktor-Baustoffen	Massenfluß in Kühlsystemen	Leckagefreie Konstruktion
Ermittlung d. besten Kernaufbaues	Entwicklung neuer Spaltstoffelemente	Gasreiniger
Unters. evtl. Strahlungsschäden	Korrosion u. Oxydation	Ventilatoren usw. für Kühlgas
Panzerungsprobleme, Herabsetzung v. Gewicht u. Kosten	von Reaktorbestandteilen	Wärmeaustauscher
Sanitäre Fragen		Spaltstoffelemente
		Regelvorrichtungen

N. B. Im Interesse einer kurzen Entwicklungszeit sollten sich Bereiche I bis VI tunlichst weitgehend überlappen.

14. VIII. 1959). Die amerikanische General Electric Co. hatte auf atomarem Gebiete Ende 1959 Regierungsaufträge für 6 Milliarden DM und private Aufträge für mehr als 400 Millionen DM, beschäftigte mehr als 14000 Menschen für diese Aufgaben und hatte über 80 Millionen DM eigenes Geld für Forschungszwecke ausgegeben, ohne bisher hieran etwas zu verdienen.

Entwicklung und Bau von Reaktoren sind nächst der chemischen (und metallurgischen) Industrie in erster Linie Sache der Elektroindustrie, die die erforderlichen automatischen Regelungen, die zahlreichen Meß- und Kontrollinstrumente und andere Vorrichtungen entwickeln und bauen muß. Die enge Zusammenarbeit der chemischen und der Elektroindustrie hat sich ja schon in vielen Jahrzehnten als überaus fruchtbar erwiesen. Aber auch des Maschinen-, Armaturen-, Rohrleitungs- und Behälterbaues warten große Aufgaben. Die heutige Situation im Reaktorbau erinnert an die Zeit vor 50 Jahren, als zahlreiche Systeme von Steilrohrkesseln auf den

Markt kamen. Es hat jenesmal rd. 30 Jahre gedauert, bis sich die Spreu vom Weizen geschieden hatte und das heutige hohe Niveau erreicht war. Bei Reaktoren könnte es noch länger dauern.

Der durch die Versuche mit Atombomben verursachte *fall-out*, d. h. die Verseuchung der Luft mit gefährlichen radioaktiven Spaltprodukten, ist das große Schreckgespenst, das auch auf Reaktoren und Atomkraftwerke seinen Schatten wirft. Anfang 1959 bekanntgegebene Feststellungen haben die etwas allzu selbstsicheren Behauptungen von Meteorologen, die erwähnten Versuche würden weder das Wetter beeinflussen noch die Gesundheit von Mensch und Tier bedrohen, schwer erschüttert. Auf alle Fälle behalten Spaltprodukte ihre gefährliche Wirkung viele Jahre lang bei. Nun sind aber unsere Erfahrungen über die ohne Schädigung unserer Gesundheit und der Natur zulässigen Strahlungstoleranzen sehr jungen Datums, und niemand vermag zuverlässig zu sagen, ob die Ausstrahlungen nicht uns noch unbekannte Wirkungen haben, die gefährlicher sind, als man heute annimmt. Sollte man aber diese Feststellung in zehn oder 20 Jahren machen müssen, so ließe sich die Wirkung des bis dahin erfolgten *fall-out* nicht mehr so aus der Welt schaffen, wie man einen durch industrielle und andere Abwässer verseuchten Fluß — wenn auch sehr mühsam — in ein paar Jahren wieder reinigen kann. *Das Publikum wehrt sich daher mit Recht gegen alles, was die Atmosphäre, die Erde oder die Wasserläufe radioaktiv verseuchen könnte.* Auch bei der Errichtung von Atomkraftwerken muß alles geschehen, was mit einem vernünftigen Geldaufwand geschehen kann.

III. Die Atomwirtschaft

a) Atomkraftwerke ein Nebenberuf von Chemiewerken

Da die bisherigen Ausführungen fast ausschließlich die Gewinnung von Energie in Gestalt von Strom und Wärme behandeln, könnte der Eindruck entstehen, als ob damit die durch die Nutzbarmachung der Kernenergie erschlossenen friedlichen Möglichkeiten ausgeschöpft und Atomkraftwerke bzw. nukleare Antriebe das alleinige Endziel seien, was keineswegs zutrifft. Zu der Gewinnung der Spaltstoffe aus Erzen und der Regenerierung bzw. Ausschlachtung erschöpfter Spaltstoffe, d. h. zu der mit Atomkraftwerken unmittelbar zusammenhängenden, sogenannten „*heißen Chemie*", ist die „*Strahlenchemie*" hinzugekommen, die sich mit der Verwertung der in Reaktoren anfallenden radioaktiven Spaltprodukte befaßt. Ihre großen Möglichkeiten könnten die gesamten Ingenieur- und Naturwissenschaften derart einschneidend beeinflussen, daß nach S. BALKE Kernanlagen „im Hauptberuf die Rolle von Chemiewerken und nur im Nebenberuf diejenigen von Elektrizitätswerken" spielen würden.

Nach W. KOECK betrug im Jahre 1954 der Weltbestand an natürlichen Radiumpräparaten 2400 Curie, während im Jahre 1956 allein in Großbritannien 6 kg radioaktive Spaltprodukte mit 12 Mio Curie anfielen. F. LIBBY von der AEC glaubt, daß der Markt binnen kurzem 3 Mio Curie Tritium und 100000 Curie 85 Kr (Krypton) aufnehmen werde und daß die amerikanische Industrie durch umfassenden Gebrauch derartiger energiereicher Strahler im Jahre 1967 jährlich etwa 18 Mrd. DM werde sparen können. Während 1 Curie Radium 100000 DM kostete, beträgt der Preis von 1 Curie in Reaktoren gewonnenem 60 Co (Kobalt) nur noch 12 bis 20 DM und man glaubt, daß bei 60 Co, 137 Cs oder Tritium sich schließlich ein Preis von 1 DM/Curie erreichen läßt. Man wird daher in Zukunft erschöpfte Spaltstoffpatronen vor ihrer chemischen Aufbereitung interessierten Industrien als Erzeuger von Strahlungen zur Verfügung stellen. Mit Hilfe dieser so sehr verbilligten Strahler lassen sich folgende, z. T. ganz neue Aufgaben lösen:

in der Technik: zerstörungsfreie Materialprüfungen, feinste Dickenmessungen, vervollkommnete Massenproduktion, Ermittlung wichtiger physikalischer Konstanten, Vervollkommnung elektronischer Automaten, Ortung von Verstopfungen in Rohrleitungen u. a. m.;

in der Chemie: Verbesserung von Kunststoffen, Schmierstoffen, Gummi und gewissen chemischen Prozessen;

in der Medizin: vervollkommnete Diagnosen, Bekämpfung gefährlicher Geschwüre, verbesserte Sterilisierung, Untersuchungen des Blut- und des Säftekreislaufes, verbesserte Durchleuchtung des Körpers, verbesserte Untersuchung der Wirkung von Heilstoffen und -verfahren;

in der Landwirtschaft: wirkungsvollere Bekämpfung von Pflanzenschädlingen, Beschleunigung des Reifungsprozesses mancher Pflanzen, sehr lange Konservierung von Nahrungsmitteln (bei Kartoffeln bis zu zwei Jahren). Am erstaunlichsten ist vielleicht, daß sich z. B. Erbsenstauden durch Bestrahlen in hochstämmige Gewächse verwandeln, wodurch sich ihr bisher sehr zeitraubendes Abpflücken sehr verbilligen wird.

Ähnlich wie seinerzeit die Hochofenschlacke aus einem wertlosen Stoff ein wichtiges Düngemittel geworden ist, versprechen die bisher als lästiger Atommüll betrachteten Spaltprodukte aus Reaktoren für zahlreiche Zwecke sich in ein wertvolles Hilfsmittel und für Elektrizitätswerke in eine zusätzliche Einnahmequelle zu verwandeln. Die „*Atomkraft*" wird daher nach S. BALKE über kurz oder lang nur noch ein *Teilgebiet* der viel umfassenden „*Atomwirtschaft*" sein.

b) Internationale Atomorganisationen

Zur Bewältigung der Aufgaben, die über die Kraft eines einzelnen europäischen Staates hinausgeht, wurden folgende internationale Organisationen geschaffen (Z. VDI. 1. VII. 58):

die *Internationale Atomenergie-Organisation in Wien* (IAEO), die vor allem dem Austausch von Kenntnissen, Ausbildungsangelegenheiten und dem Schutz von Arbeitskräften und der Bevölkerung gegen energiereiche Strahlungen dient;

der *Europäische Wirtschaftsrat* (OEEC), der die Arbeiten der europäischen Mitgliedstaaten koordiniert, sie mit spaltbarem Material versorgt und gemeinsame Untersuchungen für die Produktion und Nutzbarmachung von Kernenergie betreibt;

die *Eurochemie*, die Gemeinschaftsanlagen ihrer Mitglieder errichtet;

die *Europäische Kernenergieagentur*, die einen Teil der der OEEC obliegenden Arbeiten erledigt;

das *Europäische Kernforschungszentrum* (CERN), eine Art internationales Forschungslaboratorium mit dem Sitz in Meyrin bei Genf;

die *Euratom*, die wissenschaftliche und technische Forschungen fördert, gewisse Kontrollfunktionen ausübt und deren Etat für die nächsten fünf Jahre 215 Mio Dollar beträgt.

D. Atomkraft und zweite industrielle Revolution

I. Allgemeines

Seit dem Ende des Mittelalters hat die Technik durch Kanonen, Dampfmaschinen und Verbrennungsmotoren den Verlauf der Weltgeschichte entscheidend beeinflußt. Nun haben fast alle technischen Neuerungen eine gute und eine böse Seite. Die Ausnutzung der Kernenergie kann z. B., wie die Atombomben beweisen, die Schrecken kriegerischer Auseinandersetzung noch weiter ins Ungemessene steigern. Ein Segen kann dieser unablässig strömende Zuwachs an Macht und an Erkenntnissen nur werden, wenn der vermessene Mensch unserer Zeit den richtigen Maßstab für das Mögliche und das Erstrebenswerte und das Bewußtsein für die seiner Lebensführung durch die Natur gezogenen Grenzen wiedergewinnt. Da die Ingenieure, die manchmal bedenklich dazu neigen, über technisch Erstrebenswertem die für die große Allgemeinheit wichtigeren Gesichtspunkte zu übersehen, im Rahmen des ihnen Möglichen alles tun sollten, damit sich die bei der Einführung der Dampfmaschine begangenen Fehler nicht wiederholen, wollen wir versuchen, einige typische Unterschiede zwischen der Dampfkraft und der Atomkraft an sich und zwischen den Erscheinungen bei ihrer beider Einführung aufzuzeigen:

1. Die Entwicklung von Reaktoren hat in den letzten 15 Jahren weit größere finanzielle Mittel verschlungen als diejenige der Wärmekraftmaschine seit den Tagen von JAMES WATT bis heute.

Die AEC hatte bis Ende 1957 folgende Mittel für die Entwicklung und den Bau von Anlagen der verschiedensten Art investiert, die mit der Ausnutzung von Kernenergie zusammenhängen:

Tabelle 77. Investierungen der AEC für atomare Anlagen   Mrd. DM

	Mrd. DM
Baukosten von Diffusionsanlagen und anderen Fabriken zum Gewinnen von spaltbarem Material samt Zubehör	29,0
Laufende Kosten	8,4
Summe	37,4
Die laufenden Kosten setzten sich folgendermaßen zusammen:	
Herstellung von spaltbarem Material	3,3
Uranerz	1,7
Reaktorentwicklung	1,2
Medizin, Physik, Chemie, Verwaltung	0,8
Waffen	1,4
Summe	8,4

Man dürfte mit der Annahme nicht fehlgehen, daß die USA für den Bau aller der Vorrichtungen, Laboratorien, Fabriken usw., die man braucht, um Atomkraftwerke in großem Maßstab bauen zu können (einschl. der Anlagen zum Gewinnen von Uran, Zirkonium, Beryllium und anderen seltenen Metallen, zum Herstellen der Spaltstoffpatronen, zum Regenerieren und Ausschlachten gebrauchter Patronen, zum Beseitigen von Spaltprodukten), rd. 50 Mrd. DM werden investieren müssen. Dieser Betrag würde etwa den Baukosten von thermischen Kraftwerken für 50 Mio kW Leistung entsprechen, d. h. rd. 3,5mal soviel wie die installierte Leistung sämtlicher öffentlichen Kraftwerke der Deutschen Bundesrepublik im Jahre 1958 betrug, was einen Begriff von den ungeheuren Summen gibt, um die es sich handelt.

2. Bau und Betrieb von Reaktoren sind ohne den Besitz gewisser Rohstoffe und ohne außerordentlich teure Aufbereitungsanlagen nicht möglich.

3. Reaktoren können nicht von beliebigen Unternehmern völlig unabhängig von anderen Stellen gebaut und betrieben werden.

4. Beim Bau von Dampfkraftmaschinen kommt man mit einem verhältnismäßig homogenen Angestelltenstab aus; für den Reaktorbau sind auch in ihrem allgemeinen Habitus sehr heterogene, vom ganz auf das Praktische eingestellten Ingenieur bis zum reinen Wissenschaftler reichende Mitarbeiter unentbehrlich.

5. Atomkraftwerke bieten ein weit größeres finanzielles Risiko als Dampfkraftwerke, weil ein Schaden an ihnen weite Gebiete schwer gefährden könnte und weil der Atommüll gleichfalls alles andere als harmlos ist.

6. Die Dampfmaschine wurde in einer politisch und sozial verhältnismäßig ruhigen Periode eingeführt, die Einführung von Kernreaktoren vollzieht sich in einer äußerst turbulenten, durch gewaltige politische Machtverschiebungen gekennzeichneten Zeit[1]).

7. Während die Erbauer von Dampfmaschinen ihre Erfahrungen streng geheimhielten, haben die großen Atommächte schon seit längerer Zeit fremden Staatsangehörigen viele Ergebnisse ihrer Forschungen großzügig zur Verfügung gestellt.

Reaktoren sind gewissermaßen ein Nebenprodukt oder, wenn man so sagen will, ein illegitimes aber vielversprechendes Kind der Atombombe. Ohne die Hoffnung, dadurch in den Besitz einer kriegsentscheidenden Waffe zu gelangen, hätte wohl kein Land sich dazu bereit gefunden, in hochwissenschaftliche Forschungsarbeiten so gewaltige Summen zu investieren, und niemals wären diese Forschungen in einem Tempo vor-

---

[1]) MÜNZINGER, F.: Menschen, Völker und Maschinen, Baden-Baden: Verlag für angewandte Wissenschaften 1954

wärtsgetrieben worden, das keine Parallele in der Geschichte der Wissenschaften hat. Zu dem an sich schon riesigen atomaren Forschungsgebiet kamen noch ausgedehnte chemische, festigkeitstechnische, elektrische und metallurgische Forschungen hinzu.

Noch vor keinen 20 Jahren sah sich die Welt dem anscheinend unlösbaren Dilemma zwischen dem andauernd zunehmenden Brennstoffverbrauch und den immer kleiner werdenden Brennstoffvorkommen gegenüber, aus dem sie die Nutzbarmachung der Kernenergie befreit hat, weil der in den letzten zwei Jahrzehnten so sehr geschundene Mensch sich auch heute noch zu helfen weiß, wenn ihn die Not dazu zwingt.

Die gewaltigen in nur zwei Dezennien erreichten atomaren Errungenschaften sind auf den für unsere Zeit typischen Drang der Technik zurückzuführen, etwas als ausführbar Erkanntes völlig unbekümmert um die Folgen für andere Bereiche des öffentlichen Lebens mit allen Mitteln vorwärtszutreiben. Kennzeichnend hierfür sind die Worte von J. R. OPPENHEIMER, eines der Schöpfer der Atombombe: „Ich hätte (schon aus Freude an der Technik) alles gemacht, was man von mir verlangt hätte, einschließlich der allerverschiedensten Bomben, wenn ich sie nur für technisch herstellbar gehalten hätte.“ Der technische Fortschritt kann aber auf die Dauer nur segensreich sein, wenn er sich den ideellen und materiellen Fortschritten auf anderen Gebieten harmonisch anpaßt und nicht auf deren Kosten erfolgt oder seine Adepten zu einem Verhalten verleitet oder zwingt, das sich mit einer gesunden Lebensführung und den allgemeinen bürgerlichen Pflichten nicht verträgt. Übertrieben forcierter technischer Fortschritt entzieht anderen Sparten des öffentlichen Lebens zu viele Kräfte, beansprucht das Interesse des Publikums zu einseitig und bewirkt, daß viele hochintelligente Menschen, darunter auch Ingenieure, die großen Zusammenhänge eines wichtigen Problems nicht mehr zu erkennen vermögen, weil ihnen ein Übermaß von spezialistischen technischen Finessen den Blick trübt und ihr Interesse an außerhalb ihres engsten Betätigungsgebiets liegenden Angelegenheiten verkümmern läßt.

Damit hängt es zusammen, daß manche sonst klugen Menschen sich den Kopf darüber zerbrechen, was unsere Generation tun sollte, damit in ein paar hundert Jahren kein Energiemangel auf der Welt herrscht, statt ihre ganze Tatkraft auf die schnelle Linderung der gegenwärtigen Not zu konzentrieren. Ein weiteres Beispiel hierfür ist folgende Verlautbarung eines hervorragenden Physikers: „Da wir auf dem Monde nicht nur wertvolle Bodenschätze erwarten dürften, ..., sondern auf Grund der scharfen Gegensätze von heißem Sonnenschein und fast weltkaltem Schatten auch unerschöpfliche Möglichkeiten der Energiegewinnung hätten, dürfte sich in den nächsten 200 Jahren eine umfassende Industrialisierung des Mondes vollziehen, die zu einer weitgehenden Entlastung der dann vorwiegend als Wohn- und Urlaubs-

gelände beanspruchten Erde führen könnte!" Der betreffende Gelehrte
übersieht u. a., daß nicht der Mangel an Raum, sondern der unzureichende Agrarertrag, den der Mond nicht vergrößern könnte, das entscheidende Problem ist und daß andere Probleme für normale Menschen
viel dringender und zwingender sind als derartige Tüfteleien.

Ein drittes Beispiel ist das in der letzten Zeit allerdings wieder etwas ab-
geflaute Verlangen mancher Kreise, schleunigst Atomkraftwerke in unter-
entwickelten Staaten zu errichten, obgleich ihnen ein paar einfache
Überlegungen zeigen müßten, daß für die nächsten fünf bis zehn Jahre
über das ganze Land verteilte Dieselanlagen kleiner und mittlerer Leistung in wirtschaftlicher, technischer und soziologischer Beziehung meistens weit vorteilhafter wären und daß den betreffenden Staaten nur mit
wirklich erprobten Atomkraftwerken gedient wäre, s. S. 233 u. 243.

Zu dem übersteigerten Tempo des technischen Fortschrittes hat auch
der Umstand beigetragen, daß ihn ganze Völker zu einer Prestigefrage,
zu einer Art nationalem Fetisch gemacht haben (ähnlich wie zwischen
1900 und 1914 den Kampf um das „Blaue Band"), was auf die Dauer
keine guten Früchte tragen kann. Es bricht sich aber doch allmählich die
Erkenntnis durch, daß der technische Fortschritt nur dann eine wirk-
liche Bereicherung unseres Lebens ist, wenn er nicht in eine sinnlose, für
niemand wirklich ersprießliche Hatz ausartet und wenn der Mensch darüber nicht die für ein gesundes und zufriedenes Leben unerläßlichen ethi-
schen, moralischen und biologischen Forderungen geringschätzt oder ver-
gißt. Für alles menschliche Tun, auch wenn es den Zeit-
genossen noch so dringlich erscheint, werden ein paar
uralte Erfahrungen auf immer ihre Gültigkeit behalten,
und daher rührt es, daß das richtig verstandene Sprich-
wort: „Gut Ding will Weile haben", auch für den Bau von
Reaktoren und Atomkraftwerken manchmal keine schlechte
Devise ist.

E. Atomantriebe für ortsbewegliche Anlagen

I. Nukleare Antriebe für Schiffe

a) Vor- und Nachteile des nuklearen Antriebs

Schiffe mit nuklearem Antrieb werden im folgenden der Kürze wegen „Atomschiffe" genannt. Die großen Vorteile, die der nukleare Antrieb in der Schiffahrt, vor allem in der Kriegsmarine in Aussicht stellt, lösten während der letzten Jahre in mehreren Staaten eine starke Aktivität aus. Nach Admiral Rickover werden die US im Jahre 1963 an nuklearen Schiffsantrieben 1,5 Mio. kW Leistung in Betrieb und 1 Mio. kW Leistung in der Ausführung haben, Abb. 231. Bei Handelsschiffen bietet der nukleare gegenüber dem konventionellen Antrieb folgende *Vorteile*:

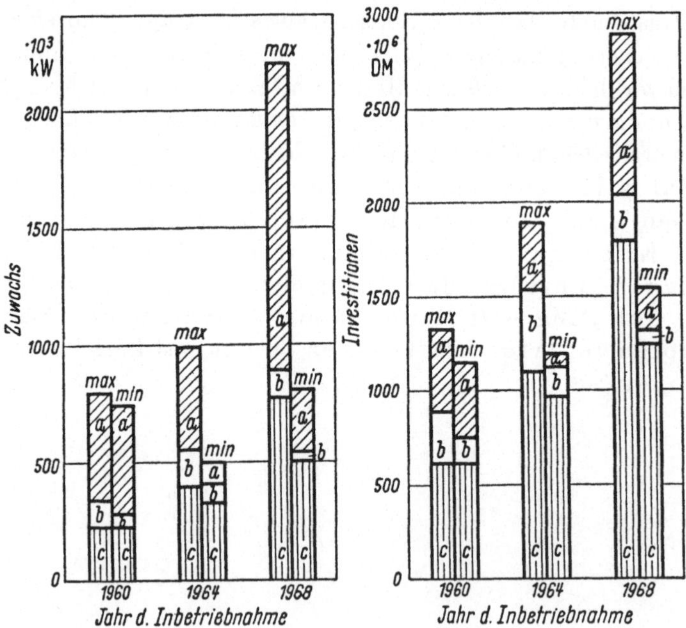

Abb. 231. Ende 1957 veranschlagte Maximal- und Minimalwerte für den in den Jahren 1960, 1964 und 1968 in den US zu erwartenden jährlichen Zuwachs an Installationen in 1000 kW und die dazu erforderlichen Kapitalaufwendungen in Millionen DM für große ortsfeste Kraftwerke (Gruppe a), kleine Reaktoren und Diverses (Gruppe b) und Handels- u. Kriegsschiffe (Gruppe c). Nach Nucleonics, XII. 1957.

Angenommene Einheitspreise je kW install. elektr. Leistung: Gruppe a: (1960) 2200 ÷ 1600 DM/kW, (1968) 1500 ÷ 1170 DM/kW; Gruppe b: 2500 ÷ 2100 DM/kW; Gruppe c: 2900 ÷ 2300 DM/kW

1. fast unbegrenzt lange Fahrtdauer,

2. größere nutzbare Tonnage,

3. Möglichkeit des Baues sehr großer Schiffe,

4. Wegfallen der voluminösen Leitungen für Verbrennungsluft und Rauchgase, der Heizölpumpen und -leitungen und der Heizölbunker,

5. kleinere Liegezeiten im Hafen,

6. geringere Brandgefahr,

7. Wegfallen des wegen der Entleerung der Heizölbunker erforderlichen Austrimmens auf See,

8. Ermöglichung des Baues von Unterwasser-Handelsschiffen.

Bei Kriegsschiffen kommen noch folgende Vorteile hinzu:

9. Im Gegensatz zu konventionellen Kriegsschiffen kann die Kreuzgeschwindigkeit gleich der Maximalgeschwindigkeit sein,

10. fast beliebig langes Unterwasserfahren,

11. auch untergetaucht können Atomschiffe fast beliebig lange mit sehr hoher Geschwindigkeit, konventionelle U-Boote nur mit 2 bis 3 Knoten und höchstens eine Stunde lang mit 8 bis 9 Knoten fahren,

12. Wegfallen des bei schlechtem Wetter besonders unangenehmen Übernehmens von Heizöl auf hoher See,

13. wesentlich größere Aktionsfreiheit ganzer Flottenverbände.

Diesen Vorteilen stehen folgende *Schwächen* gegenüber:

1. Durch Stöße, Rollen, Schlingern und Stampfen sowie die wechselnde Ladung wird der Schiffskörper deformiert, wodurch die Reaktoren in Mitleidenschaft gezogen werden können. Die durch die Schiffsbewegungen verursachten Beschleunigungs- und Verzögerungskräfte können ferner die Regulier- und andere Vorrichtungen in Unordnung bringen;

2. die große Höhe mancher Reaktoren kann zu einer Durchbrechung des obersten Schiffs-

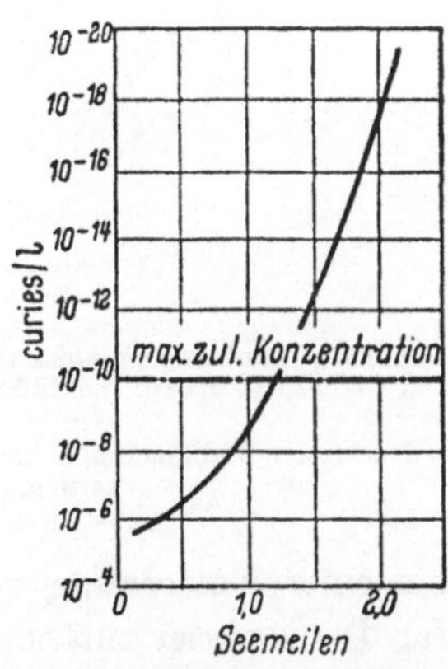

Abb. 232. Wasserverseuchung in curie/lit 50 Tage nach dem Unfall eines 20000 HP-Schiffes (60 MW-Reaktor), wenn 40% der im Reaktor enthaltenen Spaltprodukte ins Wasser gelangten. Nucleonics, V. 1957.

decks zwingen, was den Schiffskörper schwächt; Abb. 233, oben rechts.

3. schnelles Manövrieren stellt an Reaktoren weit höhere Anforderungen als an ölgefeuerte Schiffskessel. Man muß u. U. momentan überschüssigen Dampf direkt in einen Kondensator leiten, *o* in Abb. 240;

4. zum Verhindern der Verseuchung des Seewassers bei Schiffsunfällen müssen die Reaktoren durch Kollisionsmatten und durch gasdichte

Stahlbehälter (bis zu 60 mm Plattenstärke) geschützt werden. Die in einem Reaktor angesammelten radioaktiven Spaltprodukte können besonders dann gefährlich werden, wenn sie in Wasserbecken geraten, aus denen Trinkwasser entnommen wird. Nach Abb. 232 ist 50 Tage nach dem Unfall bei einem 22000 SHP-Schiff (60 MW-Reaktor) die Verseuchung

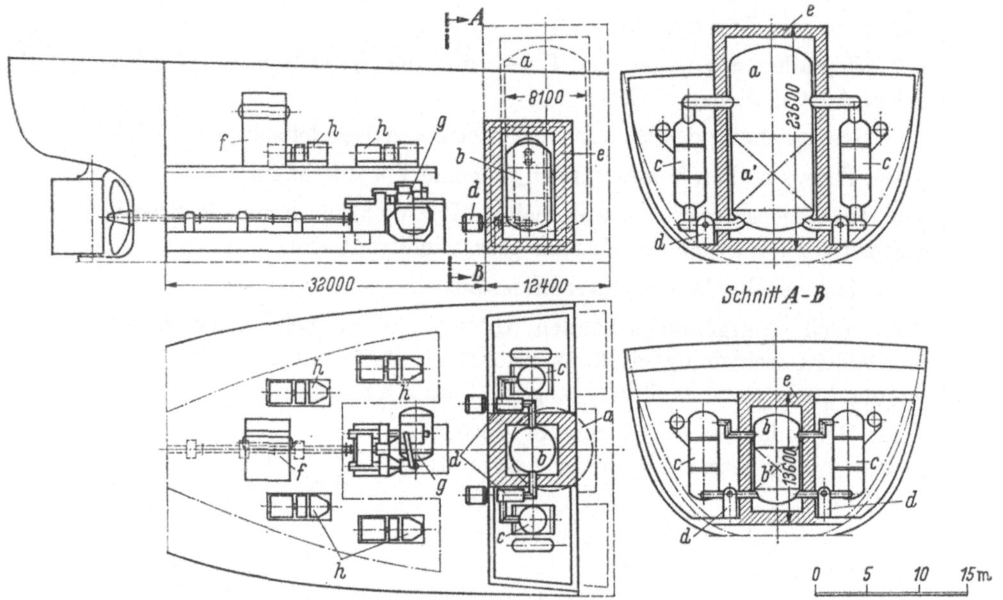

Abb. 233. Unterbringung eines mit Natururan (oben) u. mit angereichertem Uran (unten) arbeitenden CHR-Reaktors für die 22000 SHP-Maschinenanlage eines 60000 t-Tankers. Amerik. Entwurf. Engr. 14. III. 1958.
a druckfester Stahlmantel, a' bzw. b Reaktorkern, c Wärmeaustauscher, d Umwälzgebläse, e Panzerung, f Hilfskessel, g Turbine, h Hilfsmaschinen.

bei einer Entfernung von der Unfallstelle von einer Seemeile auf den für Trinkwasser zulässigen Höchstbetrag gefallen, wenn 40% der Spaltprodukte ins Wasser gelangten;

5. die Gefahr der Verseuchung von auf Atomschiffen tätigen Arbeitern (Reparaturen und Wartung) hält man für nicht größer als die Gefahr, der Schiffsmannschaften in der Nähe von Ölraffinerien ausgesetzt sind.

b) Aufstellung der Reaktoren im Schiff

Das Unterbringen atomarer Maschinenanlagen im Heck, Abb. 233, erleichtert die Abschirmung gegen das übrige Schiff, zumal Öl und andere Massengüter als eine Art zweiter Panzer wirken, ferner wird ein wertvollerer Teil des Schiffsraumes für andere Zwecke frei. Bei ihrer Anordnung

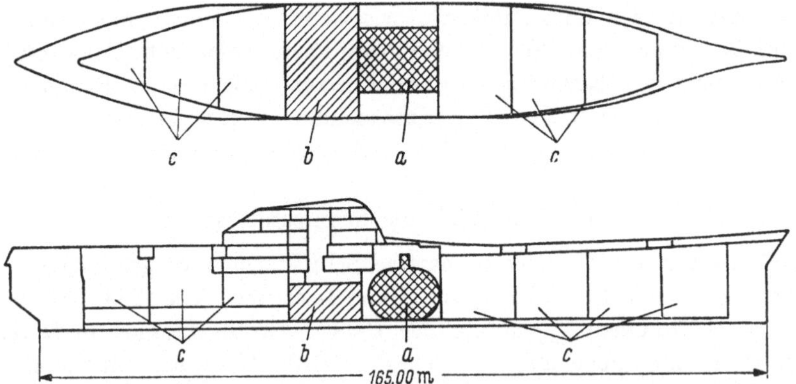

Abb. 234. Mitschiffs-Anordnung v. Reaktor u. Maschinenanlage im ersten amerikanischen Atom-
last- u. -passagierschiff Savannah. 22000 t Verdrängung; 20000/22000 SHP Leistung; 21 Knoten
Geschwindigkeit. Nach R. L. WITHELAW. AJCE. Reprint 69, III. 1958.
a Reaktor, b Maschinenanlage, c Fahrgast- und Laderäume.

Tabelle 78. *Gewichte und Kosten von Schiffen mit thermischem und nuklearem Antrieb.*
Aus Nucleonics, Engng., Engr. u. anderen Quellen
(Eingeklammerte Zahlen geben das Jahr der Veröffentlichung an)

1. Kosten von PWR-Reaktor samt erster Spaltstoff-füllung einschl. Maschinenanlage für 15000 t-Tanker	$10^6 \cdot$ DM	< 42
1a. Dasselbe je dwt Verdrängung (1956)	DM/dwt	< 2800
2. Kosten d. umgebauten Kraftanlage vom U-Boot „Nautilus" (1956)	$10^6 \cdot$ DM	75
2a. Dasselbe von neuer, gleich starker, ölgefeuerter Kraftanlage (1956)	$10^6 \cdot$ DM	10,5
3. Kosten der Maschinenanlage von normalem 20 000 SHP-Tanker (1956)	DM/SHP	1900
nuklearem 20 000 SHP-Tanker (1956)	DM/SHP	3600
4. 17 000 SHP-Projekt, organisch moderiert (V. 1959)	DM/SHP	rd. 650 (!)
5. Mehrkosten von Atomtanker mit verbessertem Nautilus-Reaktor gegenüber normalem Tanker (1956)	%	max. 44
6. Kosten v. amerik. U-Boot zum Abfeuern von Raketen (erste Bauserie) (1958)	$10^6 \cdot$ DM	400÷460
7. Desgl. zweite Bauserie (1958)	$10^6 \cdot$ DM	360÷380
8. Kosten v. US-Atomhandelsschiff „Savannah", 22000 t, 20000 SHP, 21 Knoten (Mai 1959)	$10^6 \cdot$ DM	170
Desgl. im Jahr 1962[1])	$10^6 \cdot$ DM	153
Desgl. je t Verdrängung (Mai 1959)	DM/t	7700
Desgl. je SHP-Leistung (Mai 1959)	DM/SHP	8500
8a. Kosten der zugehörigen Maschinenanlage (1958/1962)	$10^6 \cdot$ DM	50/38
9. Kosten v. atomarem 38000/85000 t-Tanker (1957)	DM/SHP	4300÷4500
Desgl. v. normalem 38000/85000 t-Tanker (1957)	DM/SHP	2800÷3200
10. Atomschiff kostet mehr als normales Schiff (1956)	mal	2÷3

[1]) General Electric Co. soll im Jahre 1958 einen BWR-Reaktor entwickelt haben,
der nur noch 60% von dem Savannah-PWR-Reaktor kostet

im Zentrum der Schwimmkraft, wie beim US-Schiff „Savannah"[1]),
Abb. 234, machen später notwendig werdende wesentliche Änderungen
am Gewicht der Panzerung für das Schiff am wenigsten aus. Bringt man
die Aufbauten unmittelbar hinter mittschiffs unter, so behindern sie den
Zugang zum Reaktor nicht, und seine Panzerung wird am leichtesten.

c) Kraftbedarf der Schiffsantriebe

Es werden recht verschiedenartige Schiffsformen vorgeschlagen. Zu
den konventionellen Formen von Handelsschiffen, Abb. 233, 234, und
U-Booten kommen Typen wie der 1958 in Großbritannien in Durch-
arbeitung begriffene Entwurf eines 100000 t-Unterwassertankers für
50 bis 60 Knoten Geschwindigkeit, Abb. 235. Seine Schrauben wirken

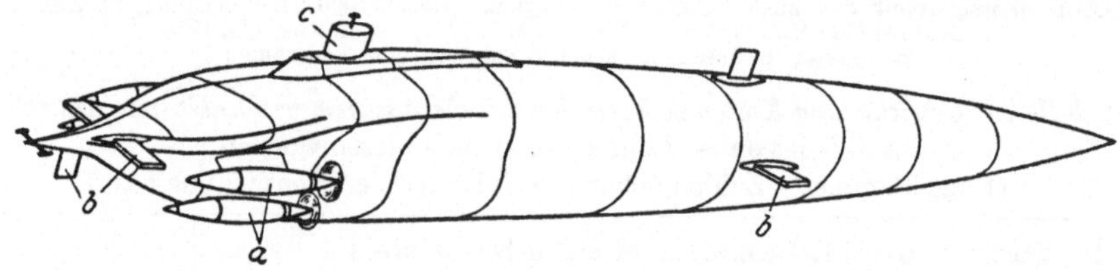

Abb. 235. Englisches Projekt e. 100 000 t-Unterwassertankers für 50 bis 60 Knoten. Mech. Engng.
IV. 1958.
a Antriebe, b Steuerflächen, c Kommandoturm.

ziehend, weil man davon eine günstigere Beanspruchung des Schiffskörpers erwartet. Manche Schiffsbauer glauben, daß bei Unterwasser-
tankern eine wesentlich leichtere Schiffshülle ausreicht als bei normalen
Tankern, wenn man Ladung und Entladung nur im untergetauchten Zustand ausführt, indem man beim Entladen das Öl durch Seewasser verdrängt und umgekehrt, da dann selbst bei großer Tauchtiefe nur gering-
fügige Druckunterschiede zwischen Innen- und Außenseite der Schiffs-
haut auftreten würden. (Gefahr d. Verschmutzung d. Meeres.)

Abb. 236 zeigt, wie stark selbst die kleine Erhöhung der Schiffs-
geschwindigkeit von 18 auf 20 Knoten die benötigte effektive Schraubenleistung EHP vergrößert, reichen doch 15000 EHP[2]) Leistung bei 18
Knoten für ein 100000 t-Schiff, bei 20 Knoten aber nur für ein 35000 t-

---

[1]) Im Herbst 1959 ist über die Kraftanlage der Savannah zwischen dem Naval
Reactor's Branch (Admiral Rickover) und der Marine Administration der AEC
eine Diskussion entstanden, die an ähnliche Dispute der verschiedenen US-Wehr-
machtsteile über Raketen erinnert. Der Leiter der AEC, McCone, hat die von Rickover vorgeschlagenen Änderungen m. E. mit Recht abgelehnt. Der Vorfall wird
hier erwähnt, weil er ein weiteres lehrreiches Beispiel dafür ist, wie weit die Ansichten bedeutender Persönlichkeiten auf diesem neuartigen Gebiete heute noch auseinandergehen.

[2]) EHP = Benötigte Leistung der Schraube in HP des nackten Schiffes (ohne
Anbauten) bei windstillem Wetter.

Schiff aus, Punkte A und B. Ferner fallen Kraftbedarf und Transportkosten je t Öl mit zunehmender Größe eines Schiffes beträchtlich, Abb. 236 und Tab. 78. Unterwasserschiffe kommen mit wesentlich schwächeren Maschinen aus als Überwasserschiffe, würden doch 15000 EHP noch bei 20 Knoten für ein 58000 t - Unterwasserschiff ausreichen. Bei Unterwasserfahrt wird nämlich mehr Kraft gespart, weil Abb. 236 den Einfluß schlechten Wetters nicht berücksichtigt und weil auch bei größeren Unterwasserschiffen ein einziger, symmetrisch angeordneter und daher mit höherem Wirkungsgrad arbeitender Propeller

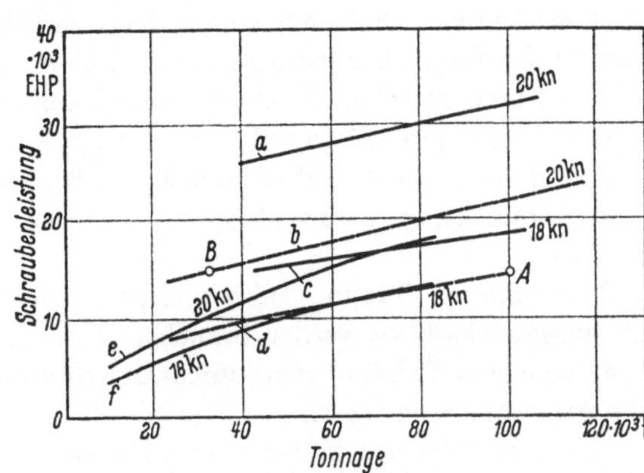

Abb. 236. Erforderliche effektive Schraubenleistung in EHP bei „schlanken" und „vollen" Überwasser- und Unterwasserschiffen verschiedener Verdrängung. Nach S. G. Bauer und M. H. Kendon. Nucl. Engng. XII. 57. a Überwasserschiff,„ voll", 20 kn; b Überwasserschiff, „schlank", 20 kn; c Überwasserschiff, „voll". 18 kn; d Überwasserschiff, „schlank", 18 kn; e Unterwasserschiff, 20 kn; f Unterwasserschiff, 18 kn.

verwendet werden kann, wodurch die benötigte Maschinenleistung nach S. G. BAUER und M. K. KENDON vom 2,0fachen auf den 1,4fachen Betrag der benötigten Schraubenleistung zurückgehen soll. Die größte Einsparung an Maschinenleistung bei Unterwasser- gegenüber Überwasserschiffen ist bei kleinerer Verdrängung und höherer Geschwindigkeit zu erwarten.

Tabelle 79. Ungefähre Gewichte der Maschinenanlage eines 20000 SHP-Tankers. Nach R. P. GOODWIN (Diese Werte gelten wahrscheinlich für Reisen zwischen dem Persischen Golf und US)

Jahr Schiffsantrieb		1960		1967	
		konven- tionell	nuklear	konven- tionell	nuklear
Maschinenanlage (mit Wasserfüllung)	t	770	935	750	648
Ölgefeuerte Kessel samt Zubehör	t	240	—	240	—
Reaktor mit Hilfsmaschinen	t	—	500	—	400
Panzerung und gasdichte Hülle	t	—	1420	—	1160
Unterstützungskonstruktion	t	—	65	—	50
Gesamtgewicht	t	1010	2920	990	2258
Dasselbe je SHP-Schraubenleistung	kg/SHP	50	146	49	113
Öl für Not-Dieselbetrieb	t	9	227	9	—
Öl für Schiffsmaschinen bzw. Heizung ...	t	3830	60	3800	—
Gesamter Betriebsstoff (Öl)	t	3839	287	3809	0
Gesamtgewicht von Maschinenanlage + Betriebsstoff	t	4849	3207	4799	2258

d) Schiffsreaktoren

Auch über das vorteilhafteste System von Schiffsreaktoren, für die das über ortsfeste Reaktoren Gesagte gilt, gehen die Ansichten ziemlich weit auseinander. Folgende durch den Schiffsbetrieb bedingte Punkte müssen bei ihrem Bau besonders beachtet werden:

1. die bereits früher erwähnten Einwirkungen von Beschleunigungs- und Verzögerungskräften auf den Reaktor,

2. kleines Gewicht und Volumen der Reaktoren sind besonders bei Kriegs- und Unterwasserschiffen viel wichtiger als bei ortsfesten Kraftwerken,

3. die Spaltstoffüllung sollte tunlichst lange arbeiten können, bevor sie ausgewechselt zu werden braucht,

4. bei einem Unfall dürfen radioaktive Stoffe weder in die See noch in die Atmosphäre gelangen.

Hierzu ist folgendes zu bemerken: Der Reaktor muß sehr solide fundamentiert und so gebaut sein, daß seine Bestandteile gegeneinander unverschiebbar fixiert sind und daß Regulierstangen usw.

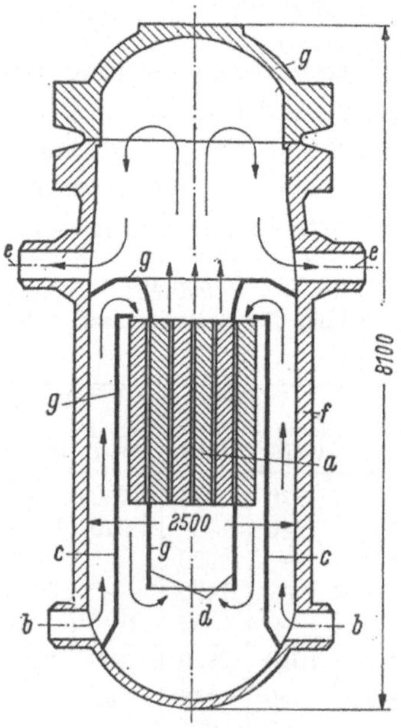

Abb. 237. 74 MW-Preßwasserreaktor f. 22 000 SHP-Handelsschiff. Amerik. Entwurf. Nach R. L. WHITELAW. AJCE-Reprint 69. III. 1958.
a Reaktorkern, *b* Eintritt d. Wassers, *c* Lenkblech, *d* Umlenkblech, *e* Austritt d. Wassers, *f* Reaktortank, *g* Tankdeckel.

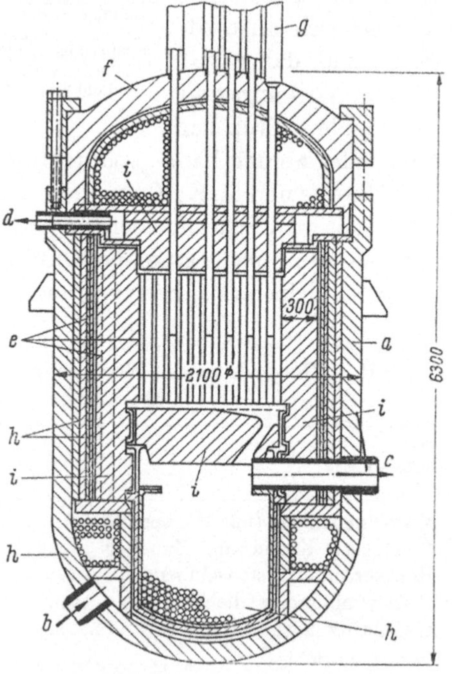

Abb. 238. CO_2-gekühlter, mit metallischem Zirkoniumhydrid moder. u. mit UO_2 arbeitender Schiffsreaktor d. General Atomic Corp. Nucleonics, XI. 1957.
a Reaktortank; *b* CO_2-Eintritt; *c* CO_2-Austritt; *d* Hilfskühlung mit flüssigem Metall; *e* Kühlkanäle; *f* Reaktordeckel; *g* Regulierstangen-Antrieb; *h* therm. Panzer; *i* Graphit-Reflektor.
CO_2-Temperatur 415/700° C, CO_2-Druck 140 at, 235 U-Gehalt d. Spaltstoffes 28,6 %, burnup 62 000 MWd/t.

Tabelle 80. Vergleich verschiedener Reaktorsysteme für ein 22000 SHP-Handelsschiff von 21 Knoten Geschwindigkeit mit Dampfturbinenantrieb bei Verwendung von Spaltstoff verschieden hoher Anreicherung.

Fall I bis VI u. VIII nach T. W. F. BROWN,, Engr. vom 14. III. 1958, Fall VII nach R. L. WHITELAW, Reprint 69 vom III. 1958.

Fall		I	II	III	IV	V	VI	VII	VIII
1. Moderatorstoff				Graphit		H_2O	D_2O	H_2O	Konventionelles ölgefeuertes Schiff
2. Art der Kühlung				Gas (CHR)		H_2O (PWR)	Gas	H_2O (PWR)	
3. Spaltstoffanreicherung $(C_0 = 0{,}714\%\ 235\ U)$	%	$1 \cdot C_0$ 0,71	$1{,}27 \cdot C_0$	$1{,}54 \cdot C_0$	$2{,}0 \cdot C_0$	$1{,}5 \cdot C_0$	$1 \cdot C_0$ 0,71	$5 \cdot C_0$ 3,5	—
4. Reaktorleistung	MW	68,5	68,5	68,5	68,5	71	74	63/68,3 308, 312	—
5. Spaltstoffgewicht	t	65	28	16	8	—	—	—	
6. Spezif. Spaltstoffleistung	MW/t	1,05	2,45	4,3	8,6	2,35	6,5	—	
7. Durchm./Höhe des druckfesten Reaktortanks	m	8,1 ⌀	4,5 ⌀	3,8 ⌀	3 ⌀	2,3/7,9	4,4/8,5	2,5/8,1	
8. Dampfdruck an Turbine	atü	32	32	32	32	28	—	34	
9. Wirkungsgrad der Turbine	%	24	24	24	24	—	21	—	
10. Gewichte: Antriebssystem	t	—	—	—	—	—	—	1150	
11. Reaktorsystem	t	674	327	227	168	137	141	610	440
12. Panzerung u. druckfeste. Ummantelung	t	4800 (6742)[1]	3300 (4102)[1]	2500 (3272)[1]	2000 (2486)[1]	1000 (1350)[1]	1800 (2400)	1900	(Kessel)
13. Gesamtgewicht d. Maschinenanlage	t	7015	5212	4330	3870	2590	3610	3650	1560
14. Bunker mit Heizöl für Maschinenanlage gefüllt	t	—	—	—	—	—	—	—	3000
15. Bunker mit Heizöl für Reservebetrieb	t	800	800	800	800	800	800	800	—
16. Gesamtgewicht von Heizöl, Maschinenanlage usw. (14) + (15) + (16)	t	7815	6012	5130	4670	3390	4410	4450	4560
17. Mehrgewicht (+)/Mindergewicht (—) der Atomanlage	t	+3255	+1452	+570	+40	—1170	—150	—110	—

[1]) Eingeklammerte Zahlen gelten für einen thermischen Stahlpanzer und einen 2,1 m dicken Betonpanzer, die nicht eingeklammerten Zahlen für einen aus Blei-, Stahl und Wasserschichten bestehenden Kombinationspanzer.

selbst bei etwas deformiertem Reaktor nicht klemmen können. Da nach Abb. 105 schon eine mäßige Anreicherung des Spaltstoffes das Reaktorgewicht erheblich herabsetzt, spielt sie bei Schiffsreaktoren eine weit größere Rolle als bei ortsfesten. Im Sommer 1959 wurde auf 2 bis 5% angereichertes UO_2 als Spaltstoff bevorzugt. Weitere Gewichtsersparnisse ermöglichen aus Blei-, Stahl- und Wasserschichten bestehende Panzer (composite), Pos. 12 in Tab. 80. Gewicht und Kosten der Spaltstofffüllung hängen von der Zeit ab, nach der sie durch eine neue ersetzt werden muß. Sie soll möglichst lang sein, um eine tunlichst hohe Benutzungsdauer des Schiffes zu erzielen. Der Abbrand einer Füllung wird je nach der Reaktorbauart und der Anreicherung mit 7000, 12000 bis 150000 MWd/t (!) bzw. 3,5 bis 6 Jahren angegeben. Dem höheren Kapitaldienst für eine größere Spaltstofffüllung stehen höhere Einnahmen aus der größeren transportierten Nutzlast gegenüber. Nach R. A. FAYRAM und H. J. SCHNEIDER muß man bei Schiffen von mehr als 20000 t Verdrängung jährlich mit sieben mehr oder weniger schweren Unfällen rechnen, von denen die Hälfte in verhältnismäßig kleinen Wasserbecken eintritt (Mittelmeer, Bucht von San Francisco).

Abb. 237 zeigt einen 74 MW-Preßwasserreaktor, Abb. 238 einen CO_2-gekühlten mit Zirkoniumhydrid moderierten Reaktor.

Der heliumgekühlte mit metallischen 232 Th/235 U-Kügelchen arbeitende Reaktor in Abb. 239 soll zum direkten Betrieb einer Gasturbine dienen (He-Druck 35 bis 70 at, He-Temperatur 700°C, He-Geschwindigkeit 10 m/s). Bei arbeitendem Reaktor schweben die Spaltstoffkügelchen a in dem von unten her einströmenden He-Gas. Der aus Berylliumkügelchen bestehende Teil des Moderators c ist im Reaktortank zentral angeordnet, der aus Graphitkügelchen bestehende Teil d umgibt ihn von außen. Der Reaktor soll ebenso wie BWR-Reaktoren selbstregulierend sein. Aus einem Neutronen stark absorbierenden Stoff bestehende Kissen e sollen den Reaktor unterkritisch machen,

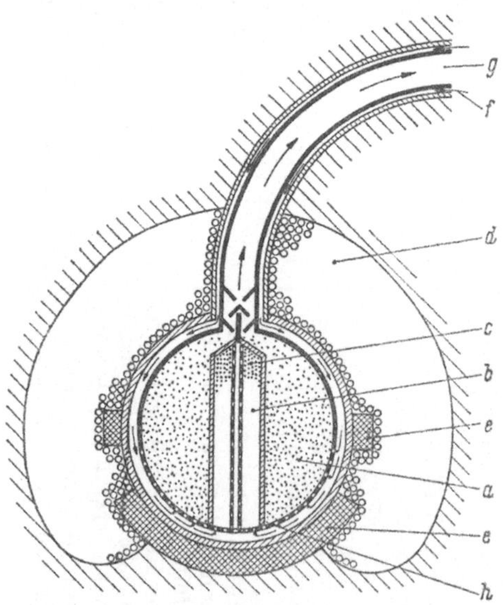

Abb. 239. Skizze eines heliumgekühlten, graphit- und berylliummoder., mit U-Spaltstoff arbeit. Reaktors für 10000 SHP-Schiff mit Gasturbinenantrieb der Foster Wheeler Corp. Engng. 6. XII. 1957.
a Th/U-Kügelchen, b Berylliumkügelchen, c Neutronen-Absorbierer, d Graphitkügelchen, e Neutronen-Absorbierer, f Eintritt d. Heliums, g Austritt d. Heliums.

wenn nach seinem Abstellen die Spaltstoffkügelchen im unteren Teil des Tanks zusammensacken.

Der Reaktortank wird zwar klein, es scheint aber u. a. fraglich, ob die metallischen auf etwa 800° C erhitzten Spaltstoffkügelchen nicht zerkrümeln und als Staub in die Turbine mitgerissen werden.

Abb. 240 bis 246 ermöglichen einen Vergleich zwischen den graphitmoderierten CHR- und PWR-Reaktoren und einem D_2O-moderierten BWR-Reaktor von ungefähr derselben Leistung (68,5 bis 77 MW) samt den zugehörigen Hilfsapparaturen, wobei in Abb. 241 die umfangreiche Aufbereitungsanlage A für das 140 at-Kühlwasser und in Abb. 246 der zum Konstanthalten der D_2O-Temperatur erforderliche Kühler d auffallen. Der Reaktor in Abb. 246 wird wahrscheinlich wesentlich kleiner als derjenige in Abb. 240.

Der Preßwasserreaktor des US-Unterseebootes „Nautilus", das in 26 Monaten während 5930 Stunden Fahrdauer (davon 3065 Stunden im untergetauchten Zustand) 110000 km zurücklegte, hat sich ausgezeichnet bewährt. Am metallgekühlten Reaktor des US-Unterseebootes „Seawolf" sind schwere Korrosionen aufgetreten. Nach seinem Umbau und Entfernung des Überhitzers konnte er mit 80% seiner früheren Leistung wieder auf Fahrten gehen. Metallgekühlte Reaktoren werden vorläufig in amerikanischen U-Booten nicht mehr verwendet.

Zur Zeit scheint für Siedewasser-, Preßwasser- und organisch moderierte Reaktoren mehr Stimmung zu herrschen als für andere Systeme. Man nimmt an, daß die zum Entwerfen und Bauen eines Atomschiffes erforderliche Zeit fünf bis sieben Jahre beträgt und daß die Spaltstoffkosten bei allen drei Systemen etwa gleich hoch sein werden.

Zu den vorstehenden, vorwiegend den amerikanischen Entwicklungsstand betreffenden Ausführungen muß hinzugefügt werden, daß auch in Großbritannien intensiv an atomaren Schiffsantrieben gearbeitet wird. Hieran waren im Sommer 1959 sieben Firmen bzw. Konsortien beteiligt. Die bis Juli 1959 veröffentlichten Reaktoren verwenden Kühlung durch Gase (CO_2 u. He), Wasser und organische Flüssigkeiten; Moderierung durch Graphit, Beryllium, leichtes und schweres Wasser; Spaltstoffmaterial UO_2 und UC mit 1,4 bis 2,6% Anreicherung; Druck des Arbeitsdampfes 40 bis 90 at, Temperatur des Arbeitsdampfes Sattdampftemperatur bis 850° C; Abbrand 6000 bis 65000 MWd/t (!). — Eine Firma gibt die Kosten einer 17000 SHP-Anlage mit rd. 11 Mio DM (650 DM/SHP) an.

Die Entwürfe betreffen Handelsschiffe zwischen 17000 und 50000 SHP Schraubenleistung, das Gewicht der gesamten Maschinenanlage wird mit 45 bis 75 kg/SHP angegeben. Bei der 45 kg/SHP-Anlage wird mit einer höchsten Temperatur des Graphitmoderators von 990° C (!) und einer Anreicherung von 90% (!) gerechnet. Die Vorarbeiten einer Firmen-

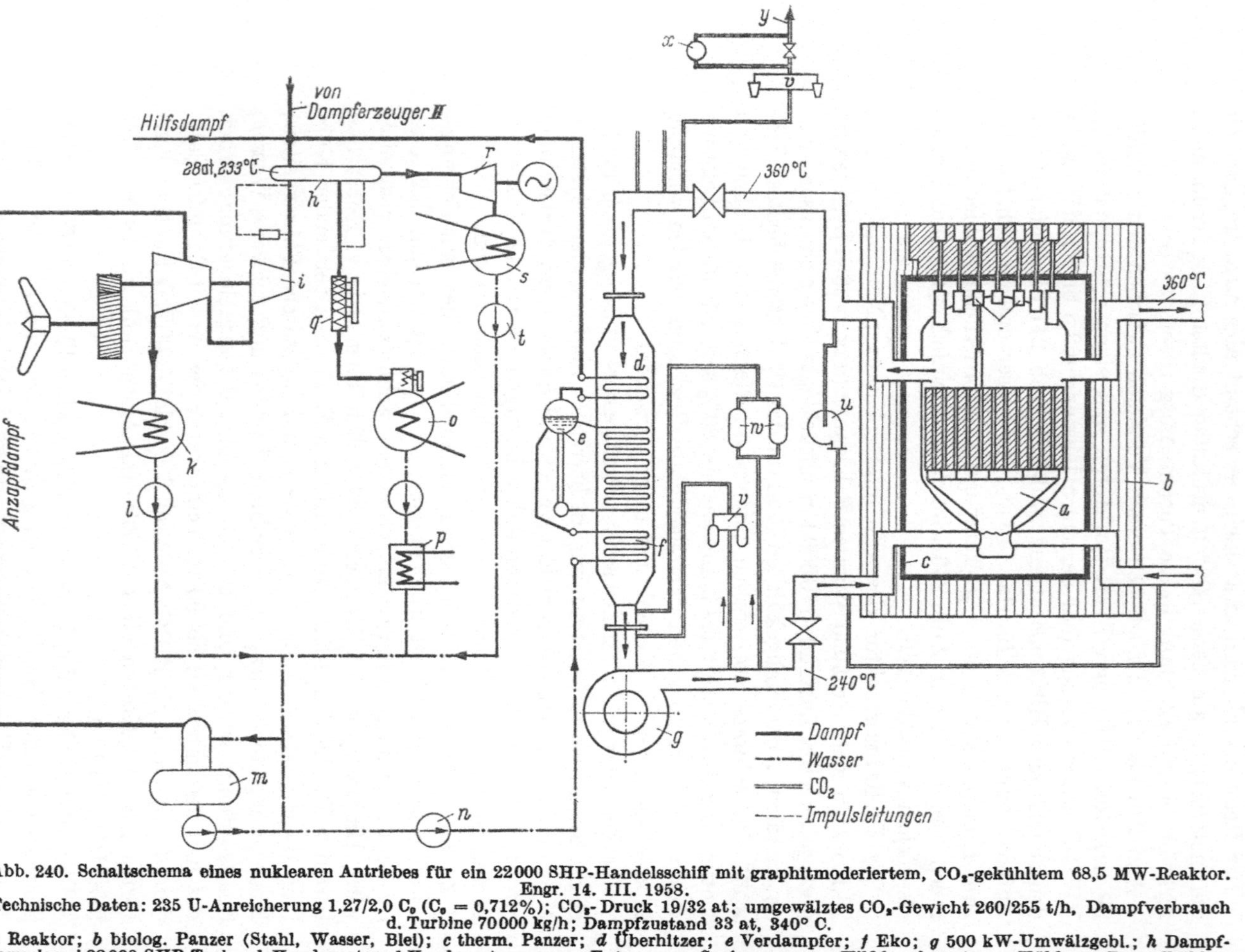

Abb. 240. Schaltschema eines nuklearen Antriebes für ein 22000 SHP-Handelsschiff mit graphitmoderiertem, CO_2-gekühltem 68,5 MW-Reaktor. Engr. 14. III. 1958.

Technische Daten: 235 U-Anreicherung 1,27/2,0 C_0 (C_0 = 0,712%); CO_2-Druck 19/32 at; umgewälztes CO_2-Gewicht 260/255 t/h, Dampfverbrauch d. Turbine 70000 kg/h; Dampfzustand 33 at, 340° C.

a Reaktor; *b* biolog. Panzer (Stahl, Wasser, Blei); *c* therm. Panzer; *d* Überhitzer; *e* Verdampfer; *f* Eko; *g* 500 kW-Umwälzgebl.; *h* Dampfsammler; *i* 22000 SHP-Turb.; *k* Kondensator; *l* Kondensatpumpe; *m* Entgaser; *n* Speisepumpe; *o* Hilfskondensator; *p* Kühler; *q* Dampfkühler; *r* 1300 kW-Hilfsturb.; *s* Kondensator zu *r*; *t* Kondensatpumpe; *u* Rückführgebl.; *v* CO_2-Filter; *w* CO_2-Trockner; *x* Gebl. zum Füllen des Reaktors mit CO_2; *y* Füll- bzw. Entleerleitung für CO_2.

gruppe sollen soweit fortgeschritten sein, daß sie bereit ist, weitgehende Garantien zu leisten und die Anlage in 30 Monaten zu liefern, einige andere Firmen rechnen mit erheblich längeren Fristen.

Das auf S. 235 über das *Neu-* und *Nach*bauen ortsfester Reaktoren Gesagte gilt auch für Schiffsreaktoren. Wird Wert darauf gelegt, daß ein

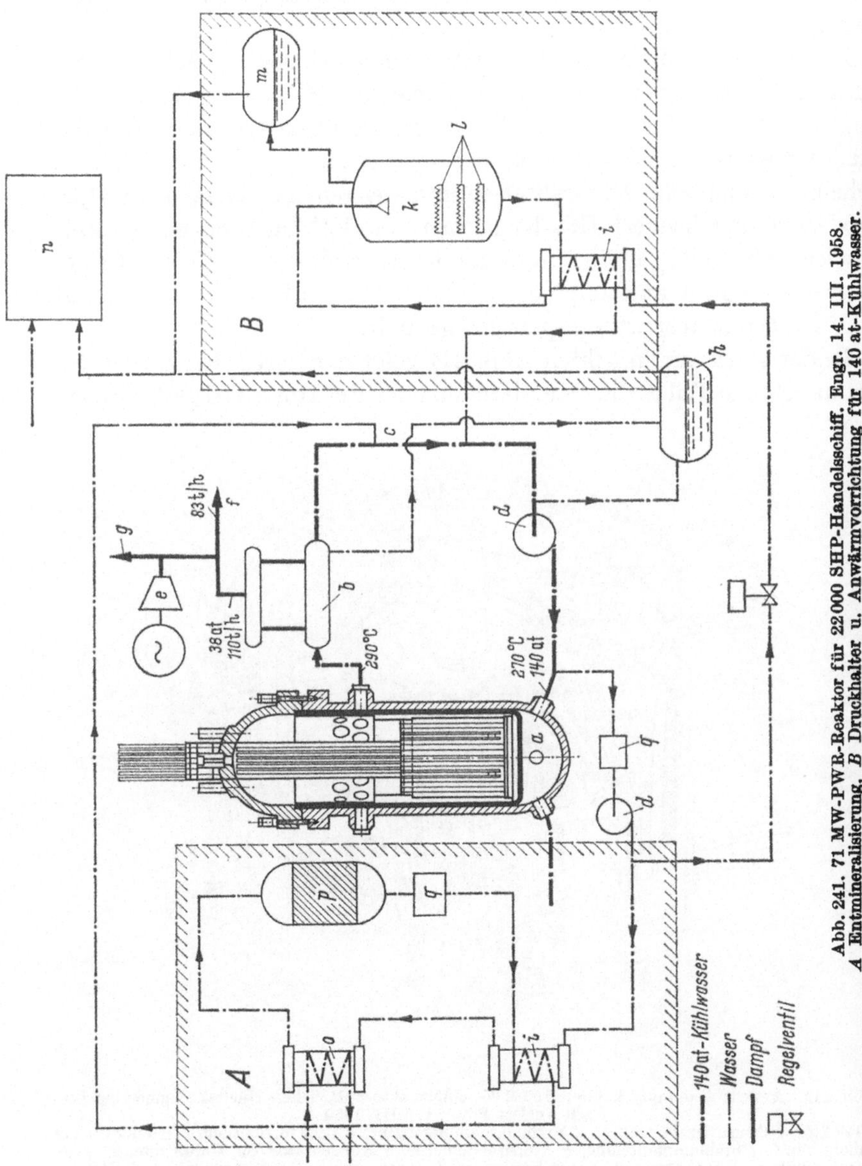

Abb. 241. 71 MW-PWR-Reaktor für 22000 SHP-Handelsschiff. Engr. 14. III. 1958. *A* Entmineralisierung, *B* Druckhalter u. Anwärmvorrichtung für 140 at-Kühlwasser.
a Reaktor, *b* Verdampfer, *c* Kühlw.-Umwälzleitung, *d* Umwälzpumpe, *e* Hilfsturb., *f* zur Hauptturb., *g* Hilfsdampf, *h* Ablaßtank, *i* Vorwärmer, *k* Druckhalter u. Anwärmer, *l* elektr. Heizpatronen, *m* Abaßtank, *n* Schmutzwasser, *o* Anwärmer mit Fremddampf, *p* Salzaustauscher, *q* Sieb.

„Atomschiff“ eine deutsche Werft tunlichst bald verlassen kann, so muß
ein Reaktor einer erprobten ausländischen Bauart verwendet werden,
andernfalls muß man sich auf eine mehrjährige Verzögerung gefaßt
machen. Einen neuartigen Reaktor erprobt man zweckmäßigerweise
zuerst an Land, wo er gut zugänglich ist und wo alle Hilfsmittel zur Verfügung stehen. Bei seinem Einbau in ein vorhandenes Schiff ist dann am
wenigsten zu befürchten, daß es viele Monate lang seinem Verwendungszweck entzogen werden muß.

Im Sommer 1959 gab das Galbraith-Committee der englischen Regierung das Ergebnis von 8 sehr verschiedenartigen Entwürfen bekannt, die
englische Firmen für Schiffsreaktoren eingereicht hatten. Besonders der
Entwurf eines 150 MW-Reaktors der Vickers Nuclear Engineering Ltd.
scheint die englische Admiralität zu interessieren. Der Reaktor ist D_2O-
moderiert und benutzt UO_2-Kügelchen von $\frac{1}{2}''$ Durchm. im Gesamt-
gewicht von 13,6 t, die in langen gasdichten Hüllen untergebracht sind.
Sie werden von 40 at-Dampf, der mit 260° C in den Reaktor ein- und mit
520° C aus ihm austritt, umspült und gekühlt.

In der stark vereinfachten Abb. 244 zeigt der durch Strichelung ge-
kennzeichnete Teil A die Dampfkühlung des Reaktors, Teil B die Erzeu-

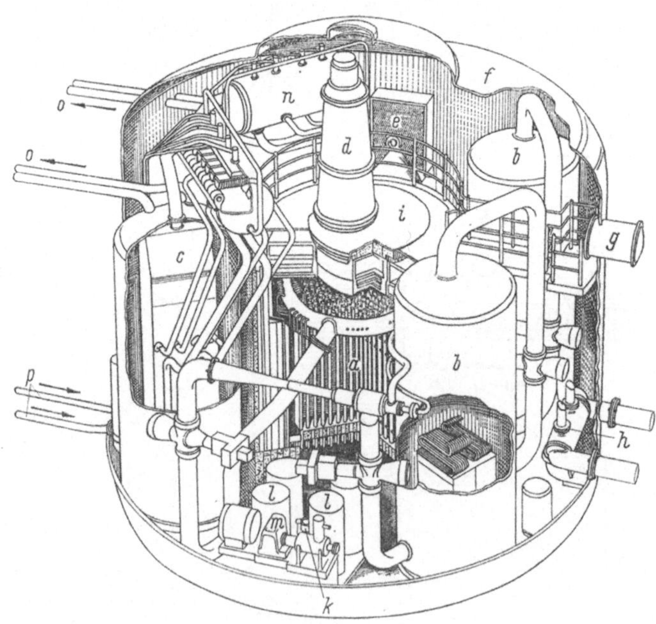

Abb. 242. Ansicht d. dampfgekühlten 150 MW-Schiffsreaktors d. Vickers Nuclear Engineering Ltd.
Nach Nuclear Power v. VIII. 1959.
a Reaktor, *b* Primärdampferzeuger, *c* Sekundärdampferzeuger, *d* Ladevorrichtung, *e* Kühler für das
Innere von f, *f* Stahlummantelung, *g* Eintritts-Schleuse, *h* Kondensator für Umwälzdampf, *i* Bedienungsbühne, *k* D_2O-Pumpen, *l* D_2O-Kühler, *m* Elektromotor, *n* Dampftrommel, *o* 9''-Dampf-
leitungen zur Turbine, *p* Speisewasserleitungen.

gung des Arbeitsdampfes. Rund 295 t/h des in *a* erzeugten 520° C-Dampfes, der als Umwälz-Kühldampf wirkt, strömen durch *b* nach einem zweiteiligen Oberflächenapparat *c*, in dem das von Pumpe *d* mit 125 at Druck zugeführte Umlaufwasser verdampft und auf eine Temperatur von rd. 343° C erhitzt wird, mit der dieser in die Vortriebsdüse des Thermokompressors *e* strömt und den in *c* auf rd. 260° C abgekühlten Umwälzdampf von 40 at Druck nach *a* zurückschafft. Rund 95 t/h des den Reaktor verlassenden Dampfes von 41 at und 521° C gelangen durch Leitung *f* in die Oberflächenapparate *g* und *h*. In *h* verdampft das mit rd. 120° C zugeführte Speisewasser. Der Sattdampf gelangt nach Trommel *i* und wird dann in *g* auf rd. 439° C überhitzt. Mit dieser Temperatur und 30 at Druck strömt er zur Dampfturbine. Radioaktiv gewordener Dampf kann also nicht in die Turbine und salzhaltig gewordenes Speisewasser kann nicht in den Reaktor gelangen.

Der Reaktor besteht aus einem System gerader, senkrechter, bienenwabenartig angeordneter Rohre, in denen die vom Umwälzdampf umströmten Spaltstoffelemente hängen, Abb. 242 u. 243. Reguliert wird durch Zuführen oder Ablassen von D_2O aus einem gewissen Teil der Rohre mittels fernbetätigter Bodenventile. Das schwere Wasser wird durch ein Kühlsystem auf etwa Atmosphärendruck und unterhalb Siedetemperatur gehalten. Die Anordnung ist so getroffen, daß sich diese Rohre bei einem Kentern des Schiffes selbst entleeren und dadurch den Reaktor stillsetzen. H. F. Atkins hält CHR-Reaktoren für Schiffe wegen ihrer Sperrigkeit, ihres sehr hohen Gewichtes und ihrer unzureichenden Standfestigkeit bei Seegang für völlig ungeeignet. Inzwischen hat Sir William Cook angekündigt, die UKAEA sei mit Bezug auf die Verwendung von CHR-Reaktoren auf Schiffen zu optimistisch gewesen und empfehle sie für Schiffe nicht mehr. Bei organisch gekühlten Reaktoren befürchtet

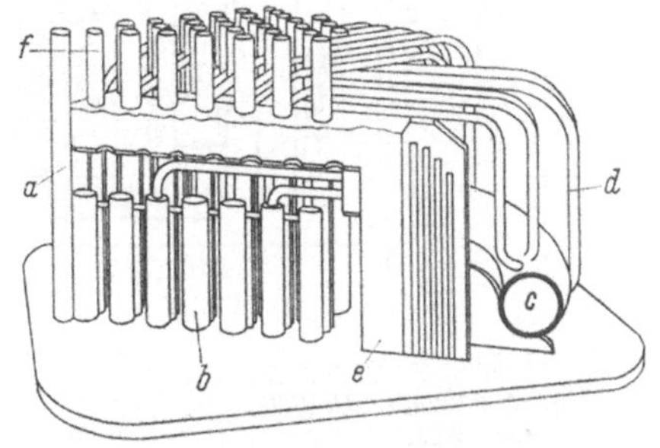

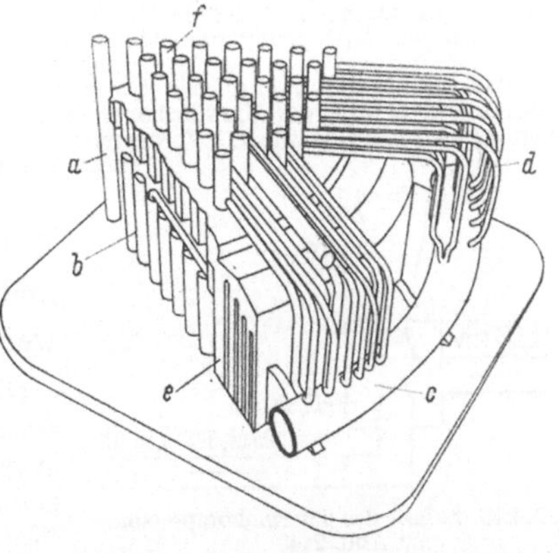

Abb. 243. Skizzen d. Aufbaues d. Reaktorkernes in Abb. 242. Nach Engng. v. 7. VIII. 1959.
a Spaltstoffrohre, *b* mit D_2O gefüllte Kontrollrohre, *c* Eintrittstrommel des Sattdampfes, *d* Verbindungsrohre zwischen c und a, *e* Reflektor, *f* Auswechselungs-Verlängerungen von a.

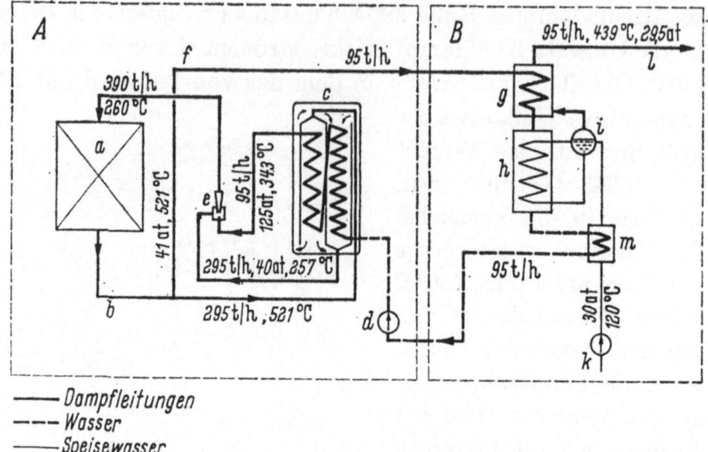

Abb. 244. Schema der Kühlung des Reaktors (A) und der Erzeugung des Arbeitsdampfes (B) des dampfgekühlten, D_2O-moderierten, 150 MW-Reaktors der Vickers Nuclear Engineering Ltd. Nach Engng. 7. VIII. 1959.
Reaktor a ist mit zwei solchen Systemen ausgestattet und erzeugt 190 t/h Arbeitsdampf.
a Reaktor, b Leitung für Umwälzdampf, c Oberflächenapparat, d Pumpe, e Thermokompressor, f Leitung nach g, g Überhitzer, h Verdampfer, i Kesseltrommel, k Speisepumpe, l Leitung zur Dampfturbine, m Vorwärmer.

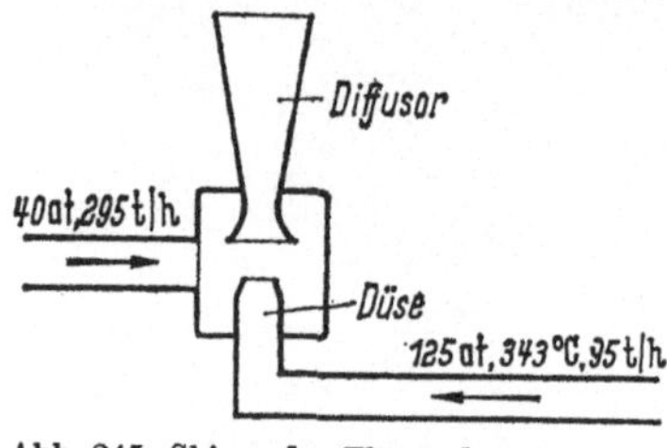

Abb. 245. Skizze des Thermokompressors zu Abb. 244.

ATKINS, daß das Terphenyl sich allmählich zersetzen und Ansätze bilden werde.

GEC/Simon Carves haben den Entwurf eines gleichfalls sehr kompendiösen, liegenden, graphitmoderierten 55 MW-Reaktors herausgebracht, für den die in Tab. 81 genannten Werte angegeben werden:

Tabelle 81. Kennwerte des Entwurfes von Simon Carves für ein 20 000 SHP-Schiff (Jahr 1959)

Reaktorleistung	MW	55
Spaltstoff		UO_2
Anreicherung an 235 U	%	3
Spaltstoffgewicht	t	1,41
Abbrand	MWd/t	12 000
Graphitgewicht	t	45
Dampfzustand	at/°C	42/454
Anlagekosten Reaktor u. Dampfturbinenanlage	10^6 DM	rd. 80
Reaktorgewicht bei 20 000 SHP	t/MW	36
bei 50 000 SHP	t/MW	16

e] Gewichte, Kosten und Wirtschaftlichkeit nuklearer Antriebe

Die Angaben über Gewichte und Kosten nuklearer Antriebe gehen schon wegen der verschiedenen Größe und Geschwindigkeit der betreffenden Schiffe weit auseinander. Nach Abb. 249 nehmen die spezifischen Baukosten (je HP Leistung) mit zunehmender absoluter Maschinenleistung beträchtlich ab. Der US-Kongreß hat im Frühjahr 1958 den Bau von drei U-Booten zum Abfeuern von Raketen bewilligt, die eine Tonnage von 5600 t und einen walfischähnlichen Körper erhalten. Nach einer Mitteilung vom Januar 1959 sollen in den US schon 33 Atom-U-Boote im Betrieb, im Bau oder genehmigt sein (Welt, 26. I. 1959). Pos. 6 und 7 in Tab. 78 geben ihre voraussichtlichen Baukosten an. Das erste in den US im Bau begriffene Atom-U-Boot zum Abschießen von Raketen soll nach einer anderen Quelle 360 Mio DM kosten. Die Engländer rechnen mit dem baldigen Bau von verhältnismäßig kleinen Atom-U-Booten zum Bekämpfen feindlicher U-Boote und von kleinen Atom-Kreuzern mit Raketenabschußvorrichtungen als Ersatz der bisherigen Schiffstypen. Um die erforderlichen Einrichtungen unterbringen und große Geschwindigkeiten erzielen zu können, darf die Maschinenanlage nicht mehr als 27 bis 30 kg/SHP wiegen. „Atom-Zerstörer" bieten den großen Vorteil, daß sie nicht alle fünf bis zehn Tage Heizöl übernehmen müssen, was besonders bei schlechtem Wetter auf hoher See schwierig ist und die Aktionsfähigkeit größerer Flottenverbände beeinträchtigt. Der 85 000 t-US-Atomflugzeugträger soll infolge der wegfallen-

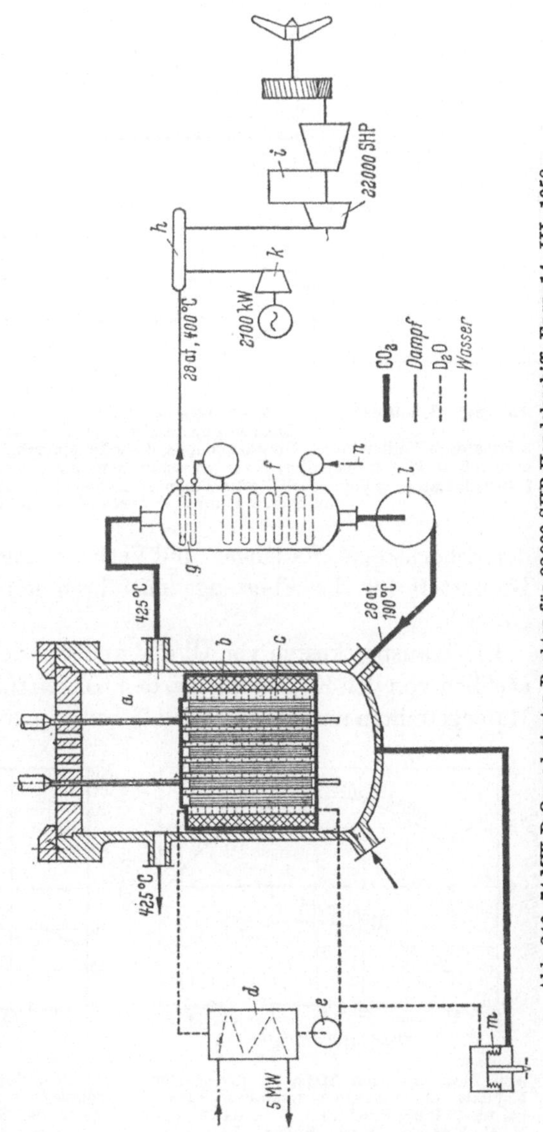

Abb. 246. 74 MW-D_2O-moderierter Reaktor für 22000 SHP-Handelsschiff. Engr. 14. III. 1958. a Reaktor, b Graphitreflektor, c D_2O-Moderator, d 5 MW-Kühler für D_2O, e D_2O-Umwälzpumpe, f Verdampfer, g Überh., h Dampfsammler, i Hauptturb., k Hilfsturbine, l Umwälzgebläse, m Druckhalter, n Speisewassereintritt.

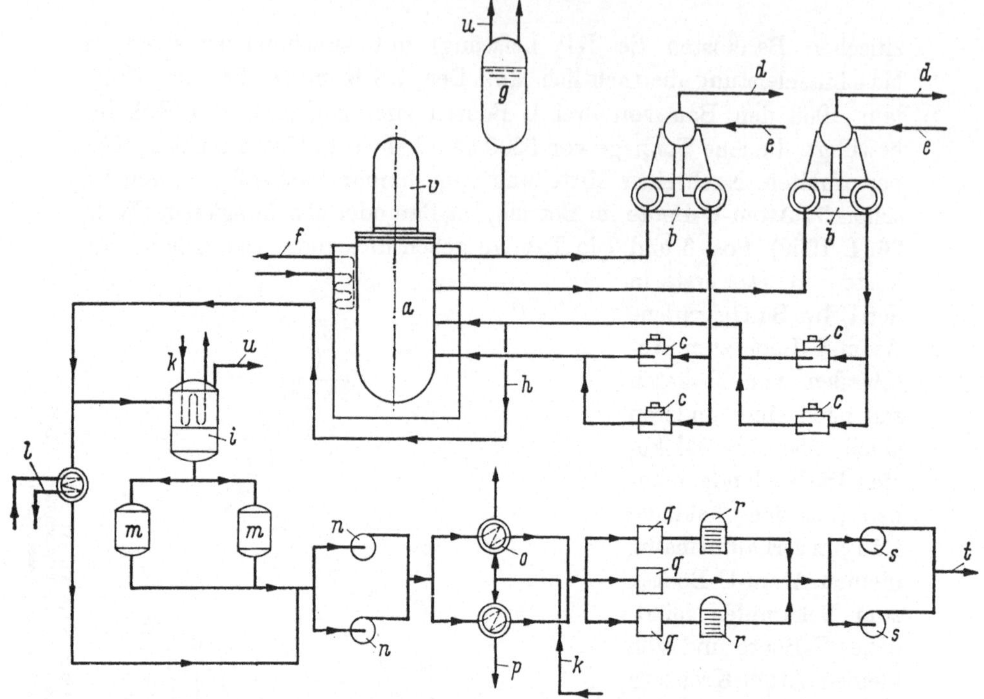

Abb. 247. Schaltschema des Atomschiffes Savannah. Nach Reprint 69 d. Amer. Inst. of Chemical Engineers und anderen Quellen (Jahr 1958).
a Reaktor, *b* Verdampfer, *c* Umwälzpumpen, *d* zur Dampfturb., *e* Speisewasserzufuhr, *f* Kühlwasseranschluß an *k*, *g* Druckhalter, *h* zur Wasseraufbereitung, *i* Entspannungsgefäß, *k* Anschluß an *f*, *l* Anschluß an *p*, *m* Vorratsbehälter, *n* Pumpe, *o* Kühler, *p* Anschluß an *f* und *l*, *q* Filter, *r* Ionenaustauscher, *s* Pumpen, *t* Anschluß an Reaktorkreislauf.

den Schornsteine, Rauchgas- und Verbrennungsluftkanäle zweimal soviel Brennstoff für die Flugzeuge mitführen können wie bei thermischem Antrieb.

Die Transportkosten von Öl und anderen Schwerlasten hängen hauptsächlich von den Kapitalkosten, den Kosten für Versicherungen, Löhnen, Hafengebühren und den Brennstoff- bzw. Spaltstoffkosten ab. Mindestens

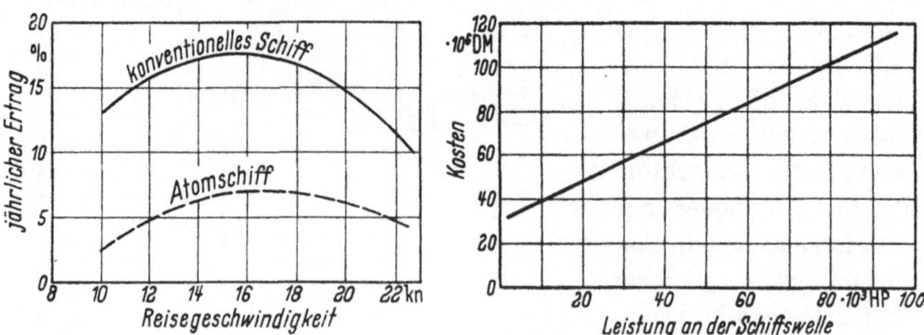

Abb. 248. Jährlicher Ertrag d. investierten Kapitals bei normalem u. nuklearem Tanker bei rd. 48 DM/t Frachtrate. S. G. BAUER und M. H. KENDON. Nucl. Engng. XII. 1957.

Abb. 249. Ungefähre Kosten d. nuklearen Maschinenanlage von Überwasser-Frachtschiffen (ohne Kosten der Spaltstofffüllung). Nach BAUER und KENDON. Nuclear Engng., XII. 1957.

Tabelle 82. Vergleich eines konventionellen mit einem nuklearen US-Tanker von 17 Knoten Geschwindigkeit. Stapellauf 1961. Nach R. P. Goodwin. Nucleonics IX. 1957 (Die Kosten enthalten keine Beträge für Forschung und Entwicklung; das transportierte Ölgewicht und die Transportkosten gelten für eine Reise vom Persischen Golf nach US)

		konvent.	nuklear	konvent.	nuklear
1. Art des Antriebes		konvent.	nuklear	konvent.	nuklear
2. Verdrängung d. Schiffes	dwt	38 000	38 000	85 000	85 000
2a. Schiffsgeschwindigkeit .	Knoten	17	17	17	17
3. Befördertes Ölgewicht .	t/Jahr	170 000	187 500	383 000	452 000
4. Leistung an Schraubenwelle	SHP	17 000	17 000	32 000	32 000
5. Kosten des Schiffsrumpfes (hull)	$10^6 \cdot$ DM	35,5	35,5	80,5	80,5
6. Kosten der Maschinenanlage	$10^6 \cdot$ DM	12,5	38,0	21,0	63
7. Desgl. je SHP (5) + (6)	DM/SHP	2800	4300	3200	4500
8. Desgl. je t befördertes Öl	DM/t	280	390	266	318
9. Beförderungskosten für 1 t Öl	DM/t	50,5	60,8	42,0	49,5

die beiden ersteren Kosten sind zur Zeit bei Atomschiffen beträchtlich höher. Man rechnet damit, daß nukleare Antriebe für Handelsschiffe zwei- bis dreimal soviel wiegen und bis zweimal soviel kosten wie thermische und daß der Preis eines Atomschiffes je t Verdrängung bis zu 50% über demjenigen eines normalen Schiffes liegt. Bei beiden Schiffsarten ist etwa mit demselben Wirkungsgrad der Maschinenanlage zu rechnen. Für das Verhältnis der Spaltstoff- zu den Brennstoffkosten werden Werte zwischen 1 : 1 und 3 : 1 genannt. Nach Nucleonics, III. 1956, beträgt der Heizölverbrauch eines Tankers 10% der bezahlten Fracht; sein Wegfall soll bei einem 20000 t-Tanker eine jährliche Mehreinnahme von rd. 4 Mio DM bringen. Die gleiche Quelle gibt die Transportkosten für 1 t Öl vom Persischen Golf zur amerikanischen Ostküste (1956) bei Atomtankern zu 47 DM, bei normalen Tankern zu 33 DM an.

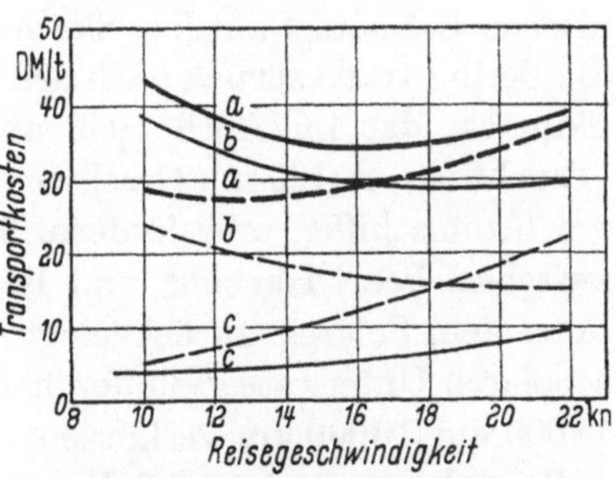

Abb. 250. Transportkosten bei normalen u. bei nuklearen 100 000 t-Öltankern für die Reise vom Persischen Golf zu europäischen Häfen. Nach S. G. Bauer u. M. H. Kendon. Nucl. Engng. 1957 S. 499/503. 17 500 km Seeweg; 15,7% Kapitaldienst; 340 jährl. Fahrtage; 250 g/h SHP Ölverbrauch; 3000 MWd/t burnup. ----- konventioneller Antrieb, ——— nuklearer Antrieb. *a* Gesamtkosten, *b* fixe Kosten, *c* Brennstoff- bzw. Spaltstoffkosten.

Tab. 80 zeigt, wie verschieden die Differenz zwischen den Gewichten der Maschinenanlage einschließlich Betriebsstoff je nach den besonderen Verhältnissen sein kann. Nach Abb. 248 und 250 ist der Transport von 1 t Öl bei einem Atomtanker durchweg erheblich teurer und die Verzinsung des investierten Kapitals erheblich niedriger als bei einem normalen. Atomtanker bzw. Atomhandelsschiffe sind zur Zeit nur bei sehr langen Fahrtstrecken, bei verhältnismäßig großen Schiffen und bei großer jährlicher Benutzungsdauer wirtschaftlich. Man rechnet damit, daß Tanker 80 bis 90% der gesamten Zeit auf See sind und neigt der Auffassung zu, daß Geschwindigkeiten über 20 bis 35 Knoten sich wahrscheinlich nicht lohnen, solange der verbrauchte Spaltstoff nicht weniger kostet als das entsprechende Heizöl. Trotzdem wird der nukleare Antrieb in etwa zehn Jahren wahrscheinlich auch im Schiffsbetrieb dem thermischen häufig gleichwertig oder überlegen sein.

f) Die kommerziellen Aussichten nuklearer Schiffsantriebe

Der nukleare Antrieb hat besonders bei Kriegsschiffen erhebliche mittelbare Vorteile. Deshalb und weil, wie die Atombombe zeigt, für militärische Entwicklungen weit höhere Geldmittel zur Verfügung gestellt werden als für zivile, ist es nach Ansicht des Verfassers durchaus möglich, *daß das Hauptgeschäft in nuklearen Antrieben in den nächsten zehn bis fünfzehn Jahren die Marine und nicht der ortsfeste Kraftwerksbau sein wird*, zumal bei Atomschiffen auch bei lange dauernder Blockade die willkürliche Unterbrechung der Versorgung mit Spaltstoff viel weniger als bei Heizöl zu befürchten ist. Bei der Marine ist auch eher als bei ortsfesten Betrieben mit einer sachverständigen Bedienung zu rechnen.

Die sensationelle ohne jeden Unfall verlaufene Fahrt der amerikanischen U-Boote Nautilus, Skate und Seawolf von Pearl Harbour durch die Beringstraße zurück nach den US im Sommer 1958 und des U-Bootes Skipjack, das im April 1959 alle bekannten Rekorde gebrochen hat (Tauchtiefe > 120 m, Geschwindigkeit > 20 Knoten), wird den Bau von Atomschiffen sehr fördern. 97% der 12000 km langen Entfernung zwischen Pearl Harbour und Island wurden untergetaucht und z. T. unter dem Polareis zurückgelegt. Mit durch die Beringstraße fahrenden atomaren Unterwasserschiffen ließe sich der Seeweg London—Tokio von 18000 auf 10000 km verkürzen.

Bemerkenswert ist, daß Nautilus in Großbritannien nur in den kleinen Hafen Portland, Skate in Norwegen nur in Bergen einlaufen durfte, weil niemand das Risiko für die Landung in einer großen verkehrsreichen Hafenstadt tragen wollte. Pressenachrichten vom August 1959 zufolge sollen als Haftpflichtdeckungsbetrag für ein 80000 t-Atomschiff 40 Mio DM verlangt worden sein, was den Betrieb solcher Schiffe unmöglich machen würde[1]. Man darf aber annehmen, daß bei Vorliegen größerer Erfahrungen die Versicherung weit billiger werden wird.

---

[1] Admiral RICKOVER, der Initiator der Atom-Unterseeboote, bezeichnete im Mai 1959 die Aussichten nuklearer Antriebe bei Überwasser- bzw. Unterwasser-Handelsschiffen als trübe (dim) bzw. noch trüber (dimmer)

II. Nukleare Antriebe für Flugzeuge
a) Stand der Entwicklung

Die amerikanischen Arbeiten gehen bis zum Jahre 1946 zurück, zum Bau eines einsatzfähigen „Atomflugzeuges" war es aber bis Anfang 1959 noch nicht gekommen. Der unter dem Einfluß der Sputniks von weiten Kreisen geforderte Einbau eines atomaren Antriebes in einen vorhandenen Flugzeugkörper war im Frühjahr 1958 mit der Begründung abgelehnt worden, daß auf diesem Wege nur Zufallserfolge zu erwarten wären und es daher richtiger sei, sich schleunigst an die Herstellung eines atomaren Antriebes und eines zu ihm passenden Flugzeugkörpers zu machen. Wegen der großen zu erwartenden Schwierigkeiten ist man hierbei auf umfangreiche Vorversuche an großen Modellen und weitgehenden Gebrauch sehr teurer elektronischer Rechenmaschinen angewiesen und das vorliegende Tatsachenmaterial ist so groß, daß es zur Verwertung in diesen Apparaten maschinell gespeichert werden muß. Mit welch gewaltigen Entwicklungskosten von Atomflugzeugen man im Juni 1959 in den US rechnete, geht daraus hervor, daß der für das laufende Haushaltsjahr hierfür vorgesehene Betrag von 600 Mio DM als ein „Tropfen auf dem heißen Stein" bezeichnet wird und „mindestens 42 Mrd DM oder ein Mehrfaches dieses Betrages" gefordert wurden.

b) Besondere Bedingungen bei Flugzeugen

Bei Flugzeugen liegen folgende besondere Verhältnisse vor:

1. Der Antrieb muß möglichst leicht und kompendiös sein;
2. sämtliche Instrumente müssen gegen Strahlungen gut abgeschirmt sein;
3. kein Bestandteil des Flugzeuges darf durch Strahlungen leiden oder radioaktiv und dadurch gefährlich werden;
4. radioaktive Stoffe dürfen weder während des Bodenaufenthaltes noch im Flug in die Atmosphäre gelangen;
5. zahllose Fluggäste, Bedienungs- und Bodenmannschaften kommen sehr nahe an die nukleare Anlage heran und müssen daher vor gefährlichen Strahlungen geschützt sein;
6. während Bodenaufenthalten muß die im Reaktor entstehende Wärme ohne Belästigung abgeführt werden können.

Wie schwierig die Erfüllung dieser Punkte ist, geht u. a. daraus hervor, daß bei einem ortsfesten ungepanzerten Reaktor schon eine Annäherung auf weniger als 1600 m biologisch gefährlich wäre.

Nonstop-Flüge um die Erde sind — von Ausnahmefällen abgesehen — uninteressant, da Flugzeuge aus Sicherheitsgründen schon nach einer kürzeren Flugstrecke nachgesehen werden müssen. Ein Flugradius von etwa 15 000 km hätte dagegen große Bedeutung, damit Bomber auch von weit entfernten Zielen wieder zu ihrem Abflugsort zurückkehren oder damit nukleare Nachschubflugzeuge zum Versorgen ölbetriebener Bomber genügend lange in der Luft bleiben können.

Man rechnet heute bei Atomflugzeugen mit Geschwindigkeiten von etwa 3600 km/h und Mindestflughöhen von 18000 bis 20000 m. Sie brauchen daher sehr kräftige Antriebe mit einer entsprechend starken Emittierung von schnellen Neutronen und γ-Strahlen, die eine schwerere Panzerung und damit wieder einen entsprechend stärkeren Antrieb bedingen. Den vorteilhaftesten Strahlungsschutz erhält man, wenn man Reaktor und Flugzeugkanzel getrennt panzert und Reaktor und Turbinen möglichst dicht beieinander anordnet (auch der kleinen Druckverluste wegen). Die Panzerung wird um so leichter, je kompendiöser ein Reaktor ist. Da dann aber auch die Querschnitte für das Kühlmittel im Reaktor kleiner und die Druckverluste in ihm größer werden, muß man das vorteilhafteste Kompromiß ausprobieren. Radioaktive Stoffe sollten nicht in die Turbinen gelangen. Ein Mittel hierzu sind gasförmige Kühlmittel, die nicht radioaktiv werden, oder der Einbau von Wärmeaustauschern zwischen Reaktor und Turbinen, die aber das Gewicht und damit die erforderliche Antriebsleistung erhöhen. Es scheint, als ob die Russen in der Entwicklung leichter Panzer wichtige Fortschritte gemacht haben. Seit Ende 1958 soll in Rußland ein Atomflugzeug von 150 t Gewicht mit annähernd Schallgeschwindigkeit fliegen (4 Antriebsaggregate, 2 davon an den Flügelspitzen untergebrachte Gasturbinen, 2 innerhalb des Flugzeuges sitzende Atomantriebe, 24 m Spannweite, 60 m Länge, Schubkraft der Gasturbinen 2 · 13,5 t, der nuklearen Antriebe 2 · 32 t). Über den Stand amerikanischer und englischer Arbeiten war bis Anfang 1959 noch nichts Näheres bekannt.

c) Gestaltung der Antriebe

Flugzeuge können durch mit Gasturbinen gekuppelte Propeller, durch Düsen oder durch eine Kombination beider angetrieben werden. Bei Abb. 251 wird die Antriebsluft vom Verdichter b auf Druck gebracht und treibt nach ihrer Erhitzung in Reaktor c die mit b gekuppelte Turbine d an, bevor sie in die Düse e strömt. Kühl- und Antriebsmittel sind also identisch. Bei Abb. 252 hat der Reaktor sein eigenes Kühlmittel,

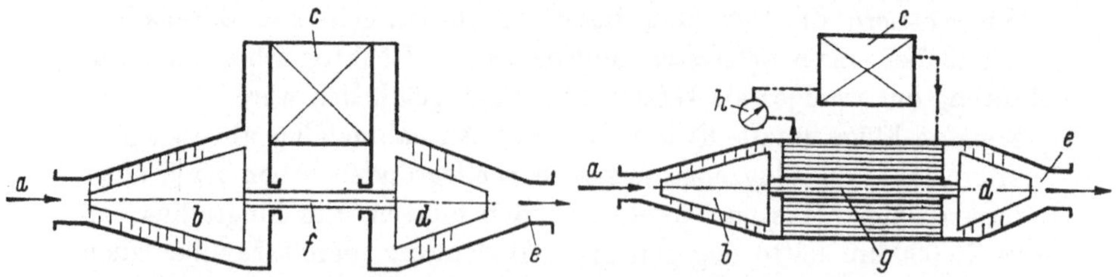

Abb. 251. Düsenantrieb mit von der Vortriebsluft gekühltem Reaktor. Nucleonics, VIII. 1956. *a* Lufteintritt; *b* Verdichter; *c* Reaktor; *d* Turbine; *e* Vortriebsdüse; *f* Kupplung zwisch. *b* u. *d*.

Abb. 252. Düsenantrieb mit von der Vortriebsluft unabhängigem Reaktor. Nucleonics, VIII. 1956. *a* Lufteintritt; *b* Verdichter; *c* Reaktor; *d* Turbine; *e* Vortriebsdüse; *g* Wärmeaustauscher; *h* Umwälzpumpe für Kühlmittel.

das ein Gas oder ein flüssiges Metall sein kann; die Vortriebsluft wird in dem zwischen *b* und *d* angeordneten Wärmeaustauscher *g* erhitzt, bevor sie nach Turbine *d* und Düse *e* gelangt. Die durch ihre Einfachheit bestechende Abb. 251 hat u. a. folgende Schwächen:

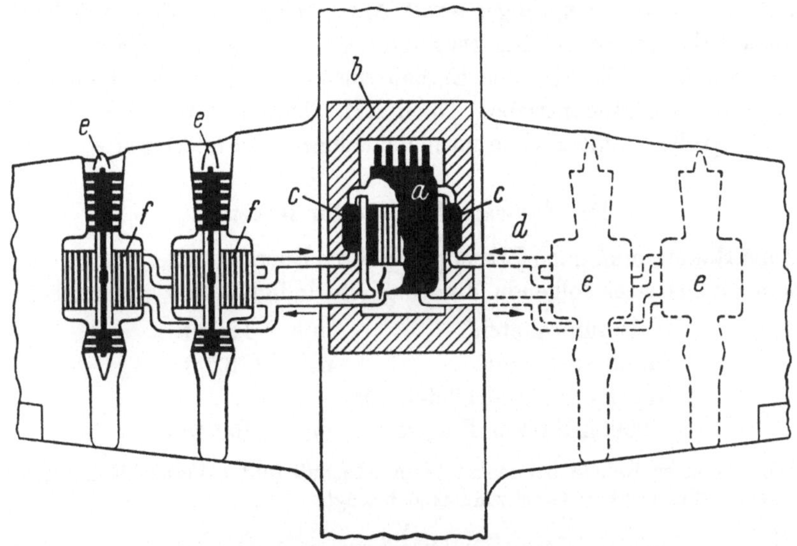

Abb. 253. Rolls-Royce-Düsenantrieb. VDI. Nachr., 19. I. 1957.
a Reaktor; *b* Panzerung; *c* Umwälzpumpe für flüssiges Metall; *d* Leitungen zwischen *a* u. *f*; *e* Verdichter; *f* Wärmeaustauscher.

1. Die Luft könnte im Reaktor *c* radioaktiv werden und die Umgebung gefährden,

2. für manche Reaktorsysteme ist Luft an sich ungeeignet,

3. zwischen den Anforderungen des Reaktor- und denjenigen des Düsenbetriebes ist ein brauchbares Kompromiß möglicherweise nicht erreichbar,

4. Wechsel in der Flughöhe und -geschwindigkeit könnten das Arbeiten der Maschinerie beeinträchtigen.

Nach J. W. SHORTALL sind mehrere an den Flügeln angebrachte Triebwerke unzweckmäßig, weil jedes einen besonderen Reaktor benötigt (hohes Gewicht, große Ausstrahlung). Für ihre Schaltung auf einen zentralen Reaktor unter Verwendung von Zwischenkühlern gelte Ähnliches. Er empfiehlt mehrere dicht um einen im Flugzeugrumpf angebrachten

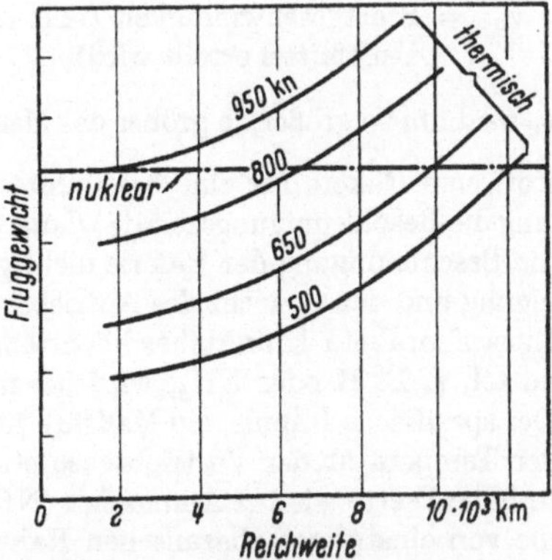

Abb. 254. Fluggewicht in Abhängigkeit von Flugweite u. Fluggeschwindigkeit in km/h bei nuklearem u. bei thermischem Antrieb. Nach R. L. MURRAY, Introduction to Nuclear Engineering, 1954.

Reaktor gruppierte Düsenantriebe, und meint, daß die heutigen Reaktoren eine viel zu umständliche Regulierung haben und zu langsam auf Leistung kommen, weshalb sie beim Starten und Landen auf die Unterstützung durch flüssige Brennstoffe angewiesen seien. Die radioaktive Ausstrahlung von Flugzeugen samt Antrieben müsse auch mit Rücksicht auf die ungestörte Funkverbindung zum und vom Flugzeug sehr klein sein. Abb. 253 zeigt den Einbau eines metallgekühlten Reaktors a und von vier Düsenantrieben. Nach Abb. 254 sind Atomflugzeuge nur bei sehr großen Flugstrecken normalen Flugzeugen überlegen.

III. Nukleare Antriebe für Raketen

Eine Rakete muß nach Erschöpfung ihrer Energiequelle je nach ihrem Verwendungszweck folgende Mindestgeschwindigkeiten v_{min} erreichen:

Weltraumraketen	m/s	12000
Satellitenraketen	m/s	8200
Interkontinentalraketen für		
8000/2400 km Flugweite	m/s	6700/4500

Die von einer Rakete bei senkrechtem Abschuß (unter Vernachlässigung der Luftreibung) erreichbare Geschwindigkeit beträgt

$$v_e = v_c \cdot \ln \frac{M_o}{M_e} - g \cdot t_b + v_o \tag{62}$$

Hierin bedeutet

M_o = Startgewicht der Rakete,

M_e = Gewicht der Rakete nach Erschöpfung ihres Antriebsstoffes (Energiequelle),

v_c = Geschwindigkeit der die Vortriebsdüse verlassenden Gase,

g = Erdbeschleunigung,

t_b = bis zum Erschöpfen des Antriebsstoffes verstreichende Zeit,

v_o = Startgeschwindigkeit (falls eine solche der Rakete durch ein zusätzliches Hilfsmittel erteilt wird).

v_e wird um so größer, je größer das Massenverhältnis $\frac{M_o}{M_e}$ ist, d. h. je mehr Vortriebsstoff eine Rakete für eine bestimmte Nutzlast mitschleppen kann und je weniger lang die Beschleunigungszeit (t_b) dauert. Aus praktischen Gründen darf nach J. GREY die Beschleunigung der Rakete nicht größer als die drei- bis vierfache Erdbeschleunigung und das Gewicht des Antriebsstoffes nicht größer als 90% von M_o sein. Eine Einstufenrakete kann daher höchstens ein $v_e \cong 2{,}3 \cdot v_c$ erreichen. Das Vortriebsmittel, z. B. H oder NH_3, wird bei nuklearen Raketen in einem Reaktor erhitzt. Der spezifische Impuls, ein Maßstab für die einer Rakete erteilte Wucht, nimmt mit der Temperatur der Vortriebsgase stark zu und erreicht bei Wasserstoff doppelt so hohe Werte wie bei Ammoniak (NH_3), Abb. 255. Die eingetragenen Punkte sind die von einstufigen thermischen Raketen mit verschiedenen Brennstoffen erreichbaren Werte. Die Kurven in Abb. 256 geben die Werte von v_e und der erreichbaren Nutzlasten an, wenn das Startgewicht (Gewicht der Rakete plus Gewicht des Vortriebsmittels) bei beiden Raketenarten gleich groß ist. Oberhalb dieser Kurven ist das Startgewicht bei nuklearen Raketen kleiner, unterhalb größer als bei thermischen. Die voll ausgezogenen Kurven gelten für einstufige, die gestrichelten für mehrstufige thermische Raketen von optimaler Stufenzahl. Das Startgewicht von einstufigen nuklearen Weltraum- und Satellitenraketen ist trotz des schweren Re-aktors ziemlich unabhängig von der Nutzlast fast immer, von Weltraum- und Satellitenraketen bei Nutzlasten über 10 t immer kleiner als bei thermischen.

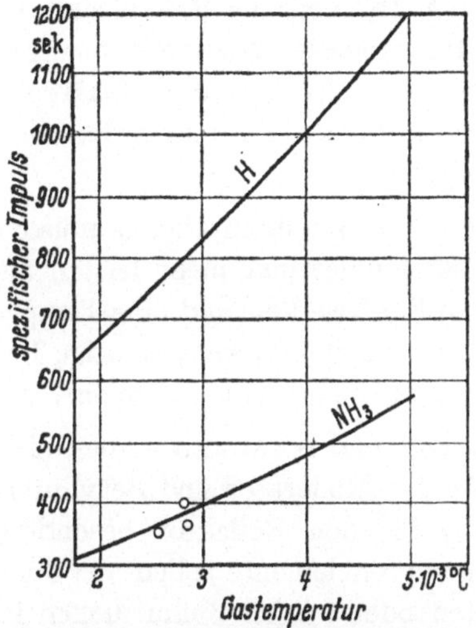

Abb. 255. Spezifischer Impuls von mit Wasserstoff und mit Ammoniak arbeitenden einstuf. nuklearen Raketen bei verschiedenen Temperaturen d. Vortriebsgase (Brennkammerdruck 45 at). Punkte o gelten für mit verschiedenen Brennstoffen betriebene thermische Raketen bei 35 at Brennkammerdruck. Nucleonics, VII. 1958.

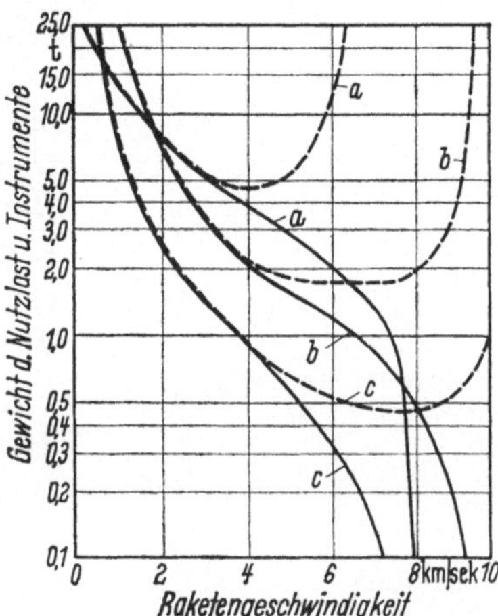

Abb. 256. Grenzkurven für die Nutzlast, bei denen das Startgewicht einstufiger nuklearer und ein- und optimalstufiger therm. Raketen gleich groß ist (Temperatur der Vortriebsgase 2500° C) in Abhängigkeit von der Raketengeschwindigkeit in km/sek nach Erschöpfung der Brennstoff- bzw. Spaltstoffüllung. Nucleonics, VII. 1958.

———— einstufige, ------ optimalstufige thermische Raketen.

Kurven a: nuklear, NH₃ gegen thermisch, Sauerstoff-Hydrazin; Kurven b: nuklear, Wasserstoff gegen thermisch, Fluorin-Wasserstoff; Kurven c: nuklear, Wasserstoff gegen thermisch, Sauerstoff-Hydrazin.

Nukleare Raketen sind also vielstufigen chemischen Raketen bei großen Nutzlasten und sehr hohen Geschwindigkeiten grundsätzlich überlegen. Nach J. GREY wiegt bei einer Nutzlast von 45 kg die dritte Stufe einer thermischen Rakete 410 kg, die erste und zweite mindestens je 3700 kg und die gesamte Rakete mindestens 33000 kg. Das Massenverhältnis $\frac{M_0}{M_e}$ beträgt also 1/730. Die für von der Erde gestarteten Raketen von 25 bis 50 t Startgewicht benötigte Schubkraft wird mit rd. 120 t angegeben. Die Schubkraft der 100 t wiegenden, Ende 1958 gestarteten amerikanischen Interkontinental-Rakete, die rd. 10000 km zurücklegte, betrug 165 t. Zur selben Zeit wurde als größte mit einer einzelnen Verbrennungskammer erreichte Schubkraft von den US 67 t, von der UdSSR 120 t genannt und angegeben, daß in Rußland in Bälde mit 450 t gerechnet werde. Die bisherigen Kammerdrücke sollen 40 bis 60 at betragen. Abb. 257 zeigt den Entwurf einer nuklearen Rakete. Flüssiger Wasserstoff aus Tank c wird durch die von Turbine e angetriebene Pumpe d zunächst den Kühlmänteln i der Vortriebsdüse g und

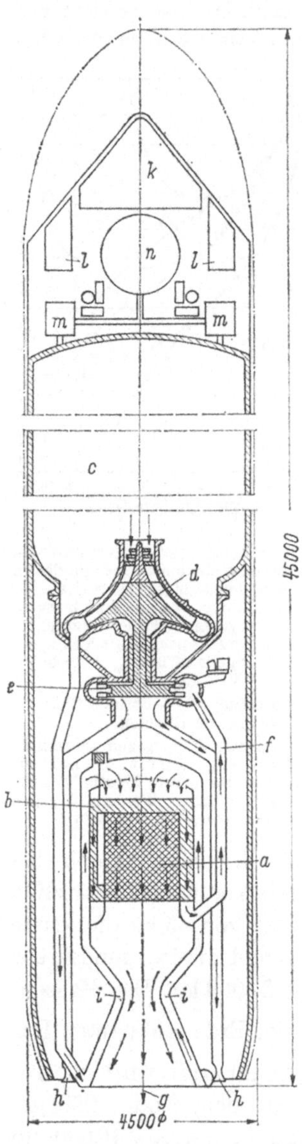

Abb. 257. Rakete mit atomarem
Antrieb. Nucleonics, VII. 1958.
a Reaktorkern, *b* BeO - Reflektor,
c Tank für flüssigen Wasserstoff,
d Pumpe für Zufuhr d. Wasserstoffes
zum Reaktor, *e* Antriebsturb. für *d,*
f rückgeführtes Treibgas, *g* Antriebs-
düse d. Rakete, *h* zusätzl. Vortriebsdüsen, *i* Kühlmantel von *h*, *k* Nutzlast, *l* Steuerung, *m* Regulator für
Reaktor *a*, *n* komprimiertes Helium.

des Reaktors a zugeführt, bevor er unter 70 at Druck im Reaktor a auf etwa 2200° C erhitzt wird und nach g strömt. Ein Teil des Wasserstoffes kühlt den Reflektor b des Reaktors, treibt mit 25 at und 800° C Turbine e an und speist dann zusätzliche Vortriebsdüsen h. Im Kopf der Rakete sind die Nutzlast, Instrumente, Regelvorrichtungen m und ein mit Helium gefüllter Behälter n untergebracht, das den aus c abströmenden Wasserstoff ersetzt.

Reaktoren für Satellitenraketen müssen nach Tab. 83 hundertmal mehr leisten als in ortsfesten Kraftwerken und eine Temperatur von über 2000° C sowie gewaltige Beschleunigungskräfte aushalten können[1]).

Nach LEVOY und NEWGARD eignen sich Graphit für den Moderator und Berylliumoxyd (BeO) für den Reflektor besonders gut. Die Spaltstoffelemente sollen aus dünnen Drähten oder 0,7 bis 3 mm dicken in Graphit-Matrizen eingebetteten Platten aus hochangereichertem Uran bestehen. Eine Panzerung des Reaktors, eine Umkleidung des Spaltstoffes und Vorrichtungen zum Beseitigen von Xenon entfallen. Die Materialbeanspruchungen dürfen sehr hoch sein, da der Reaktor eine Lebensdauer von nur wenigen Minuten zu haben braucht. Man würde zum Erzielen einer verhältnismäßig konstanten Leistung eine sehr hohe Anfangs-Überschußreaktivität wählen und die Reflektorwirkung mit zunehmendem Abbrand verstärken.

Die Anfang 1958 vorgeschlagene Ionenrakete, Abb. 258, wird mittels elektrischer oder magnetischer Felder auf 6000 m/s Geschwindigkeit gebrachte Caesium-Ionen angetrieben. Die Ionisierung erfolgt im Lichtbogen oder durch erhitzte Metallplatten. Den Strom

---

[1]) LEVOY und NEWGARD rechnen im Gegensatz zu J. GREY mit der zehnfachen Erdbeschleunigung.

Tabelle 83. Vergleich zwischen einem CHR-Reaktor und einem Reaktor für eine auf der Erde startende Rakete nach Abb. 257. Nucleonics VII. 1958

Leistung des Reaktors	MW	182	5000—50 000
Reaktorkern:			
Form		Zylinder	Zylinder
Durchm./Länge	m	9,5/6,4	1,2÷2,4/1,2÷1,4
Spezifische Leistung	MW/m³	0,33	140÷1400
Lebensdauer:			
Spaltstoff	Jahre	4	—
Baustoffe		rd. 20 Jahre	2÷15 Minuten
Mittlere Temperatur	°C	240	rd. 1100
Druckverlust	at	0,4	70
Kühlmittel/Kühlm.-Erwärmung	—/°C	CO_2/175	He/2500
Schubkraft	t	—	1,8÷130
Spezifischer Impuls	sek	—	rd. 750

erzeugt ein mit einer Quecksilber-Turbine *c* gekuppelter Generator *e*, der die Beschleunigungsgitter *k* auf etwa 12000 Volt aufladet. Caesium wird wegen seiner leichten Ionisierbarkeit und seines hohen Atomgewichtes (133) als Vortriebsmittel gewählt. Bei derartigen interplanetarischen, d. h. im schwerelosen Raum startenden Raketen rechnet ein Projekt einer 45 t-Rakete mit einer Schubkraft von nur 4,5 kg (!), einem Vortriebsstoffgewicht von 16 t und der hohen Nutzlast von 8 t. Die Beschleunigungsdauer würde 1,5 Jahre (!), die während dieser Zeit zurückgelegte Strecke 1,6 Mrd. km (!) betragen. Nach R. W. BUSSARD u. R. D. DE LAUER ist bei von der Erde abgefeuerten nuklearen Raketen je 1000 kW Leistung eine Schubkraft von 4,8 t erreichbar. Ob Quecksilber-Dampfturbinen und einige andere Einzelheiten von Abb. 258 wirklich geeignete Mittel zum Erreichen des angestrebten Zieles wären, darf füglich bezweifelt werden. Jedenfalls werden solche Raketen noch auf sehr lange Zeit

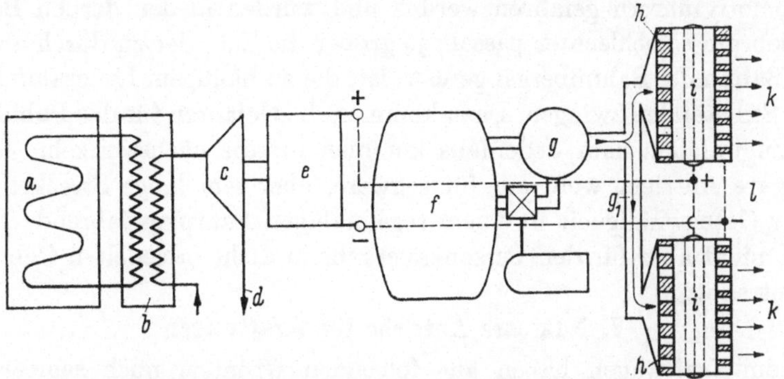

Abb. 258. Arbeitsschema einer interplanetaren Ionenrakete („US-Projekt Snooper").
Nach M. J. WILLINSKI u. E. O. ORR. Nucleonics, VII. 1958.
a natriumgek. Reaktor, *b* Hg-Verdampfer, *c* Hg-Dampfturb., *d* zum Kondensator, *e* Generator, *f* Behälter mit flüssigem Caesium, *g* Verdampfraum, g_1 Caesiumdampf, *h* Verteilplatte, *i* Ionisierung. *k* Beschleunigungsgitter für die Ionen, *l* Stromleitungen.

reine Papierentwürfe bleiben und es ist nach Ansicht des Verfassers durchaus möglich, daß die interstellare Raumfahrt weniger an unzulänglichen technischen Mitteln als am Veto der Natur scheitern wird, obgleich namhafte Raketenbauer Ende 1958 die Landung des ersten Menschen auf dem Mond in zehn und den Beginn des dortigen Straßenbaues in zwanzig Jahren prophezeien zu können glaubten.

IV. Nukleare Antriebe für Lokomotiven

Bei Lokomotiven sind die Aussichten des nuklearen Antriebes zur Zeit nicht günstig. Mindestens in Europa sind die zum Erreichen einer hohen Jahresbenutzungsdauer, der Grundvoraussetzung für die Rentabilität nuklearer Antriebe, in Frage kommenden Fahrstrecken zu kurz und von ortsfesten Atomkraftwerken gespeiste elektrische Lokomotiven betrieblich und wirtschaftlich wahrscheinlich erheblich überlegen, weil dann u. a. die Reaktoren erheblich größer werden würden und weit gleichmäßiger belastet werden könnten. In Deutschland wird angeblich der Bau einer Atomlokomotive von 175 t Gewicht für Schwerlast-Transporte ventiliert, deren Kosten man auf 2 Mio DM schätzen soll. In der UdSSR und in den US mit ihren riesigen Entfernungen liegen die Verhältnisse günstiger, zumal wenn man Lokomotiven mit einer wesentlich höheren als der zur Zeit größten Leistung bauen will. Rußland soll beabsichtigen, in Bälde eine Atom-Lokomotive herzustellen. Da Aufenthalte zum Wasseraufnehmen und ähnliche Manöver die Jahresbenutzungsdauer verringern würden und an sich unerwünschter als bei Dampflokomotiven wären, müßte man Kondensationsdampfturbinen statt der weit einfacheren und anspruchsloseren Kolbendampfmaschinen oder aber Gasturbinen verwenden, wozu die Entwicklung aus atomaren und fahrtechnischen Gründen noch nicht genügend weit fortgeschritten sein dürfte. Atom-Lokomotiven könnten ferner nicht von durchschnittlichen Lokomotivführern gefahren werden und würden in den derben Bahnbetrieb um so schlechter passen, je größer die Zahl der zu durchfahrenden Bahnhöfe, Bahnübergänge usw. ist, die zu häufigem Langsamfahren oder Stillständen zwingen. Dazu kommen die Gefahren für das Publikum bei Zugunfällen usw. Jedenfalls kommen für die nächsten zehn Jahre nukleare Antriebe wohl nur für schwere, über sehr lange Strecken mit hoher Geschwindigkeit in einem regelmäßigen Fahrplan fahrende Lastzüge, nicht aber für den Personenverkehr in dicht besiedelten Gebieten in Betracht.

V. Nukleare Antriebe für Kraftwagen

Atom-Kraftwagen haben aus folgenden Gründen noch schlechtere Aussichten als Atom-Lokomotiven:

1. ihr wegen der kleinen benötigten Leistung (20 bis 200 kW) viel zu hoher Preis,

2. das Fehlen eines geeigneten Gasturbinenantriebes,

3. ihr zu großes Gewicht,

4. ihre zu komplizierte Maschinenanlage,

5. die aus den häufigen Belastungswechseln sich ergebenden Schwierigkeiten,

6. unzureichende „Narrensicherheit" (foolproof),

7. Gefahr der Vergiftung der Atmosphäre bei Unfällen,

8. ungünstige Neutronen- und Wärmebilanz der kleinen Reaktoren,

9. zu niedere Jahresbenutzungsdauer,

10. unzureichende Sachkenntnis der Fahrer und fehlender Reparaturdienst (service).

Die eventuellen Vorteile nuklearer Antriebe wiegen also seine Nachteile in keiner Weise auf. An dieser Sachlage vermögen noch so phantasievolle Artikel in „Revuen" für das technisch ungebildete Publikum

Abb. 259. 2000 PS-Querfeldein-Lastzug der Firma Le Tourneau. VDI-Nachr. 1958, Nr. 16.

nichts zu ändern. Abb. 259 zeigt den von der bekannten amerikanischen Firma Le Tourneau stammenden Entwurf eines „Riesen-Querfeldeinlastzuges" mit nuklearem Antrieb, wie er für die Arktis, die Tundra oder Wüsten in Betracht kommt (Länge der Fahrzeugschlange 135 m,

Zahl der mit elektrischem Einzelantrieb versehenen Räder 52, Antriebsleistung 2000 PS, Höchstgeschwindigkeit 36 km/h). Zum Vergleich ist ein normaler 24 t-Lastkraftwagen neben dem Kopfwagen des Lastzuges abgebildet.

Anhang

Kurze Erläuterung einiger wichtiger Begriffe

Absorptionsquerschnitt σ_a: Maß für die Häufigkeit, mit der Neutronen beim Durchgang durch Materie von den Kernen eines Elementes aufgefangen werden. σ_a wird in barn (10^{-24} cm²/Atomkern) gemessen. Siehe Tabelle 8, S. 25.

Alpha-(α)Strahlung: Sehr schnelle Heliumkerne $^4_2$He. Masse $6{,}645 \cdot 10^{-24}$ g; Geschwindigkeit $= 1{,}5 \cdot 10^9 \div 2{,}25 \cdot 10^9$ cm/sek; kinetische Energie $4{,}6 \div 10{,}4$ MeV.

Atomgewichte, physikalische (16 O $= 16{,}00000$):

Neutronen	A_n	$= 1{,}008987$ ME
Protronen	A_p	$= 1{,}007597$ ME
Elektronen	A_e	$= 5{,}4878 \cdot 10^{-4}$ ME (Massenzahl 0)
leichter Wasserstoff	$^1_1$H	$= 1{,}00814$ ME
schwerer Wasserstoff	$^2_1$H	$= 2{,}01474$ ME
Helium	$^4_2$He	$= 4{,}00387$ ME
Lithium	$^7_3$Li	$= 7{,}01822$ ME

Atomkerne: Aufgebaut aus Protonen und Neutronen. Radius der schwersten Kerne $=$ rd. $8 \cdot 10^{-13}$ cm; Volumen $=$ rd. $2 \cdot 10^{-36}$ cm³; maximale Reichweite der in ihnen waltenden Kräfte $= 10^{-13}$ cm.

barn: gebräuchliche Einheit für den Wirkungsquerschnitt von Atomkernen; 1 barn $= 10^{-24}$ cm²/Atomkern. Tabelle 8, S. 25.

Bindungsenergie: Energie, die frei wird, wenn sich Protonen und Neutronen zu stabilem Kern vereinigen. Wird in MeV gemessen; von leichtesten Kernen abgesehen $= 7{,}5 \div 8{,}5$ MeV, im Mittel 8 MeV je Kernteilchen.

Bremsverhältnis: Maß für Eignung eines Stoffes zum Moderieren (Bremsen) von Neutronen.

Einfangquerschnitt σ_a: Siehe Absorptionsquerschnitt.

Elektronen: Nicht weiter teilbare Elementarteilchen mit Massenzahl 0 ($0{,}00054878$ ME), enthalten 1 negative Elementarladung; Symbol $^0_{-1}$e.

Elektronenvolt eV: Maß für Energie von Partikelchen; Energie, die ein Elektron mit Elementarladung $1{,}602 \cdot 10^{-19}$ Coulomb unter dem Einfluß eines Potentialunterschiedes von 1 Volt annimmt; 1 eV $= 1{,}602 \cdot 10^{-12}$ erg $= 3{,}827 \cdot 10^{-23}$ kcal Abbildung 5; Größenordnung von Energien bei Kernprozessen $= 10^6$ eV (MeV), bei chemischen Prozessen $=$ einige eV.

Elementarladung e: e $= 1{,}602 \cdot 10^{-19}$ Amp. sek (Coulomb); auch elektrisches Elementarquantum genannt; Atomkerne tragen soviel positive Elementarladungen, wie ihre Ordnungszahl angibt (also 1 H-Atomkern $= 1$, 1 He-Kern $= 2$, 1 Uran-Kern $= 92$).

Elementarteilchen: Elektronen, Neutronen, Positronen, Protonen und einige andere Teilchen.

Energie von Neutronen und anderen Partikelchen: Wird in Elektronenvolt eV oder in Mega-Elektronenvolt MeV $= 10^6$ eV gemessen.

Gamma-(γ-)Strahlen: Begleiterscheinung des radioaktiven Zerfalls; sehr kurzwellige Strahlen; weit durchdringender als Röntgenstrahlen.

Ionen: Zum Unterschied von elektrisch neutralen Atomen oder Molekülen spricht man von positiv bzw. negativ geladenen Ionen, je nachdem, ob ihre Hülle ein oder mehrere Elektronen abgegeben bzw. aufgenommen hat.

Isotope: Chemisch völlig gleichartige (gleiche Ordnungszahl) aber verschiedenes Atomgewicht (verschiedene Massenzahl) besitzende Stoffe, z. B. $^{235}_{92}U$, $^{236}_{92}U$, $^{238}_{92}U$.

Korpuskeln: Sehr kleine Teilchen, wie z. B. Elektronen, Neutronen, die den statistischen Gesetzen der Quantentheorie gehorchen.

Korpuskularstrahlen: Aus Korpuskeln bestehende Strahlen, wie z. B. α-Strahlen und Kathodenstrahlen.

Lichtquanten (Photonen): Winzig kleine ,,Energiepakete''; die Form, in der sich Licht ausbreitet.

Loschmidt'sche Zahl L: Anzahl von Atomen bzw. Molekülen in 1 Mol eines Stoffes; $L = (6,0235 \pm 0,0004) \cdot 10^{23}/\text{Mol}$.

Massendefekt ΔM: Maß für Bindungsenergie eines Kernes; nach ihrer Vereinigung zu einem stabilen Kern beträgt die Masse von P Protonen mit der Masse $P \cdot 1,00759$ plus N Neutronen mit der Masse $N \cdot 1,00898$ zum ΔM weniger als die Summe der beiden Einzelmassen. Ist A = Massenzahl, Z = Protonenzahl, A-Z = Neutronenzahl eines Kerns, A_A = Atomgewicht des ganzen Atoms, so ist

$$\Delta M = Z \cdot 1,00759 + (\text{A-Z}) \cdot 1,00898 - A_A + 0,00055 \cdot Z \quad \text{ME}$$

Masseneinheit ME: $^1/_{16}$ der Grammatommasse des Sauerstoffisotop ^{16}O; Maß für die Masse von Atomen; $1\ \text{ME} = 1,6597 \cdot 10^{-24}\ \text{g} = 931\ \text{MeV} = 0,00149\ \text{erg}$.

Massenzahl oder Massenwert A: Auf eine ganze Zahl abgerundetes Atomgewicht eines Elementes bzw. Isotopes (bei H = 1, bei N = 14, bei Pu = 239).

mill: $^1/_{1000}$ Dollar = 0,1 cts = 0,42 Pf.

Moderator: Soll Geschwindigkeit schneller Neutronen tunlichst stark herabsetzen, aber möglichst wenige Neutronen absorbieren.

Mol: Anzahl Gramm eines Stoffes, die seinem Atom- bzw. Molekulargewicht entsprechen; 1 Mol molekularer Wasserstoff (H_2) = 2 g Wasserstoff, 1 Mol Wasser (H_2O) = 18 g Wasser.

Neutronen: Nicht weiter teilbare elektrisch ungeladene Elementarteilchen; Massenzahl 1, Kernladungszahl = 0, Symbol = $^1_0 n$.

Nukleonen: Sammelnamen für Protonen und Neutronen.

Ordnungszahl N: Nummer eines Elementes im Periodischen System (,,Hausnummer''). Ordnungszahl N = Kernladungszahl Z.

P.C.U.: Pound-centigrade unit.

Protonen: Nicht weiter teilbare 1 positive Elementarladung tragende Elementarteilchen (Wasserstoffkerne), Symbol = $^1_1 H$.

Ruhemassen (Ruhemasse = $1,6597 \cdot 10^{-24}$fache des Atomgewichtes):

Neutronen	M_N	=	$1,6747 \cdot 10^{-24}$ g
Protonen	M_P	=	$1,6723 \cdot 10^{-24}$ g
Elektronen	m_e	=	$9,1055 \cdot 10^{-28}$ g
Heliumkerne ($^4_2$ He)	m_{He}	=	$6,643\ \cdot 10^{-24}$ g
Wasserstoff	m_H	=	$1,6732 \cdot 10^{-24}$ g
Kern von Massenzahl 200..		=	$3 \cdot 10^{-22}$ g

Wirkungsquerschnitt σ: Maß für Ausbeute einer Kernreaktion; ist diejenige Kreisfläche, die ein Kern haben müßte, wenn jeder sie treffende Teilchenstoß zu einer Kernumwandlung führen soll; wird in barn gemessen; beträgt für viele Kernreaktionen $10^{-24} \div 10^{-27}\ \text{cm}^2$.

Umrechnungstabelle aus dem englischen ins deutsche Maßsystem

	Der deutsche | amerikanische Wert wird erhalten durch Multiplikation des amerikanischen | deutschen Wertes mit		

	deutsche	amerikanische	
Längen:			
inch (1''; in)	25,4	0,03937	mm
foot (1'; ft.)	0,305	3,28	m
yard = 3' (yd.)	0,9144	1,093	m
fathom = 6'	1,83	0,547	m
mile = 1760 yd.	1,609	0,621	km
nautical mile = admiralty knot .	1,853	0,539	km
ft./min	0,508	1,967	cm/s
Flächen:			
square inch (sq. in.)	6,45	0,155	cm^2
square foot (sq. ft.)	0,0929	10,76	m^2
acre	0,40	2,47	ha
sq. mile = 640 acres	2,59	0,386	km^2
Raummaße:			
cu. inch	16,387	0,0610	cm^3
cu. foot	28,3	0,0353	l
cu. yard	0,7646	1,31	m^3
cu. ft. per minute	1,699	0,589	m^3/h
registerton = 100 cu. ft.	2,832	0,353	m^3
(ocean ton = 40 cu. ft.	1,133	0,8829	m^3)
Imp. gallon	4,544	0,2201	l
USA. gallon	3,785	0,2642	l
pint = $^1/_8$ Imp. gallon	0,568	1,76	l
barrel petroleum = 42 USA. gallons	1,590	0,6291	hl
Gewichte:			
grain $\frac{1}{7000}$ lb.	0,0648	15,43	g
ounce = $^1/_{16}$ lb. (oz.)	28,35	0,035	g
pound = 1 lb.	0,4536	2,20	kg
hundredweight = 112 lbs. . . .	50,802	0,0197	kg
(short ton = 2000 lbs.	907,19	$\frac{1,102}{1000}$	kg)
long ton = 2240 lbs.	1016	$\frac{0,9842}{1000}$	kg
Druck: gauge pressure = Überdruck			
oz. per sq. inch	44	0,0277	mm WS
in. of water	25,4	0,0394	mm WS

	Der deutsche | amerikanische Wert wird erhalten durch Multiplikation des amerikanischen | deutschen Wertes mit		
Druck:			
lb. per sq.inch	0,0703	14,2	kg/cm²
lb. per sq.ft.	4,88	0,205	kg/m²
ton per sq.inch	157,5	$\frac{6{,}35}{1000}$	kg/cm²
in.mercury	345	$\frac{0{,}29}{100}$	mm WS
Dichte:			
grain per cu.ft.	2,29	0,436	g/m³
grain per imp.gallon	0,0143	70,12	kg/m³
oz. per cu.ft.	1,0	1,0	kg/m³
lb. per cu.ft.	16,0	0,0624	kg/m³
lb. per gallon	100	0,01	kg/m³
cu.ft. per pound	62,5	0,016	l/kg
cu.ft. per pound	0,0625	16,0	m³/kg
Arbeit und Leistung:			
ft.lbs.	0,1383	7,23	mkg
Horse power	1,0138	0,986	PS

B.H.P. = Brake Horse Power = Brems-PS

1 HP   = 746 W = 76 mkg/s

1 HP   = 33000 ft.lbs. per min. = 550 ft.lbs. per s.

1 kW   = 1,359 PS = 1,34 HP = 738 ft.lbs. per s.

1 kWh = 3411 B.T.U. = 860 kcal

Temperatur:

$0°$ C = $32°$ Fahrenheit

$-273°$ C = $-459{,}4°$ Fahrenheit; $0°$ Fahrenheit = $-17{,}75°$ C

$100°$ C = $212°$ Fahrenheit; $100°$ Fahrenheit = $37{,}8°$ C

Temp. Celsius   = $^5/_9$ (Temp. Fahrenheit $-32°$)

„ Fahrenheit = $^9/_5$ Temp. Celsius $+32°$

Temp. Celsius abs. = $^5/_9$ (Temp. Fahrenheit $+459{,}4°$)

„ Fahrenheit abs. = $^9/_5$ Temp. Celsius $+491{,}4°$

Wärmegrößen:

B.T.U. = 1 deg. Fahr. per lb. . . .	0,252	3,97	kcal
B.T.U. per lb.	0,555	1,80	kcal/kg
„ per cu.ft.	8,9	0,1121	kcal/m³
„ per sq.ft.	2,71	0,369	kcal/m²
B.T.U. per sq.ft. per hour per $°$ Fahr.	4,89	0,206	kcal/m²h $°$ C

	Der deutsche — amerikanische Wert wird erhalten durch Multiplikation des amerikanischen — deutschen Wertes mit		

	amerikanischen	deutschen	
Wärmegrößen:			
B.T.U. per ft. per hour per ° Fahr.	1,49	0,671	kcal/mh ° C
„ per in. per hour per ° Fahr.	17,85	0,056	kcal/mh ° C
1 Joule.	1	—	Watt.s
Joule	0,102	—	mkg
Joule	1.10^2	—	erg
watt — hr.	367,1	—	mkg
Wasserhärte:			
deg. of hardness Engl.	0,8	1,25	Deutsche Härtegrade

Umrechnungstabelle nach W. H. Westphal

	erg	kWh	cal.	eV	MeV
1 erg $=$	1	$2{,}778.10^{-14}$	$2{,}3892.10^{-8}$	$6{,}242.10^{11}$	$6{,}242.10^{5}$
1 kWh $=$	$3{,}6.10^{13}$	1	$8{,}601.10^{5}$	$2{,}247.10^{25}$	$2{,}247.10^{19}$
1 cal $=$	$4{,}1855.10^{7}$	$1{,}1626.10^{-6}$	1	$2{,}613.10^{19}$	$2{,}613.10^{13}$
1 eV $=$	$1{,}602.10^{-12}$	$4{,}450.10^{-26}$	$3{,}827.10^{-20}$	1	10^{-6}
1 g $\triangleq$	$9{,}000.10^{20}$	$2{,}500.10^{7}$	$2{,}150.10^{13}$	$5{,}617.10^{32}$	$5{,}617.10^{26}$

Literaturverzeichnis

Folgende Zeitschriften wurden benutzt:

A. Ausland

Brit. Engineering International
Combustion
Electrical Engineering (El. Engng.)
Electrical World (El. World)
Electrical Review (El. Rev.)
Engineering (Engng.)
Escher Wyss Mitteilungen
General Electric Review
Journal of the Brit. Nuclear Energy
Conference
Mechanical Engineering (Mech.
Engng.)
Neue Zürcher Zeitung
Nuclear Engineering
Nuclear Power
Nucleonics (Nucl.)
Power
Schweizerische Bauzeitung
The Engineer (Engr.)

B. Inland

AEG-Mitteilungen (AEG Mitt.)
Atomkernenergie
Atompraxis
Atom und Strom
Atomwirtschaft
BWK, Brennstoff, Wärme, Kraft
Die Welt
Elektrizitätswirtschaft
Energie
Energiewirtschaftliche Tagesfragen
Frankfurter Zeitung
Stahl und Eisen
Tagesspiegel
Technische Mitteilungen
VDI-Nachrichten
VGB-Mitteilungen (VBG-Mitt.)
Zeitschrift des Vereins Deutscher
Ingenieure (Z. VDI)

Andere benutzte Quellen sind im Text oder in den Bildunterschriften angegeben.

Namenverzeichnis

Die Arbeiten folgender Verfasser wurden benutzt:

Sachverzeichnis